普通高等教育规划教材

Jianzhu Shebei Gongcheng

建筑设备工程

主编 刘丽娜 王 伟 张 鑫

主审 颜伟中

人民交通出版社

China Communications Press

内 容 提 要

本书为普通高等教育规划教材。全书共16章,主要内容包括:流体力学基本知识,管道材料、器材及卫生器具,建筑内部给水系统,建筑消防系统,建筑排水系统,建筑中水系统及特殊建筑给水排水,热水供应系统,传热及气体射流基本知识,供暖,建筑通风,空气调节,燃气供应,建筑供配电系统,建筑电气照明系统,智能建筑信息系统,安全用电与建筑防雷。

本书可作为高等院校土木工程、工程管理、建筑学专业及其他建筑类专业用教材,也可作为建筑设计、结构设计、工程管理、工程预算等工程技术人员的参考书。

图书在版编目(CIP)数据

建筑设备工程/刘丽娜,王伟,张鑫主编. --北京:人民交通出版社,2013.7

ISBN 978-7-114-10642-2

I.①建… II.①刘… ②王… ③张… III.①房屋建筑设备-高等学校-教材 IV.①TU8

中国版本图书馆CIP数据核字(2013)第106917号

普通高等教育规划教材

书　　名:建筑设备工程
著 作 者:刘丽娜 王 伟 张 鑫
责任编辑:孙 玺 黎小东
出版发行:人民交通出版社
地　　址:(100011) 北京市朝阳区安定门外外馆斜街3号
网　　址:http://www.ccpress.com.cn
销售电话:(010) 59757973
总 经 销:人民交通出版社发行部
经　　销:各地新华书店
印　　刷:北京鑫正大印刷有限公司
开　　本:787×1092 1/16
印　　张:19.75
字　　数:490千
版　　次:2013年7月 第1版
印　　次:2018年2月 第2次印刷
书　　号:ISBN 978-7-114-10642-2
定　　价:39.00元

前　言

建筑设备包括建筑给水排水设备、暖通空调设备、建筑电气设备三部分，是建筑工程的重要组成部分。建筑设备的完善程度和技术水平的先进性已成为社会生产、房屋建筑和物质生活水平的重要标志。

为适应高等院校土木工程、工程管理、建筑学专业及其他相关专业学生教学的实际需要，根据应用实践教学的特点，本着理论联系实际的原则，编写了《建筑设备工程》教材。本教材从基本理论出发，重点介绍了建筑给水、消防、排水、中水、热水、供暖、通风、空调、燃气、照明、供配电等内容；在编写过程中参照了国家有关现行设计规范和标准以及注册建筑师、注册造价师考试大纲的要求，力求在内容上能够全面覆盖当前建筑设备的范围。同时，本书也介绍了近年来的新技术、新理论和新方法，尽量反映当前科学技术水平。

本书共分16章，第1、3、4、5、6章由黑龙江工程学院刘丽娜编写；第2章由黑龙江大学刘春花编写；第8、9、10、11章由黑龙江工程学院王伟编写；第12、13、14章由黑龙江工程学院张鑫编写；第7章由黑龙江工程学院代莹编写；第15、16章由黑龙江建筑职业技术学院侯音编写。全书由黑龙江工程学院刘丽娜统稿，由哈尔滨工业大学颜伟中教授主审。

由于编者水平有限，对于书中的缺点和错误之处，敬请读者批评指正。

编　者

2013年5月

目录

MULU

第一章　流体力学基本知识

自然界中的物质通常有固体、液体和气体三种存在形态，流体是液体和气体的统称。流体力学就是研究流体平衡和运动的力学规律及其应用的科学。

第一节　流体的主要物理性质

日常遇到许多流体的运动，如水在江河中流动、燃气在管道中输送、空气从喷口中喷出等，都表现了流体具有易流动性。流体不能承受拉力，静止流体不能抵抗切力，但是流体能承受较大的压力。

下面介绍流体的主要物理性质。

1. 密度和重度

流体和固体一样，也具有质量和重量，工程上分别用质量密度 ρ 和重力密度（重度）γ 表示。

（1）密度：对于均质流体，单位体积的质量称为流体的质量密度，即：

$$\rho = \frac{M}{V} \quad (\mathrm{kg/m^3}) \tag{1-1}$$

式中：M——流体的质量，kg；

V——流体的体积，m^3。

（2）重度：对于均质流体，单位体积的重量称为流体的重力密度，即：

$$\gamma = \frac{G}{V} \quad (\mathrm{N/m^3}) \tag{1-2}$$

式中：G——流体的重量，N；

V——流体的体积，m^3。

由牛顿第二定律知道：$G = Mg$。因此：

$$\gamma = \frac{G}{V} = \frac{Mg}{V} = \rho g \tag{1-3}$$

式中：g——重力加速度，$g = 9.807\mathrm{m/s^2}$。

流体的质量密度和重力密度随外界压力和温度而变化，例如水在标准大气压和4℃时，其 $\rho = 1000\mathrm{kg/m^3}$、$\gamma = 9.807\mathrm{kN/m^3}$。水银在标准大气压和0℃时，质量密度和重力密度是水的13.6倍。干空气在温度为20℃、压强为760mmHg时的质量密度和重力密度分别为 $\rho_a = 1.2\mathrm{kg/m^3}$、$\gamma_a = 11.80\mathrm{N/m^3}$。

2. 流体的黏滞性

流体的黏滞性可以由下列实验和分析了解到。用流速仪测出管道中某一断面的流速分布，如图 1-1 所示。流体沿管道直径方向分成很多流层，各层的流速不同，并按某种曲线规律连续变化，管轴心的流速最大，向着管壁的方向递减，直至管壁处的流速为零。

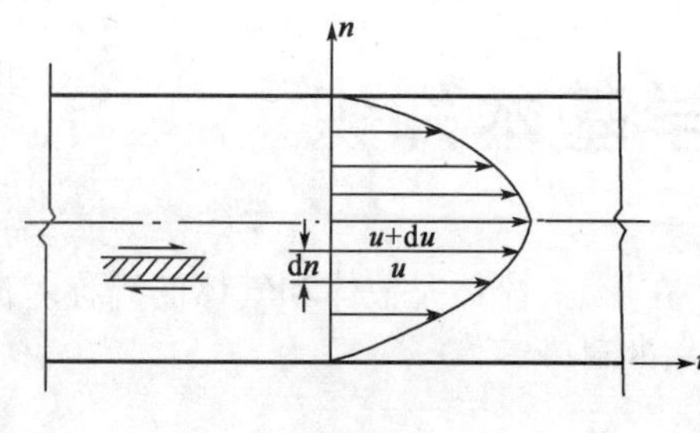

图 1-1　管道中断面流速分布

如图 1-1 所示，取流速方向的坐标为 u，垂直流速方向的坐标为 n，若令水流中某一流层的速度为 u，则与其相邻的流层为 $u + du$，du 为相邻两流层的速度增值。令流层厚度为 dn，沿垂直流速方向单位长度的流速增值为 du/dn，称为流速梯度。

(1)黏滞力。由于流体各流层的流速不同，相邻流层间有相对运动，便在接触面上产生一种相互作用的剪切力，这个力称为流体的内摩擦力，或称黏滞力。

(2)黏滞性。流体在黏滞力的作用下，具有抵抗流体的相对运动(或变形)的能力，称为流体的黏滞性。

对于静止流体，由于各流层间没有相对运动，黏滞性不显示。

1687 年，牛顿在总结实验的基础上，首先提出了流体内摩擦力的假说——牛顿内摩擦定律。如用切应力表示，可写为：

$$\tau = \frac{F}{S} = \mu \frac{du}{dn} \tag{1-4}$$

式中：F——内摩擦力，N；

S——摩擦流层的接触面面积，m^2；

τ——流层单位面积上的内摩擦力，又称切应力，Pa；

μ——动力黏滞性系数(与流体的种类有关)，Pa · s；

du/dn——流速梯度，表示速度沿垂直于速度方向的变化率，1/s。

流体黏滞性的大小可用黏滞性系数表达。除用动力黏滞性系数 μ 外，还常采用运动黏滞性系数 $\nu = \frac{\mu}{\rho}$，单位为 m^2/s，简称斯。μ 受温度影响大，受压力影响小。水及空气的 μ 值及 ν 值见表 1-1 及表 1-2。

表 1-1　水的黏滞性系数

t (℃)	$\mu \times 10^{-3}$ (Pa · s)	$\nu \times 10^{-6}$ (m^2/s)	t (℃)	$\mu \times 10^{-3}$ (Pa · s)	$\nu \times 10^{-6}$ (m^2/s)
0	1.792	1.792	40	0.656	0.661
5	1.519	1.519	50	0.549	0.556
10	1.308	1.308	60	0.469	0.477
15	1.140	1.140	70	0.406	0.415
20	1.005	1.007	80	0.357	0.367
25	0.894	0.897	90	0.317	0.328
30	0.801	0.804	100	0.284	0.296

表 1-2　一个大气压下空气的黏滞性系数

t (℃)	$\mu\times10^{-3}$ (Pa·s)	$\nu\times10^{-6}$ (m²/s)	t (℃)	$\mu\times10^{-3}$ (Pa·s)	$\nu\times10^{-6}$ (m²/s)
-20	0.0166	11.9	70	0.0204	20.5
0	0.0172	13.7	80	0.0210	21.7
10	0.0178	14.7	90	0.0216	22.9
20	0.0183	15.7	100	0.0218	23.6
30	0.0187	16.6	150	0.0239	24.6
45	0.0192	17.6	200	0.0259	25.8
50	0.0196	18.6	250	0.0280	42.8
60	0.0201	19.6	300	0.0298	49.9

流体的黏滞性对流体运动有很大的影响,因为内摩擦阻力做负功,不断损耗运动流体的能量,从而成为实际工程水力计算中必须考虑的一个重要问题。

3. 流体的压缩性和热胀性

(1)流体的压缩性。流体的压缩性是指流体因压强增大,分子间距离减小,体积缩小,密度增大的性质。

(2)流体的热胀性。流体的热胀性是指流体因温度升高,分子间距离增大,体积膨胀,密度减小的性质。

液体的压缩性和热胀性都很小。例如,水从 1 个大气压增加到 100 个大气压时,每增加 1 个大气压,水的密度增加 1/20000。水在温度较低(10 ~ 20℃)时,温度每增加 1℃,水的密度减小 1.5/10000;当温度较高(90 ~ 100℃)时,温度每增加 1℃,水的密度减小也只为 7/10000。因此,在很多工程技术领域中,可以把液体的压缩性和热胀性忽略不计。

在建筑设备工程中,管中输液除水击和热水循环系统外,一般计算不考虑流体的压缩性和热胀性。

气体与液体不同,具有显著的压缩性和热胀性。在温度不过低、压强不过高时,密度、压强和温度三者之间的关系服从理想气体状态方程:

$$\frac{p}{\rho} = TR \tag{1-5}$$

式中:p——气体的绝对压强,N/m²;

ρ——气体的密度,kg/m³;

T——气体的绝对温度,K;

R——气体常数,J/(kg·K)。

对于空气,$R=287$;对于其他气体,$R=\frac{8314}{N}$,N 为该气体的分子量。

对于速度较低(远小于音速)的气体,其压强和温度在流动过程中变化较小,密度可视为常数,这种气体称为不可压缩气体。反之,速度较高(接近或超过音速)的气体,在流动过程中密度变化很大(当速度等于 50m/s 时,密度变化为 1%,也可以当作不可压缩气体对待),ρ 不能视为常数,这种气体称为可压缩气体。

综上所述,对于建筑设备工程中的水、气流体,由于其流速在大多情况下均较低,因而密度在流动过程中变化不大,密度可视为常数,一般将这种水、气流体认为是一种易于流动的、具有黏滞性和不可压缩的流体。

在研究流体运动规律时，还需了解"连续介质"的概念。所谓连续介质，就是把流体看成是全部充满的、内部无任何空隙的质点所组成的连续体。作为研究单元的质点，也认为是由无数分子所组成，并具有一定体积和质量。这样，不仅从客观上摆脱了分子复杂运动的研究，而且能运用数学连续函数的工具，分析流体在外力作用下的机械运动。

第二节　流体静力学基本知识

流体静止是运动中的一种特殊状态。由于流体处于静止状态时不显示其黏滞性，不存在切向应力，同时认为流体也不能承受拉力，不存在由于黏滞性所产生运动的力学性质。因此，流体静力学研究的内容是，流体在静止或相对静止状态下的力学规律及其在工程技术中的应用，其中心问题是研究流体静压强的分布规律。

1. 流体静压强及其特性

设想在一容器的静止水中，隔离出部分水体Ⅰ来研究，如图1-2所示，这种情况必须把周围水体对水体Ⅰ的作用力加以考虑，以保持其静止状态不变。设作用于隔离体表面某一微小面积 $\Delta\omega$ 上的总压力是 Δp，则 $\Delta\omega$ 面上的平均压强为：

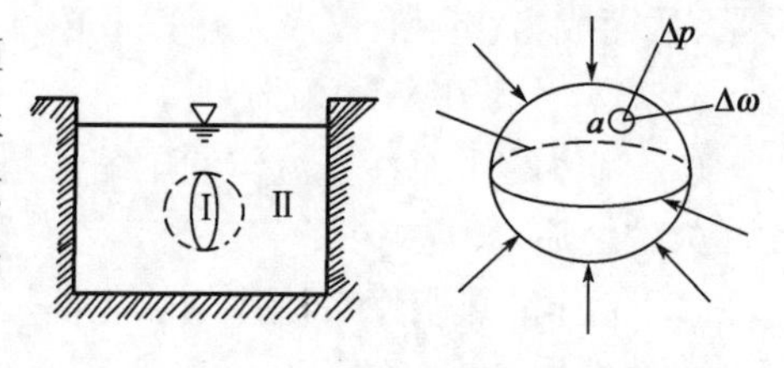

图1-2　流体的静压强

$$p = \frac{\Delta p}{\Delta\omega} \quad (\mathrm{N/m^2}) \qquad (1\text{-}6)$$

当所取的面积无限缩小为一点 a，即 $\Delta\omega \to 0$ 时，则平均压强的极限值为：

$$p = \lim_{\Delta\omega \to 0} \frac{\Delta p}{\Delta\omega} \quad (\mathrm{N/m^2}) \qquad (1\text{-}7)$$

这个极限值 p 称为 a 点的静压强。

流体静压强的因次为[力/面积]，在国际单位制中，单位常用 Pa 表示，$1\mathrm{Pa} = 1\mathrm{N/m^2}$，把 $10^5\mathrm{Pa}$ 称为1巴(bar)。

流体静压强有如下两个特征：

①流体静压强的方向必定沿着作用面的内法线方向。因为，静止流体不能承受拉应力且不存在切应力，所以，只存在垂直于表面内法线方向的压应力——压强。

②任意点的流体静压只有一个值，它不因作用面方位的改变而改变。

2. 流体静压强的分布规律

在静止液体中任取一 A 点，该点在自由表面下的水深 h 处，自由表面压强为 p_0，如图1-3所示。设 A 点的静水压强为 p，通过 A 点取底面积为 $\Delta\omega$、高为 h、上表面与自由面相重合的小圆柱体，研究其轴向力的平衡：上表面压力为 $p_0\Delta\omega$，方向向下；柱体侧面积的静水压力，方向与轴向垂直，在轴向投影为零。此圆柱体处于静止状态，故其轴向力平衡为：

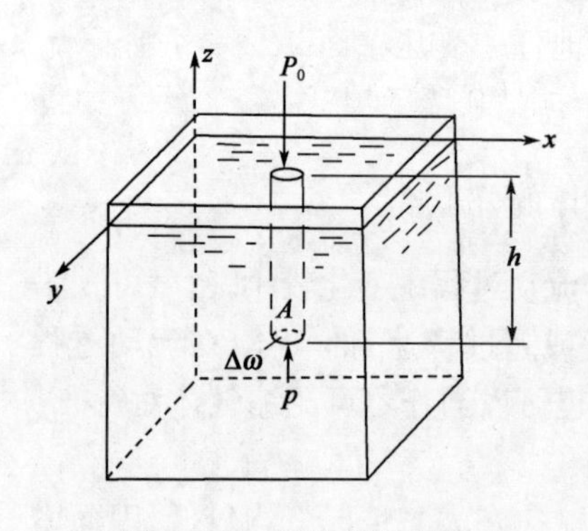

图1-3　静止流体中的压强分布

$$p\Delta\omega - \gamma h\Delta\omega - p_0\Delta\omega = 0$$

化简后得：

$$p = p_0 + \gamma h \tag{1-8}$$

式中：p——静止液体中任意点的压强，kN/m^2 或 kPa；

p_0——表面压强，kN/m^2 或 kPa；

γ——液体的重力密度，kN/m^3；

h——所研究点在自由表面下的深度，m。

式(1-8)是静水压强基本方程，又称为静水力学基本方程，式中 γ 和 p_0 都是常数。该方程表示静水压强与水深成正比的直线分布规律。该方程也适用于静止气体压强的计算，只是式中的气体重力密度 γ 很小，因此，在高差 h 不大的情况下，可忽略 γh 项，则 $p = p_0$。例如，研究气体作用在锅炉壁上的静压强时，可以认为气体空间各点的静压强相等。

应用静水压强基本方程分析问题时，要抓住"等压面"这个概念，即流体中压强相等的各点所组成的面为等压面，如液体与气体的交界面（自由表面）；处于平衡状态下的两种不同液体的分界面；静止、同种类、连续液体的水平面等都是等压面。

3. 压强的测量

工程计算中，压强有如下不同的量度基准。

(1)绝对压强，是以完全真空为零点计算的压强，用 p_A 表示。

(2)相对压强，是以大气压强为零点计算的压强，用 p 表示。

由上所述，相对压强与绝对压强的关系为：

$$p = p_A - p_a \tag{1-9}$$

某一点的绝对压强与大气压强相比较，可以大于大气压强，也可以小于大气压强，因此，相对压强可以是正值，也可以是负值。相对压强的正值称为正压（即压力表读数），负值称为负压，这时流体处于真空状态，通常用真空度（或真空压强）来度量流体的真空程度。所谓真空度，是指绝对压强不足于当地大气压的差值，用符号 p_k 表示，即：

$$p_k = p_a - p_A = -p \tag{1-10}$$

某点的真空度愈大，说明它的绝对压强愈小。真空度的最大值为 $p_k = p_a = 98kN/m^2$，即绝对压强为零，处于完全真空状态；真空度的最小值为零时，$p_k = 0$，即在一个大气压强下，真空度在 $p_k = 0 \sim 98kN/m^2$ 的范围内变动。

真空度实际上又可表示为相对压强的负值。例如某点的绝对压强是 $40kN/m^2$，如用相对压强计，为 $p = 40 - 98 = -58(kN/m^2)$；采用真空度表示则为 $p = 98 - 40 = 58(kN/m^2)$。因此，真空度有时也被称作"负压"。图1-4为压力计量基本图示。在建筑设备工程中的水、气输送工程中，如水泵吸水管、虹吸管和风机吸风口等，经常遇到真空度的计算和量测。

在工程计算中，通常采用相对压强。如图1-5所示，水池任一受压壁面 AB，内外都有大气压作用，但相互抵消。实际作用于 AB 壁面上的静压强，如 ABC 所示，其图形称为相对压强分布图。

压强单位如前所述，除可用单位面积上的压力和工程大气压表示外，还可用液柱高度表示，例如：米水柱（mH_2O）、毫米水柱（mmH_2O）、毫米汞柱（mmHg）。如：

$$h = \frac{p_a}{\gamma} = \frac{98kN/m^2}{9.8kN/m^3} = 10mH_2O = 10000mmH_2O$$

$$h_{Hg} = \frac{p_a}{\gamma_{Hg}} = \frac{98kN/m^2}{133.38kN/m^3} = 73.56cmHg = 735.6mmHg$$

上述三种压强单位的关系是：1个工程大气压 $\approx 10mH_2O \approx 735.6mmHg \approx 98kN/m^2 \approx 98000Pa$。

除了流体静压强的计算外，工程上常遇到流体静压强的量测问题，如锅炉、制冷压缩机、水泵和风机等设备中，均需测定压强。常用测压仪器有液柱测压计、金属压力表和真空表等，多数测量仪表的显示值为相对压力值，也称为表压力。

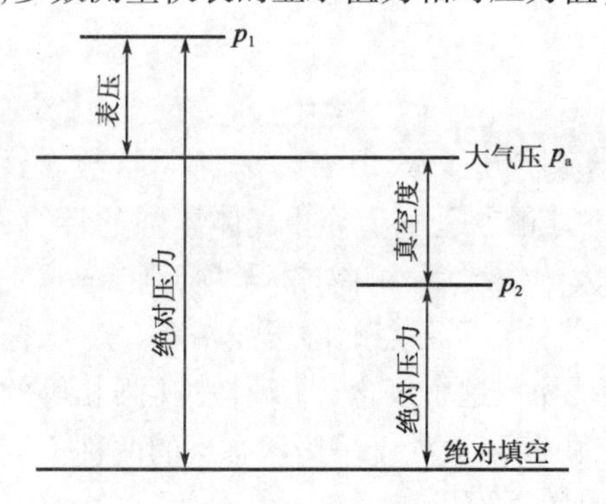

图 1-4　压力计量基本图示

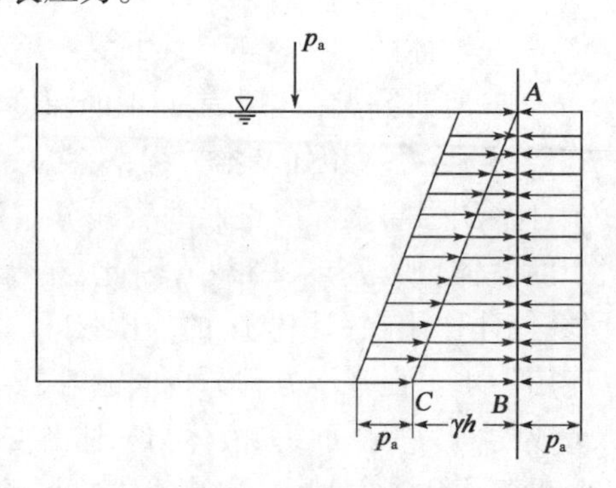

图 1-5　水池壁相对压强分布图

第三节　流体运动的基本知识

建筑设备中的流体多为运动状态，因此需要了解流体运动的基本知识。

一、流体运动的基本概念

1. 压力流与无压流

(1)压力流。流体在压差作用下流动时，整个流体周围都和固体壁相接触，没有自由表面。如供热工程中管道输送汽、水等，风道中输送气体，给水中输送液体等都是压力流。

(2)无压流。液体在重力作用下流动时，液体的部分周界与固体壁相接触，部分周界与气体接触，形成自由表面。如天然河流、明渠流等一般都是无压流。

2. 恒定流与非恒定流

(1)恒定流。流体运动时，流体中任一位置的压强、流速等运动要素不随时间变化的流动称为恒定流动，如图 1-6(a)所示。

(2)非恒定流。流体运动时，流体中任一位置的运动要素，如压强、流速等随时间变化而变动的流动称为非恒定流，如图 1-6(b)所示。

自然界中大多是非恒定流，为简化计算，工程中一般可以取为恒定流。

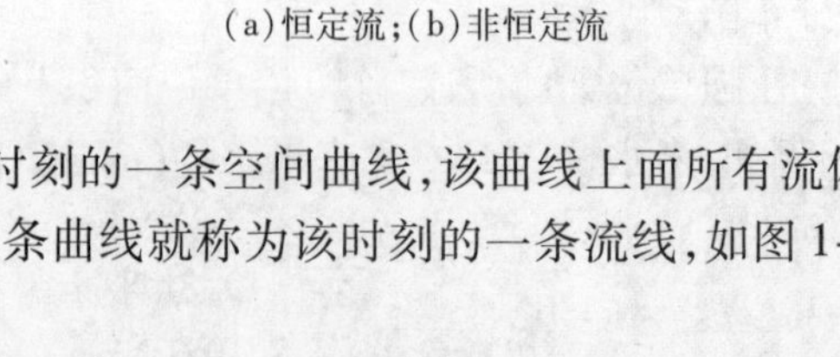

图 1-6　恒定流与非恒定流
(a)恒定流；(b)非恒定流

3. 流线与迹线

(1)流线。流体运动时，在流速场中画出某时刻的一条空间曲线，该曲线上面所有流体质点在该时刻的流速矢量都与这条曲线相切，这条曲线就称为该时刻的一条流线，如图 1-7 所示。

(2)迹线。流体运动时，流体中某一个质点在连续时间内的运动轨迹称为迹线。流线与迹线是两个完全不同的概念。非恒定流时流线与迹线不重合，而恒定流时流线与迹线相重合。

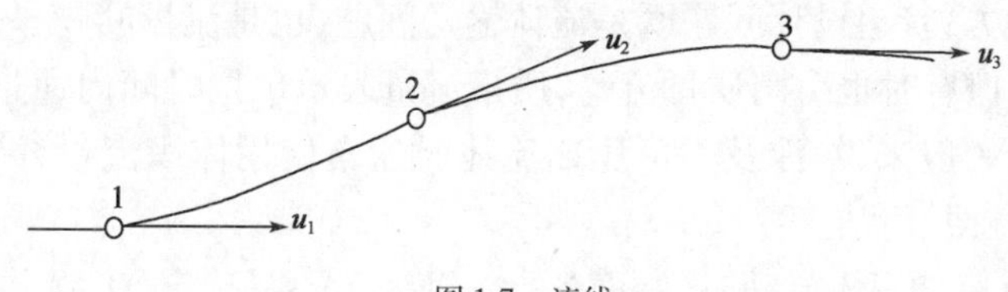

图 1-7　流线

4. 均匀流与非均匀流

(1)均匀流。流体运动时,流线是平行直线的流动称为均匀流,如等截面长直管中的流动。

(2)非均匀流。流体运动时,流线不是平行直线的流动称为非均匀流,如流体在收缩管、扩大管或弯管中流动等。它又可分为渐变流和急变流。

渐变流。流体运动中流线接近于平行线的流动称为渐变流,如图 1-8 中的 A 区。

急变流。流体运动中流线不能视为平行直线的流动称为急变流,如图 1-8 中的 B、C、D 区。

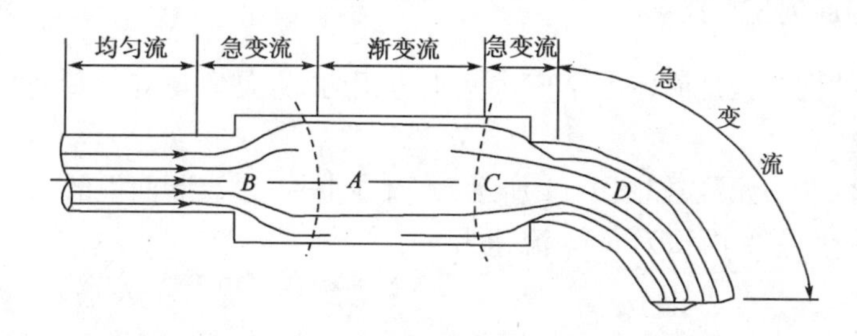

图 1-8　均匀流与非均匀流

5. 元流与总流

(1)元流。流体运动时,在流体中取一微小面积 $d\omega$,并在 $d\omega$ 面积上各点绘出并形成一股流束,称为元流。在元流内的流体不会流到元流外面,在元流外面的流体亦不会流进元流中去。由于 $d\omega$ 很小,可以认为 $d\omega$ 上各点的运动要素(压强与流速)相等。

(2)总流。流体运动时,无数元流的总和称为总流,如图 1-9 所示。

6. 过流断面、流量与断面平均流速

(1)过流断面。流体运动时,与元流或总流全部流线正交的横断面称为过流断面,用 $d\omega$ 或 ω 表示,单位为 m^2 或 cm^2。均匀流的过流断面为平面,非均匀流的过流断面为曲面,渐变流的过流断面可视为平面,如图 1-10 所示。

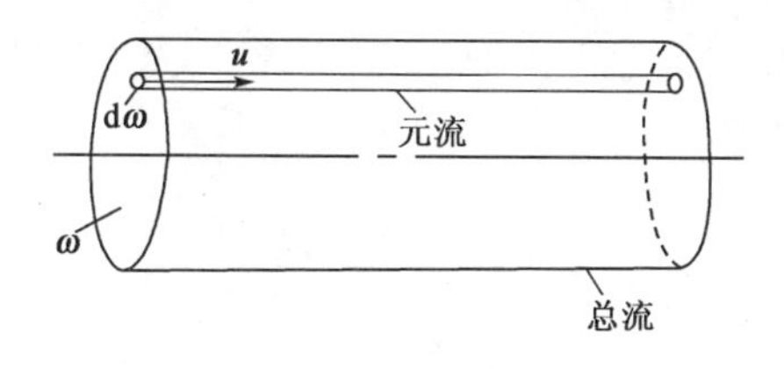

图 1-9　元流与总流

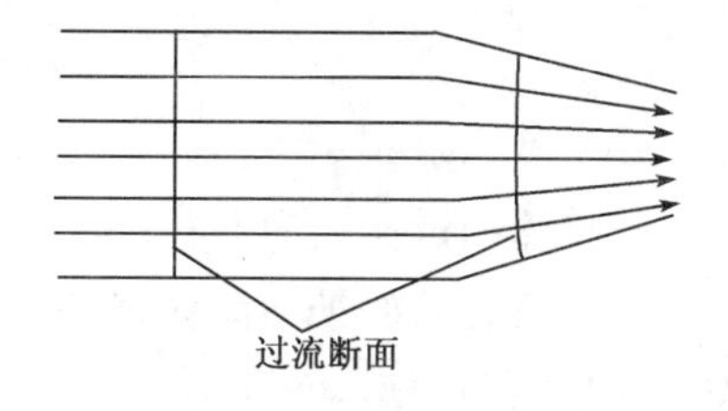

图 1-10　流线与过流断面

(2)流量。流体运动时,单位时间内通过过流断面的流体体积称为体积流量,用符号 Q 表示,单位是 m^3/s 或 L/s。流量是一个重要的物理量,它具有普遍的实用意义。例如,通风就是将一定流量的空气输送到需要通风的区域;供热就是输送一定流量的热流体(热水、蒸汽）到需要热量的地方；管道设计问题既是流体输送问题，也是流量问题。一般情况下，流量指的都是体积流量，但有时也引用质量流量，质量流量表示单位时间内通过过流断面的流体质量，单位为 kg/s。一般来说，涉及不可压缩流体时通常使用体积流量，涉及可压缩流体时则使用质量流量较方便、简洁。

（3）断面平均流速。流体流动时，断面各点流速一般不易确定，工程上，一般采用断面平均流速 v。断面平均流速为断面上各点流速的平均值。过流断面面积 ω 乘以断面平均流速 v 所得到的流量，等于实际流速通过该断面的流量。即：

$$Q = v\omega = \int_{\omega} v\mathrm{d}\omega$$

显然，断面平均流速计算式为：

$$v = \frac{\int_{\omega} v\mathrm{d}\omega}{\omega} = \frac{Q}{\omega}$$

二、恒定流的连续性方程

恒定流的连续性方程是流体力学三个基本方程之一，是质量守恒原理的流体力学表达式，应用极为广泛。

在恒定流中任取一元流，如图 1-11 所示，元流在 1—1 过流断面上的面积为 $\mathrm{d}\omega_1$，流速为 u_1；在 2—2 过流断面上的面积为 $\mathrm{d}\omega_2$，流速为 u_2。

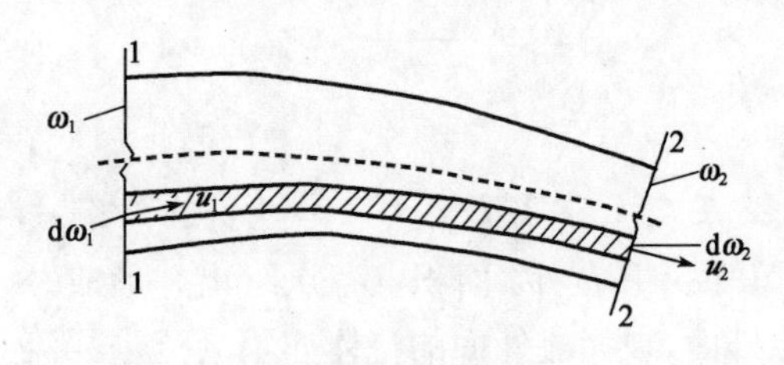

图 1-11 恒定总流段

考虑到：

①由于流动是恒定流，元流形状及空间各点的流速不随时间变化；

②流体是连续介质；

③流体不能从元流的侧壁流入或流出。

因此，应用质量守恒定律，流进 $\mathrm{d}\omega_1$ 断面的质量必然等于流出 $\mathrm{d}\omega_2$ 断面的质量。令流进的流体密度为 ρ_1，流出的密度为 ρ_2，则在 $\mathrm{d}t$ 时间内流进与流出的质量相等：

$$\rho_1 u_1 \mathrm{d}\omega_1 \mathrm{d}t = \rho_2 u_2 \mathrm{d}\omega_2 \mathrm{d}t$$

或

$$\rho_1 u_1 \mathrm{d}\omega_1 = \rho_2 u_2 \mathrm{d}\omega_2$$

推广到总流，得：

$$\rho_1 Q_1 = \rho_2 Q_2 \tag{1-11a}$$

或

$$\rho_1 \omega_1 v_1 = \rho_2 \omega_2 v_2 \tag{1-11b}$$

式中：ρ——密度，$\mathrm{kg/m^3}$；

ω——总流的过流断面面积，$\mathrm{m^2}$；

v——总流的断面平均流速，m/s；

Q——总流的流量，$\mathrm{m^3/s}$。

式（1-11a）与式（1-11b）为总流连续性方程的普遍形式——质量流量的连续性方程。

当流体不可压缩时，流体的密度不变，由上式得

$$Q_1 = Q_2 \tag{1-12a}$$

或

$$v_1 \omega_1 = v_2 \omega_2 \tag{1-12b}$$

式(1-12a)与式(1-12b)系不可压缩流体的总流连续性方程——体积流量的连续性方程。方程表示流速与断面积成反比的关系,该式在实际工程中应用广泛。

三、恒定总流能量方程

能量守恒及其转化规律是物质运动的一个普遍规律。用此规律来分析流体运动,可以揭示流体在运动中压强、流速等运动要素随空间位置的变化关系——能量方程,从而为解决许多工程技术问题奠定基础。

1. 恒定总流实际液体的能量方程

1738 年,荷兰科学家达·伯努利(Daniel Bernoulli)根据功能原理建立了不考虑黏性作用的理想液体的能量方程,然后,考虑液体的黏性影响,推演出两个断面间流段实际液体恒定总流的能量方程,即伯努利方程:

$$z_1 + \frac{p_1}{\gamma} + \frac{\alpha_1 v_1^2}{2g} = z_2 + \frac{p_2}{\gamma} + \frac{\alpha_2 v_2^2}{2g} + h_{\omega 1-2} \tag{1-13}$$

现参见图 1-12,对式(1-13)中各项的意义解释如下:

z_1、z_2——过流断面 1—1、2—2 上单位重量液体位能,也称位置水头,m;

$\frac{p_1}{\gamma}$、$\frac{p_2}{\gamma}$——过流断面 1—1、2—2 上单位重量液体压能,也称压强水头,m;

$\frac{a_1 v_1^2}{2g}$、$\frac{a_2 v_2^2}{2g}$——过流断面 1—1、2—2 上单位重量液体动能,也称流速水头,m;

$h_{\omega 1-2}$——单位重量液体通过流段 1—2 的平均能量损失,也称水头损失,m;

α——动能修正系数,是对以断面平均流速 v 代替质点流速 u 计算动能所造成的误差的修正。一般 $\alpha = 1.05 \sim 1.1$,为计算方便,常取 $\alpha = 1.0$。

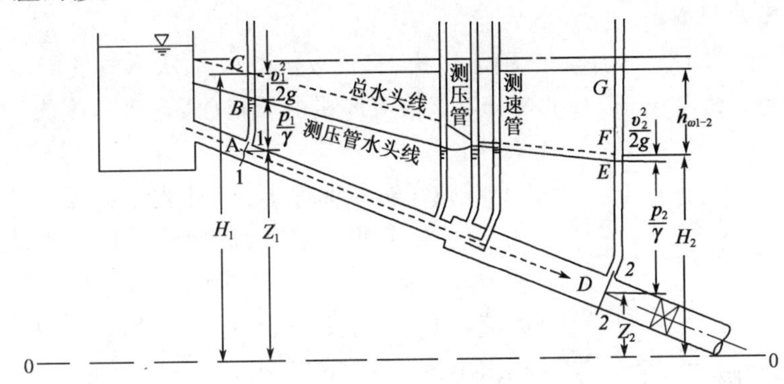

图 1-12　圆管中有压流动的总水头线与测压管水头线

能量方程中每一项的单位都是长度,都可以在断面上用铅直线段在图中表示出来。这就可对方程各项在流动过程中的变化关系作更形象的描述(压强和流速可用测压管和测速管量测出来)。

各断面上的总水头 H 的表达式为:

$$H = z + \frac{p}{\gamma} + \frac{\alpha v^2}{2g} \tag{1-14}$$

如果把各断面上的总水头顶点连成一条线,则称此线为总水头线,如图 1-12 中虚线所示。在实际水流中,由于水头损失 $h_{\omega 1-2}$的存在,所以总水头线总是沿着流程下降的倾斜线。

总水头线沿流程的降低值 $h_{\omega 1-2}$ 与沿程长度 L 的比值称为总水头坡度或水力坡度，它表示沿流程单位长度上的水头损失，用 i 表示，即：

$$i = \frac{h_{\omega 1-2}}{L} \tag{1-15}$$

如果把各过流断面的测压管水头$\left(z+\dfrac{p}{\gamma}\right)$连成线，则称之为测压管水头线，如图1-12中实线所示。测压管水头线可能上升，可能下降，可能水平，也可能是直线或是曲线。

2. 实际气体恒定总流的能量方程

对于不可压缩的气体，液体能量方程同样适用，由于气体重力密度很小，所以能量方程中重力做功可以忽略不计。对于一般的通风管道，过流断面上的流速分布比较均匀，动能修正系数可采用 $\alpha = 1.0$，这样，实际气体恒定总流的能量方程为：

$$\frac{p_1}{\gamma} + \frac{v_1^2}{2g} = \frac{p_2}{\gamma} + \frac{v_2^2}{2g} + h_{\omega 1-2} \tag{1-16}$$

或

$$p_1 + \frac{\gamma v_1^2}{2g} = p_2 + \frac{\gamma v_2^2}{2g} + \gamma h_{\omega 1-2} \tag{1-17}$$

式中：p——过流断面相对压强，工程上称静压；

$\dfrac{\gamma v^2}{2g}$——工程上称动压；

$p+\dfrac{\gamma v^2}{2g}$——过流断面的静压与动压之和，工程上称全压；

$\gamma h_{\omega 1-2}$——过流断面1—2在连续流条件下，1、2两过流断面间压强损失。

实际气体恒定总流的能量方程与液体总流的能量方程相比，除各项单位以压强来表达气体单位体积平均能量外，对应项意义基本相近。

3. 能量方程应用举例

【例1-1】 如图1-13所示为一轴流风机，直径 $d = 200$mm，吸入管的测压管水柱高 $h = 20$mm，空气的重力密度 $\gamma_a = 11.80\text{N/m}^3$，求轴流风机的风量（假定进口损失很小，可以忽略不计）。

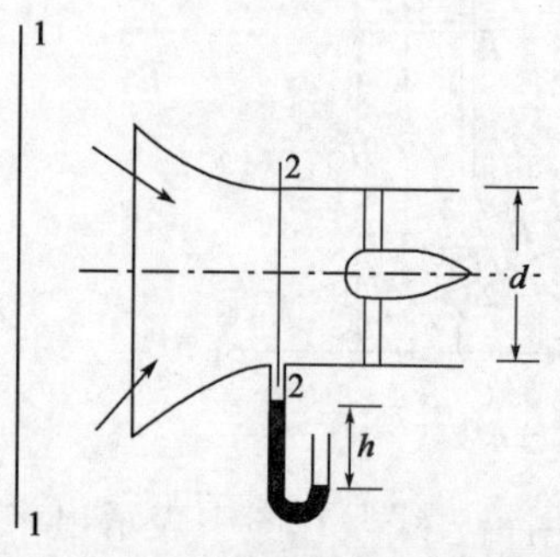

图1-13 轴流风机简图

解：在实际工程中，风机被经常用到，它从大气中吸入空气，进入吸入管段，然后经过风机加压，送至需要的地方。本题就是关于风机的吸入管段，因为吸入管段中的流量 $Q = \omega v$，其中 ω 为已知，故需用气体总流的能量方程求出流速 v。过流断面1—1取在距进口较远的大气中，流速很小，即$\dfrac{v_1^2}{2g}\approx 0$，1—1断面上大气压强为已知，即相对压强 $p_1 \approx 0$。2—2过流断面取在水银测压计的渐变流断面上，则此断面上压强已知，相对压强为 p_2。

此外，若能量方程基面取为轴流风机的水平中心轴线，则气体能量方程为：

$$p_1 + \gamma\frac{v_1^2}{2g} = p_2 + \gamma\frac{v_2^2}{2g} + \gamma h_{\omega 1-2}$$

将上列各项数值代入上式，并且忽略过流断面1—1、1—2之间的能量损失，在1—2之间为连续流条件下，可得：

$$0 + 0 = -196 + 11.80 \times \frac{v_2^2}{2g} + \gamma h_{\omega 1-2}$$

所以
$$v_2 = \sqrt{\frac{2 \times 9.8 \times 196}{11.80}} = 18\text{m/s}$$

故
$$Q = v_2 \omega_2 = \frac{1}{4}\pi \times 0.2^2 \times 18 = 0.565\text{m}^3/\text{s}$$

第四节　流动阻力和水头损失

由于流体的固体边壁不光滑且具有黏滞性，所以流体在流动过程中既受到存在相对运动的各流层间内摩擦力的作用，又受到流体与固体边壁之间摩擦阻力的作用。同时，固体边壁形状的变化，也会对流体的流动产生阻力。为了克服上述流动阻力，必须消耗流体所具有的机械能。单位质量的流体流动中所消耗的机械能，称为能量损失或几何意义上的能量损失，即水头损失。

一、流动阻力和水头损失的两种形式

利用流体的能量方程去解决各种实际工程技术问题，以确定水头损失 $h_{\omega 1-2}$，本节的任务是研究流体在恒定流动时各种流态下的水头损失的计算。

1. 沿程阻力和沿程水头损失

在固体边壁沿程无变化（边壁形状、尺寸、过流方向均无变化）的均匀流流段（如长直管、明渠）上，产生的流动阻力称为沿程阻力或摩擦阻力。为克服沿程阻力做功而引起的能量损失称为沿程损失，液体流动的沿程损失习惯上称为沿程水头损失，用 h_f 表示。由于沿程损失均匀分布在整个流段上，与流段的长度成正比，所以也称为长度损失。

2. 局部阻力和局部水头损失

流体的边界在局部地区发生急剧变化时，会迫使主流脱离边壁而形成旋涡，导致流体质点间产生剧烈的碰撞，形成比较集中的能量损失，这种阻力称为局部阻力。为克服局部阻力而引起的能量损失，称为局部损失，用 h_j 表示，液体流动的局部损失习惯上称为局部水头损失。局部损失常常发生在管道入口、变径管、弯管、三通、阀门等各种管件处。

如图 1-14 所示为某段给水管道。管道有弯头、突然扩大、突然缩小、闸门等。在管径不变的直管段上，只有沿程水头损失 h_f，测压管水头线和总水头线都是互相平行的直线。在弯头、突然扩大、突然缩小、闸门等水流边界面急骤改变处产生局部水头损失 h_j。

整个管道的总水头损失 $h_{\omega 1-2}$ 等于各沿程水头损失 h_f 与各局部水头损失 h_j 叠加之和，即：

$$h_{\omega 1-2} = \sum h_f + \sum h_j \tag{1-18}$$

二、流动的两种形态——层流和紊流

流体在流动过程中，呈现出两种不同的流动形态，分别为层流和紊流。

如图 1-15(a)所示为一玻璃管中水的流动装置，若不断投加红颜色水于液体中，当液体流速较低时，玻璃管内将有股红色水流的细流，像一条线一样。流体成层成束地流动，各流层间无质点的掺混现象的流态称为层流，如图 1-15(b)所示。

如果加大管中水的流速，红颜色水随之开始动荡，呈波浪形，如图1-15(c)所示；继续加大流速，红色水将向四周扩散，质点或液团相互混掺，流速愈大，混掺程度愈烈，这种水流形态称为紊流，如图1-15(d)所示。

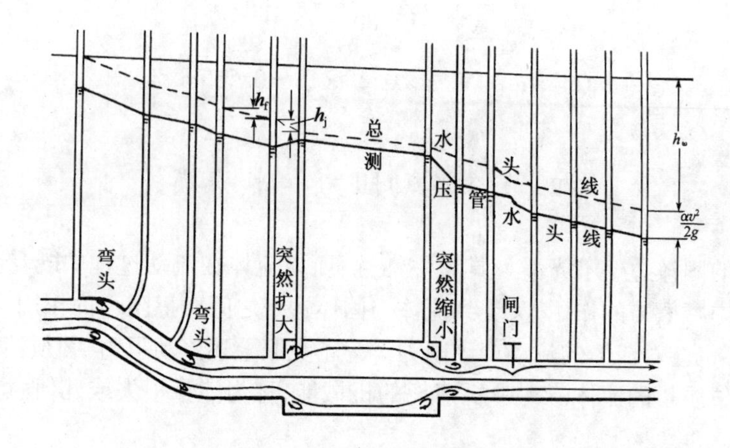

图1-14　给水管道沿程和局部水头损失

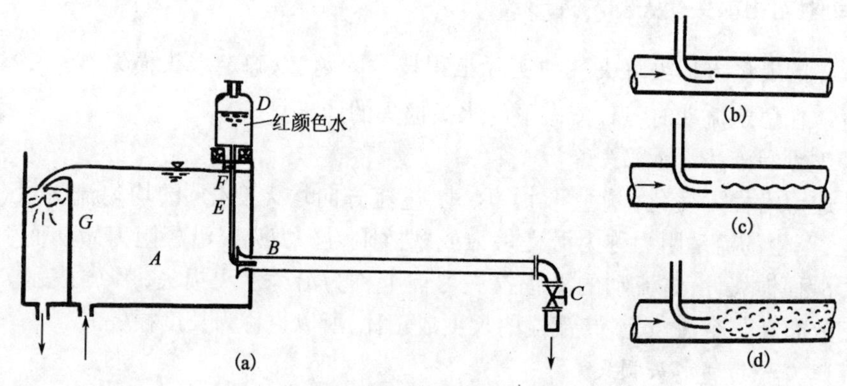

图1-15　管中液体的流动形态

(a)装置图示；(b)层流形态；(c)过渡形态；(d)紊流形态

流体的流动形态通常根据雷诺数Re来判断。

$$\mathrm{Re} = \frac{vd}{\nu} \tag{1-19}$$

式中：Re——雷诺数；

v——圆管中流体的平均流速，m/s或cm/s；

d——圆管的管径，m或cm；

ν——流体的运动黏滞系数，m^2/s。

对于圆管的有压管流：若 $\mathrm{Re} < 2000$，流体呈层流形态；若 $\mathrm{Re} \geq 2000$，流体呈紊流形态。

对于明渠流，通常以水力半径 R 代替式(1-19)中的 d，于是明渠中的雷诺数为：

$$\mathrm{Re} = \frac{vR}{\nu} \tag{1-20}$$

水力半径 $R = \frac{\omega}{x}$，其中，ω 是过流断面面积；x 是湿周，为流动的流体同固体边壁在过流断面上接触的周边长度。

例如，有压管流的水力半径 $R=\frac{\omega}{x}=\frac{\frac{\pi d^2}{4}}{\pi d}=\frac{d}{4}$；对于矩形断面的管道，其 $R=\frac{ab}{2(a+b)}$。

若 Re<500，明渠流呈层流形态；若 Re≥500，明渠流呈紊流形态。

在建筑设备工程中，绝大多数的流体运动都处于紊流形态。只有在流速很小且管径很小或黏滞性很大的流体运动的情况下（如地下水渗流、油管等）才可能发生层流运动。

三、沿程水头损失

流体运动时，由于其流态的不同，从而水头损失规律也不相同。

迄今，用理论的方法只能推导出层流的沿程水头损失公式。对于紊流，目前采用理论和实验相结合的方法，建立半经验公式来计算沿程水头损失，公式普遍表达为：

$$h_f=\lambda\frac{L}{d}\frac{v^2}{2g} \tag{1-21}$$

式中：h_f——沿程水头损失，m；

λ——沿程阻力系数；

d——管径，m；

L——管长，m；

v——管中平均流速，m/s。

对于气体管道，则可将式(1-21)写成压头损失的形式，即

$$p_f=\gamma\lambda\frac{L}{d}\frac{v^2}{2g} \tag{1-22}$$

式中：p_f——压力损失，N/m^2。

对于非圆断面管渠，$d=4R$，所以式(1-22)可变为：

$$h_f=\lambda\frac{L}{4R}\frac{v^2}{2g} \tag{1-23}$$

在实际工程中，有时是已知沿程水头损失 h_f 和水力坡度 i，而要求流速 v 的大小，因此，将式(1-23)整理得：

$$v=\sqrt{\frac{8g}{\lambda}}\sqrt{Ri}=C\sqrt{Ri} \tag{1-24}$$

式(1-24)称为均匀流流速公式或谢才公式，$C=\sqrt{\frac{8g}{\lambda}}$称为流速系数或谢才系数。式(1-24)在明渠流中应用很广。

四、局部水头损失

在实际水力计算中，局部水头损失可以通过流速水头乘以局部阻力系数后得到，即：

$$h_j=\xi\frac{v^2}{2g} \tag{1-25}$$

式中：ξ——局部阻力系数，ξ 值多根据管配件、附件的不同由实验测出，各种局部阻力系数 ξ 可查阅有关手册得到；

v——过流断面的平均流速,它应与 ξ 值相对应,除注明外,一般用阻力后的流速;

g——重力加速度。

上述内容分别讨论了沿程和局部水头损失的计算,从而解决了流体运动中任意两过流断面间的水头损失计算问题,即:

$$h_{\omega} = \sum h_{\mathrm{f}} + \sum h_{\mathrm{j}} = \sum \lambda \frac{L}{d} \frac{v^2}{2g} + \sum \xi \frac{v^2}{2g}$$

第五节　孔口、管嘴出流及两相流体简介

一、孔口出流

1. 薄壁圆形小孔口的流体自由出流

在水箱水面以下深度为 H 处的侧壁上开一个圆形小孔口,如图 1-16 所示,水箱中的水从四面八方向孔口汇集流入大气,由于水流质点的惯性,当绕过孔口边缘时,流线不是折线,因此整个水股在溢出孔口时有继续向中心收缩的趋势,直到离开孔口大约为孔口直径的 1/2 距离处,过流断面达到最小,称为收缩断面,用 ω_{c} 表示。ω_{c} 与孔口面积 ω 的比值称为收缩系数 ε,在圆形孔口的情况下,收缩系数 ε 为:

$$\varepsilon = \frac{\omega_{\mathrm{c}}}{\omega} = 0.63 \sim 0.64$$

可将收缩断面视为渐变流断面,以收缩断面形心作基准面 0—0,列 1—1 与 C—C 断面的能量方程,可推求出经孔口流量与作用水头 H 以及其他因素的关系式为:

$$Q = \omega_{\mathrm{c}} v_0 = \varepsilon \omega \varphi \sqrt{2gH_0} = \mu_{\mathrm{h}} \omega \sqrt{2gH_0} \quad (1\text{-}26)$$

式中:Q——孔口出流的数量,m/s;

φ——孔口的流速系数,$\varphi = \dfrac{1}{\sqrt{1+\xi_0}}$,$\xi_0$ 是孔口的局部阻力系数,$\xi_0 = 0.05 \sim 0.06$,实验结果 $\varphi = 0.97 \sim 0.98$;

μ_{h}——孔口的流量系数,$\mu_{\mathrm{h}} = \varepsilon\varphi = 0.60 \sim 0.62$;

ω——孔口面积,m^2;

H_0——孔口的作用水头,m;$H_0 = H + \dfrac{\alpha v_1^2}{2g}$。

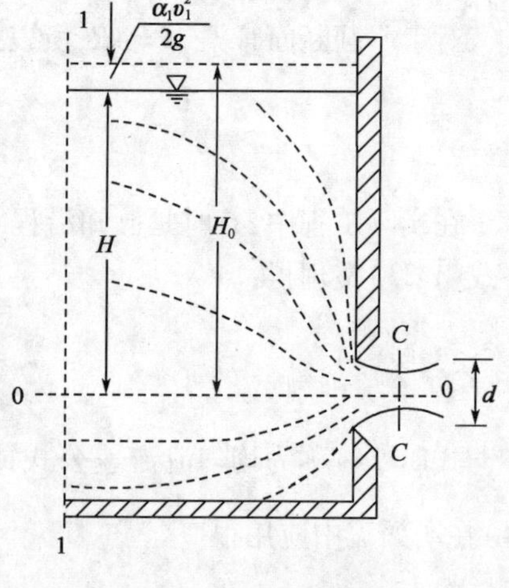

图 1-16　小孔口出流

2. 淹没出流

如果孔口出流淹没于同类流体中,则称为淹没出流,如图 1-17 所示。孔口淹没出流的流量可用式(1-26)计算,但 $H_0 = H_1 - H_2$。流速系数及流量系数与自由出流之值相同。

气体的孔口流量公式也可用式(1-26)计算,只需把 H_0 变为 $\dfrac{\Delta p}{\gamma}$(Δp 为孔口前后的压强差,γ 为气体的重力密度)即可。

二、管嘴出流

在直径为 d 的圆形小孔口外部接一个长度为 $L=(3\sim4)d$ 的圆柱形短管，称为圆柱形外管嘴，如图 1-18 所示。

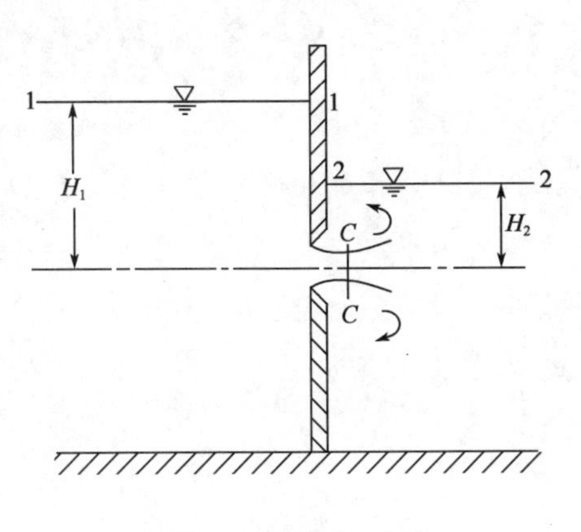

图 1-17　淹没孔口出流

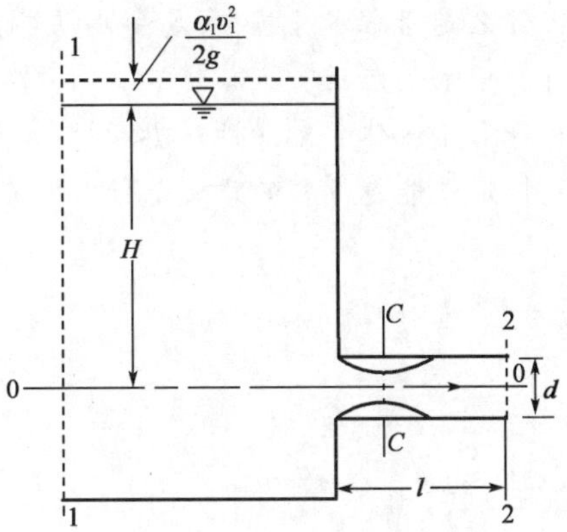

图 1-18　管嘴出流

水流经过水箱侧壁转弯进入管嘴内部，也会发生流线收缩现象，在收缩断面 ω_c 周围有一个环形面积的漩涡区，水股经过 $C—C$ 断面后又逐渐扩大，至管嘴出口时已经充满全管。过管嘴轴线作基准面 0—0，列出 1—1 与 2—2 断面的能量方程，同样可得：

$$Q = \omega v_2 = \mu_j \omega \sqrt{2gH_0} \tag{1-27}$$

$$\mu_j = \frac{1}{\sqrt{1+\xi_j}}$$

式中：ξ_j——管嘴局部阻力系数，根据有关资料，直角锐缘进口的局部阻力系数 $\xi_0=0.5$，取 $\xi_j=\xi_0=0.5$。

在实际工程中，装置各种形式的管嘴以获得不同的流速和流量。例如，收缩锥形管嘴的流速系数大，通常用在要加大喷射流速的场合，水力喷砂和消防水枪等压力喷嘴都采用这种形式的管嘴；渐扩形管嘴适用于使动能恢复为压能，加大流量等场合，例如，引射器的扩压管、水轮机的尾水管、扩散行送风口等；流线型管嘴用在既要求流量大又要求水头损失尽可能小的场合，如喷嘴流量计、风洞喷射口等。

三、牛顿型、非牛顿型流体和气-液、气-固两相流动

本章前面所述流体是指液体或气体在流动过程中所具有的切应力与其流速梯度均呈线性关系，是符合牛顿定律的，被称为牛顿流体。对于诸如油脂、油漆、淀粉悬浮液、纸浆等液体，其在流动过程，根据实验得到的其各自切应力与其流速梯度并非呈线性关系，是不符合牛顿定律的，因而被称为非牛顿流体。

对处在一定热力环境中气体与液体或气体与固体混杂形成的运动连续介质，分别被称为气-液、气-固两相流动。

在现代工程技术中，非牛顿型流体，气-液、气-固两相流动均得到广泛应用。但此类流动中所产生的阻力计算因影响因素较多，且当前其理论计算式尚不完整，其各自的阻力计算式

是按照建立各自具有典型流动模型和其实验观察数据总结得到的。流体多种工况计算式可在流体力学或有关工程手册中查到。

思 考 题

1. 什么是沿程水头损失、局部水头损失？如何计算？在给水管道水力计算及空调管道设计计算中如何应用？

2. 什么是流体的黏滞性？黏滞性的影响因素是什么？

3. 恒定流能量方程的意义是什么？在建筑设备工程设计计算中如何应用？

第二章　管道材料、器材及卫生器具

第一节　管道材料和水表

一、管道材料及连接配件

管道材料应根据给水排水的要求选用。生产和消防的室内给水管道一般采用非镀锌钢管、给水铸铁管；室内生活给水管道应选用塑料给水管、塑料和金属复合管、铜管、不锈钢管等耐腐蚀和安装连接方便的管材；埋地的室内外给水排水管材应选用耐腐蚀和具有耐地面荷载能力的管材；室内污水管应根据敷设地点、管材性能、污水性质等情况选用，如排水铸铁管、排水塑料管等。

1. 钢管

焊接钢管（水、燃气输送钢管）一般分为普通钢管和加厚钢管两种。普通钢管一般适用于工作压力小于1MPa的管道；加厚钢管适用于工作压力小于1.6MPa的管道。焊接钢管又有镀锌管（俗称白铁管）与不镀锌管（俗称黑铁管）之分。镀锌管即在黑铁管内外壁镀锌而成。

钢管的优点是强度高、接头方便、长度大接头少、内表面光滑、水力条件好；缺点是易腐蚀、造价较高。在实际工程中，无缝钢管采用得较少，只有在焊接钢管不能满足压力要求的情况下才采用。

钢管连接的方式分为螺纹连接（又称丝扣连接）、焊接和法兰连接三种。螺纹连接就是用配件连接，适用于大多数管子，各种配件的连接如图2-1所示。

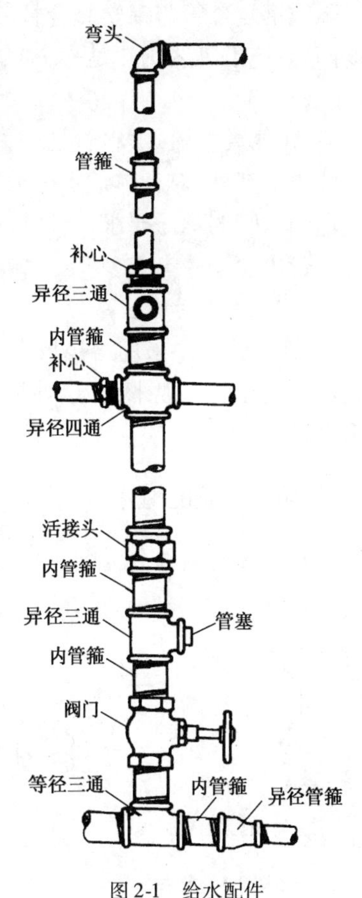

图2-1　给水配件

2. 铸铁管

铸铁管具有不易腐蚀、造价低、耐久性好等优点，因此在管径大于70mm时常用作埋地管。缺点是质较脆，重量较大。给水铸铁管常用承接和法兰连接，配件也相应地带承插口或法兰盘。排水铸铁管由于不承受水压，所以管壁较薄，重量轻，管径一般为50～200mm。排水铸铁管采用承接连接，承插口直管分为单承口和双承口两种，排水铸铁管道的连接配件如图2-2所示。

3. 不增塑聚氯乙烯管

不增塑聚氯乙烯管，具有安装方便、无毒、无臭、体轻、耐腐蚀等优点。近年来被广泛用于室内水、暖、电气系统，选用时应根据其介质性质和管材性能确定。可以采用承插、螺纹、法兰或黏接等方法连接。

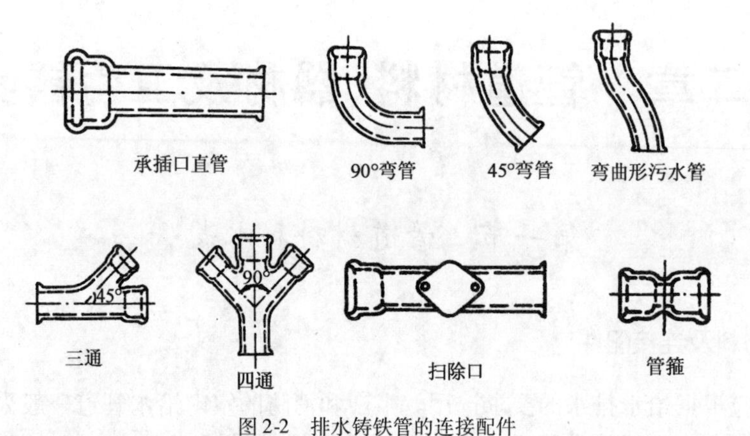

图 2-2　排水铸铁管的连接配件

4. 铝塑复合管

铝塑复合管是目前市场上应用较多的一种管材，由于其质轻、耐用且施工方便，其可弯曲性更适合在家装中使用。其主要缺点是在当作热水管使用时，由于长期的热胀冷缩会造成管壁错位以致渗漏。

5. 不锈钢复合管

不锈钢复合管与铝塑复合管的结构差不多，在一定程度上，性能也比较相近。由于钢的强度问题，施工工艺仍然是一个问题。

6. PVC 管

PVC(聚氯乙烯)塑料管是一种现代合成材料管材。PVC 管材内含有能使管材变得柔软的化学添加剂酞，对人体危害很大，可能影响发育，甚至导致癌症。由于 PVC 管的强度远远不能达到水管的承压要求，所以极少用于自来水管。大多数情况下，PVC 管适用于电线管道和排污管道。

7. PP 管(聚丙烯管)

PP 管在施工中采用熔接技术，俗称热熔管。由于 PP 管无毒、质轻、耐压、耐腐蚀，因而受到广泛关注。一般来说，这种材质不但适合于冷水管道，也适合于热水管道，甚至纯净饮用水管道。

二、给水系统的附件

给水系统的附件分为配水附件和控制附件两大类。

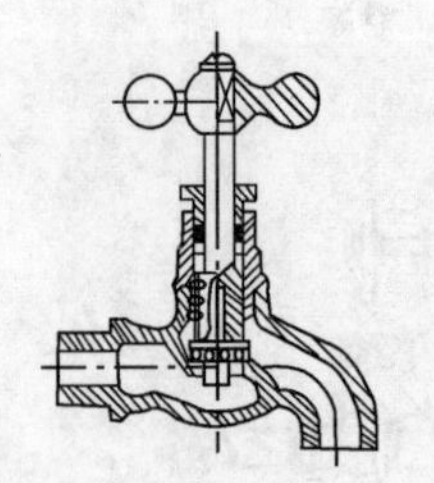

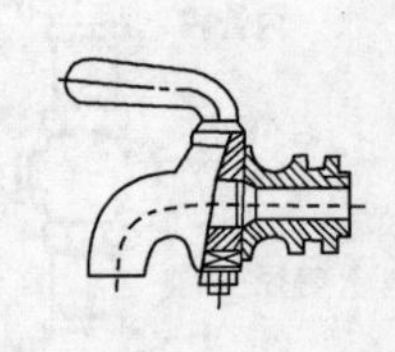

图 2-3　配水附件

1. 配水附件

配水附件是指安装在卫生器具及用水点的各式水龙头，用以调节和分配水流。常用的配水附件如图 2-3 所示。

2. 控制附件

控制附件用来调节水量、水压，或开启、关断水流以及改变水流方向。常用的控制附件主要有截止阀、闸阀、止回阀、浮球阀等，如图 2-4 所示。

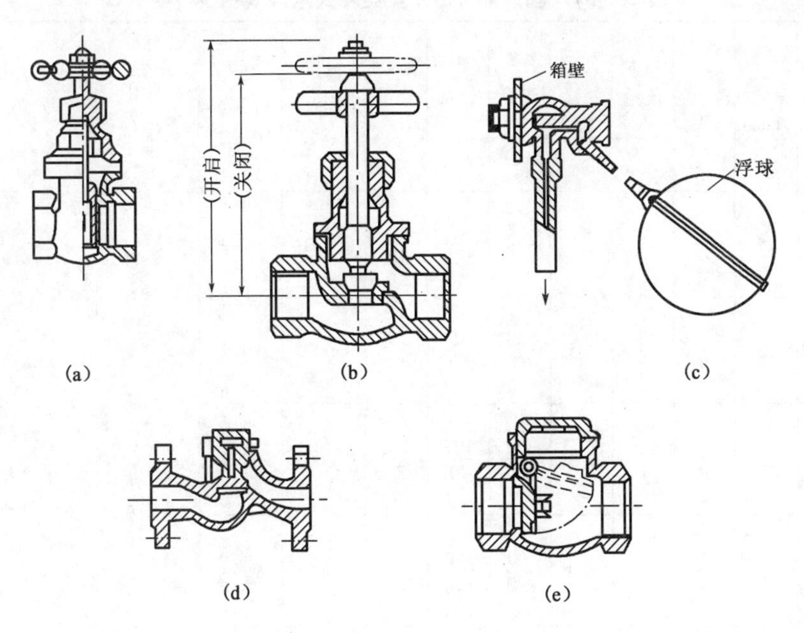

图 2-4　控制附件

(a)闸阀;(b)截止阀;(c)浮球阀;(d)升降式止回阀;(e)旋启式止回阀

三、水表

水表是一种计量建筑物用水量的仪表。常用的流速式水表的工作原理为:水流通过水表推动水表盒内叶轮转动,其转速与水的流速成正比,叶轮轴传动一组联动齿轮,然后传递到记录装置,指示针即在标度盘上指出流量的累计值。

流速式水表按其翼轮构造的不同分为旋翼式和螺翼式两种。旋翼式的翼轮转轴与水流方向垂直,水流阻力较大,多为小口径水表,宜用于测量小的流量。螺翼式的翼轮转轴与水流方向平行,水流阻力较小,适用于测量大流量的大口径水表。

流速式水表按其计数机件所处状态又分为干式和湿式两种。干式水表的计数机件通过金属圆盘与水隔开;湿式水表的计数机件浸在水中,利用计数度盘上的一块厚玻璃(或钢化玻璃)承受水压。湿式水表机件简单、计量准确、密封性能好,但只能用在水中不含杂质的管道上,否则影响其精确度。旋翼湿式水表的构造如图 2-5 所示,叶轮湿式水表的技术数据见表 2-1。

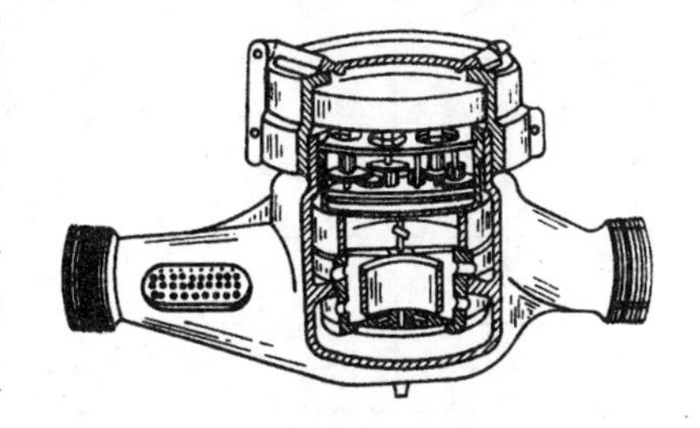

图 2-5　旋翼湿式水表的构造

选择水表按照通过水表的设计流量(不包括消防流量),以不超过水表的公称流量确定水表直径,并以平均小时流量的 6%~8% 校核水表灵敏度。对于生活消防共用系统,还需加消防流量复核,使总流量不超过水表的最大流量限值。流经水表的水头损失可按厂家提供的资料进行确定。

住宅建筑中的分户水表应集中安装在户外的水表井内;安装在室内卫生间或厨房时,为方便管理,宜采用卡式预付费水表、远传仪式水表。

表 2-1(a)　国产部分冷水器旋翼式水表规格及性能

型号	DN (mm)	计量等级	最大流量	公称流量	分解流量	最小流量	使动流量	最小读数 (m^3)	最大读数 (m^3)	使用条件	特性
			(m^3/h)		(L/h)						
LXS-15E LXSL-15E	15	A/B	3	1.5	150/120	45/30	14/10	0.0001	9999	≤50℃ 1MPa	湿式指针字轮式，LXS-15C-50C 型的改型
LXS-20E LXSL-20E	20	A/B	5	2.5	250/200	75/50	19/14	0.0001	9999		
LXS-25E	25	A/B	7	3.5	350/280	105/70	23/7	0.0001	9999		
LXS-32E	32	A/B	12	6.0	600/480	180/120	32/27	0.0001	9999		
LXS-40E	40	A	20	10	1000/800	300/200	56/46	0.001	99999		
LXS-50E	50	B	30	15	1500	450	75	0.001	99999		
LXS-100E	100	A	100	50			1400	400		40℃ 1MPa	全国统一设计湿式指针字轮式
LXS-150E	150	B	200	100			2400	500			

表 2-1(b)　国产部分热水器 LXR 型旋翼式水表规格及性能

口径 (mm) 主表	副表	特性流量	最大流量	额定流量	最小流量	灵敏度	工作环境 水温(℃)	压力(MPa)	备注
		(m^3/h)							
			误差	±2%	7%				
15	—	3	1.5	1.0	0.06	0.035	≤90	≤0.6	DN15~40 为管螺纹 DN50~150 为法兰
20	—	5	2.5	1.6	0.09	0.050			
25	—	7	3.5	2.2	0.12	0.060			
40	—	20	10	6.3	0.24	0.180			
50	15		17	10	0.6	0.12			
80	20		20	13	2	0.30			
100	20		30	20	3	0.45			
150	25		50	33	5	0.75			

第二节　卫生器具及冲洗设备

一、卫生器具

卫生器具是用来满足日常生活中洗浴、洗涤等卫生要求以及收集排除生活生产中产生的污水的一种设备。卫生器具要求不透水、耐腐蚀、表面光滑易于清洗，其一般由陶瓷、搪瓷生铁、塑料、水磨石、不锈钢等材料制成。

1. 便溺用卫生器具

(1)大便器

①坐式大便器

坐式大便器分为冲洗式、虹吸式和干式坐便器三种。水冲洗的坐式大便器的构造包括存水弯，多装设在住宅、宾馆、旅馆、饭店等建筑内。冲洗设备一般多采用低水箱，如图 2-6 所示。干式大便器是一种通过空气循环作用消除臭味并将粪便脱水处理的卫生器具，适合用于无条件用水冲洗的特殊场所。

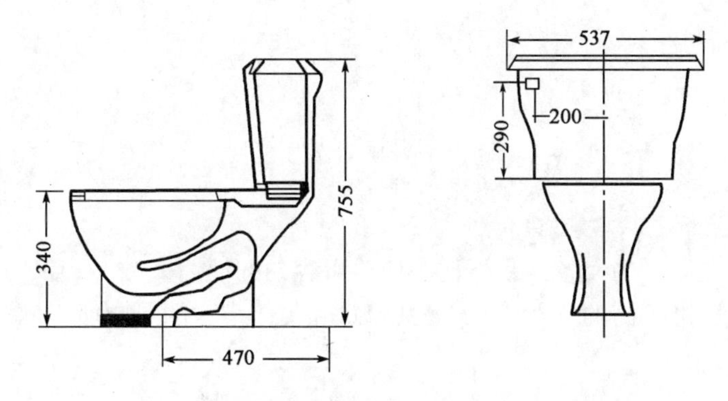

图 2-6　低水箱坐式大便器(尺寸单位:mm)

②蹲式大便器

蹲式大便器多装设在公共卫生间、旅馆等建筑内，冲洗设备一般多使用高水箱，其构造图及安装图如图 2-7 所示。

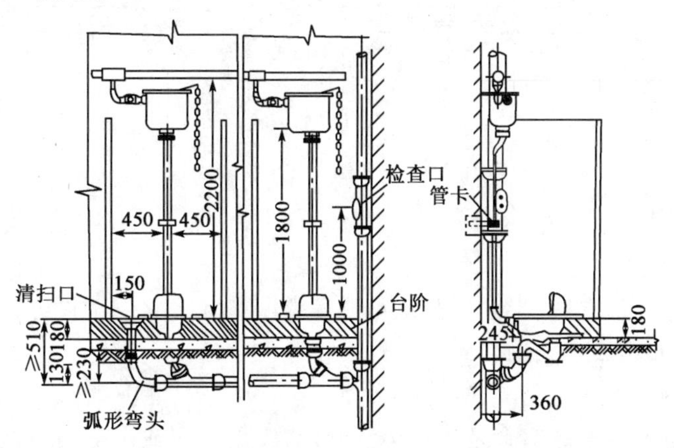

图 2-7　高水箱蹲式大便器(尺寸单位:mm)

(2)小便器

小便器装设在公共男厕所中,分为挂式和立式两种。挂式小便器悬挂在厕所的墙上,如图2-8(a)所示;立式小便器装置在对卫生设备要求较高的公共建筑厕所内,如展览馆、大剧院、宾馆等公共厕所的男厕所内,多为两个以上成组装置,如图2-8(b)所示。小便器可采用自动冲洗水箱或自闭式冲洗阀冲洗,每个小便器均应设存水弯。

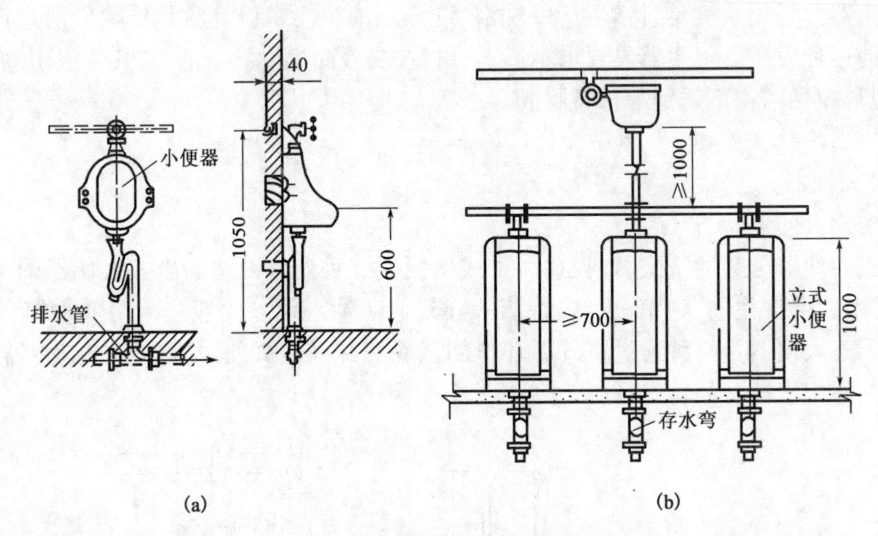

图2-8 小便器(尺寸单位:mm)

(a)挂式;(b)立式

(3)小便槽

由于小便槽在同样的设备面积下比小便斗可容纳的使用人数多,且建造简单经济,所以可以适用于建筑标准不高的工业建筑、公共建筑和集体宿舍的男厕所,如图2-9所示。

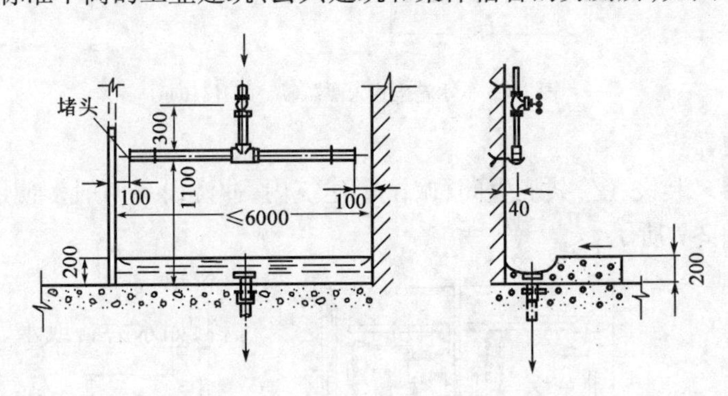

图2-9 小便槽(尺寸单位:mm)

2. 盥洗、沐浴用卫生器具

(1)洗脸盆

洗脸盆形状分为长方形、半圆形及三角形等类型。洗脸盆按架设方式可分为墙架式、柱脚式和台式三种,如图2-10所示。

(2)盥洗槽

盥洗槽通常设置在集体宿舍及工厂生活间内,多用水泥或水磨石制成,造价较低。有定型施工详图可供查阅。

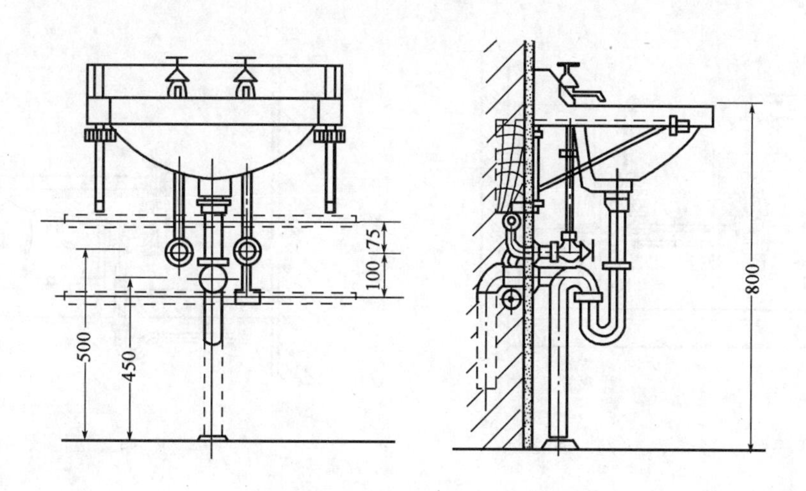

图 2-10　洗脸盆(尺寸单位:mm)

(3)浴盆

浴盆通常设置在住宅、宾馆、旅馆、医院等建筑物的卫生间内,设有冷、热水龙头或混合龙头以及固定的莲蓬头或软管莲蓬头,如图 2-11 所示。

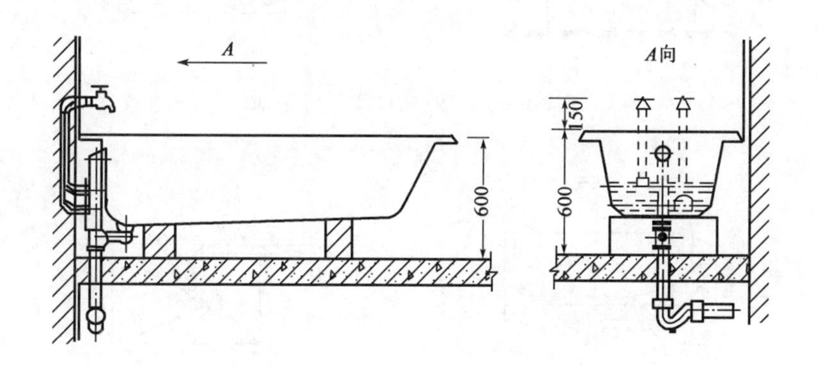

图 2-11　浴盆(尺寸单位:mm)

(4)淋浴器

淋浴器占地少、造价低、清洁卫生,因此在工厂生活间及集体宿舍等公共浴室中被广泛采用。淋浴室的墙壁和地面需用易于清洗和不透水材料,如水磨石或水泥建造。淋浴器安装图如图 2-12 所示。

(5)妇女卫生盆

妇女卫生盆是专供妇女清洗下身用的卫生器具,一般设置在工厂女工卫生间、妇产科医院及设备完善的居住建筑或宾馆卫生间内,如图 2-13 所示。

3. 洗涤用卫生器具

洗涤用卫生器具主要分为污水盆、洗涤盆、化验盆等类型。

污水盆通常装置在公共建筑的厕所、卫生间及集体宿舍盥洗室中,供打扫厕所、洗涤拖布及倾倒污水之用;洗涤盆装置在居住建筑、食堂及饭店的厨房内供洗涤碗碟及食物之用。污水盆及洗涤盆安装分别如图 2-14、图 2-15 所示。

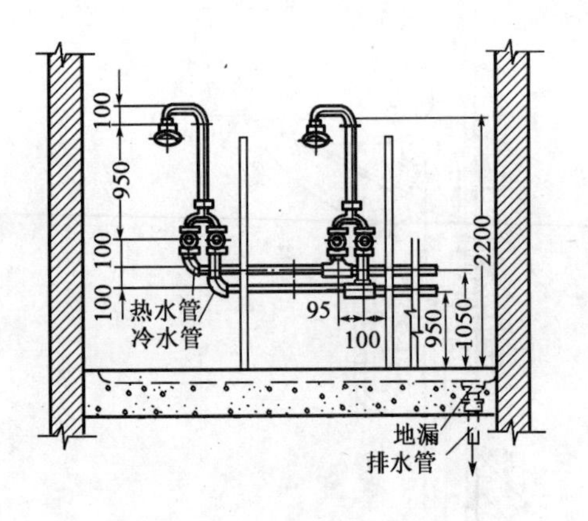

图 2-12　淋浴器(尺寸单位:mm)

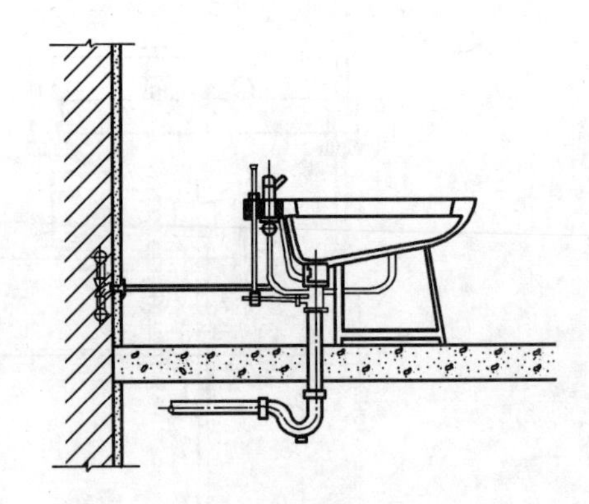

图 2-13　妇女卫生盆

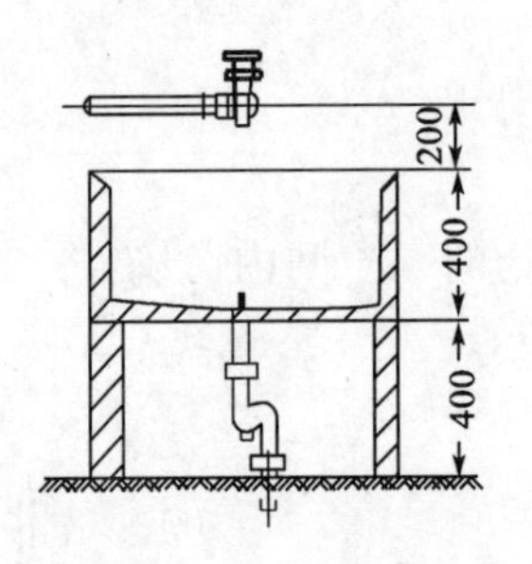

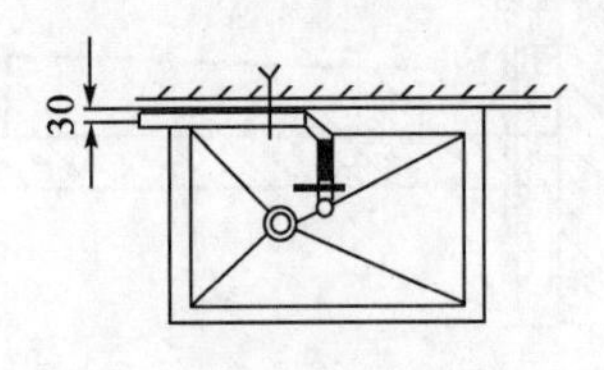

图 2-14　污水盆(池)(尺寸单位:mm)

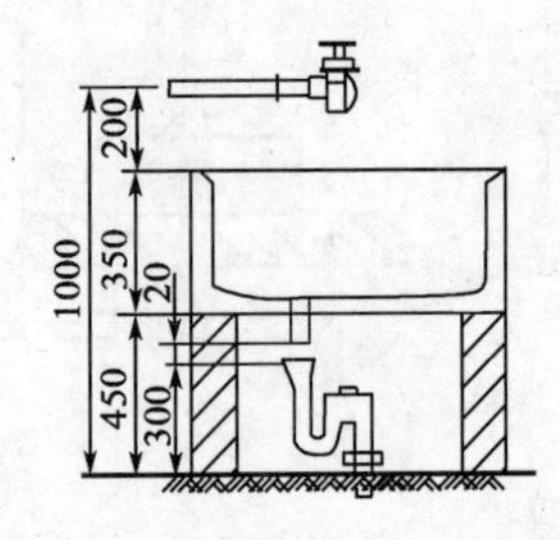

图 2-15　洗涤盆(池)(尺寸单位:mm)

4. 地漏及存水弯

(1)地漏

在卫生间、浴室、洗衣房及工厂车间内,为了排除地面上的积水,需要装置地漏。地漏的选用应根据使用场所的特点和所承担的排水面积等因素确定。地漏一般设置在地面最低处,地面做成0.005~0.01的坡度坡向地漏,地漏箅子的顶面应比地面低5~10mm。地漏一般用铸铁等材料制成,本身就包含存水弯,如图2-16所示。

(2)存水弯

存水弯是一种弯管,其里面存有一定深度的水,即水封深度。水封可防止排水管网内的臭气、有害气体或可燃气体通过卫生器具进入室内。因此,每个卫生器具的排出支管上均需装设存水弯(附设存水弯的卫生器具除外)。存水弯的水封深度一般不小于50mm。常用的存水弯形式如图2-17所示。

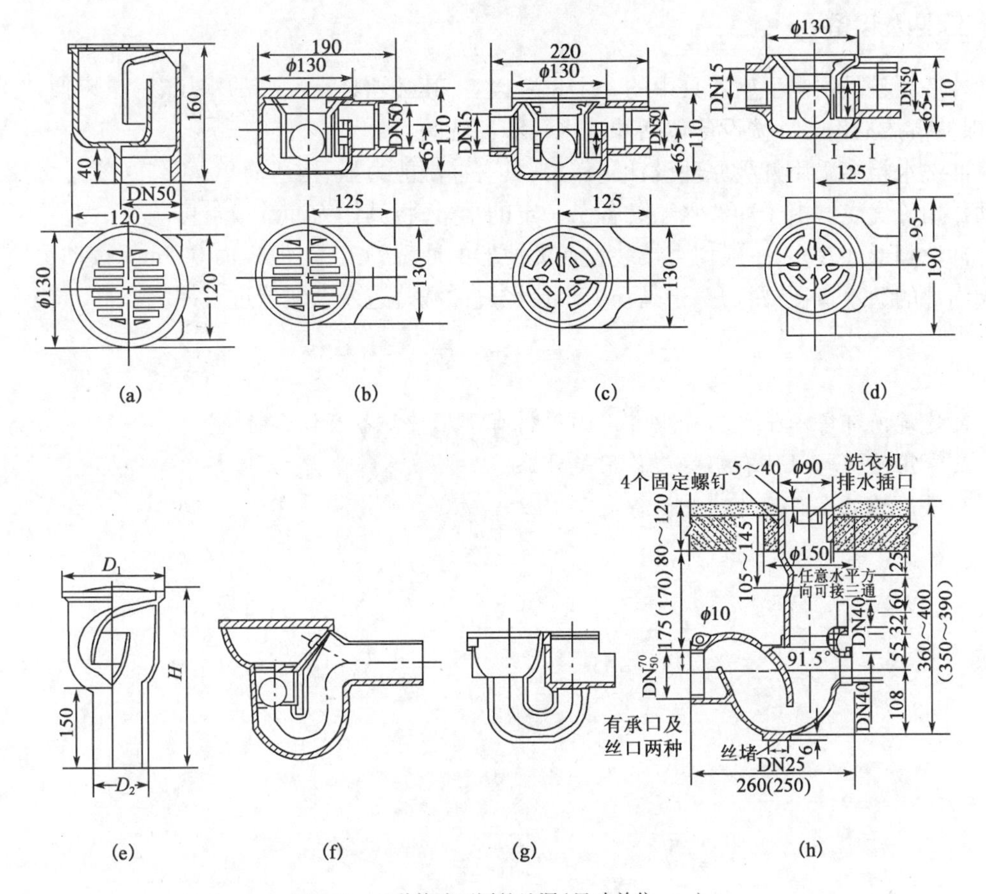

图 2-16　几种构造不同的地漏(尺寸单位:mm)

(a)垂直单向出口地漏;(b)单通道地漏;(c)二通道地漏;(d)三通道地漏;(e)高水封地漏;(f)防倒流地漏;(g)可精通地漏;(h)多功能地漏

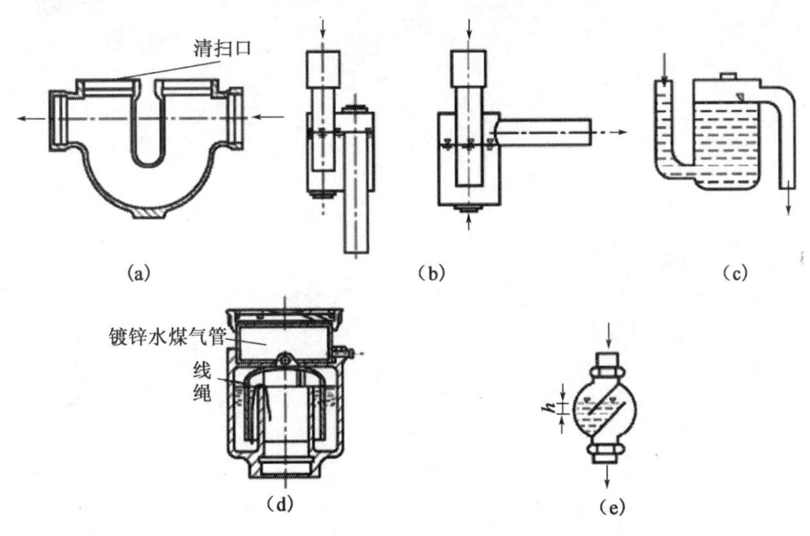

图 2-17　几种存水弯

(a)U 形;(b)瓶式;(c)筒式;(d)钟罩式;(e)间壁式

二、冲洗设备

冲洗设备是便溺卫生器具中的一个重要设备,其必须具有足够的水压、水量以便冲走污物,保持清洁卫生。冲洗设备包括冲洗水箱和冲洗阀。

冲洗水箱多采用虹吸原理设计制作,其具有冲洗能力强、构造简单、工作可靠且可控制、自动作用等优点。由于冲洗水箱贮备了一定的水量,将其作为冲洗设备可减少给水管径。

冲洗阀形式较多,一般均直接装置在大便器的冲洗管上,距地板面0.8m。按动手柄,冲洗阀内部的通水口便被打开,于是强力水流经过冲洗管进入大便器进行冲洗。

思 考 题

1. 建筑内部给水排水工程中常用的管材有哪几种?各有什么特点?
2. 常用的控制附件有哪些?作用是什么?
3. 常用的卫生器具及冲洗设备有哪些?

第三章　建筑内部给水系统

建筑内部给水系统是将城镇给水管网或自备水源给水管网的水引入室内，经配水管送至生活、生产和消防用水设备，并满足各用水点对水量、水压和水质要求的冷水供应系统。

第一节　给水系统和给水方式

一、给水系统的分类

给水系统按用途可以分为以下三类。

1. 生活给水系统

生活给水系统供人们日常生活用水，如饮用、盥洗、洗涤、沐浴、烹饪等。除水压、水量应满足需要外，其水质必须符合国家规定的饮用水水质标准。

2. 生产给水系统

生产给水系统供工业生产中所需要的设备冷却水、原料和产品的洗涤水、锅炉及原料等用水。由于工业种类、生产工艺各异，因而生产给水系统对水量、水压、水质及安全方面的要求也不尽相同。

3. 消防给水系统

消防给水系统供建筑内部消防设备用水。消防用水对水质要求不高，但必须按照建筑防火规范保证供给足够的水量和水压。

上述三类给水系统可独立设置，也可根据建筑性质及其对水量、水压、水质和水温的要求，结合室外给水系统情况，考虑技术、经济和安全条件，设置两种或三种不同的联合给水系统，如生活-生产给水系统、生活-消防给水系统、生产-消防给水系统、生活-生产-消防给水系统等。

二、给水系统的组成

建筑内部给水系统由以下各部分组成。

1. 引入管

引入管是自室外给水管将水引入室内的管段，也称进户管。引入管段上一般设有水表、阀门等附件。

2. 水表节点

水表节点是安装在引入管上的水表及其前后设置的阀门和泄水装置等的总称。

3. 管道系统

管道系统是指建筑内部的各种管道，包括水平干管、立管和支管等装置。

4. 配水装置或用水设备

配水装置或用水设备是指各类卫生器具用水设备的配水龙头或生产、消防用水设备等装置。

5. 给水附件

管道系统中调节水量、水压、控制水流方向以及关断水流,便于管道、仪表和设备检修的各类阀门均属给水附件。

6. 增压和贮水设备

当室外给水管网的水压、水量不能满足建筑用水要求,或者用户对供水压力稳定性、供水安全性有特殊要求时,须设置增压和贮水设备,常见的增压贮水设备有水泵、水箱、贮水池和气压水罐等。

三、给水管网所需压力

给水管网中的压力是保证将所需的水量供到各配水点,并保证最高最远的配水龙头(即最不利配水点)具有一定的流出水头。可由下式确定:

$$H = H_1 + H_2 + H_3 + H_4 \tag{3-1}$$

式中:H——室内给水管网所需的压力,kPa(mH_2O);

H_1——室内给水引入管起点至最高最远配水点的几何高度,m;

H_2——计算管路的沿程水头损失与局部水头损失之和,kPa(mH_2O);

H_3——水流经过水表时的水头损失,kPa(mH_2O);

H_4——计算管路最高最远配水点所需的流出水头,kPa(mH_2O)。

初步确定给水方式时,对于层高不超过 3.5m 的民用建筑,给水系统所需的压力(自室外地面算起)可用以下经验法估算:1 层为 100kPa,2 层为 120kPa,3 层以上每增加 1 层,增加 40kPa。

四、给水方式

给水方式是指建筑内部给水系统的供水形式。给水方式应根据建筑物的性质、高度、配水点的布置情况以及室内所需水压、室外管网水压和水量等因素综合考虑。合理的供水方案应综合工程涉及的各项因素,如技术因素、经济因素、社会和环境因素等。

给水方式的基本类型(不包括高层建筑)包括以下几种。

1. 直接给水方式

直接给水方式由室外给水管网直接供水,是最简单、最经济的给水方式,如图 3-1 所示。直接给水方式适用于室外给水管网的水量、水压在一天内均能满足用水要求的建筑。

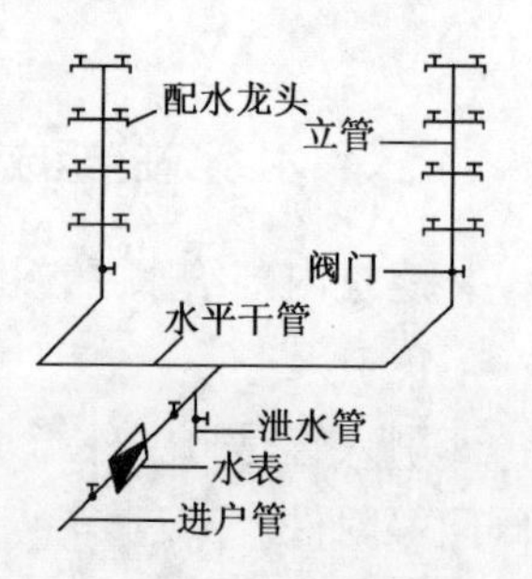

图 3-1　直接给水方式

2. 设水箱的给水方式

设水箱的给水方式,宜在室外给水管网供水压力周期性不足时采用,如图 3-2(a)所示。低峰用水时,可利用室外给水管网水压直接供水并向水箱进水,使水箱储备一定的水量。高峰用水时,室外给水管网水压不足,则由水箱向建筑内给水系统供水。当室外给水管网水压偏高或不稳定时,为保证建筑内给水系统的良好工况或满足稳压供水的要求,也可采用设水箱的给水方式，如图3-2(b)所示。此种供水方式为室外管网直接将水输入水箱，由水箱向建筑内给水系统供水。

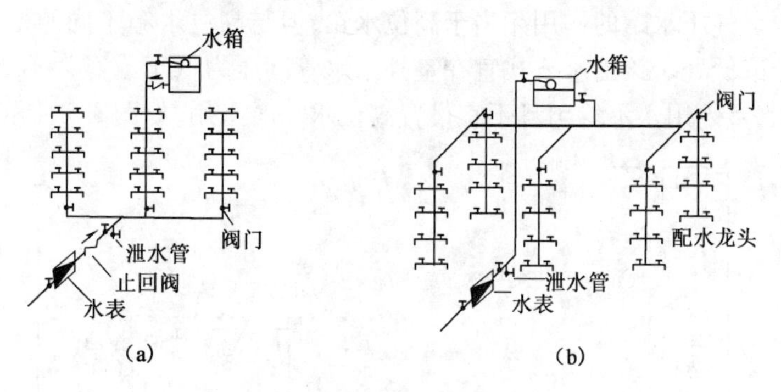

图3-2　设水箱的给水方式
(a)低峰用水时；(b)高峰用水时

3. 设水泵的给水方式

设水泵的给水方式，宜在室外给水管网的水压经常不足时采用。当建筑内用水量大，且较均匀时，可用恒速水泵供水；当建筑内用水不均匀时，宜采用一台或多台变频水泵变速运行供水，以提高水泵的工作效率。为充分利用室外给水管网压力，节省电能，当水泵与室外管网直接连接时，应设旁通管，如图3-3(a)所示。当室外给水管网压力足够大时，可自动开启旁通管的逆止阀直接向建筑内供水。因水泵直接从室外给水管网抽水，会导致外网压力降低，影响附近用户用水，严重时甚至可能造成外网负压，当管道接口不严密时，其周围土中的渗漏水会吸入管内，从而污染水质，所以当采用水泵直接从室外管网抽水时，必须征得供水部门的同意，并在管道连接处采取必要的防护措施以免水质污染。为避免上述问题发生，可在系统中增设贮水池，采用水泵与室外管网间接连接的方式，如图3-3(b)所示。

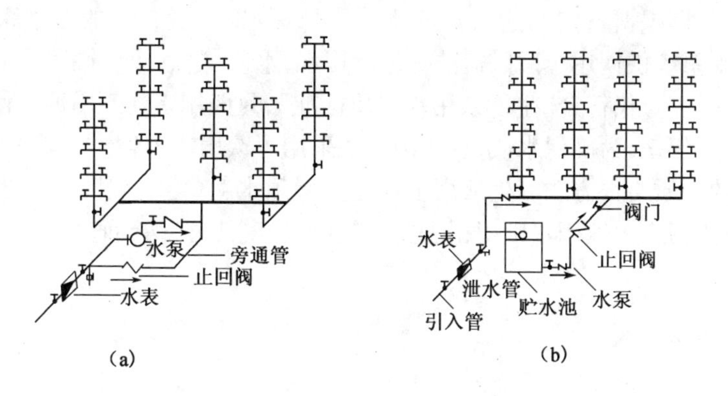

图3-3　设水泵的给水方式
(a)设旁通管；(b)设贮水池

4. 设水泵和水箱的给水方式

设水泵和水箱的给水方式，宜在室外给水管网压力低于或经常不能满足建筑内给水管网所需的水压，且室内用水不均匀时采用，如图3-4所示。此种给水方式的优点是水泵能及时向水箱供水，可缩小水箱的容积，又因有水箱的调节作用，水泵出水量稳定，能保持在高效区运行。

5. 气压给水方式

气压给水方式，即在给水系统中设置气压给水设备，利用该设备的气压水罐内气体的可压缩性升压供水。气压水罐的作用相当于高位水箱，但与高位水箱不同的是，其位置可根据需要设置在高处或低处。该给水方式宜在室外给水管网压力低于或经常不能满足建筑内给水管网所需水压，室内用水不均匀且不宜设置高位水箱时采用，如图 3-5 所示。

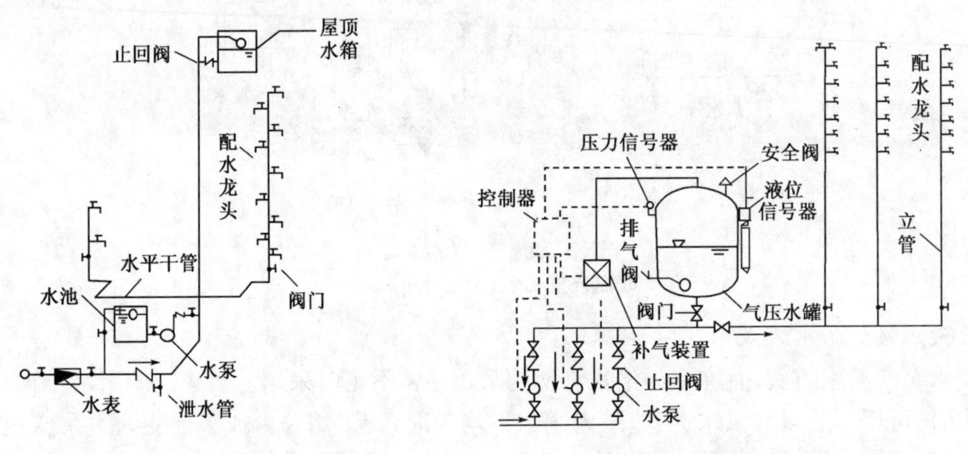

图 3-4　设水泵和水箱的给水方式

图 3-5　气压给水方式

6. 分区给水方式

当室外给水管网的压力只能满足建筑下层供水要求时，可采用分区给水方式，如图 3-6 所示。室外给水管网水压线以下楼层为低区，由外网直接供水，以上楼层为高区，由升压贮水设备供水。可将两区的一根或几根立管相连，在分区处设阀门，以备低区进水管发生故障或外网压力不足时，打开阀门由高区水箱向低区供水。

7. 分质给水方式

分质给水方式，即根据不同用途所需的不同水质，分别设置独立的给水系统，如图 3-7 所示。饮用水给水系统供饮用、烹饪、盥洗等生活用水，水质符合《生活饮用水卫生标准》；杂用水给水系统水质较差，仅符合"生活杂用水水质标准"，只能用于建筑内冲洗便器、绿化、洗车、扫除等用水。近年来，为确保水质，有些国家还采用了饮用水与盥洗、沐浴等生活用水分设两个独立管网的分质给水方式。生活用水均先入屋顶水箱（空气隔断）后，再经管网供给各用水点，以防回流污染。饮用水则根据需要，需进行深度处理，达到直接饮用要求后，再行输配。

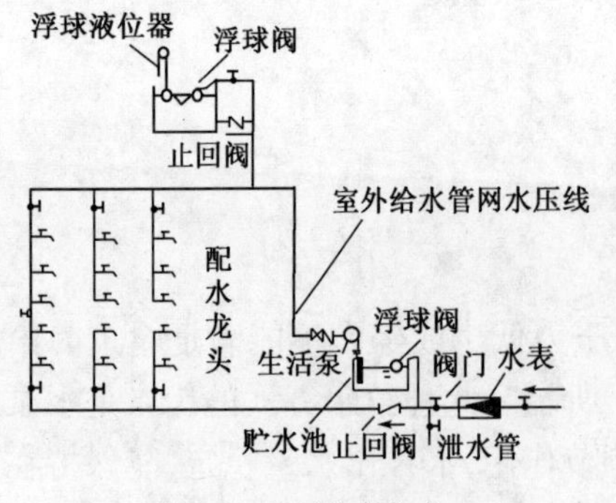

图 3-6　分区给水方式

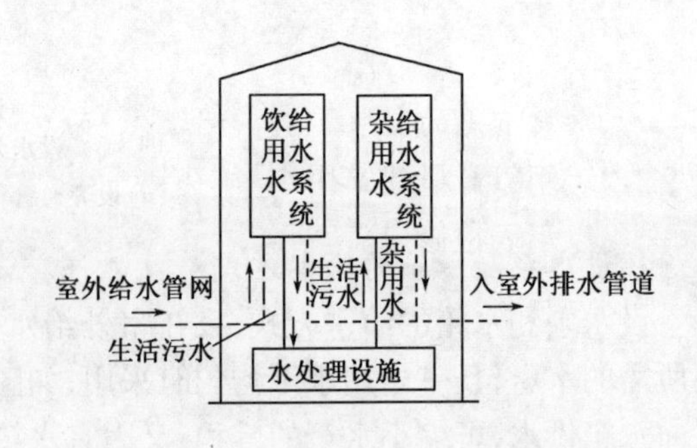

图 3-7　分质给水方式

第二节　给水管网的布置和敷设

一、给水引入管和水表节点的布置

1.给水引入管布置

引入管自室外管网将水引入室内。引入管应力求简短,铺设时常与外墙垂直。引入管的位置宜根据室外给水管网的具体情况,由建筑最大用水量处接入。在住宅建筑中,如卫生器具分布比较均匀,则可从房屋中央引入。选择引入管位置时,应考虑便于水表的安装和维护管理,同时要注意与其他地下管道协调和综合布置。

引入管的数量根据房屋的使用性质及消防要求等因素而定。一般的室内给水管网只设一根引入管,在用水量大且设有消防给水系统,以及不允许断水的大型或多层建筑,才设置两根或两根以上的引入管。引入管的埋设深度主要根据城市或小区给水管网的埋深及当地的气候、水文地质条件和地面荷载而定。在寒冷地区,引入管应埋设在冰冻线以下。

引入管进入建筑内有两种方式:一种是从建筑物的浅基础下通过;另一种是穿越承重墙或基础,其敷设方法如图3-8所示。在地下水位高的地区,引入管穿越地下室外墙或基础时,应采取防水措施,如设防水套管。室外埋地引入管要防止地面活荷载和冰冻的破坏,其管顶覆土厚度不宜小于0.7m,并应敷设在冰冻线以下20cm处。建筑内埋地引入管在无活荷载和冰冻影响时,其管顶离地面高度不宜小于0.3m。

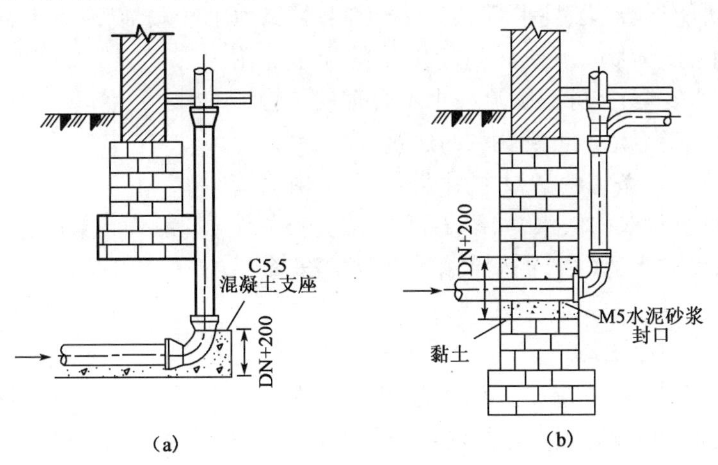

图3-8　引入管进入建筑物(尺寸单位:mm)

(a)基础下通过;(b)穿基础

2.水表节点的安装

水表用以计量建筑用水量,在建筑内部给水系统中,广泛采用流速式水表。水表前后的阀门用以水表检修、拆换时关闭管路;泄水口主要用于系统检修时放空管网中的余水,也可用来检测水表精度和测定管道进户时的水压值。为了使水流平稳流经水表,保证水表的计量准确,在水表前后应设有符合产品标准规定的直线管段。水表及其前后的附件一般设在水表井中,如图3-9所示。当建筑物只有一条引入管时,宜在水表井中设旁通管,并安装阀门,如图3-10所示。温暖地区的水表井一般设在室外,寒冷地区为避免水表冻裂,可将水表井设在采暖房间内。

在建筑内部的给水系统中，除了在引入管上安装水表外，在需计量水量的某些部位和设备的配水管上也要安装水表。为节约用水，住宅建筑每户的进户管上均应安装分户水表。分户水表或分户水表的数字显示宜设在户门外的管道井中、走道的壁龛内或集中于水箱间，以便于查表。

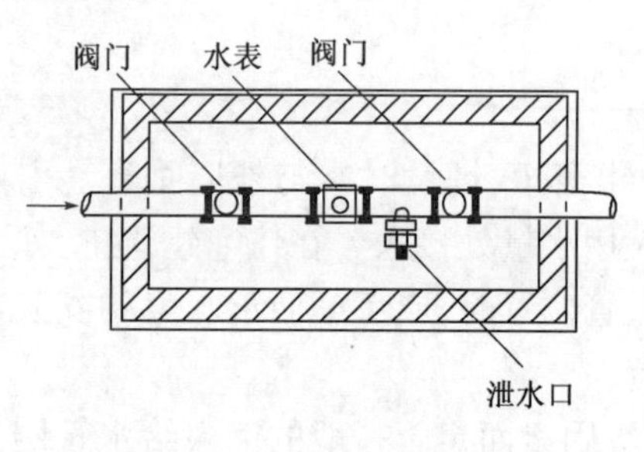

图 3-9　水表节点

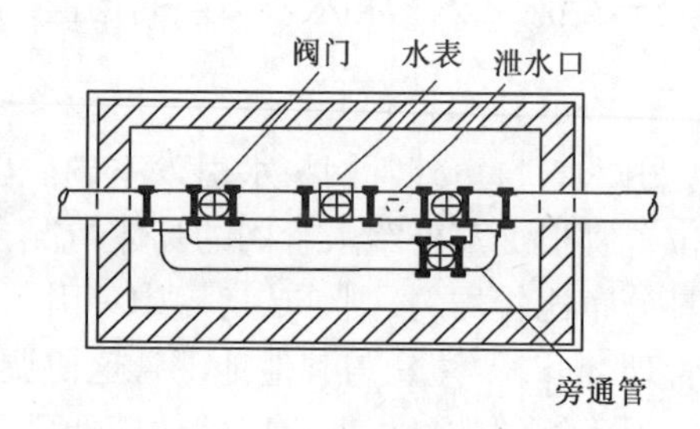

图 3-10　有旁通管的水表节点

二、管道布置

给水管道的布置受建筑结构、用水要求、配水点和室外给水管道的位置，以及供暖、通风、空调和供电等其他建筑设备工程管线布置等因素的影响。进行管道布置时，要处理和协调好各种相关因素的关系并满足以下要求。

1. 基本要求

(1)确保供水安全和良好的水力条件，力求经济合理

管道要尽可能与墙、梁、柱平行，呈直线走向，管路力求简短，以减少工程量，降低造价。干管应布置在用水量大或不允许间断供水的配水点附近，既可保证供水安全，又可减少流程中不合理的传输流量，节省管材。对于不允许间断供水的建筑，应从室外环状管网不同管段设两条或两条以上引入管，在室内将管道连成环状或贯通状双向供水，如图 3-11 所示。若条件达不到，可采取设贮水池(箱)或增设第二水源等安全供水措施。

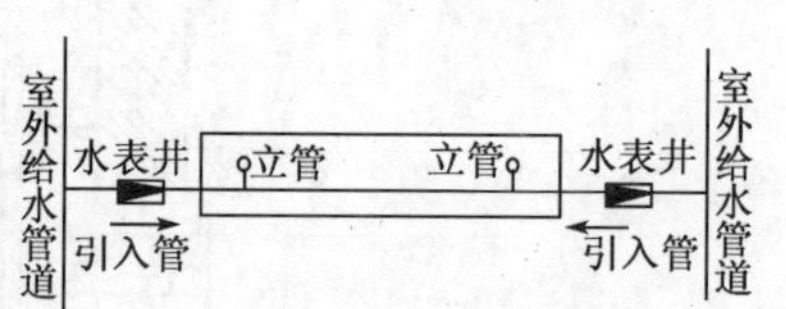

图 3-11　引入管从建筑物不同侧引入室内管道贯通状布置图

(2)保护管道不受损坏

给水埋地管道，应避免布置在可能受重物压坏处。管道不得穿越生产设备基础，如遇特殊情况必须穿越时，应与有关专业协商处理。管道不宜穿过伸缩缝、沉降缝，若需穿过，应采取保护措施。常用的保护措施有：软性接头法，即用橡胶软管或金属波纹管连接沉降缝、伸缩缝两边的管道；丝扣弯头法，如图 3-12 所示。

在建筑沉降过程中，两边的沉降差由丝扣弯头的旋转来补偿，适用于小管径的管道；活动支架法，如图 3-13 所示，在沉降缝两侧设支架，使管道只能垂直位移，不能水平位移，以适应沉降、伸缩的应力。为防止管道受到腐蚀，管道不允许布置在烟道、风道和排水沟内，同时，不允许穿越大、小便槽，当立管位于小便槽端部≤0.5m 时，在小便槽端部应设有建筑隔断措施。

(3)不影响生产安全和建筑物的使用

为避免管道渗漏，造成配电间电气设备故障或短路，管道不能从配电间通过。管道不能布置在妨碍生产操作和交通运输处或遇水易引起燃烧、爆炸、损坏的设备、产品和原料上。

管道不宜穿过橱窗、壁柜、吊柜等设施或在机械设备上通过，以免影响各种设施的功能和设备的维修。

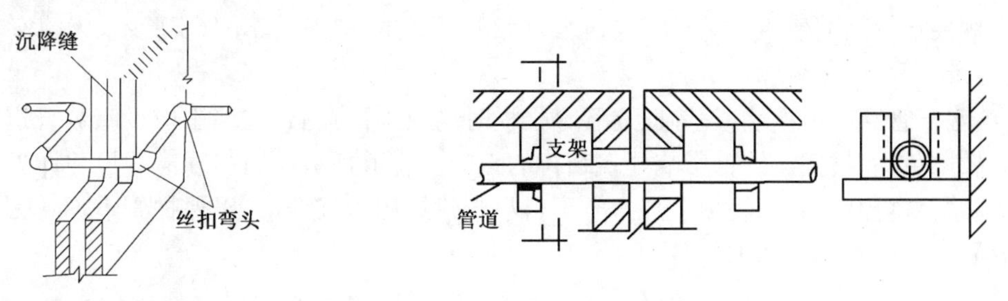

图 3-12　丝扣弯头法

图 3-13　活动支架法

(4)便于安装维修

布置管道时其周围要留有一定的空间，以满足安装、维修的要求。给水管道与其他管道和建筑结构的最小净距，见表 3-1。需进入检修的管道井，其通道不宜小于 0.6m。

表 3-1　给水管道与其他管道和建筑结构的最小净距

给水管道名称		室内墙面(mm)	地沟壁和其他管道(mm)	梁、柱、设备(mm)	排水管		备注
					水平净距(mm)	垂直净距(mm)	
引入管					1000	150	在排水管上方
横干管		100	100	50(此处无焊缝)	500	150	在排水管上方
立管	管径(mm)	25					
	<32						
	32~50	35					
	75~100	50					
	125~150	60					

2. *布置形式*

(1)按供水可靠程度，分为枝状和环状两种布置形式。

枝状布置为单向供水，供水安全可靠性差，但节省管材，造价低；环状布置为管道相互连通，双向供水，安全可靠，但管线长，造价高。一般建筑内给水管网宜采用枝状布置。

(2)按水平干管的敷设位置，分为上行下给、下行上给和中分式三种布置形式。

干管埋地、设在底层或地下室中，由下向上供水的形式为下行上给式，如图 3-2(a)所示，适用于利用室外给水管网水压直接供水的工业与民用建筑；干管设在顶层天花板下、吊顶内或技术夹层中，由上向下供水的形式为上行下给式，如图 3-2(b)所示，适用于设置高位水箱的居住与公共建筑和地下管线较多的工业厂房；水平干管设在中间技术层内或中间某层吊顶内，由中间向上、下两个方向供水的形式为中分式，适用于屋顶用作露天茶座、舞厅或设有中间技术层的高层建筑。同一幢建筑的给水管网也可同时兼有上述两种形式。

三、管道敷设

1. *敷设形式*

给水管道的敷设分为明装、暗装两种形式。明装即管道外露，其优点是安装维修方便，造价低，但影响美观，表面易结露、积灰尘，一般用于对卫生、美观没有特殊要求的建筑。暗装即管道隐蔽，如敷设在管道井、技术层、管沟、墙槽、顶棚或夹壁墙中，直接埋地或埋在楼板的垫层里，其优点是不影响室内的美观、整洁，但施工复杂，维修困难，造价高，适用于对卫生、美观要求较高的建筑，如宾馆、高级公寓和要求无尘、洁净的车间、实验室、无菌室等。

2. 敷设要求

给水横管穿越承重墙或基础、立管穿楼板时均应预留孔洞，在墙中敷设暗装管道时应预留墙槽，以免临时打洞、刨槽影响建筑结构的强度。管道预留孔洞和墙槽的尺寸详见表 3-2。给水横管穿过预留洞时，管顶上部净空不得小于建筑物的沉降量，以保护管道不致因建筑沉降而损坏，一般不小于 0.1m。

表 3-2　给水管预留孔洞与墙槽尺寸

管道名称	管径 (mm)	明管预留尺寸(mm) 长(高)×宽	暗管预留尺寸(mm) 长(高)×宽
立管	≤25	100×100	130×130
	32～50	150×150	150×130
	70～100	200×200	200×200
2 根立管	≤32	150×100	200×130
横支管	≤25	100×100	60×60
	32～40	150×130	150×100
引入管	≤100	300×200	

给水管采用软质的交联聚乙烯管或聚丁烯管，埋地敷设时宜采用分水器配水，并将给水管道敷设在套管内。在空间进行管道敷设时，必须采取固定措施，以保证施工方便和安全供水。固定管道常用的支、托架如图 3-14 所示。给水钢立管一般每层须安装 1 个管卡，当层高 >5m 时每层须安装 2 个。水平钢管管道支架最大间距见表 3-3。

表 3-3　钢管管道支架最大间距(m)

公称直径 DN (mm)	15	20	25	32	40	50	70	80	100	125	150
保温管	1.5	2	2	2.5	3	3	4	4	4.5	5	6
非保温管	2.5	3	3.5	4	4.5	5	6	6	6.5	7	8

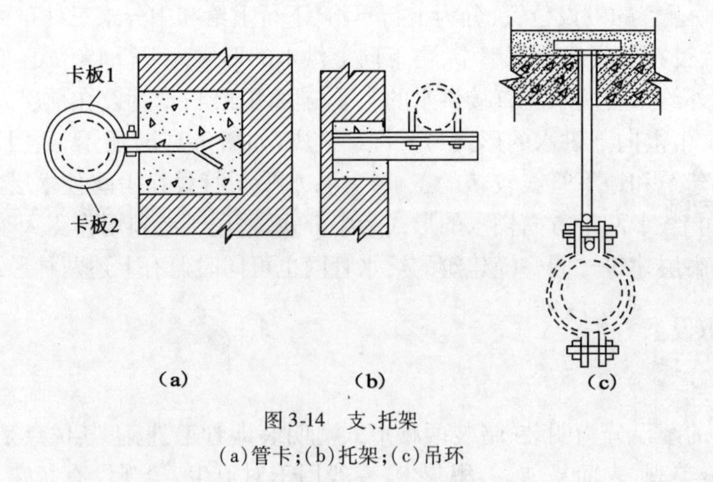

图 3-14　支、托架
(a)管卡；(b)托架；(c)吊环

四、管道防护

1. 防腐

明装和暗装的金属管道都要采取防腐措施，以延长管道的使用寿命。通常的防腐做法是管道除锈后，在外壁刷涂防腐涂料。明装的焊接钢管和铸铁管外刷防锈漆1道，银粉面漆2道；镀锌钢管外刷银粉面漆2道。暗装和埋地管道均刷沥青漆2道。对防腐要求高的管道应采用有足够的耐压强度，与金属有良好的黏结性，以及防水性、绝缘性和化学稳定性能好的材料做管道防腐层，如沥青防腐层，即在管道外壁刷底漆后再刷沥青面漆，然后外包玻璃布。管外壁所做的防腐层数根据防腐要求确定。

2. 防冻与防露

设在温度低于零度以下位置的管道和设备，为保证冬季安全使用，均应采取保温措施。在湿热的气候条件下，或在空气湿度较高的房间内敷设给水管道，由于管道内的水温较低，空气中的水分会凝结成水附着在管道表面，严重时还会产生滴水，这种现象称为管道结露。管道结露不但会加快管道的腐蚀，还会影响建筑的使用，如墙面受潮、粉刷层脱落，影响墙体质量和建筑美观。防露措施与保温方法相同。

3. 防漏

如果管道布置不当，或管材质量和施工质量低劣，均能导致管道漏水，不仅浪费水，影响给水系统正常供水，还会损坏建筑，特别是湿陷性黄土地区，埋地管漏水会造成土的湿陷，严重影响建筑基础的稳固性。防漏的主要措施是避免将管道布置在易受外力损坏的位置，或采取必要的保护措施，避免其直接受外力影响。并要健全管理制度，加强管材质量和施工质量的检查监督。在湿陷性黄土地区，可将埋地管道敷设在防水性能良好的检漏管沟内，一旦漏水，水可沿沟排至检漏井内，便于及时发现和检修。管径较小的管道，也可敷设在检漏套管内。

4. 防振

当管道中水流速度过大时，启闭水龙头、阀门，易出现水锤现象，引起管道、附件的振动，这不但会损坏管道附件造成漏水，还会产生噪声。为防止管道损坏和噪声污染，在设计给水系统时应控制管道的水流速度，在系统中尽量少使用电磁阀或速闭型水栓。住宅建筑进户管的阀门后（沿水流方向），宜装设家用可曲挠橡胶接头进行隔振。在管支架、吊架内加衬垫减振材料以缩小噪声的扩散。

第三节　给水系统所需水量

一、用水定额

用水定额是指在某一度量单位（单位时间、单位产品等）内被居民或其他用户所消费的水量。

建筑内用水包括生活用水、生产用水和消防用水三部分，这三部分用水量的计算与其用水的特点有关。

生产用水的特点是在整个生产期间比较均匀，且有规律性，但用水量与工艺过程、生产设备、工作制度、产品性质等因素有关。一般生产用水量可根据消耗在单位产品上的用水量或单位时间内消耗在生产设备上的水量计算确定。

人们的生活用水在每日的用水过程中变化较大，其用水量根据用水定额及用水单位数来确定。

最高日生活用水量可根据下式进行计算：

$$Q_{\mathrm{d}} = \frac{mq_{\mathrm{d}}}{1000} \tag{3-2}$$

式中：Q_{d}——最高日生活用水量，m^3/d；

m——设计单位数，人或床位数等；

q_d——最高日生活用水定额，L/(人·d)、L/(床·d)或$L/(m^2 \cdot d)$

对于生活用水，用水定额就是居民每人每天所消费的水量，其因各地的气候条件、生活习惯、生活水平及建筑类型、建筑标准、建筑内卫生设备的设置情况而各不相同。住宅最高日生活用水定额及小时变化系数见表3-4，集体宿舍、旅馆和公共建筑最高日生活用水定额及小时变化系数见表3-5。

表3-4 住宅最高日生活用水定额及小时变化系数

住宅类型		卫生器具设置标准	每人每日生活用水定额(最高日)(L)	小时变化系数 K_h
普通住宅	Ⅰ	有大便器、洗涤盆	85~150	3.0~2.5
	Ⅱ	有大便器、洗脸盆、洗涤盆、洗衣机、热水器和淋浴设备	130~300	2.8~2.3
	Ⅲ	有大便器、洗脸盆、洗涤盆、洗衣机、集中热水供应(或家用热水机组)和淋浴设备	180~320	2.5~2.0
别墅		有大便器、洗脸盆、洗涤盆、洗衣机、洒水栓、家用热水机组和淋浴设备	200~350	2.3~1.8

注：①当地对住宅生活用水定额有具体规定时，可按当地规定执行；

②别墅用水定额中含庭院绿化用水和汽车洗车用水。

表3-5 集体宿舍、旅馆和公共建筑最高日生活用水定额及小时变化系数

序号	建筑物名称	单位	生活用水定额(L)	使用时数(h)	小时变化系数
1	单身职工宿舍、学生宿舍、招待所、培训中心、普通旅馆：	每人每日		24	3.0~2.5
	设公共盥洗室		50~100		
	设公共盥洗室、淋浴室		80~130		
	设公共盥洗室、淋浴室、洗衣室		100~150		
	设单独卫生间、公共洗衣室		120~200		
2	客房宾馆：			24	2.5~2.0
	旅客	每床位每日	250~400		
	员工	每人每日	80~100		
3	医院住院部：				
	设公共盥洗室	每床位每日	100~200	24	2.5~2.0
	设公共盥洗室、淋浴室	每床位每日	150~250	24	2.5~2.0
	设单独卫生间	每床位每日	250~400	24	2.5~2.0

续上表

序号	建筑物名称	单位	生活用水定额(L)	使用时数(h)	小时变化系数
3	医务人员	每人每班	150～250	8	2.0～1.5
	门诊部、诊疗所	每病人每日	10～15	8～12	1.5～1.2
	疗养院、修养所住房部	每床位每日	200～300	24	2.0～1.5
4	养老院、托老所：				
	全托	每人每日	100～150	24	2.5～2.0
	日托	每人每日	50～80	10	2.0
5	幼儿园、托儿所：				
	有住宿	每儿童每日	50～100	24	3.0～2.5
	无住宿	每儿童每日	30～50	10	2.0
6	公共浴室：每顾客每次				2.0～1.5
	淋浴	每顾客每次	100	12	
	浴盆、淋浴	每顾客每次	120～150	12	
	桑拿浴(淋浴、按摩池)	每顾客每次	150～200	12	
7	理发室、美容院	每顾客每次	40～100	12	2.0～1.5
8	洗衣房	每 kg 干衣	40～80	8	1.5～1.2
9	餐饮厅：	每顾客每次			1.5～1.2
	中餐酒楼		40～60	10～12	
	快餐店、职工及学生食堂		20～25	12～16	
	酒吧、咖啡馆、茶座、卡拉 OK 房		5～15	8～18	
10	商场：	每 m^2 营业厅面积每日			
	员工及顾客		5～8	12	1.5～1.2
11	办公楼	每人每班	30～50	8～10	1.5～1.2
12	教学、实验楼：				1.5～1.2
	中小学校	每学生每日	20～40	8～9	
	高等院校	每学生每日	40～50	8～9	
13	电影院、剧院	每观众每场	3～5	3	1.5～1.2
14	健身中心	每人每次	30～50	8～12	1.5～1.2
15	体育场(馆)：				
	运动员淋浴	每人每次	30～40	—	3.0～2.0
	观众	每人每场	3	4	1.2
16	会议厅	每座位每次	6～8	4	1.5～1.2
17	客运站旅客、展览中心观众	每人次	3～6	8～16	1.5～1.2
18	菜市场地面冲洗及保鲜用水	每 m^2 每日	10～20	8～10	2.5～2.0
19	停车库地面冲洗水	每 m^2 每次	2～3	6～8	1.0

注：①除养老院、托儿所、幼儿园的用水定额中含食堂用水，其他均不含食堂用水；
②除注明外，均不含员工生活用水，员工用水定额为每人每班 40～60L；
③医疗建筑用水中已含医疗用水；
④空调用水应另计。

最大小时生活用水量，应根据最高日生活用水量、建筑物用水时间和小时变化系数按下式进行计算：

$$Q_h = \frac{Q_d}{T} \cdot K_h \tag{3-3}$$

式中：Q_h———最大小时生活用水量，m^3/h；

Q_d———最高日生活用水量，m^3/d；

T———建筑物用水时间，h；

K_h———小时变化系数，按表 3-5 采用。

二、给水管道设计秒流量

给水管道的设计流量不仅是确定各管段管径，也是计算管道水头损失，进而确定给水系统所需压力的主要依据。因此，设计流量的确定应符合建筑内部用水规律。建筑内的生活用水量在 1 昼夜间都是不均匀的，并且“逐时逐秒”地在变化。为保证用水，生活给水管道的设计流量，应为建筑内的卫生器具按配水最不利情况组合出流时的最大瞬时流量，又称设计秒流量。

当前我国生活给水管道设计秒流量的计算方法，按建筑的用水特点分为以下三种。

1. 住宅建筑生活给水管道设计秒流量计算公式

在计算生活给水管道设计秒流量时，为了简化计算，将 0.2L/s 作为一个给水当量。卫生器具给水额定流量、当量、支管管径、流出最低工作压力见表 3-6。

住宅生活给水管道设计秒流量按下式计算：

$$q_g = 0.2 \cdot U \cdot N_g \tag{3-4}$$

式中：q_g——计算管段的设计秒流量，L/s；

U——计算管段的卫生器具给水当量同时出流概率，%，可按公式(3-4)计算；

N_g——计算管段的卫生器具给水当量总数；

0.2——一个卫生器具给水当量的额定流量，L/s。

表 3-6 卫生器具给水额定流量、当量、支管管径和流出最低工作压力

序号	给水配件名称	额定流量(L/s)	当量	公称管径(mm)	最低工作压力(MPa)
1	洗涤盆、拖布盆、盥洗槽				0.050
	单阀水嘴	0.15~0.20	0.75~1.00	15	
	单阀水嘴	0.30~0.40	1.50~2.00	20	
	混合水嘴	0.15~0.20(0.14)	0.75~1.00(0.70)	15	
2	洗脸盆				0.050
	单阀水嘴	0.15	0.75	15	
	混合水嘴	0.15(0.10)	0.75(0.50)	15	
3	洗手盆				0.050
	单阀水嘴	0.10	0.50	15	
	混合水嘴	0.15(0.10)	0.75(0.50)	15	

续上表

序号	给水配件名称	额定流量（L/s）	当　量	公称管径（mm）	最低工作压力（MPa）
4	浴盆				
	单阀水嘴	0.20	1.00	15	0.050
	混合水嘴	0.24(0.20)	1.20(1.00)	15	0.050 ~ 0.070
5	淋浴器				
	混合阀	0.15(0.10)	0.75(0.50)	15	0.050 ~ 0.100
6	大便器				
	冲洗水箱浮球阀	0.10	0.50	15	0.020
	延时自闭式冲洗阀	1.20	6.00	25	0.100 ~ 0.150
7	小便器				
	手动或自动自闭式冲洗阀	0.10	0.50	15	0.050
	自动冲洗水箱进水阀	0.10	0.50	15	0.020
8	小便槽穿孔冲洗管（每米长）	0.05	0.25	15 ~ 20	0.015
9	净身盆冲洗水嘴	0.10(0.07)	0.50(0.35)	15	0.050
10	医院倒便器	0.20	1.00	15	0.050
11	实验室化验水嘴				0.020
	单联	0.07	0.35	15	
	双联	0.15	0.75	15	
	三联	0.20	1.00	15	
12	饮水器喷嘴	0.05	0.25	15	0.050
13	洒水栓	0.40	2.00	20	0.050 ~ 0.100
		0.70	3.50	25	0.050 ~ 0.100
14	室内地面冲洗水嘴	0.20	1.00	15	0.050
15	家用洗衣机水嘴	0.20	1.00	15	0.050

注：①表中括号内的数值是在有热水供应时，单独计算冷水或热水时使用；

②当浴盆上附设淋浴器时，或混合水嘴有淋浴器转换开关时，其额定流量和当量只计水嘴，不计淋浴器，但水压应按淋浴器计；

③家用燃气热水器，所需水压按产品要求和热水供应系统最不利配水点所需工作压力确定；

④绿地的自动喷灌应按产品要求设计；

⑤如为充气龙头，其额定流量为表中同类配件额定流量的 0.7 倍；

⑥卫生器具给水配件所需流出水头，如有特殊要求，其数值按产品要求确定。

设计秒流量是由建筑物配置的卫生器具给水当量和管段的卫生器具给水当量同时出流概率确定的。管段的卫生器具给水当量同时出流概率与卫生器具的给水当量数和其平均出流概率 U_0 有关。根据数理统计结果，卫生器具给水当量的同时出流概率计算公式为：

$$U = \frac{1 + \alpha_c (N_g - 1)^{0.49}}{\sqrt{N_g}} \times 100(\%) \tag{3-5}$$

式中：α_c——对应于不同卫生器具的给水当量平均出流概率（U_0）的系数，见表 3-7。

表 3-7　α_c 与 U_0 的对应关系

U_0	$\alpha_c \times 10^2$	U_0	$\alpha_c \times 10^2$
1.0	0.323	4.0	2.816
1.5	0.697	4.5	3.263
2.0	1.097	5.0	3.715
2.5	1.512	6.0	4.629
3.0	1.939	7.0	5.555
3.5	2.374	8.0	6.489

计算管段最大用水时卫生器具的给水当量平均出流概率,按下式计算:

$$U_0 = \frac{q_0 m K_h}{0.2 \cdot N_g \cdot T \cdot 3600} \times 100(\%) \tag{3-6}$$

式中:U_0——生活给水管道的最大用水时卫生器具给水当量平均出流概率,%;

q_0——最高日用水定额,L/(人·d),见表 3-4;

m——每户用水人数,人;

K_h——小时变化系数,见表 3-4;

T——用水小时数,h。

其余符号同前。

建筑物的卫生器具给水当量最大用水时的平均出流概率参考值,见表 3-8。

表 3-8　最大用水时的平均出流概率参考值

建筑物性质	U_0	建筑物性质	U_0
普通住宅Ⅰ型	3.4~4.5	普通住宅Ⅲ型	1.5~2.5
普通住宅Ⅱ型	2.0~3.5	别墅	1.5~2.0

2. 集体宿舍、宾馆、办公楼等建筑生活给水管道设计秒流量计算公式

集体宿舍、旅馆、宾馆、医院、疗养院、幼儿园、养老院、办公楼、商场、客运站、公共厕所等建筑的生活给水管道设计秒流量 q_g 按下式计算:

$$q_g = 0.2\alpha\sqrt{N_g} \tag{3-7}$$

式中:α——根据建筑物用途确定的系数,见表 3-9。

表 3-9　根据建筑物用途确定的系数值(α 值)

建筑物名称	α 值	建筑物名称	α 值
幼儿园、托儿所、养老院	1.2	医院、疗养院、休养所	2.0
门诊部、诊疗所	1.4	集体宿舍、旅馆、招待所、宾馆	2.5
办公楼、商场	1.5	客运站、会展中心、公共厕所	3.0
学校	1.8		

3. 工业企业生活间、公共浴室、职工食堂或营业餐馆的厨房等建筑生活给水管道的设计秒流量计算公式

体育场馆运动员休息室、剧院的化妆间、普通理化实验室、工业企业生活间、公共浴室、

职工食堂或营业餐馆的厨房等建筑的生活给水管道的设计秒流量 q_g 按下式计算：

$$q_g = \sum \frac{q_0 n_0 b}{100} \tag{3-8}$$

式中：q_0——同类型的一个卫生器具给水额定流量，L/s，见表 3-6。

n_0——同类型卫生器具数；

b——卫生器具同时给水百分数（%），按表 3-10～表 3-12 采用。

表 3-10　工业企业生活间、公共浴室、体育场馆运动员休息室等卫生器具同时给水百分数

卫生器具名称	同时用水百分数（%）		
	工业企业生活间	公共浴室	体育场馆休息室
洗涤盆（池）	33	15	15(30)
洗手盆	50	50	50(70)
洗脸盆、盥洗槽水龙头	60～100	60～100	80
浴盆	—	50	—
无间隔淋浴器	100	100	100
有间隔淋浴器	80	60～80	60～80
大便器冲洗水箱	30	20	20(70)
大便器自闭式冲洗阀	2	2	2(15)
小便器自闭式冲洗阀	10	10	10
小便（器）槽自动冲洗水箱	100	100	100
净身盆	33	—	—
饮水器	30～60	30	30
小卖部洗涤盆	—	50	50

注：①健身中心的卫生间，可采用本表体育场馆运动员休息室的同时给水百分数；

②“（）”内数字为参考数。

表 3-11　职工食堂、营业餐馆厨房同时给水百分数

厨房设备名称	同时给水百分数（%）	厨房设备名称	同时给水百分数（%）
污水盆（池）	50	器皿洗涤机	90
洗涤盆（池）	70	开水器	50
煮锅	60	蒸汽发生器	100
生产性洗涤机	40	灶台水嘴	30

表 3-12　实验室卫生器具同时给水百分数

卫生器具名称	同时用水百分数（%）	
	科学研究实验室	生产实验室
单联化验龙头	20	30
双联或三联化验龙头	30	50

第四节　增压与贮水设备

一、水泵

水泵是给水系统中的主要升压设备。当城市给水管网压力较低，供水压力不足时，常需设置增压水泵来增加压力。在建筑内部的给水系统中，一般采用离心式水泵，其具有结构简单、体积小、效率高，且流量和扬程在一定范围内可以调整等优点。

1. 离心泵的基本结构、工作原理及工作性能

在离心泵中，水靠离心力由径向甩出，从而产生很高的压力，将水输送到需要的地方。

离心泵装置如图3-15所示。泵轴上装有叶轮，其是离心泵的最主要部件，叶轮上装有不同数目的叶片，当电动机通过轴带动叶轮回转时，叶片就会搅动水做高速回转。拦污栅起拦阻污物之用。开动水泵前，要使泵壳及吸水管中充满水，以排除泵内空气。当叶轮高速转动时，在离心力的作用下，叶片槽道（两叶片间的过水通道）中的水从叶轮中心被甩向泵壳，使水获得动能与压能。由于泵壳的断面是逐渐扩大的，所以水进入泵壳后流速逐渐减小，部分动能转化为压能，因而水泵出口处的水便具有较高的压力流入压水管。

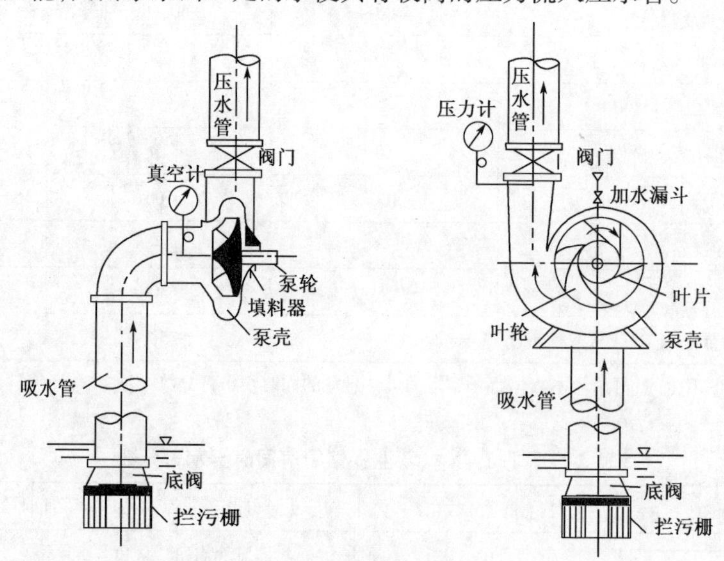

图3-15　离心泵装置

在水被甩走的同时，水泵进口处形成负压，由于大气压力的作用，吸水池中的水通过吸水管压流向水泵进口（一般称为吸水）进而流入泵体。由于电动机带动叶轮连续回转，因此离心泵能均匀连续地供水，不断地将水压送到用水点或高位水箱。

2. 水泵的抽水形式

水泵的抽水形式分为直接由外网抽水和从水池（箱）中抽水两种。从室外市政管网直接抽水必须征得当地主管部门的同意，并应采取加装倒流防止器等有效手段，防止建筑物内水倒流进外网。当用水量较大时，一般应设置贮水池或水箱，水泵再从水池（箱）中抽水，以减少对市政管网的影响，但这种抽水方式容易造成生活给水的二次污染。消防给水系统常采用这种抽水形式。

3. 水泵的选择

为了正确地选用水泵,必须知道水泵的基本工作参数。

(1)流量:在单位时间内通过水泵的水的体积,用符号 Q 表示,单位常用 L/s 或 m^3/h。

(2)总扬程:当水流过水泵时,水所获得的比能增值,用符号 H 表示,单位是 kPa (mH_2O)。

(3)轴功率:水泵从电动机处所得到的全部功率,用符号 N 表示,单位是 kW。

当流量为水泵的设计流量时,效率最高,这种工作状况称为水泵的设计工况,也称额定工况,相应的各工作参数称为设计参数,也称额定参数,水泵的额定参数标明于水泵的铭牌上。

选择水泵时,要确定水泵的流量和与此流量相对应的扬程,然后合理选用水泵型号,使水泵能在高效区工作。

水泵流量的确定原则:水泵后无水箱等调节装置时,应按设计秒流量确定;水泵后有水箱等调节装置时,一般按最大小时流量确定。

水泵的扬程应满足最不利配水点或消火栓等所需要的水压。

4. 水泵的布置与安装

应选择低噪声、节能型水泵,水泵扬程可按计算扬程 H 乘以 1.05 ~ 1.10 后选泵。为保证安全供水,生活和消防水泵应设备用泵,生产用水泵可根据生产工艺要求设置备用泵。

水泵机组一般设置在水泵房内,泵房应远离防振、防噪声要求较高的房间,室内要有良好的通风、采光、防冻和排水措施。水泵的布置要便于起吊设备的操作,管道连接力求管线短,弯头少,间距要保证检修时能拆卸、放置电机和泵体,满足维修要求,如图 3-16 所示。为操作安全,防止操作人员误触快速运转的泵轴,水泵机组必须设置高出地面不小于 0.1m 的基础。当水泵基础需设基坑时,则基坑四周应有高出地面不小于 0.1m 的防水栏。水泵启闭尽可能采用自动控制,间接抽水时应优先采用自吸充水方式,以便水泵及时启动。

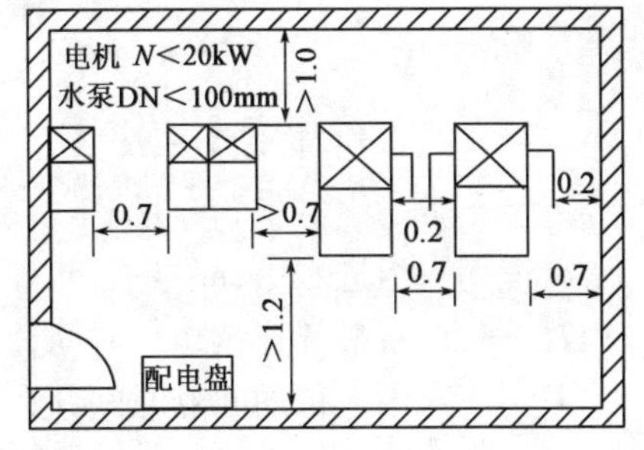

图 3-16 水泵机组的布置间距(尺寸单位:mm)

水泵机组外轮廓与墙和相邻机组的间距应符合表 3-13 的规定。

表 3-13 水泵机组外轮廓与墙和相邻机组的间距

电动机额定功率(kW)	水泵机组外轮廓面与墙面之间的最小间距(m)	相邻水泵机组外轮廓面之间的最小距离(m)
≤22	0.8	0.4
23 ~ 55	1.0	0.8
55 ~ 160	1.2	1.2

注:①水泵侧面有管道时,外轮廓面计至管道外壁面;

②水泵机组是指水泵与电动机的联合体,或已安装在金属座驾上的多台水泵组合体。

每台水泵应设独立的吸水管,以免相邻水泵抽水时相互影响;多台水泵共用吸水管时,吸水管应管顶平接。每台水泵吸水管上要设阀门,出水管上要设阀门、止回阀和压力表,并且有防水锤措施,如设置缓闭止回阀、气囊式水锤消除器等。为减小水泵运行时振动所产生的噪声,在水泵及其吸水管、出水管上均应设隔振装置,通常在水泵机组的基础下设橡胶、弹簧减振器或橡胶隔振垫，在吸水管、出水管中装设可曲挠橡胶接头等装置，如图3-17所示。

水泵机组通常设置在水泵房内，泵房内应干燥、通风良好、光线充足，冬季不能冰冻，并有排水设施。泵房内无吊车起重设备时，净高不小于3.2m（指室内地面至梁底的距离）。在建筑物内布置水泵，泵房应远离要求安静和有防振要求的房间（如病房、卧室、教室等）。

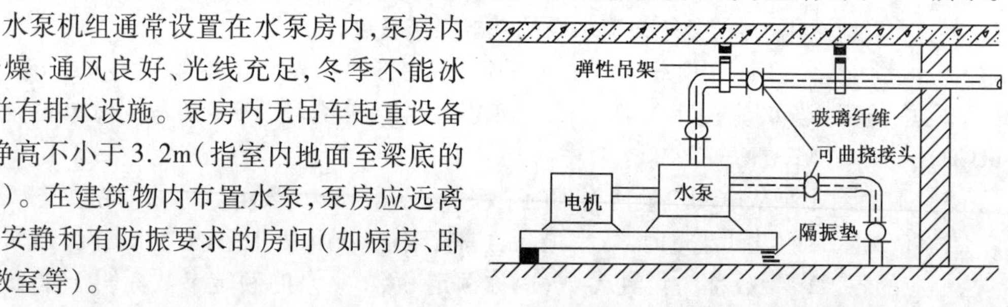

图3-17　水泵隔振安装结构示意图

二、贮水池

贮水池是储存和调节水量的构筑物，当城市给水管网不能满足流量要求时，应在室内（地下室）或室外泵房附近设置贮水池，以补充供水量。

1. 贮水池有效容积

贮水池有效容积应根据生活（生产）调节水量、消防储备水量和生产事故备用水量确定，可按下式计算：

$$V \geqslant (Q_b - Q_j)T_b + V_f + V_s \tag{3-9}$$

$$Q_j T_t \geqslant T_b(Q_b - Q_j) \tag{3-10}$$

式中：V——贮水池有效容积，m^3；

Q_b——水泵出水量，m^3/h；

Q_j——水池进水量，m^3/h；

T_b——水泵最长连续运行时间，h；

T_t——水泵运行的间隔时间，h；

V_f——消防储备水量，m^3；

V_s——生产事故备用水量，m^3。

消防储备水量应根据消防要求，以火灾延续时间内所需消防用水总量计。生产事故备用水量应根据用户安全供水要求、中断供水后果和城市给水管网可能停水等因素确定。当资料不足时，生活（生产）调节水量$(Q_b - Q_j)T_b$可以按建筑最高日用水量的20%～25%确定，居住小区的调节水量可按建筑最高日用水量的15%～20%确定。若贮水池仅起调节水量的作用，则贮水池有效容积不计V_f和V_s。

2. 贮水池设置

贮水池应设进水管、出水管、溢流管、泄水管和水位信号装置，溢流管宜比进水管大一级，其布置位置及配管设置均应满足水质防护要求。仅储备消防水量的水池，可兼作水景或人工游泳池的水源，但后者应采取净水措施。生活（生产）、消防共用水池，非饮用水与消防水共用水池应设有消防水量平时不被动用的措施。贮水池的设置高度应利于水泵自吸抽水，且宜设深度≥1m的集水坑，以保证其有效容积和水泵的正常运行。容积大于$50m^3$的贮水池应分成两格，以便清洗、检修时不中断供水。

三、水箱

根据水箱的用途不同，可将其分为高位水箱、减压水箱、冲洗水箱、断流水箱等多种类别。其形状通常为圆形或矩形，特殊情况下也可设计成任意形状。制作材料有钢板、钢筋混凝土、塑料和玻璃钢等。以下主要介绍在给水系统中使用较为广泛的起到保证水压和储存、调节水量的高位水箱。

1. 水箱的配管、附件及设置要求

水箱的配管、附件，如图3-18所示。

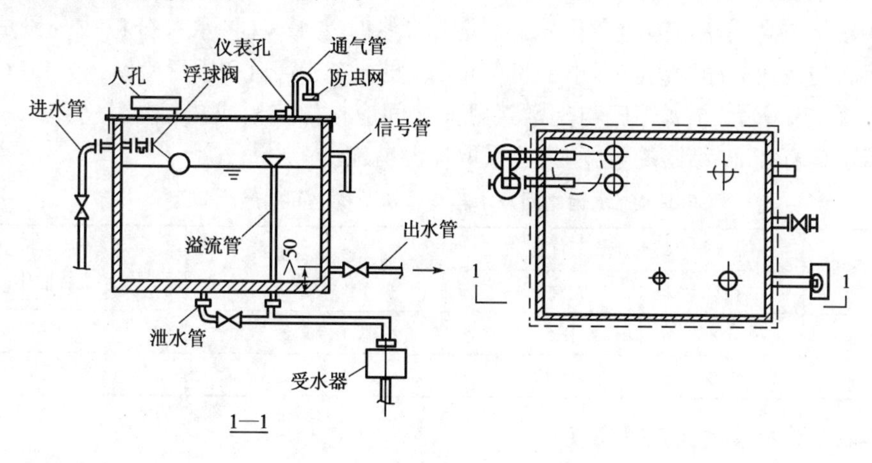

图3-18 水箱配管与附件示意图

(1)进水管

当水箱直接由室外给水管进水时，为防止溢流，进水管上应安装水位控制阀，如液压阀、浮球阀，并在进水端设检修用的阀门。液压水位控制阀体积小，且不易损坏，应优先采用，若采用浮球阀不宜少于两个。进水管入口距箱盖的距离应满足浮球阀的安装要求，一般进水管中心距水箱顶应为150～200mm。当水箱由水泵供水并采用自动控制水泵启闭的装置时，可不设水位控制阀。进水管径可根据水泵出水量或管网设计秒流量计算确定。

(2)出水管

出水管从水箱侧壁接出时，其管底至箱底距离应大于50mm，若从池底接出，其管顶入水口距箱底的距离也应大于50mm，以防沉淀物进入配水管网。出水管上应设阀门以利检修。为防短流，进、出水管宜分设在水箱两侧，若合用一根管道，则应在出水管上增设阻力较小的止回阀，如图3-19所示。其标高应低于水箱最低水位1.0m以上，以保证开启止回阀所需的压力。出水管管径应按管网设计秒流量计算确定。

(3)溢流管

溢流管口应设在水箱设计最高水位以上50mm处，管径根据水箱最大流量确定，一般应比进水管大一级。溢流管上不允许设阀门，其设置应满足水质防护要求。

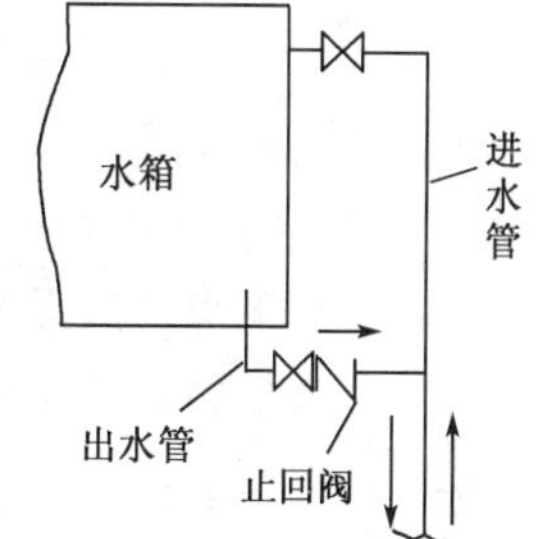

图3-19 水箱进、出水管合用示意图

(4)水位信号装置

水位信号是反映水位控制阀失灵报警的装置。可在溢流管口下10mm处设水位信号管，直通值班室的洗涤盆等处，其管径为15～20mm即可。若水箱液位与水泵连锁，则可在水箱侧壁或顶盖上安装液位继电器或信号器，采用自动水位报警装置。

(5)泄水管

泄水管从箱底接出，用以检修或清洗时泄水，管上应设阀门，管径不得小于50mm，可与溢流管相连后用同一根管排水。

(6)通气管

当供生活饮用水的水箱贮水量较大时,宜在箱盖上设通气管,以使水箱内空气流通,其管径一般≥50mm,管口朝下并设网罩。

水箱一般设置在净高不低于2.2m,采光通风良好的水箱间内,其安装间距见表3-14。大型公共建筑或高层建筑为避免因水箱清洗、检修时停水,宜将水箱分格或分设成两个水箱。水箱底与地面的净距离宜不小于800mm,以便于安装管道和进行检修,水箱底可置于工字钢或混凝土支墩上,金属箱底与支墩接触面之间应衬橡胶板或塑料垫片等绝缘材料以防腐蚀。当水箱有结冻、结露的可能时,要采取保温措施。

表3-14　水箱之间及水箱与建筑结构之间的最小间距

水箱形式	水箱至墙面距离(m)		水箱之间净距(m)	水箱顶至建筑结构最低点间距(m)
	有阀侧	无阀侧		
圆形	0.8	0.5	0.7	0.6
矩形	1.0	0.7	0.7	0.6

2.水箱的有效容积及设置高度

(1)有效容积

水箱的有效容积主要根据其在给水系统中的作用来确定。若仅作为水量调节之用,其有效容积即为调节容积;若兼有储备消防和生产事故备用水量的作用,其容积应根据调节水量、消防和生产事故备用水量之和来确定。水箱的调节容积理论上应根据室外给水管网或水泵向水箱供水和水箱向建筑内给水系统输水的曲线,经分析后确定,但因上述曲线不易获得,实际工程中可按水箱进水的不同情况根据以下经验公式计算确定。

由室外给水管网直接供水时:

$$V = Q_L T_L \tag{3-11}$$

式中:V——水箱的有效容积,m^3;

Q_L——由水箱供水的最大连续平均小时用水量,m^3/h;

T_L——由水箱供水的最大连续时间,h。

由人工操作水泵进水时:

$$V = \frac{Q_d}{n_b} - T_b Q_p \tag{3-12}$$

式中:V——同式(3-11);

Q_d——最高日用量,m^3/d;

n_b——水泵每天启动次数,次/d;

T_b——水泵启动一次的最短运行时间,由设计确定,h;

Q_p——水泵运行时间T_b内的建筑平均时用水量,m^3/h。

水泵自动启动供水时:

$$V = C \cdot \frac{q_b}{4K_b} \tag{3-13}$$

式中:V——同式(3-11);

q_b——水泵出水量,m^3/h;

K_b——水泵1h内最大启动次数，一般选用4~8次/h；

C——安全系数，可在1.5~2.0内采用。

用上述公式计算所得水箱调节容积较小，必须在确保水泵自动启动装置安全可靠的条件下采用。生活用水的调节水量也可按最高日用水量Q_d的百分数估算，水泵自动启闭时$\geqslant 5\% Q_d$，人工操作时$\geqslant 12\% Q_d$。仅在夜间进水的水箱，有效容积应根据用水人数和用水定额确定。生产事故备用水量可按工艺要求确定。消防储备水量用以扑救初期火灾，一般都以10min的室内消防设计流量计。

(2)设置高度

水箱的设置高度应满足下式：

$$h \geqslant H_2 + H_4 \tag{3-14}$$

式中：h——水箱最低水位至配水最不利点或最不利消火栓、自动洒水喷头位置高度所需的静水压，kPa；

H_2——水箱出水口至配水最不利点或最不利消火栓、自动洒水喷头管路的总水头损失，kPa；

H_4——配水最不利点的流出水头或最不利消火栓、自动洒水喷头处所需的压力，kPa。

储备消防水量水箱的安装高度，满足消防设备所需压力有困难时，应采取设增压泵等措施。

四、气压给水设备

气压给水设备是根据波义耳—马略特定律，即在定温条件下，一定质量气体的绝对压力和其所占的体积成反比的原理制造的。其利用密闭罐中压缩空气的压力变化调节送水量，在给水系统中主要起增压和水量调节作用。

1. 气压给水设备的分类和组成

(1)按气压给水设备输水压力稳定性不同，可分为变压式和定压式两类。

单罐变压式气压给水设备，如图3-20所示，在向给水系统输水过程中，水压处于变化状态。罐内的水在压缩空气的起始压力P_2的作用下，被压送至给水管网，随着罐内水量的减少，压缩空气体积膨胀，压力减小，当压力降至最小工作压力P_1时，压力信号器动作，使水泵启动。水泵出水除供用户外，多余部分进入气压水罐，使罐内水位上升，空气又被压缩，当压力达到P_2时，压力信号器动作，使水泵停止工作，气压水罐再次向管网输水。

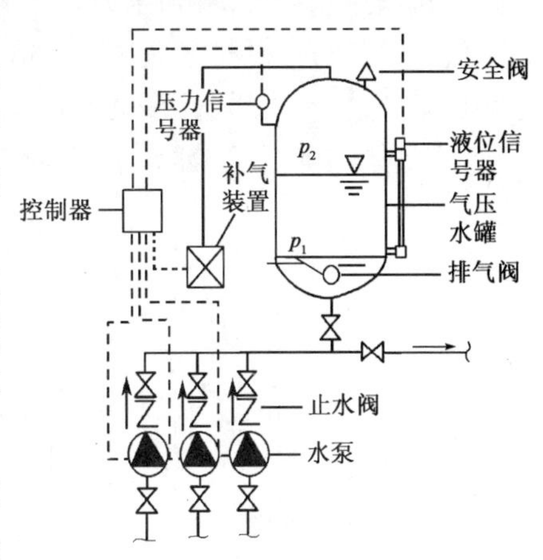

图3-20 单罐变压式气压给水设备

定压式气压给水设备，如图3-21所示，在向给水系统输水过程中，水压相对稳定，目前常见的做法是在气、水同罐的单罐变压式气压给水设备的供水管上，安装压力调节阀，将阀出口水压控制在要求范围内，使供水压力相对稳定。也可在气、水分罐的双罐变压式气压给水设备的压缩空气连通管上安装压力调节阀，将阀出口气压控制在要求范围内，以使供水压力稳定。

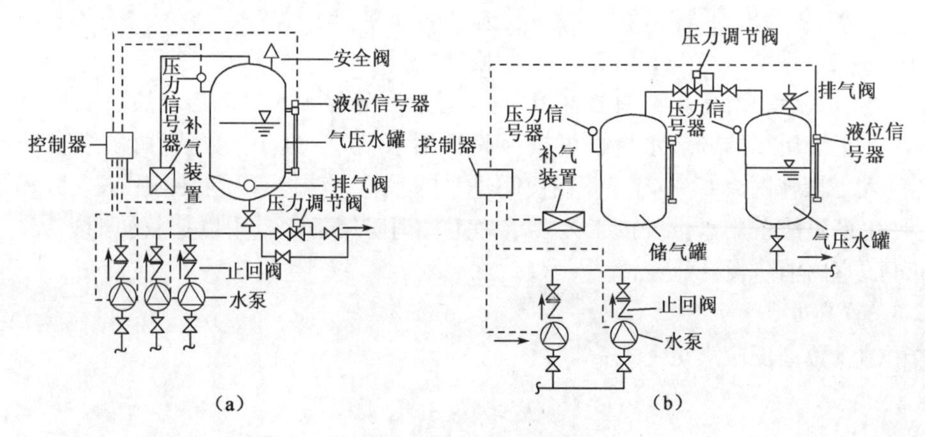

图 3-21　定压式气压给水设备

(a)单罐定压式气压给水设备;(b)双罐定压式气压给水设备

(2)按气压给水设备罐内气、水接触方式不同,可分为补气式和隔膜式两类。

补气式气压给水设备,在气压水罐中气、水直接接触。设备运行中,部分气体溶于水中,随着气量的减少,罐内压力下降,不能满足设计需要,为保证给水系统的设计工况,需设补气调压装置。补气的方法有很多,在允许停水的给水系统中,可采用开启罐顶进气阀、泄空罐内存水的简单补气法。不允许停水时可采用空气压缩机补气,也可通过在水泵吸水管上安装补气阀、水泵出水管上安装水射器或补气罐等方法补气。

图 3-22 为设补气罐的补气方式。当气压水罐内的压力达到 P_2 时,在电接点压力表的作用下,水泵停止工作,补气罐内水位下降,出现负压,进气止回阀自动开启进气。当气压水罐内水位下降,压力达到 P_1 时,在电接点压力表的作用下,水泵开启,补气罐中水位升高,出现正压,进气止回阀自动关闭,补气罐内的空气随进水补入气压水罐。当补入空气过量时,可通过自动排气阀排气。自动排气阀设在气压罐最低工作水位以下 1 ~ 2cm 处,当气压罐内空气过量,至最低水位时,罐内压力大于 P_1,电接点压力表不动作,水位继续下降,自动排气阀即打开排出过量空气,直到压力降至 P_1,水泵启动水位恢复正常,排气阀自动关闭。罐内过量空气也可通过电磁排气阀排出,如图 3-23 所示。在设计最低水位下 1 ~ 2cm 处安装 1 个电触点,当罐内空气过量,水位下降低于设计最低水位,电触点断开,通过电控器打开电磁阀排气,直到压力降至 P_1,水泵启动水位恢复正常,电触点接通,电磁阀关闭,停止排气。

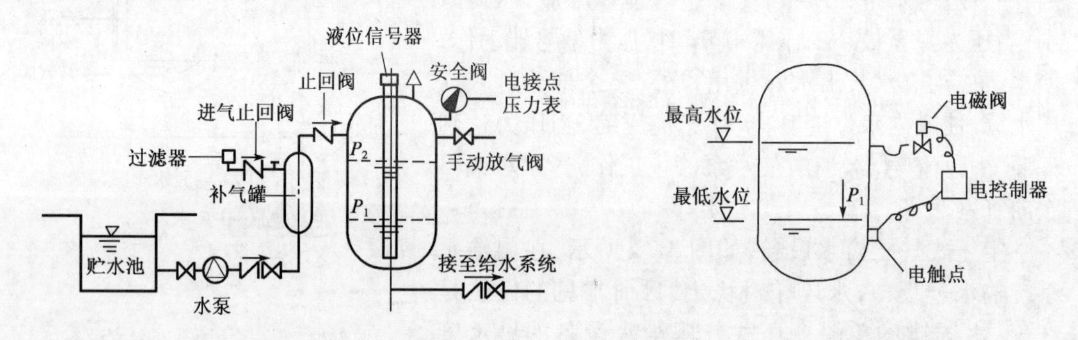

图 3-22　设补气罐的补气方法

图 3-23　电磁阀排气

上述方法属余量补气,多余的补气量需通过排气装置排出。有条件时,宜采用限量补气法,即使补气量等于需气量,如当气压水罐内气量达到需气量时,补气装置停止从外界吸气,而从补气罐罐内吸气再补入气压给水罐罐内，自行平衡，从而达到限量补气的目的，可省去排气装置。

2. 气压给水设备的特点、适用范围及设置要求

(1)气压给水设备的特点

气压给水设备，设置位置灵活性大，不受限制，便于隐蔽，安装、拆卸方便。成套设备均在工厂生产，现场集中组装，占地面积小，工期短，土建费用低。实现了自动化操作，便于维护管理。气压水罐为密闭罐，不但水质不易污染，还有助于消除给水系统中水锤的影响。但是，气压给水设备的调节容积和贮水量均小，一般调节水量仅占总容积的20% ~30%，压力容器制造、加工难度大。变压式气压给水设备供水压力变化较大，对给水附件的寿命有一定的影响。

气压给水设备的耗电量较大，一是由于调节水量小，水泵启动频繁，启动电流大；二是水泵在最大工作压力和最小工作压力之间工作，平均效率低；三是为保证气压给水设备向给水系统供水的全过程中，均能满足系统所需水压 H 的要求，所以气压水罐的最小工作压力 P_1 是根据 H 确定的，而水泵的扬程却要满足最大工作压力 P_2 的需要，所以 $\Delta P = P_2 - P_1$ 的电耗是无用功，因此与设水箱、水泵的系统相比，增加了电耗。为了减少电耗，可采用几台小流量水泵并联运行的节能型气压给水设备，如图3-24所示。

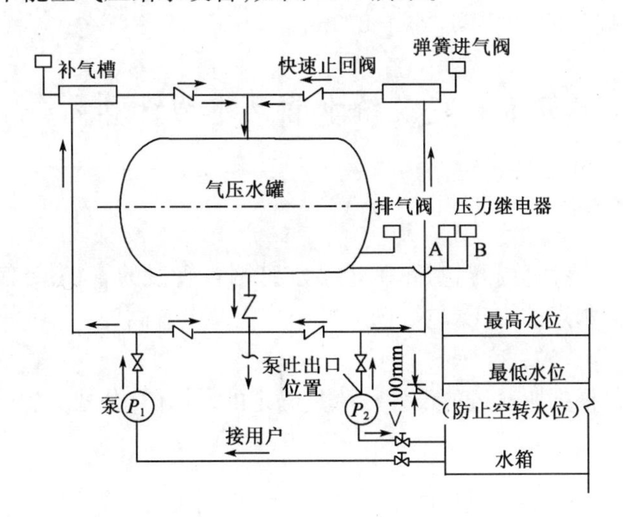

图3-24　节能型气压给水设备

节能型气压给水设备的工作过程是：P_1 泵启动，向给水系统供水，多余的水量经补气槽进入气压水罐，槽中空气被带入罐中，罐内水位上升至最大工作压力 P_2 时，压力继电器A动作，P_1 泵停止工作，由气压水罐向系统供水，当罐内水位降至最小工作压力 P_1 时，压力继电器A动作，P_2 泵启动，重复 P_1 泵的工作，使 P_1、P_2 两台泵交替运行。若 P_1 泵启动后，用户用水量大于其出水量时，压力继电器B动作，启动 P_2 泵，此时两台水泵同时工作；当用水量减少，罐内水位上升，压力达到 P'_2(小于 P_2)时，压力继电器B动作，P_1 泵停止工作，水位继续上升，罐内压力达到 P_2 时，压力继电器A动作，P_2 泵也停止工作，由气压水罐向系统供水，同时补气槽中的水流回水池，弹簧进气阀打开补气，当罐内水位降至最低水位，压力达到 P_1 时，P_1 泵开启重复上述过程。由于两台水泵并联工作，延长了水泵启动周期，提高了水泵的工作效率，与由一台大泵工作的气压给水设备相比可节电40%，设计中应优先采用。

(2)气压给水设备的适用范围

根据气压给水设备的特点，其适用于有升压要求，但不适宜设置水塔或高位水箱的小区

或建筑内的给水系统,如地震区、人防工程或屋顶立面有特殊要求等建筑的给水系统;小型、简易和临时性给水系统以及消防给水系统等。

(3)设置要求

气压给水罐宜布置在室内,如设在室外,应有防雨、防晒及防潮设施,并有在寒冷季节不致结冻的技术措施。设于泵房内时,除应符合泵房的要求外,还应符合气压给水设备对环境温度、空气相对湿度、通风换气次数和设备安装检修等有关要求。

气压给水罐的布置应满足以下要求:罐顶至建筑结构最低梁底距离不宜小于1.0m;罐与罐之间及罐与墙面之间的净距不宜小于0.7m;罐体应置于混凝土底座上,底座应高出地面不小于0.1m,整体组装式气压给水设备采用金属框架支撑时,可不设设备基础。

供生活用水的各类气压给水设备,均应有水质防护措施,隔膜应用无毒橡胶制作,气压水罐和补气罐内壁应涂无毒防腐涂料,补气罐或用作补气的空气压缩机的进气口都要设空气过滤装置,并采用无油润滑型空气压缩机。为保证安全供水,气压给水设备要有可靠的电源,并应装设安全阀、压力表、泄水管和密闭人孔。安全阀也可装在靠近气压给水设备进出水管的管路上。为防止停电时水位下降,罐内气体随水流入管道流失,补气式气压水罐进水管上要装止气阀。为利于维护、检修,气压水罐罐顶至建筑结构最低点的距离不得小于1.0m,罐与罐、罐与墙面的净距不应小于0.7m。

第五节　建筑给水管网水力计算简介

一、水力计算的内容

建筑给水管网水力计算内容包括:确定给水管网各管段的管径;计算压力损失,复核水压是否满足最不利配水点的水压要求,选定加压装置及设置高度。

1.管径的确定

各管段的管径是根据所通过的设计秒流量确定的,其计算公式为:

$$d_j = \sqrt{\frac{4q_g}{\pi v}} \tag{3-15}$$

式中:d_j——管径,m;

q_g——管段设计秒流量,m^3/s;

v——管段中的流速,m/s。

由式(3-15)可知,在管段流量确定的条件下,管段流速的大小决定着管径的大小,设计时应综合考虑技术和经济两方面因素,恰当选用管内流速。管内流速过大,易产生噪声,因水锤现象损坏管道和附件,并增加管道水头损失,加大供水所需压力;管内流速过小,将造成管材浪费。根据上述分析,生活给水管道的水流速度宜按表3-15采用。与消防合用的给水管道,消防时其管内流速应满足消防要求。

表3-15　生活给水管道的水流速度

管道公称直径(mm)	15~20	25~40	50~70	≥80
水流速度(m/s)	≤1.0	≤1.2	≤1.5	≤1.8

2. 压力损失计算

(1)沿程压力计算

给水管网沿程压力损失按下式计算：

$$P_y = iL \tag{3-16}$$

式中：P_y——管段的沿程压力损失，kPa；

L——计算管段的长度，m；

i——管道单位长度的压力损失，kPa/m。

设计计算时，可直接使用由上列公式编辑的水力计算表，根据管段的设计秒流量 q_g，控制流速 v 在正常范围内，查得管径和单位长度的水头损失 i。给水钢管的水力计算表见附录A，塑料管的水力计算表见附录B，其他管材的水力计算表详见《给水排水设计手册》。

(2)局部压力损失计算

给水管道局部压力损失计算公式为：

$$h_j = \Sigma\xi \frac{v^2}{2g} \tag{3-17}$$

式中：h_j——管段局部水头损失之和，kPa；

v——管道内平均水流速度，m/s；

g——重力加速度，m/s²；

$\Sigma\xi$——管段局部阻力系数之和。

由于给水管道中配件较多，局部阻力系数 ξ 值也不尽相同，因此，采用式(3-17)计算较为烦琐。在实际工程中，生活给水管道配水管的局部压力损失，宜采用管(配)件当量长度法计算。螺纹接口的阀门及管件的摩阻损失当量长度见《给水排水设计手册》。

当管道的管(配)件当量长度资料不足时，可按管件的连接状况，按管网的沿程压力损失的百分数估算。

二、建筑给水管道水力计算步骤

首先根据建筑平面图和初定的给水方案，绘制给水管道平面布置图及轴测图，然后按下列步骤进行水力计算：

(1)根据轴测图选择最不利配水点，确定计算管路。

(2)进行节点编号，划分计算管段，并将设计管段长度列于水力计算表中。

(3)根据建筑物的类别选择设计秒流量公式，并正确计算管段的设计秒流量。

(4)根据管段的设计秒流量，查相应水力计算表，确定管道管径。

(5)确定给水管网沿程水头损失和局部水头损失，选择水表，计算水表水头损失。

(6)确定给水管道所需压力 p，并校核初定给水方案。若初定为外网直接给水方式，当室外给水管网水压 $p_0 \geqslant p$ 时，原方案可行；当 p 略大于 p_0 时，可适当放大部分管段的管径，减小管道系统的水头损失，以满足 $p_0 \geqslant p$ 的条件；若 p 大于 p_0 很多，则应修正原方案，在给水系统中增设升压设备。对于采用设水箱上行下给式布置的给水系统，则应校核水箱的安装高度，若水箱高度不能满足供水要求，可采取提高水箱高度、放大管径、设增压设备或选用其他供水方式解决。

(7)确定非计算管段的管径。

(8)对于设置升压、贮水设备的给水系统，还应对其设备进行选择计算。

第六节 高层建筑给水系统

在我国建筑给水排水工程设计中，高、低层建筑的界线是根据市政消防能力划分的，由于我国登高消防车的工作高度约24m，大多数城市通用的普通消防车，直接从室外消防管道或消防水池抽水，扑救火灾的最大高度也约为24m，所以以24m作为高层建筑的起始高度，即建筑高度（以室外地面至檐口或屋面面层高度计）超过24m的公共建筑或工业建筑均为高层建筑。而住宅建筑由于每个单元的防火分区面积不大，有较好的防火分隔，火灾发生时火势蔓延扩大受到一定的限制，危害性较小，同时它在高层建筑中所占比例较大，若防火标准提高，将影响工程总投资的较大增长，因此高层住宅的起始线与公共建筑略有区别，以10层及10层以上的住宅（包括首层设置商业服务网点的住宅）为高层住宅建筑。高层建筑层多楼高，有别于低层建筑，因此对建筑给水排水工程提出了新的技术要求，必须采取相应的技术措施，才能确保给水排水系统的良好工况，满足各类高层建筑的功能要求。

一、高层建筑给水系统技术要求

整幢高层建筑若采用同一给水系统供水，则垂直方向管线过长，下层管道中的静水压力很大，必然带来以下弊病：需要采用耐高压的管材、附件和配水器材，费用高；启闭龙头、阀门易产生水锤，不但会引起噪声，还可能损坏管道、附件，造成漏水；开启龙头，水流喷溅，既浪费水量，又影响使用；由于配水龙头前压力过大，水流速度加快，出流量增大，水头损失增加，使设计工况与实际工况不符，不但会产生水流噪声，还将直接影响高层供水的安全可靠性。因此，高层建筑给水系统必须解决低层管道中静水压力过大的问题。

二、高层建筑给水系统技术措施

为克服高层建筑采用同一给水系统供水时低层管道中静水压力过大的弊病，保证建筑供水的安全可靠性，高层建筑给水系统应采取竖向分区供水的方法，即在建筑物的垂直方向按层分段，各段为一区，分别组成各自的给水系统。确定分区范围时，应充分利用室外给水管网的水压以节省能量，并结合其他建筑设备工程的情况综合考虑，尽量将给水分区的设备层与其他相关工程所需设备层共同设置，以节省土建费用，同时使各区最低卫生器具或用水设备配水装置处的静水压力小于其工作压力，以免配水装置的零件损坏漏水。住宅、旅馆、医院用水设备配水装置处的静水压力宜为0.30～0.35MPa；办公楼因卫生器具较上述建筑少，且使用不频繁，故卫生器具配水装置处的静水压力可略高些，宜为0.35～0.45MPa。高层建筑给水系统竖向分区的基本形式有以下几种。

1. 串联式

各区分设水箱和水泵，低区的水箱兼作上区的水池，如图3-25所示。其优点是：无须设置高压水泵和高压管线；水泵可保持在高效区工作，能耗较少；管道布置简洁，节省管材。缺点是：供水不够安全，若下区设备出现故障，直接影响上层供水；各区水箱、水泵分散设置，维修、管理不便，且占用一定的建筑面积；水箱容积较大，将增加结构的负荷和造价。宜用于建筑高度>100m的高层建筑。

2. 减压式

建筑用水由设在底层的水泵一次提升至屋顶水箱，再通过各区减压装置如减压水箱、减压阀等，依次向下供水。图 3-26 为减压水箱的供水方式，图 3-27 为减压阀的供水方式。其共同的优点是：水泵数量少，占地少，且集中设置便于维修、管理；管线布置简单，投资少。共同的缺点是：各区用水均需提升至屋顶水箱，不但要求水箱容积大，而且对建筑结构和抗震不利，也增加了电耗；供水不够安全，水泵或屋顶水箱输水管、出水管的局部故障都将影响各区供水。宜用于建筑高度≤100m 的高层建筑。

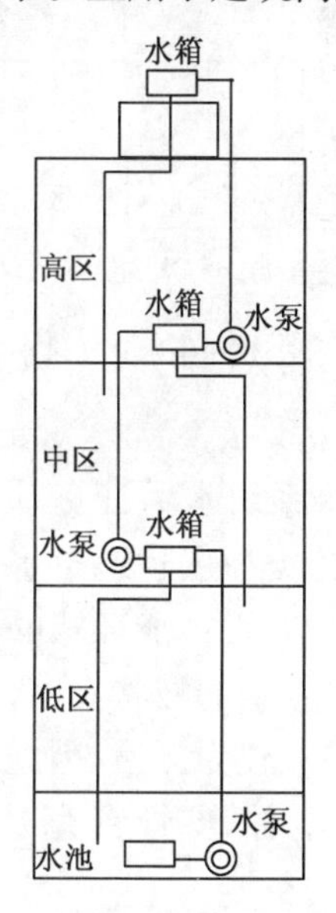

图 3-25　串联供水方式

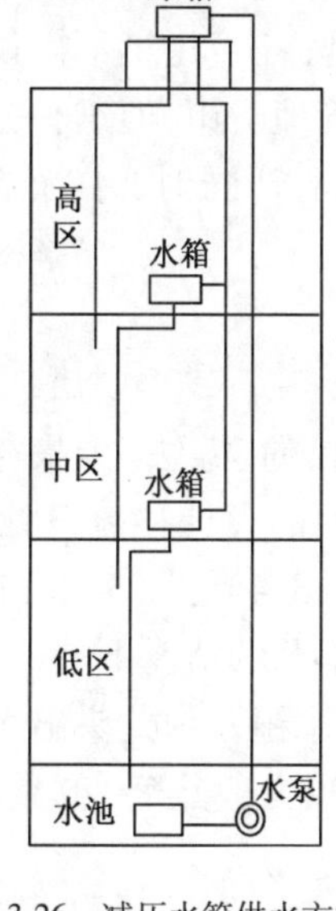

图 3-26　减压水箱供水方式

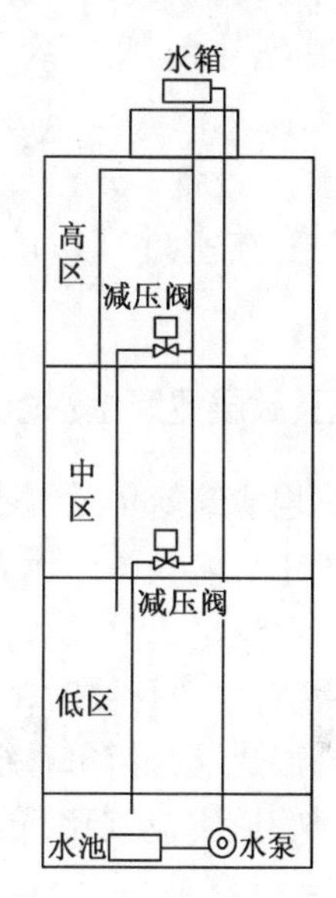

图 3-27　减压阀供水方式

3. 并列式

各区升压设备集中设在底层或地下设备层，分别向各区供水。图 3-28、图 3-29、图 3-30 分别为采用水泵和水箱并列、变频调速泵并列和气压给水设备并列升压供水的并列供水方式。其优点是：各区供水自成系统，互不影响，供水较安全可靠；各区升压设备集中设置，便于维修管理。水泵、水箱并列供水系统中，各区水箱容积小占地少。气压给水设备并列和变频调速泵并列供水系统中无须水箱，节省了占地面积。并列式分区的缺点是：上区供水泵扬

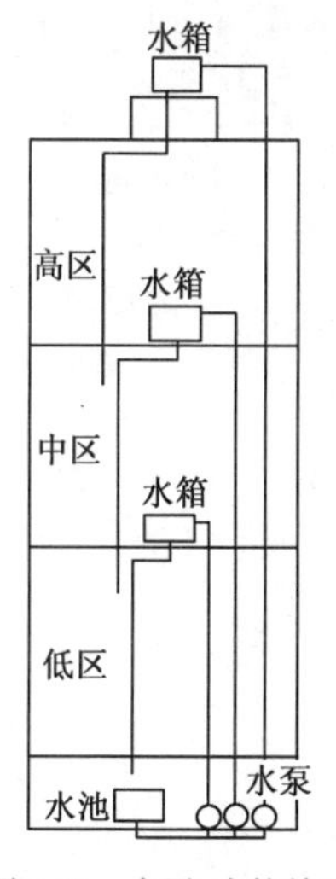

图 3-28　水泵、水箱并列供水方式

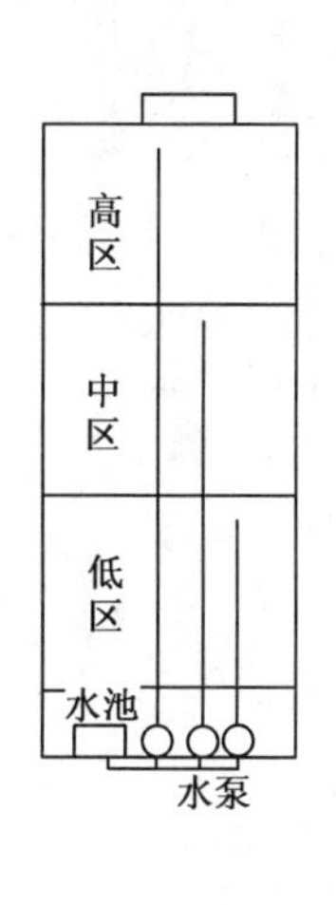

图 3-29　变频调速泵并列供水方式

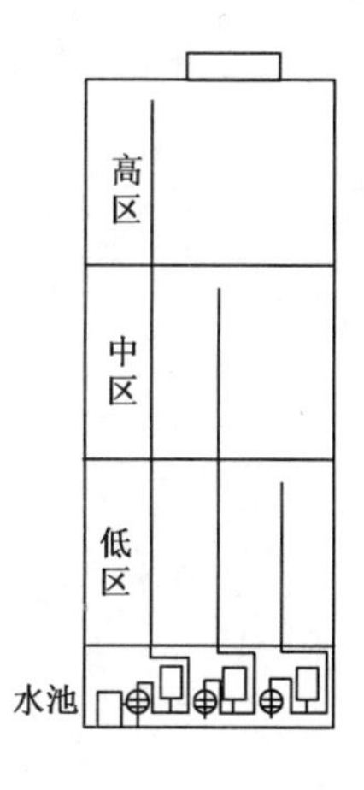

图 3-30　气压给水设备并列供水方式

程较大,总压水线长。由气压给水设备升压供水时,调节容积小,耗电量较大,分区多时,高区气压罐承受压力大,使用钢材较多,费用高。由变频调速泵升压供水时,设备费用较高,维修较复杂。宜用于建筑高度≤100m 的高层建筑。

4. 室外高、低压给水管网直接供水

当建筑周围有市政高、低压给水管网时,可利用外网压力,由室外高、低压给水管网分别向建筑内高、低区给水系统供水,如图 3-31 所示。其优点是:各幢建筑不需设置升压、贮水设备,节省了设备投资和管理费用,但这种分区形式只有在室外有市政高、低压给水管网时,才有条件采用。

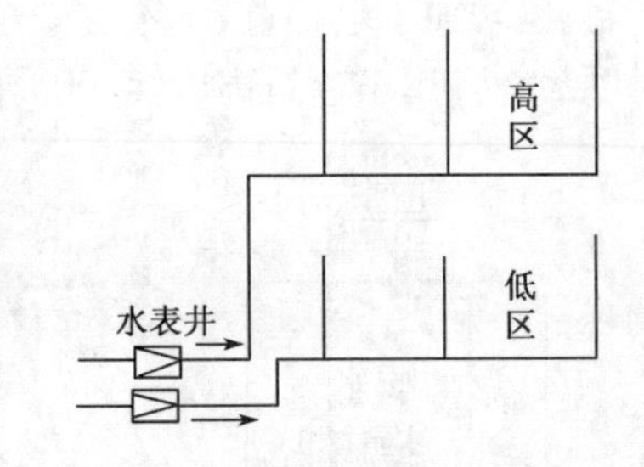

图 3-31　室外高、低压给水管网供水方式

三、高层建筑给水系统水力计算

高层建筑给水系统水力计算的目的、方法、步骤与低层建筑给水系统水力计算基本相同。由于目前我国尚无高层建筑专用的设计秒流量计算公式,所以各类高层建筑给水管道的设计秒流量,仍按建筑性质选用式(3-4)、式(3-7)和式(3-8)计算。对设计成环状的给水管网,进行水力计算时,可以考虑最不利的情况下断开某管段,以单向供水的枝状管网计算。由于高层建筑对给水系统防噪声、防水锤及水龙头出水量的稳定等要求较为严格,因此设计计算时管道流速宜比低层建筑小些,一般干管、立管宜为 1.0m/s 左右,支管宜为 0.6 ~ 0.8m/s。

思　考　题

1. 简述建筑内部给水系统的基本组成和压力计算方法。
2. 如何确定水箱和贮水池的容积?
3. 简述建筑内部生活给水系统设计的步骤和方法。
4. 高层建筑给水系统的分区原则是什么?
5. 试述在给水系统中增设贮水池,采用水泵与室外管网间接连接的原因。

第四章　建筑消防系统

建筑消防系统根据使用灭火剂的种类和灭火方式可分为以下三种灭火系统：

(1)室内消火栓给水系统。

(2)自动喷水灭火系统。

(3)其他使用非水灭火剂的固定灭火系统，如二氧化碳灭火系统、干粉灭火系统和其他气体灭火系统等。

第一节　消火栓给水系统

建筑消火栓给水系统是把室外给水系统提供的水量，经过加压(外网压力不满足需要时)，输送到用于扑灭建筑物内的火灾而设置的固定灭火设备，是建筑物中最基本的灭火设施。

一、消火栓给水系统的设置

为了及时扑灭火灾和防止火灾蔓延，减少火灾损失，必须根据建筑物的性质、高度，按照《建筑设计防火规范》的要求，在下列建筑物中设置室内消防给水系统。

(1)厂房、库房、高度不超过24m的科研楼(存有与水接触能引起燃烧爆炸物品的建筑除外)；在一、二级耐火等级的厂房内，具有生产性质不同的部位，可根据各部位特点确定是否设置室内消防给水系统。

(2)超过800个座位的剧院、电影院、俱乐部和超过1200个座位的礼堂、体育馆。

(3)超过7层的单元式住宅，超过6层的塔式住宅、通廊式住宅、底层设有商业网点的单元式住宅。

(4)超过5层或体积超过10000m^3的教学楼等其他民用建筑。

(5)体积超过5000m^3的车站、码头、机场建筑物以及展览馆、商店、病房楼、门诊楼、图书馆、书库等。

(6)国家级文物保护单位的重点砖木或木结构的古建筑。

二、室内消火栓给水系统的分类

根据建筑物高度、室外管网压力及流量和室内消防流量及水压等要求，室内消防给水系统可分为以下三类。

1. 无加压泵和水箱的室内消火栓给水系统

此类系统如图4-1所示，常在建筑物不太高，室外给水管网的压力和流量完全能满足室内最不利点消火栓的设计水压和流量的情况下采用。

2. 干式室内消火栓给水系统

8～9层的住宅设置室内消火栓系统，当确有困难时，可只设置干式消防竖管和不带消火栓箱的DN65的室内消火栓，消防竖管的直径不应小于DN65。

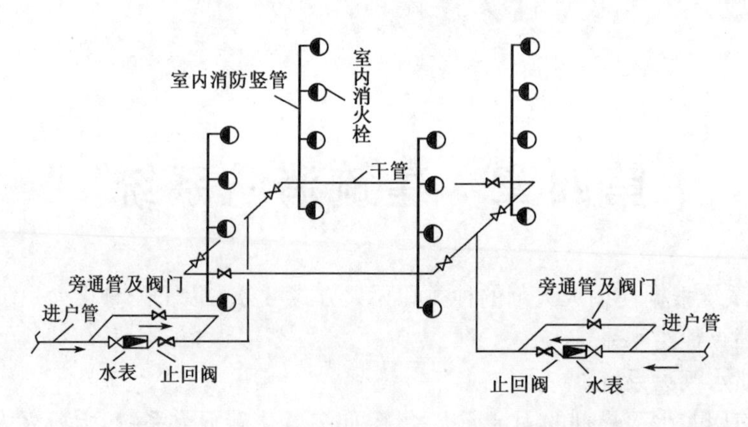

图 4-1　无加压泵和水箱的室内消火栓给水系统

干式消防竖管平时无水,火灾发生后由消防车通过首层外墙接口向室内干式消防竖管输水,消防队员自携水龙带连接竖管的消火栓口扑救灭火。干式室内消火栓给水系统如图 4-2 所示。

3. 设置消防泵和水箱的室内消火栓给水系统

当室外管网压力不能满足室内消火栓给水系统的水量和水压要求时,宜设置水泵和水箱,如图 4-3 所示。消防用水与生活、生产用水合并的室内消火栓给水系统,其消防泵应保证供应生活、生产、消防用水的最大流量,并应满足室内管网最不利点消火栓的水压。水箱应储存 10min 的消防用水量。

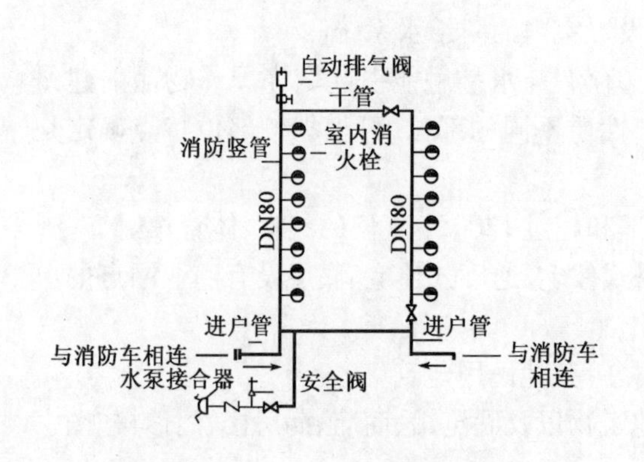

图 4-2　干式室内消火栓给水系统

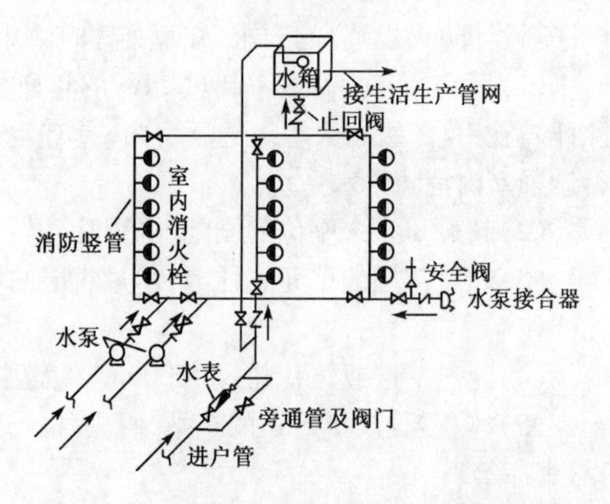

图 4-3　设有消防泵和水箱的室内消火栓给水系统

三、消火栓给水系统的组成

建筑消火栓给水系统,一般由水枪、水带、消火栓、消防管道、消防水池、高位水箱、水泵接合器及增压水泵组成。如图 4-3 所示为设有消防泵、水箱的消防给水方式。

1. 消火栓设备

消火栓设备由水枪、水带和消火栓组成,均安装于消火栓箱内,如图 4-4 所示。

水枪是灭火的主要工具,其作用在于收缩水流,增加流速,产生击灭火焰的充实水柱,水枪喷口直径有 13mm、16mm、19mm 三种。口径 13mm 水枪配备直径 50mm 水带,口径 16mm 水枪可配直径 50mm 或 65mm 水带,口径 19mm 水枪配备直径 65mm 水带。低层建筑的消火栓可选用 13mm 或 16mm 口径的水枪。

水带口径有 50mm、65mm 两种，两端分别与水枪及消火栓连接，水带长度一般有 15m、20m、25m、30m 四种；水带材质有麻质和化纤两种，有衬胶与不衬胶之分，衬胶水带阻力较小。水带长度根据水力计算选定。

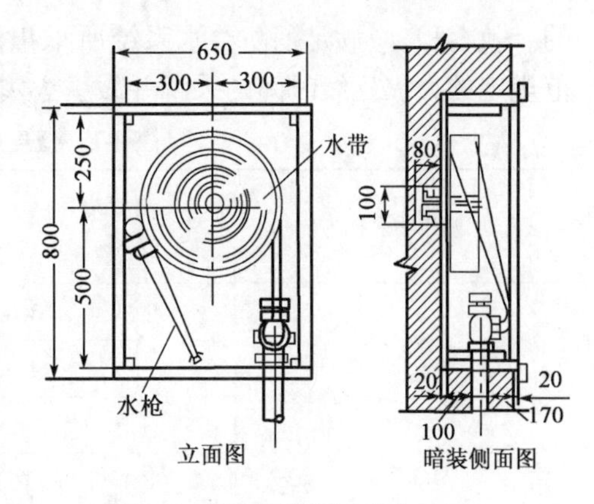

图 4-4　消火栓箱(尺寸单位:mm)

消火栓均为内扣式接口的球形阀式龙头，有单出口和双出口之分。双出口消火栓直径为 65mm，单出口消火栓直径有 50mm 和 65mm 两种。当每支水枪最小流量小于 5L/s 时选用直径 50mm 的消火栓；最小流量≥5L/s 时选用 65mm 的消火栓。

2. 水泵接合器

在建筑消防给水系统中均应设置水泵接合器。水泵接合器是连接消防车向室内消防给水系统加压供水的装置，一端由消防给水管网水平干管引出，另一端设于消防车易于接近的地方。

3. 消防管道

建筑物内消防管道是否与其他给水系统合并或独立设置，应根据建筑物的性质和使用要求经技术经济比较后确定。

4. 消防水池

消防水池用于无室外消防水源的情况下，储存火灾持续时间内的室内消防用水量。消防水池可设于室外地下或地面上，也可设在室内地下室，或与室内游泳池、水景水池兼用。消防水池应设有水位控制阀的进水管和溢水管、通气管、泄水管、出水管及水位指示器等附属装置。根据各种用水系统的供水水质要求是否一致，可将消防水池与生活或生产贮水池合用，也可单独设置。

5. 消防水箱

消防水箱对扑救初期火灾起着重要作用，为确保其自动供水的可靠性，应在建筑物的最高部位设置重力自流的消防水箱；消防用水与其他用水合并的水箱，应有消防用水不作他用的技术措施；水箱的安装高度应满足室内最不利点消火栓所需的水压要求，且应储存 10min 的室内消防用水量。

四、室内消防用水量及充实水柱长度

1. 室内消火栓用水量

室内消火栓用水量，由建筑物的性质、高度、体积、耐火等级及建筑物内可燃物的数量等因素决定。低层建筑室内消火栓用水量，应根据消火栓的布置和充实水柱长度计算，但不应小于表 4-1 的规定。高层建筑室内消火栓用水量和同时使用水枪支数见相关规范规定。

2. 消防水池和消防水箱的贮水量

(1)消防水池的贮水量

消防水池的贮水量，应满足在火灾延续时间内室内、室外消防用水量的要求。消防水池的有效容积，应满足消防给水系统所承担消防区域的各种消防给水设施的小时用水量与规范规定的火灾延续时间的乘积并减去火灾期间的补水量。

表4-1　低层建筑室内消火栓用水量

建筑物名称	高度 h(m)、层数、体积 $V(m^3)$ 或座位数 N(个)		消火栓用水量(L/s)	同时使用水枪数量(支)	每根竖管最小流量(L/s)
厂房	$h \leqslant 24$	$V \leqslant 10000$	5	2	5
		$V > 10000$	10	2	10
	$24 < h \leqslant 50$		25	5	15
	$h > 50$		30	6	15
科研楼、实验楼	$h \leqslant 24, V \leqslant 10000$		10	2	10
	$h \leqslant 24, V > 10000$		15	3	10
仓库	$h \leqslant 24$	$V \leqslant 5000$	5	1	5
		$V > 5000$	10	2	10
	$24 < h \leqslant 50$		30	6	15
	$h > 50$		40	8	15
车站、码头、机场的候车(船、机)楼和展览建筑等	$5000 < h \leqslant 25000$		10	2	10
	$25000 < V \leqslant 50000$		15	3	10
	$V > 50000$		20	4	15
剧院、电影院、会堂、礼堂、体育馆等	$800 < N \leqslant 1200$		10	2	10
	$1200 < N \leqslant 5000$		15	3	10
	$5000 < N \leqslant 10000$		20	4	15
	$N > 10000$		30	6	15
商店、旅馆等	$5000 < V \leqslant 10000$		10	2	10
	$10000 < V \leqslant 25000$		15	3	10
	$V > 25000$		20	4	15
病房楼、门诊楼等	$5000 < V \leqslant 10000$		5	2	5
	$10000 < V \leqslant 25000$		10	2	10
	$V > 25000$		15	3	10
办公楼、教学楼等其他民用建筑	层数≥6层或 $V > 10000$		15	3	10
国家级文物保护单位的重点砖木或木结构的古建筑	$V \leqslant 10000$		20	4	10
	$V > 10000$		25	5	15
住宅	7－9层		5	2	5

注：①丁、戊类高层厂房(仓库)室内消火栓的用水量可按本表减少10L/s，同时使用的水枪数量可按本表减少两支；

②消防软管卷盘或轻便消防水喉及住宅楼梯间中的干式消防竖管上设置的消火栓，其消防用水量可不计入室内消防用水量。

(2)消防水箱的贮水量

我国建筑防火规范规定,建筑内消防水箱应储存10min的室内消防用水量。一般情况下,一类公共建筑不应小于18m³,二类公共建筑不应小于12m³,三类居住建筑不应小于6m³。当室内消防用水量不超过25L/s,经计算水箱的消防贮水量超过12m³时,仍可采用12m³。当室内消防用水量超过25L/s,经计算,水箱的消防贮水量超过18m³时,仍可采用18m³。

3. 水枪充实水柱长度

消火栓设备的水枪射流灭火,需要有一定强度的密实水流才能有效地扑灭火灾。如图4-5所示,水枪射流中,在26~38cm直径圆断面内,包含全部水量75%~90%的密实水柱长度称为充实水柱长度,用H_m表示。根据实验数据统计,当水枪充实水柱长度小于7m时,火场的辐射热使消防人员无法接近着火点,达不到有效灭火的目的;当水枪的充实水柱长度大于15m时,因射流的反作用力而使消防人员无法把握水枪灭火。表4-2为各类建筑要求水枪充实水柱的最小长度,设计时可参照选用。

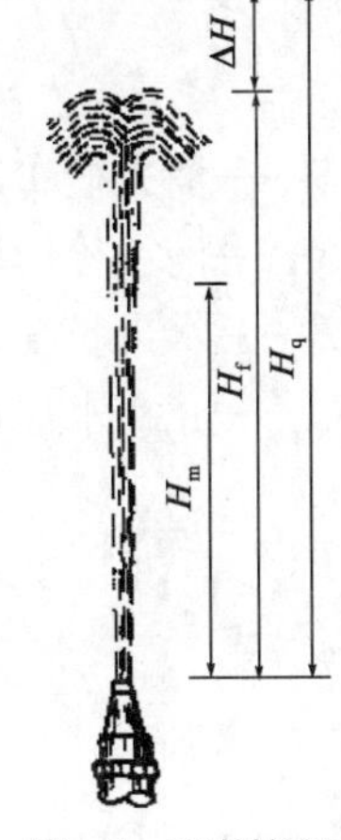

图4-5 垂直射流组成

表4-2 各类建筑要求水枪充实水柱的最小长度

建筑物类别		充实水柱的最小长度(m)
低层建筑	一般建筑	7
	甲、乙类厂房、大于六层的民用建筑、大于四层的厂房、库房	10
	高架库房	13
高层建筑	民用建筑高度≥100m	13
	民用建筑高度<100m	10
	高层工业建筑	13
人防工程内		10
停车场、修车库内		10

五、消火栓给水系统的布置

1. 消火栓设置要求

(1)除无可燃物的设备层外,设置室内消火栓的建筑物,其各层均应设置消火栓。单元式、塔式住宅的消火栓宜设置在楼梯间的首层和各层楼层休息平台上,当设两根消防竖管确有困难时,可设一根消防竖管,但必须采用双口双阀型消火栓。干式消火栓竖管应在首层靠出口部位设置便于消防车供水的快速接口和止回阀。

(2)消防电梯间前室应设置消火栓。

(3)室内消火栓应设在明显易于取用的地点。消火栓栓口离地面高度为1.1m,其出水方向应向下或与设置消火栓的墙面成90°。

(4)设有室内消火栓的建筑,如为平屋顶时宜在平屋顶上设置试验和检查用的消火栓。

(5)当高位水箱设置高度不能保证最不利点消火栓的水压要求时,应在每个室内消火栓处设置直接启动消防水泵的按钮,并应有保护措施。

2. 消火栓的布置

室内消火栓的布置,应保证表 4-1 中所规定的水柱股数同时达到室内任何地点。当要求有一股水柱到达室内任何角落且消火栓双排布置时,其布置间距(图 4-6)可按下式计算:

$$S = \sqrt{2}R = 1.4R \tag{4-1}$$

$$R = 0.9L + S_k\cos45° \tag{4-2}$$

式中:S——消火栓布置间距,m;

R——消火栓作用半径,m;

L——水带长度,0.9 是考虑到水带转弯曲折的折减系数;

S_k——充实水柱长度,m。

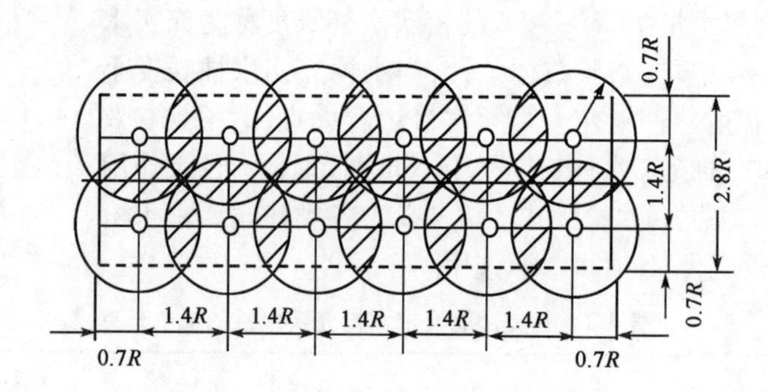

图 4-6 消火栓布置间距

3. 消防水箱设置

在低层建筑消防系统中设置消防水箱时有以下要求:

(1)设置常高压给水系统的建筑物,如能保证最不利点消火栓和自动喷水灭火设备等的水量和水压时,可不设消防水箱。设置临时高压给水系统的建筑物,应设消防水箱,并应符合在建筑物的最高部位设置重力自流的消防水箱的要求。

(2)消防用水与其他用水合并的水箱,应设有消防用水不被动用的技术设施。

(3)发生火灾后消防水泵供给的消防用水,不应进入消防水箱。

4. 消防水泵设置

在低层建筑消防系统中设置消防水泵时有以下要求:

(1)一组消防水泵的吸水管不应少于两条。当其中一条损坏时,其余的吸水管应仍能通过全部用水量。

(2)高压和临时高压消防给水系统,其每台消防水泵应有独立的吸水管。

(3)消防水泵宜采用自灌式引水。

(4)消防水泵房应有不少于两条出水管直接与环状管道连接。当其中一条出水管处于检修状态时,其余的出水管应仍能供应全部用水量。

(5)消防水泵出水管上宜设检查和试水用的放水阀门。

(6)固定消防水泵应设置备用泵,其工作能力不应小于一台主要泵。但符合下列条件之一时,可不设备用泵:一是室外消防用水量不超过 25L/s 的工厂、仓库、堆场和储罐;二是室内消防水量小于等于 10L/s 时。

(7)消防水泵应保证在火警后 30s 内开始工作,并在火场断电时仍能正常运转。

(8)设有备用泵的消防泵站或泵房,应设备用动力,若采用双电源或双回路供电有困难时，可采用内燃机作动力。

（9）消防水泵与动力机械应直接连接。

（10）消防水泵房宜设有与本单位消防队直接联络的通信设备。

5. 给水管道的布置

（1）室内消火栓超过10个，且室内消防用水量大于15L/s时，室内消防给水管道至少应有两条引入管与室外环状管网连接，并应将室内管道连成环状或将引入管与室外管道连成环状。当环状管网的一条引入管发生故障时，其余的引入管应仍能供应全部用水量。

（2）7～9层的单元住宅，其室内消防给水管道可为枝状，引入管可采用一条。

（3）超过6层的塔式（采用双出口的消火栓除外）和通廊式住宅、超过5层或体积超过10000m³的其他民用建筑、超过4层的厂房和库房，如室内消防竖管为两条或两条以上时，应至少每两根竖管相连成环状管道，每条竖管直径应按最不利点消火栓出水，并应根据表4-1中规定的流量确定。

（4）室内消防给水管道应用阀门分成若干独立段，如某段损坏时，停止使用的消火栓在一层中不应超过5个。阀门应经常处于开启状态，并应有明显的启闭标志。

（5）消防用水与其他用水合并的室内管道，当其他用水达到最大秒流量时，应仍能供应全部消防用水量。引入管上设置的计量设备不应降低引入管的过水能力。

（6）室内消火栓给水管网与自动喷水灭火设备的管网宜分开设置，如分开设置有困难时，应在报警阀前分开设置。

六、消火栓给水系统计算

消火栓给水系统计算的任务是根据室内消火栓消防用水量的要求，进行合理的流量分配后，确定系统管道管径、系统所需水压、水箱的设置高度、容积和消防水泵的型号等。

1. 室内消火栓栓口处所需水压

消火栓栓口所需水压按下式进行计算：

$$H_{xh} = H_q + h_d + H_k \tag{4-3}$$

式中：H_{xh}——消火栓栓口的水压，kPa；

H_q——水枪喷嘴处的压力，kPa；

h_d——水带的水头损失，kPa；

H_k——消火栓栓口水头损失，按20kPa计算。

水枪喷嘴处的压头与充实水柱的关系为：

$$H_q = \frac{\alpha_f H_m}{1 - \varphi \alpha_f H_m} \tag{4-4}$$

式中：H_m——消火栓充实水柱高度，m；

φ——与水枪喷嘴口径有关的试验数据，见表4-3；

α_f——与H_m有关的实验数据，见表4-4。

表4-3　系数φ值

水枪喷嘴直径 d(mm)	13	16	19
φ	0.0165	0.0124	0.0097

表 4-4　系 数 α_f 值

H_m(m)	7	10	13	15	20
α_f	1.19	1.20	1.21	1.22	1.24

水流通过水带的压力损失按下式计算：

$$h_d = A_d L_d q_x^2 \gamma \tag{4-5}$$

式中：A_d——水带的比阻，可采用表 4-5 中的数值；

L_d——水带的长度，m；

q_x——水枪的射流量，L/s；

γ——水的重度，kN/m^3。

2. 水枪的实际射流量

水枪的实际射流量按下式计算：

$$q_x = \sqrt{BH_q} \tag{4-6}$$

式中：B——水枪水流特性系数，与水枪口径有关，见表 4-5。

表 4-5　水枪水流特性系数 B

水枪口径(mm)	13	16	19	22
B	0.346	0.793	1.577	2.836

3. 消防管网水力计算

消防管网水力计算的主要目的是计算消防给水管网的管径、消防水泵的流量和扬程，并确定消防水箱的设置高度。

由于建筑物发生火灾地点的随机性以及水枪充实水柱数量的限制(用水量限定)，在进行消防管网水力计算时，对于枝状管网应首先选择最不利立管和最不利消火栓，以此确定计算管路，并按照消防规范规定的室内消防用水量进行流量分配。对于环状管网(由于着火点不确定)，可假定某管段发生故障，仍按枝状管网进行计算。在最不利点水枪射流量确定后，以下各层水枪的实际射流量应根据消火栓栓口处的实际压力计算。在确定消防管网中各管段的流量后，通常可从钢管水力计算表中直接查得管径及单位管长沿程水头损失值。

低层建筑消火栓给水管网管径不得低于 DN50，高层建筑消火栓给水管网管径不得小于 DN100。消火栓给水管道中的流速一般以 1.4～1.8m/s 为宜，不允许大于 2.5m/s。消防管道水头损失的计算方法与给水管网计算相同，其局部水头损失按管道沿程水头损失的 10% 采用。

当有消防水箱时，应以水箱的最低水位作为起点选择计算管路，计算管径和水头损失，确定水箱的设置高度或补压设备。当设有消防水泵时，应以消防水池最低水位作为起点选择计算管路，计算管径和水头损失，确定消防水泵的扬程。

七、高层建筑室内消火栓给水系统

1. 高层建筑室内消火栓给水系统的一般规定

高层建筑由于其建筑上的特点，往往失火成灾的情况更为严重。高层建筑中由于设有电梯井、楼梯井、垃圾井及各种管道井等，数量多，分布广，且贯穿整个楼层，形成一座座“烟囱”，因此，在失火时抽吸力非常强大，使火灾迅速蔓延；高层建筑的底部多为公共部分所包围，导致云梯和消防车难以靠近，扑救范围受限制；另外，进入建筑的消防人员“全副武装”地冲上高楼，体力消耗大，速度也慢，还会与自上而下的疏散人流发生冲撞，造成消防人员到达起火点不及时，及时扑救火灾比较困难。因此，高层建筑内消防给水设备是高层建筑的主要灭火设备之一。

(1)高层民用建筑根据其使用性质、火灾危害性、疏散和补救难度等分为两类，见表4-6。

表4-6　高层民用建筑分类

名　称	一　类	二　类
居住建筑	19层及19层以上的普通住宅	10～18层的普通住宅
公共建筑	1. 医院 2. 高级旅馆 3. 建筑高度超过50m或24m以上部分的任一楼层的建筑面积超过1000m² 的商业楼、展览楼、综合楼、电信楼、财贸金融楼 4. 建筑高度超过50m或24m以上部分的任一楼层的建筑面积超过1500m² 的商住楼 5. 中央级和省级(含计划单列市)广播电视楼 6. 网局级和省级(含计划单列市)电力调度楼 7. 省级(含计划单列市)邮政楼、防灾指挥调度楼、电力调度楼 8. 藏书超过100万册的图书馆、书库 9. 重要的办公楼、科研楼、档案楼 10. 建筑高度超过50m的教学楼和普通的旅馆、办公楼、科研楼、档案楼等	1. 除一类建筑以外的商业楼、展览楼、综合楼、财贸金融楼、电信楼、图书馆、商住楼、书库 2. 省级以下的邮政楼、防灾指挥调度楼、广播电视楼、电力调度楼 3. 建筑高度不超过50m的教学楼和普通的旅馆、办公楼、科研楼、档案楼等

(2)高层建筑必须设置室内、外消火栓给水系统。建筑物的各层(无可燃物的设备层除外)均应设消火栓。

(3)高层建筑消火栓给水系统的消防用水量应分别按《高层民用建筑设计防火规范》和《建筑设计防火规范》(GB 50016—2006)的要求进行设计。消火栓消防用水量应根据充实水柱的长度计算确定，但不应小于表4-7的规定。

表4-7　高层建筑消火栓给水系统用水量

<table>
<tr><th rowspan="2">高层建筑类别</th><th rowspan="2">建筑高度(m)</th><th colspan="2">消火栓用水量(L/s)</th><th rowspan="2">每根竖管最小流量(L/s)</th><th rowspan="2">每支水枪最小流量(L/s)</th></tr>
<tr><th>室外</th><th>室内</th></tr>
<tr><td rowspan="2">普通住宅</td><td>≤50</td><td>15</td><td>10</td><td>10</td><td>5</td></tr>
<tr><td>>50</td><td>15</td><td>20</td><td>10</td><td>5</td></tr>
<tr><td rowspan="2">1. 高级住宅
2. 医院
3. 二类建筑的商业楼、展览楼、综合楼、财贸金融楼、电信楼、商住楼、图书馆、书库
4. 省级以下的邮政楼、防灾指挥调度楼、广播电视楼、电力调度楼
5. 建筑高度不超过50m的教学楼和普通的旅馆、办公楼、科研楼、档案楼等</td><td>≤50</td><td>20</td><td>20</td><td>10</td><td>5</td></tr>
<tr><td>>50</td><td>20</td><td>30</td><td>15</td><td>5</td></tr>
</table>

续上表

高层建筑类别	建筑高度(m)	消火栓用水量(L/s)		每根竖管最小流量(L/s)	每支水枪最小流量(L/s)
		室外	室内		
1. 高级旅馆 2. 建筑高度超过 50m 或每层建筑面积超过 1000m^2 的商业楼、展览楼、综合楼、财贸金融楼、电信楼 3. 建筑高度超过 50m 或每层建筑面积超过 1500m^2 的商住楼 4. 中央和省级(含计划单列市)广播电视楼 5. 网局级和省级(含计划单列市)电力调度楼 6. 省级(含计划单列市)邮政楼、防灾指挥调度楼 7. 藏书超过 100 万册的图书馆、书库 8. 重要的办公楼、科研楼、档案楼 9. 建筑高度超过 50m 的教学楼和普通的旅馆、办公楼、科研楼、档案楼等	≤50	30	30	15	5
	>50	30	40	15	5

注:建筑高度不超过 50m,室内消火栓用水量超过 20L/s,且设有自动喷水灭火系统的建筑物,其室内、外消防用水量可按本表减少 5L/s。

(4)高层建筑的消防用水总量应按室内、外消防用水量之和计算,但计算室内消防管网时,不考虑室外消防用水量。

(5)消火栓水枪充实水柱的要求:高层民用建筑不超过 100m 的消火栓水枪的充实水柱不应小于 10m;独立设置消火栓给水系统的二类高层民用建筑和一类住宅建筑中,水箱设置高度应保证顶层消火栓(设在屋顶或水箱间内的检验用消火栓除外)处静水压大于 70kPa;高层民用建筑高度超过 100m,消火栓水枪的充实水柱不应小于 13m。

(6)一幢高层建筑内的火灾次数可按一次进行设计。

(7)室内消防给水应采用高压或临时高压给水系统。当室内消防用水量达到最大时,其水压应满足室内最不利点灭火设施的要求。

(8)室外低压给水管道的水压,当生产、生活和消防用水量达到最大时,应保证不小于 10mH_2O(从室外地面算起)。此时,生产、生活用水量应按最大小时流量计算,消防用水量应按最大秒流量计算。

(9)室外消防给水管道应布置成环状,其进水管不宜少于两条,并宜从两条市政给水管道引入,当其中一条发生故障时,其余进水管应仍能保证全部用水量。

(10)高层建筑在下列情况下,应设消防水池:市政给水管道和进水管或天然水源不能满足消防用水量;市政给水管道为枝状或只有一条进水管(二类建筑的住宅除外);超过 100m 的高层建筑;不允许消防水泵从室外给水管网直接吸水;当生产、生活和消防用水达到最大时,室外低压给水管道的水压不能保证不小于 10mH_2O(从室外地面算起)。

(11)消防水池的有效容量应满足在火灾延续时间内室内、外消防用水总量的要求。商业楼、展览楼、财贸金融楼、综合楼、省级邮政楼、一类电信楼、高级旅馆和重要的科研楼、图书馆、档案楼的火灾延续时间按 3h 计算,其他建筑物按 2h 计算。自动喷水灭火设备的水量可按火灾延续时间 1h 计算。在发生火灾时能保证连续送水的条件下,计算消防水池有效容量时,可减去火灾延续时间内连续补充的水量。消防水池中消防贮水使用后的恢复补水时间不宜超过 48h。总容量超过 500m^3 的消防水池宜分成两格或分设成两个。

(12)供消防车取水的消防水池应设取水口或取水井,其与被保护建筑物的距离不宜小于5m，不宜大于100m。消防用水与其他用水共用的水池，应有确保消防用水量不被他用的技术措施。

(13)室外消火栓的数量应按其保护半径、流量和室外消防用量综合计算确定，每只流量按10～15L/s计算。室外消火栓应沿消防道路靠高层建筑的一侧均匀布置，消火栓距路边不宜大于2m，距建筑物外墙不宜小于5m，且不宜大于40m。在此范围内的市政消火栓可计入室外消火栓的数量中。

2. 高层建筑室内消火栓给水系统分类

(1)按管网的服务范围分

按消防给水系统的服务范围，室内消防给水系统可分为独立的消防给水系统和区域集中的消防给水系统两种。

①独立的室内消防给水系统，即每幢高层建筑设置一个单独加压的室内消防给水系统。这种系统安全性较高，但管理比较分散，投资也较大。在地震区人防要求较高的建筑物以及重要的建筑物宜采用独立的室内消防给水系统。

②区域集中的室内消防给水系统。近年来，高层建筑发展较快，有些城市出现了高层建筑群，因而采用了区域集中的室内高压(或临时高压)消防给水系统，即数幢或数十幢高层建筑物共用一个加压泵房的消防给水系统，这种系统便于集中管理，在某些情况下可节省投资，但在地震区安全性较低。在有合理规划的高层建筑区，可采用区域集中的高压或临时高压消防给水系统。

(2)按建筑高度分

根据高层建筑的高度，室内消防给水系统可分为不分区给水和分区给水两种。

①不分区室内消防给水系统。建筑高度不超过50m的工业与民用建筑物，火灾发生时，消防车可从室外消火栓(或消防水池)取水，通过水泵接合器往室内管网送水，可协助室内扑灭火灾，室内消防给水系统也可不分区，如图4-7所示。

②分区室内消火栓给水系统。建筑高度超过80m，消火栓管网静水压力大于10mH_2O时，室内消火栓给水系统难以得到所需的压头，一般需要消防车供水支援。为加强供水安全和保证火场灭火用水，宜采用分区给水系统，如图4-8所示。

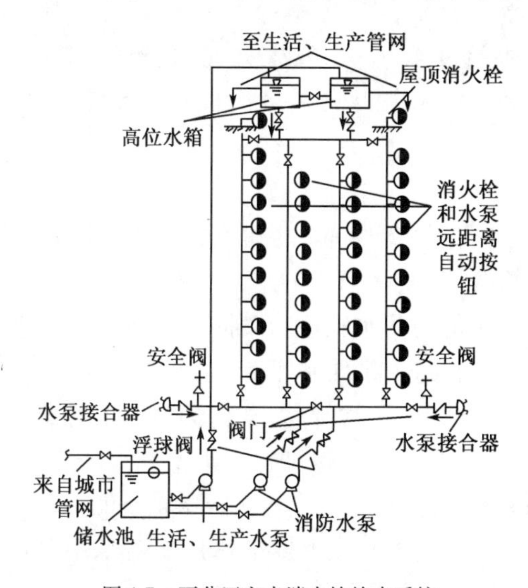

图4-7　不分区室内消火栓给水系统

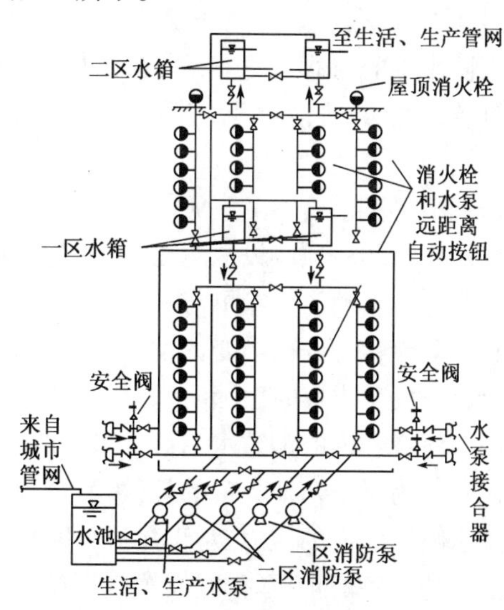

图4-8　分区室内消火栓给水系统

3. 高层建筑消火栓的布置

(1)高层建筑内消火栓的配置,应保证同层相邻两支水枪的充实水柱同时到达室内任何部位。每支水枪的流量应根据充实水柱的长度由计算确定。若计算出的流量小于5L/s时,仍应采用5L/s。

(2)消火栓应采用同一型号规格。室内消火栓的栓口直径应为65mm,配备的水带长度不应超过25m,水枪喷嘴口径不应小于19mm。

(3)室内消火栓应设在明显易于取用的地点,严禁伪装消火栓。消防电梯前室应设消火栓。临时高压消防给水系统的每个消火栓处应设直接启动消防水泵的按钮。

(4)消火栓栓口处静水压力不应大于100mH_2O柱,如超过100mH_2O时,应采用分区给水系统。消火栓栓口处的压力超过50mH_2O时,应在消火栓处设置减压设施。

4. 高层建筑消防水泵、消防水池及消防水箱的设置

(1)消防水泵

消防水泵设在高层建筑内的消防水泵房,应有耐火极限不低于3h的隔墙和2h的楼板与其他房间隔开。独立设置的消防水泵房,其耐火等级不应低于二级。建筑高度超过100m的超高层建筑中的中间加压泵房应设在避难层。设在底层的消防水泵房,应有直通室外的安全出口。每台消防水泵应设独立的吸水管。当有两台以上工作泵时,工作消防泵和备用消防泵可共用一条吸水管。消防水泵应设不少于两条出水管与环状管网连接。消防水泵应采用自灌式吸水,水泵的出水管上应装设试验和检查用的放水阀门。固定消防水泵应设有备用水泵,其工作能力不应小于其中最大的一台消防工作泵。消防水泵房与消防控制室之间应设直接的通信设备。

(2)消防水池

当市政给水管道或天然水源不能满足消防用水量时,或者市政给水管道为枝状或只有一条进水管时,应设消防水池。消防水池的有效容积应满足火灾延续时间内室内、外消防用水总量的要求。百货楼、展览楼、财贸金融楼、省级邮政楼、高级旅馆和重要的科研楼、图书馆、档案楼的火灾延续时间按3h计算;其他建筑按2h计算;自动喷水灭火设备的水量可按延续时间1h计算。

消防水池宜分设成两个,其补充水的时间不应超过48h。当发生火灾时,外部水源仍能保证连续送水的情况下,计算消防水池的容积,可减去火灾延续时间内连续补充的水量。

(3)消防水箱

高层建筑的屋顶应设消防水箱,消防水箱的贮水量应按10min的建筑物室内消防用水总量进行计算。消防水箱可与其他非饮用水的水箱合用,使水箱内的水经常处于流动状态,以防止消防储存水的水质变坏发臭。与其他用水合用的消防水箱应有消防水量不被他用的技术措施。发生火灾时由消防水泵供给的消防水量不得进入消防水箱。

高层建筑物内的消防水箱最好采用两个,在一个水箱处于检修状态时,仍可保证必要的应急用水。为保证初期火灾的扑救,消防水箱的设置高度应尽量保证室内最不利点消火栓、自动喷水喷头所需的压力;对于建筑高度超过24m和重要的建筑物,当消防水箱不能保证最不利点消防设备的水压时,应设置气压给水设备来保证最不利点所需的水压。若采用分区给水系统时,各分区的消防水箱均应储存10min的室内消防用水总量。

第二节　自动喷水灭火系统

自动喷水灭火系统是一种能自动喷水灭火并自动地发出火警信号的消防系统。为了及时扑灭初期火灾,火灾危险性较大的建筑物(例如纺织厂、呢绒厂、木材加工厂、高层建筑、仓库、剧院舞台等)内常设置自动喷水灭火系统。

自动喷水灭火系统可分为闭式系统和开式系统两种。闭式系统包括湿式系统、干式系统和预作用系统;开式系统包括雨淋系统、水幕系统和水喷雾系统。其中,最常用的是湿式自动喷水灭火系统和水幕系统。

一、闭式自动喷水灭火系统

1. 湿式自动喷水灭火系统

湿式自动喷水灭火系统如图 4-9 所示,系统由闭式喷头、湿式报警阀、报警装置、管系和供水设施等组成。日常系统报警阀上下管道内均充满有压水,当发生火事、室温升高到设定值时,喷头会自动打开喷水。这种类型的系统具有灭火速度快、安装简单等特点,适用于室温经常保持在 4 ~ 70℃的场所。

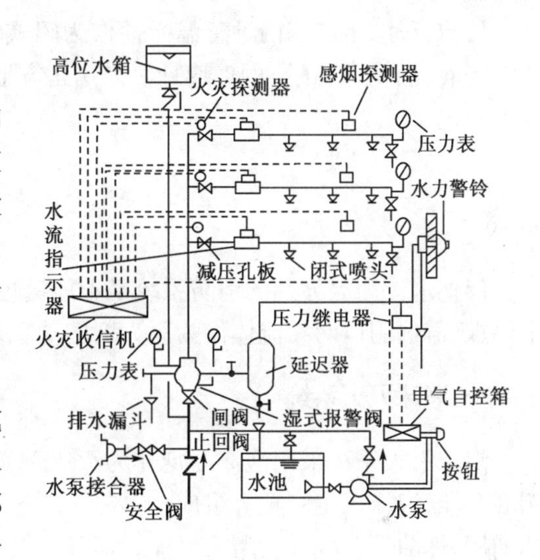

图 4-9　闭式湿式自动喷水灭火系统

2. 干式自动喷水灭水系统

干式自动喷水灭水系统由自动喷头、干式报警阀、报警装置、管道系统、充气设备和供水设施组成。这种类型的系统,日常报警阀上部管系内充满压力气体。适用于低于 4℃或高于 70℃的场所。因为发生火灾时系统灭火速度较慢,不宜用于火事燃烧速度快的场所。

3. 预作用自动喷水灭火系统

预作用自动喷水灭火系统由火灾探测器、闭式喷头、预作用阀、报警装置、管系、供水设施等组成。当安装闭式喷头场所发生火灾时,闭式喷头受热到规定值会开启,同时火灾探测器会传递信号到火灾信号控制器而自动开启预作用阀,压力水会很快由喷头喷出。这类系统不受安装场所温度限制,不会因误喷而造成水灾。

二、开式自动喷水灭火系统

1. 雨淋喷水灭火系统

雨淋喷水灭火系统由火灾探测器、开式喷头、雨淋阀、报警装置、管道系统和供水设施等组成。当装置开式喷头的场所发生火灾时,火灾报警装置会自动报警,同时雨淋阀自动开启并在管系内充水灭火。这类系统适用于火灾蔓延速度快、危险性大的场所。

2. 水幕系统

水幕系统是一种开式的自动喷水灭火系统,由开式水幕喷头、控制阀、管系、火灾探测器、报警设备及供水设施等组成,如图 4-10 所示。水幕系统既可防止火焰窜过门、窗等孔洞蔓延,也可在无法设置防火墙的地方用于防火隔断。例如,在同一厂房内由于生产类别不同或工艺过程要求不允许设置防火墙时,常采用水幕设备作为阻火设施;在剧院舞台口上方设置水幕,当发生火灾时,可阻止舞台火势向观众厅蔓延。

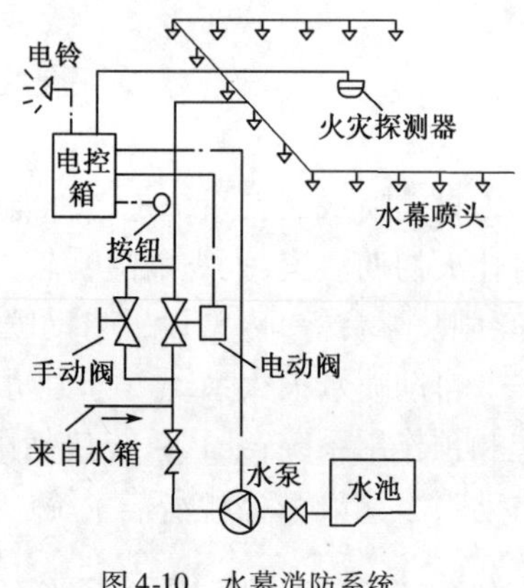

图 4-10　水幕消防系统

3. 水喷雾灭火系统

水喷雾灭火系统除采用喷雾喷头外,其他组成部分都与雨淋系统相同。由于喷头喷出水雾,对燃烧物可起到冷却、窒息、乳化和稀释作用,适用于存放或使用易燃液体和电器设备场所,具有用水量少、水渍造成损失小的优点。

目前,我国生产有两种感温元件作为闭式喷头的闭锁装置,一是易熔合金锁片,二是内装膨胀液(酒精和乙醚)的玻璃球。采用正方形、长方形或菱形布置,喷头间距计算按照规范要求确定。

第三节　其他灭火设施简介

仅把水作为灭火剂的消防系统是不能满足某些生产设施要求的。根据各类生产设施安全要求,需选用以两相流体作为灭火剂的消防设备,简要介绍如下。

一、泡沫灭火系统

泡沫灭火系统采用泡沫药剂作为灭火剂。该系统由水源、水泵、泡沫液供应源、泡沫比例混合器、泡沫产生装置等组成,主要用于扑灭非水溶性可燃液体和一般固体物质的火灾,如油库、炼油厂、煤矿、大型飞机库、汽车库、发电厂、轮船、码头等场所。

二、CO_2 灭火系统

当发生火灾空间的空气中 CO_2 的含量比例达到 30% ~45% 时,可使该空间空气中氧的含量达不到可燃浓度,从而使该空间物质燃烧发生窒息或避免爆炸。该系统由 CO_2 容器、容器阀、管系、喷嘴、操纵系统及附属装置(如防火、排风、探测器、气动和手动开关防火门窗装置等)组成,主要用于容易发生火灾且不宜采用水作为灭火剂的场所,如油浸变压器,电子计算机房,船舶机舱、货仓等。

三、喷雾灭火系统

喷雾灭火系统是在水压作用下利用雾喷头将水流分解成细小雾状水滴,喷向燃烧物质表面,起到冷却、窒息、乳化、稀释等灭火作用。系统一般由高压给水设备、控制阀、水喷雾喷头、火灾探测器、自动控制系统等组成。主要用于火灾危险性大、火灾扑救难度大的设施,如柴油机发电机房、燃油锅炉房、变压器等。

四、蒸汽灭火系统

蒸汽灭火系统利用惰性气体且含高热量的蒸汽在与燃烧物质接触时,稀释了燃烧范围内空气中的含氧量,从而缩小燃烧范围,降低燃烧强度。该系统由蒸汽源、输配汽干管、支管、配汽管道、伸缩补偿器等组成,可用于扑灭燃油和燃气锅炉房、油泵房、重油罐区等场所。

五、干粉灭火系统

干粉灭火系统是一种利用干粉基料和添加剂组成的干化学灭火剂,具有干燥和易流性,可在一定气体压力作用下喷成粉雾状而灭火。该系统由干粉储罐、灭火剂气体驱动装置、输气管、输粉管、各种阀门(减压阀、止回阀、调节阀等)、管道附件、喷射器件(如喷头式喷射)、自动控制器材(如火灾探测器、启动瓶装置、报警器)和控制盘等组成。这类系统适用于由可燃、易燃液体和可燃固体引起的火灾。

思 考 题

1. 建筑消防系统的类型及其设置场所有哪些?
2. 简述湿式、干式和预作用自动喷水灭火系统的特点。

第五章　建筑排水系统

人类在生活和生产中，会使用大量的水，水在使用过程中会受到各种物质不同程度的污染，导致水原来的物理性质和化学成分发生了改变，这种受到污染的水称为污水或废水。系统地排除污废水的一整套工程设施称为排水系统。

建筑排水系统的基本任务是排除居住建筑、公共建筑和生产建筑内的污水。

第一节　建筑排水系统的分类和组成

一、排水系统的分类

根据系统所接纳的污废水类型，建筑排水系统可分为以下三类。

1. 生活排水系统

生活排水系统用于排除居住、公共建筑及工厂生活间的盥洗、洗涤和冲洗便器等污废水。由于污废水处理、卫生条件或杂用水水源的需要，可进一步将生活排水系统分为生活污水排水系统（冲洗便器）和生活废水（盥洗和洗涤废水）排水系统两类。

2. 工业废水排水系统

工业废水排水系统用于排除生产过程中产生的污废水。由于工业生产门类繁多，所排水质极为复杂，根据其污染程度又可分为生产污水排水系统和生产废水排水系统两类。生产污水污染较重，需经过处理达到排放标准后排放；生产废水污染较轻（如机械设备冷却水等），生产废水可作为杂用水水源，也可经过简单处理（如降温）后回用或排放。

3. 雨水排水系统

雨水排水系统用于收集排除降落到建筑屋面上的雨雪水。

二、污水排放条件

污水中含有大量的有机物质、病原微生物、氰化物、铬、汞、铅等有毒、有害物质，如不加以控制，任意直接排入水体或土壤，会造成以下几方面的危害。

（1）污水中的有机物质会消耗水体或土壤中的溶解氧，导致正常的有氧环境转化为反常的无氧环境，从而破坏正常环境中生物的生长和繁殖。

（2）传播病原微生物、氰化物、铬、汞、铅等有害、有毒物质，危害水生动植物、农作物，直接或间接地危害人类和牲畜。

（3）使水体不能满足某些甚至多种工业生产对水质的要求。

（4）造成水体的富营养化。

因此，城镇和工业企业应当有组织地排除上述污水，否则污水会污染环境和破坏环境，甚至引起公害，影响生活和生产，威胁人类的健康。

三、排水体制

按污水废水排放过程中的关系,可将生活排水系统和工业废水排水系统分为分流制和合流制两种体制。

建筑内部分流制排水体制是指居住建筑和公共建筑中的粪便污水和生活废水,以及工业建筑中的生产污水和生产废水各自由单独的排水管道系统排除。

建筑内部合流制排水体制是指建筑中两种或两种以上的污、废水合用一套排水管道系统排除。建筑物宜设置独立的屋面雨水排水系统,以迅速、及时地将雨水排至室外雨水管渠或地面。

缺水或严重缺水地区宜设置雨水贮水池。建筑内部排水体制的确定,应根据污废水性质、污染程度,结合建筑外部排水体制、有利于综合利用、中水系统的开发和污水的处理要求等方面综合考虑。

1. 分流制排水体制

下列情况宜采用分流制排水体制:

(1)两种污水合流后会产生有毒有害气体或其他有害物质时。

(2)污染物质同类,但浓度差异大时。

(3)医院污水中含有大量致病菌或所含放射性元素超过排放标准规定的浓度时。

(4)不经处理和稍经处理后可重复利用的水量较大时。

(5)建筑中水系统需要收集原水时。

(6)餐饮业和厨房洗涤水中含有大量油脂时。

(7)工业废水中含有贵重工业原料需回收利用及夹有大量矿物质或有毒有害物质需要单独处理时。

(8)锅炉、水加热器等加热设备排水水温超过40℃等。

2. 合流制排水体制

下列情况宜采用合流制排水体制:

(1)城市有污水处理厂,生活废水不需回用时。

(2)生产污水与生活污水性质相似时。

四、排水系统的组成

建筑内部污废水排水系统应能满足以下三个基本要求,首先,系统能迅速畅通地将污废水排到室外;其次,排水管道系统内的气压稳定,管道系统内的有害气体不能进入室内,保持室内环境卫生;最后,管线布置尽量合理,并力求管线简短顺直,工程造价低。

为满足上述要求,建筑内部污废水排水系统的基本组成部分有卫生器具和生产设备的受水器、排水管道、清通设备和通气管道,如图5-1所示。

此外,在建筑物排水系统中,根据需要还设有污废水提升设备和局部处理构筑物。

1. 卫生器具和生产设备受水器

卫生器具和生产设备受水器应满足人们在日常生活和生产过程中的卫生及工艺要求。其中,卫生器具又称卫生设备或卫生洁具,是接受、排出人们在日常生活中产生的污废水或污物的容器或装置。生产设备受水器是接受、排出工业企业在生产过程中产生的污废水或污物的容器或装置。

2. 排水管道

排水管道包括器具排水管(含存水弯)、横支管、立管、埋地干管和排出管。其作用是将各个用水点产生的污废水及时、迅速地输送到室外。

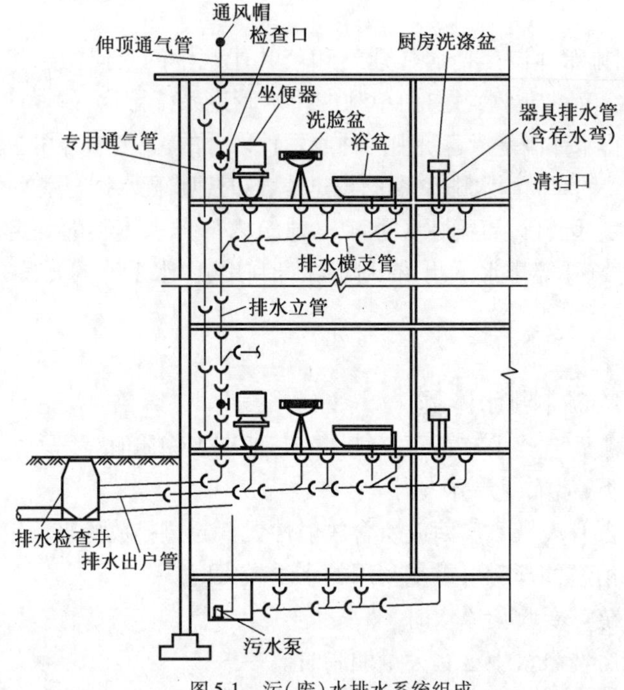

图 5-1　污(废)水排水系统组成

3. 清通设备

污废水中含有固体杂物和油脂,容易在管内沉积、黏附,从而减小通水能力甚至堵塞管道。为疏通管道、保障排水畅通,需设清通设备。清通设备包括设在横支管顶端的清扫口,设在排水立管或较长水平管段上的检查口和设在室内较长的埋地横干上的检查井。

4. 污废水提升设备

工业与民用建筑物的地下室、人防建筑物、高层建筑的地下技术层和地下铁道等处标高较低,这些场所产生、收集的污废水不能自流排至室外的检查井,需设污废水提升设备。

5. 污水局部处理构筑物

当建筑内部污水未经处理不允许直接排入市政排水管网或水体时,需设污水局部处理构筑物,如处理民用建筑生活污水的化粪池,锅炉、加热设备等冷却水水温的降温池,去除含油污水的隔油池,以及以消毒为主要目的的医院污水处理站等。

6. 通气系统

建筑内部排水管道内水气两相流,为使排水管道系统内空气流通,压力稳定,避免因管内压力波动而使有毒有害气体进入室内,需要设置与大气相通的通气管道系统。通气系统包括排水立管延伸到屋面上的伸顶通气管、专用通气管以及专用附件等类型。

五、排水管道组合类型

污废水排水系统通气的好坏直接影响着排水系统能否正常使用,根据系统通气方式,可将建筑内部污废水排水系统分为单立管排水系统、双立管排水系统和三立管排水系统三种类型。

1. 单立管排水系统

单立管排水系统是指只有一根排水立管,没有专门通气立管的系统。单立管排水系统利用排水立管本身及其连接的横支管和附件进行气流交换,这种通气方式称为内通气。根据建筑层数和卫生器具的多少,可将单立管排水系统分为以下三种类型。

(1)无通气管的单立管排水系统。这种形式的立管顶部不与大气连通,如图 5-2(a)所示,适用于立管短、卫生器具少、排水量少、立管顶端不便伸出屋面的情况。

(2)有伸顶通气管的普通单立管排水系统。排水立管向上延伸,穿出屋顶与大气连通,如图 5-2(b)所示,适用于一般多层建筑。

(3)特制配件单立管排水系统。在横支管与立管连接处,设置特制配件(称为上部特制配件)代替一般的三通;在立管底部与横干管或排出管连接处设置特制配件(称为下部特制配件)代替一般的弯头,如图 5-2(c)所示。这样,在排水立管管径不变的情况下可以改善管内水流与通气状态,增大排水流量。这种内通气方式因利用特殊结构以改变水流方向和状态,也被称为诱导式内通气。其适用于各类多层、高层建筑。

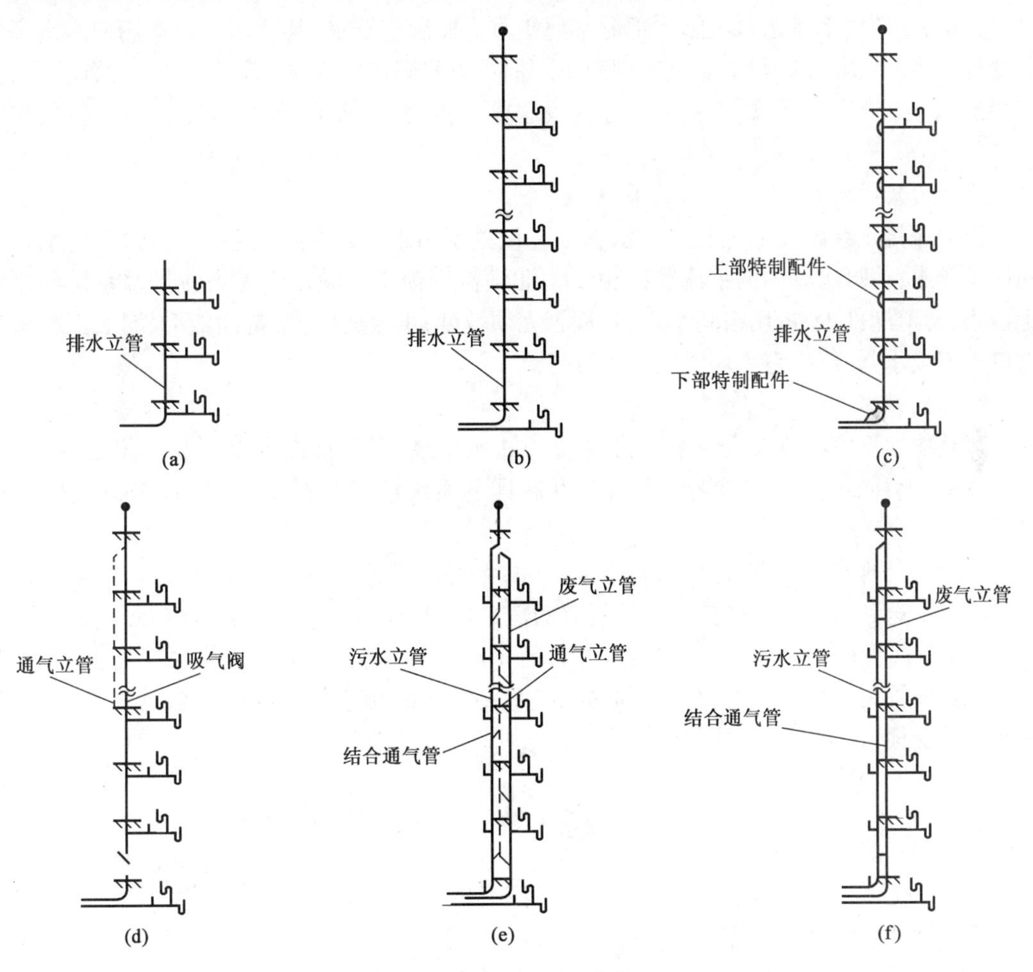

图 5-2　污(废)水排水系统类型

(a)无通气单立管;(b)普通单立管;(c)特制配件单立管;(d)双立管;(e)三立管;(f)污废水立管互为通气管

2. 双立管排水系统

双立管排水系统也称两管制,由一根排水立管和一根专用通气立管组成,如图 5-2(d)

所示。

双立管排水系统利用排水立管与另一根立管之间进行气流交换，所以称外通气。因通气立管不排水，所以双立管排水系统的通气方式又称干式通气。其适用于污废水合流的各类多层和高层建筑。

3. 三立管排水系统

三立管排水系统也称三管制，由三根立管组成，分别为生活污水立管、生活废水立管和专用通气立管。两根排水立管共用一根通气立管。三立管排水系统的通气方式也是干式外通气，如图 5-2(e)所示，适用于生活污水和生活废水需分别排出室外的各类多层、高层建筑。

三立管排水系统的一种变形系统如图 5-2(f)所示，该系统去掉通气立管，将废水立管与污水立管每隔两层互相连接，利用两立管的排水时间差，互为通气立管，这种外通气方式也称湿式外通气。

六、新型排水系统

目前，建筑内部排水系统绝大部分都属于重力非满流排水，其利用重力作用使水由高处向低处流动，不消耗动力，节能且管理简单。但重力非满流排水系统管径大，占地面积大，横管要有坡度，管道容易淤积堵塞。为克服这些缺点，近几年国内外出现了一些新型排水系统。

1. 压力流排水系统

压力流排水系统在卫生器具排水管下装设微型污水泵，卫生器具排水时微型污水泵启动加压排水，使排水管内的水流状态由重力非满流变为压力满流。压力流排水系统的排水管径小，管道配件少，占用空间小，而且横管无须坡度，水流速度大，自净能力较强，卫生器具出口可不设水封，所以室内环境卫生条件好。

2. 真空排水系统

建筑物地下室内设有真空泵站，真空泵站由真空泵、真空收集器和污水泵组成。并采用设有手动真空阀的真空坐便器，其他卫生器具下面设液位传感器，以自动控制真空阀的启闭。

卫生器具排水时真空阀打开，真空泵启动，将污水吸到真空收集器里储存，定期通过污水泵将污水送到室外。真空排水系统具有的特点是：节水（真空坐便器一次用水量是普通坐便器的 1/6）；管径小（真空坐便器排水管管径 $d=40$mm，而普通坐便器排水管最小管径 $d=100$mm）；横管无须重力坡度，甚至可向高处（最高达 5m）流动；自净能力强；管道不会淤积；即使管道受损，污水也不会外漏。

第二节　排水管系中水气流动的物理现象

一、建筑内部排水流动特点

建筑内部排水管道系统的设计流态和流动介质与室外排水管道系统相同，均按重力非满流设计，因污水中含有固体杂物，属于水、气、固三种介质的复杂运动。但固体物较少，可以简化为水-气两相流。建筑内部排水的流动特点与室外排水是不同的，主要表现在以下几个方面。

1. 水量、气压变化幅度大

与室外排水相比，建筑内部排水管网接纳的排水量少且不均匀，排水历时短，高峰流量时可能充满整个管道断面，但大部分时间管道内可能没有水。管内自由水面和气压不稳定，水气容易掺合。

2. 流速变化剧烈

建筑外部排水管绝大多数为水平横管，只有少量跌水，且跌水深度不大，管内水流速度沿水流方向递增，变化很小，水气不易掺合，管内气压稳定。建筑内部横管与立管交替连接，当水流通过横管进入立管时，流速急剧增大，水气混合；当水流通过立管进入横管时，流速急剧减小，水气分离。

3. 事故危害大

当室外排水不畅时，污废水溢出检查井，导致有毒有害气体进入大气，影响环境卫生，但因其发生在室外，对人体直接危害小。建筑内部排水不畅，污水外溢到室内地面，或管内气压波动，导致有毒有害气体进入房间，将直接危害人体健康，影响室内环境卫生，事故危害性大。

二、水封的作用及其破坏原因

1. 水封的作用

水封是利用一定高度的静水压力来抵抗管内气压变化，防止管内气体进入室内的措施。

水封设在卫生器具排水口下，通常用存水弯来实施。水封有管式、瓶式和筒式等多种形式。常用的管式存水弯有P形和S形两种。水封高度h与管内气压变化、水蒸发率、水量损失、水中杂质的含量和比重有关，不能太大也不能太小。水封高度太大，污水中固体杂质容易沉积在存水弯底部，堵塞管道；水封高度太小，管内气体容易克服水封的静水压力从而进入室内，污染环境，所以国内外一般将水封高度定为50～100mm。

2. 水封破坏

因静态和动态原因造成存水弯内水封高度减少，不足以抵抗管道内允许的压力变化值时（一般为±25mmH_2O），管道内气体进入室内的现象称为水封破坏。在一个排水系统中，只要有一个水封破坏，整个排水系统的平衡就被打破。水封的破坏与存水弯内水量损失有关。水封水量损失越多，水封高度越小，抵抗管内压力波动的能力就越弱。水封水量损失的原因主要有以下三个。

(1)自虹吸损失

卫生设备在瞬时大量排水的情况下，存水弯自身充满而形成虹吸，排水结束后，存水弯内水封的实际高度低于应有的高度h。这种情况多发生在卫生器具底盘坡度较大呈漏斗状、存水弯管径小、无延时供水装置、采用S形存水弯或连接排水横支管较长（大于0.9m）的P形存水弯中。

(2)诱导虹吸损失

卫生器具不排水时，存水弯内水封高度符合要求。当管道系统内其他卫生器具大量排水时，系统内压力会发生变化，导致存水弯内的水上下波动形成虹吸，引起水量损失。水量损失的多少与存水弯的形状，即存水弯流出端断面积与流入端断面积之比K、系统内允许的压力波动值P有关。当系统内允许的压力波动一定时，K值越大，水量损失越小；K值越小，水量损失越大。

(3)静态损失

静态损失是因卫生器具较长时间不使用而造成水量损失。在水封流入端,水封水面会因自然蒸发而降低,造成水量损失。在水封流出端,因存水弯内壁不光滑或有油脂,会导致管壁上积存较长的纤维和毛发,产生毛细作用,造成水量损失。蒸发和毛细作用造成的水量减少属于正常的水量损失,水量损失的多少与室内温度、湿度及卫生器具的使用情况有关。

三、横管内水流状态

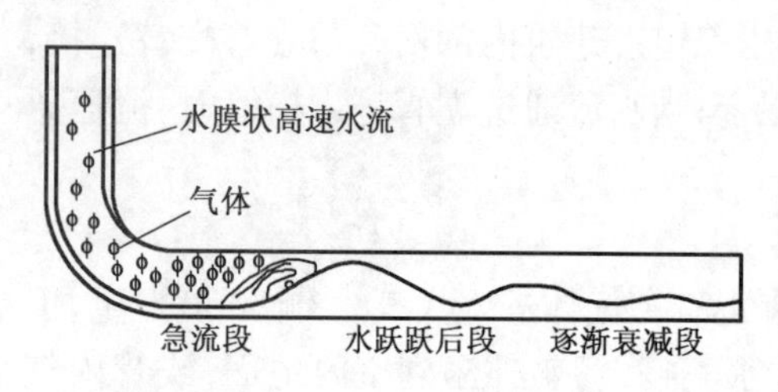

图 5-3 横管内水流状态示意图

根据国内外的实验研究,污水竖直下落进入横管后,横管中的水流可呈现出急流段、水跃及跃后段、逐渐衰减段三种状态,如图 5-3 所示。急流段水流速度大,水深较浅,冲刷能力强。急流段末端由于管壁阻力使流速减小,水深增加形成水跃。在水流继续向前运动的过程中,由于管壁阻力,能量逐渐减小,水深逐渐减小,趋于均匀流。

四、立管中水流状态

排水立管上接各层的排水横支管,下接横干管或排出管,立管内水流呈竖直下落流动状态,水流能量转换和管内压力变化很剧烈。

1. 排水立管水流特点

由于卫生器具排水特点和对建筑内部排水安全可靠性能的要求,污水在立管内的流动有以下几个特点。

(1)断续的非均匀流

卫生器具的使用是间断的,排水是不连续的。一个卫生器具使用后,污水由横支管流入立管的初期,立管中流量有个递增过程,在排水末期,流量有个递减过程。当没有卫生器具排水时,立管中流量为零,充满空气。所以,排水立管中流量是断断续续、时大时小的。

(2)水气两相流

为防止排水管道系统内气压波动太大而破坏水封,所以排水管是按非满流的标准设计的。由于水流在下落过程中会携带管内气体一起流动,因此立管中是水、空气和固体污物三种介质的复杂运动。因固体污物相对较少,影响也较小,可简化为水气两相流,水中有气团,气中有水滴,气水间的界限不十分明显。

(3)管内压力变化

图 5-4 为普通伸顶通气单立管排水系统中压力分布示意图。污水通过横支管进入立管竖直下落过程中会携带一部分气体一起向下流动,若不能及时补充气体,立管上部会形成负压。挟气水流进入横干管后,因流速减小,携带的气体析出,水流形成水跃,充满横干管断面,导致水中分离出的气体不能及时排走,立管下部和横干管内会形成正压。沿水流方向,立管中的压力由负到正,由小到大逐渐增加,零压点靠近立管底部。最大负压发生在排水的横支管下部,最大负压值与排水的横支管高度、排水量大小和通气量大小有关。排水的横支管距立管底部越高,排水量越大,通气量越小,形成的负压越大。

2. 水流流动状态

在部分充满水的排水立管中,水流运动状态与排水量、管径、水质、管壁粗糙度、横支管与立管连接处的几何形状、立管高度及同时向立管排水的横支管数目等因素有关。其中,排水量和管径是主要因素。通常用充水率 α 表示。充水率 α 是指水流断面积与管道断面积的比值。通过对单一横支管排水,立管上端开口通大气、立管下端经排出横干管接至室外检查井通大气的情况下进行实验研究发现,随着流量的不断增加,立管中水流状态主要经过附壁螺旋流、水膜流和水塞流三个阶段,如图 5-5 所示。

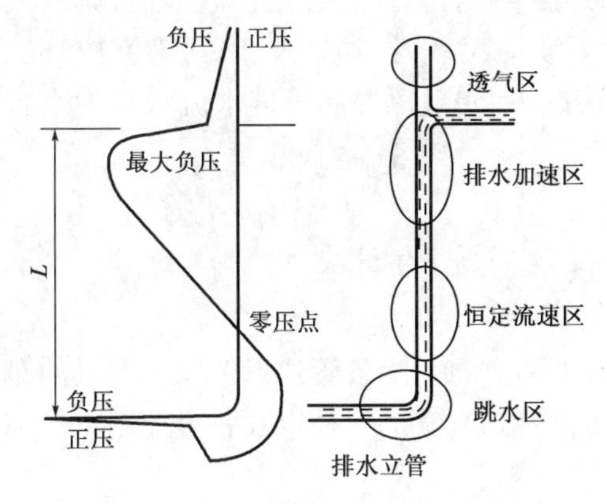

图 5-4　排水立管和横干管内压力分布示意图

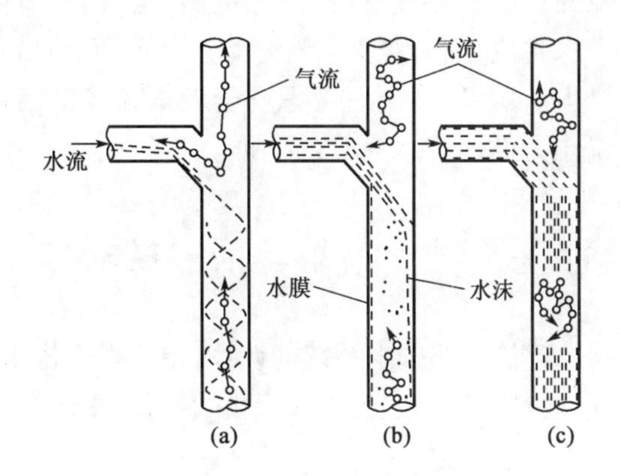

图 5-5　排水立管水流状态图

(a)附壁螺旋流;(b)水膜流;(c)水塞流

(1)附壁螺旋流

当横支管排水量较小时,横支管的水深较浅,水平流速较小。因排水立管内壁粗糙,固(管道内壁)液(污水)两相间的界面力大于液体分子间的内聚力,进入立管的水不能以水团形式脱离管壁在管中心坠落,而是沿管内壁周边向下做螺旋流动。因螺旋运动产生离心力,水流密实,气液界面清晰,水流挟气作用不明显,立管中心气流正常,管内气压稳定,如图 5-5(a)所示。随着排水量的增加,当水量足够覆盖立管的整个管壁时,水流改作附着于管壁向下流动。因没有离心力作用,只有水与管壁间的界面力,气液两相界面不清晰,水流向下有挟气作用。但因排水量较小,管中心气流仍旧正常,气压较稳定。这种状态历时很短,很快会过渡到下一个阶段。经实验证明,在设有专用通气立管的排水系统中,充水率 $\alpha < 1/4$ 时,立管内为附壁螺旋流。

(2)水膜流

当流量进一步增加,由于空气阻力和管壁摩擦力的共同作用,水流沿管壁做下落运动,形成有一定厚度的带有横向隔膜的附壁环状水膜流。附壁环状水膜流与其上部的横向隔膜连在一起向下运动,如图 5-5(b)所示。附壁环状水膜流与横向隔膜的运动方式不同,环状水膜形成后比较稳定,向下做加速运动,水膜厚度近似与下降速度成正比。随着水流下降速度的增大,水膜所受管壁摩擦力也随之增加。当水膜所受向上的摩擦力与重力平衡时,水膜的下降速度和水膜厚度不再变化,这时的流速称为终限流速 V_t,从排水横支管水流入口至终限流速形成处的高度称为终限长度 L_t。横向隔膜不稳定,在向下运动过程中,隔膜下部管内压力不断增加,当压力达到一定值时,管内气体将横向隔膜冲破,此时管内气压恢复正常。在继续下降的过程中,又形成新的横向隔膜。横向隔膜的形成与破坏交替进行。由于水膜流时排水量不是很大,形成的横向隔膜厚度较薄,横向隔膜破坏的用力小于水封破坏的控制压力(水封破坏的控制压力波动范围是 ±245Pa)。在水膜流阶段,立管内的充水率为 1/4 ~ 1/3,立管内气压有波动,但其变化不会导致水封遭到破坏。

(3)水塞流

随着排水量继续增加,充水率超过1/3后,横向隔膜的形成与破坏越来越频繁,水膜厚度不断增加,隔膜下部的压力不能冲破水膜,最后形成较稳定的水塞,如图5-5(c)所示。水塞向下运动,管内气体压力波动剧烈,超过±245Pa,水封破坏,整个排水系统不能正常使用。

排水立管内的水流流动状态影响排水系统的安全可靠程度和工程造价,若控制附壁螺旋流状态,系统内压力稳定,安全可靠,室内环境卫生好,但管径大、造价高;若控制水流为水塞流状态,虽然管径小、造价低,但系统内压力波动大,水封容易破坏,污染室内环境卫生。所以,在同时考虑安全因素和经济因素的情况下,一般以控制管道水流状态为水膜流作为设计排水立管的依据。

第三节　建筑内部排水系统水力计算

建筑内部排水系统的计算,主要根据排水系统中污水管道、通气管道以及卫生器具的布置,通过计算确定各排水管段的管径、横向管道的坡度和通气管的管径以及各个控制点的标高等。

一、排水定额

人们每日排出的生活污水量与气候、建筑物内卫生设备的完善程度、生活习惯等因素有关。计算排水设计流量时,为了便于累加计算,以污水盆排水量0.33L/s作为一个排水当量,将其他卫生器具的排水量与0.33L/s的比值作为该卫生器具的排水当量。卫生器具排水的特点是突然、迅猛、流速较大,因此,一个排水当量的排水流量是一个给水当量额定流量的1.65倍。各种卫生器具的排水流量、当量、排水管的管径值见表5-1。

表5-1　各种卫生器具排水流量、当量和排水管管径

序号	卫生器具名称	排水流量(L/s)	排水当量	排水管管径(mm)
1	洗涤盆、污水盆(池)	0.33	1.00	50
2	餐厅、厨房洗菜盆(池)			
	单格洗涤盆(池)	0.67	2.00	50
	双格洗涤盆(池)	1.00	3.00	50
3	盥洗槽(每个龙头)	0.33	1.00	50~75
4	洗手盆	0.10	0.30	32~50
5	洗脸盆	0.25	0.75	32~50
6	浴盆	1.00	3.00	50
7	淋浴器	0.15	0.45	50
8	大便器			
	高水箱	1.50	4.50	100
	低水箱冲落式	1.50	4.50	100
	低水箱虹吸式	2.00	6.00	100
	自闭式冲洗阀	1.50	4.50	100

续上表

序号	卫生器具名称	排水流量 (L/s)	排水当量	排水管管径 (mm)
9	医用倒便器	1.50	4.50	100
10	小便器			
	自闭式冲洗阀	0.10	0.30	40~50
	感应式冲洗阀	0.10	0.30	40~50
11	大便槽			
	≤4 个蹲位	2.50	7.50	100
	>4 个蹲位	3.00	9.00	150
12	小便槽(每米长)			
	自动冲洗水箱	0.17	0.50	-
13	化验盆(无塞)	0.20	0.60	40~50
14	净身器	0.10	0.30	40~50
15	饮水器	0.05	0.15	25~50
16	家用洗衣机	0.50	1.50	50

二、排水设计秒流量

(1)住宅、集体宿舍、旅馆、医院、疗养院、幼儿园、养老院、办公楼、商场、会展中心、中小学教学楼等建筑生活排水设计秒流量,应按下式计算:

$$q_{p} = 0.12\alpha\sqrt{N_{p}} + q_{max} \tag{5-1}$$

式中:q_p——计算管段排水设计秒流量,L/s;

N_p——计算管段的卫生器具排水当量总数,按表 5-1 选用;

α——根据建筑物用途而定的系数,宜按表 5-2 确定;

q_{max}——计算管段上最大的一个卫生器具的排水流量,L/s,可按表 5-1 取值。

表 5-2　根据建筑物用途而定的系数 α 值

建筑物名称	住宅、旅馆、医院、疗养院、幼儿园、养老院的卫生间	集体宿舍、旅馆和其他公共建筑的公共盥洗室和厕所
α 值	1.5	2.0~2.5

如果采用式(5-1)计算所得的流量值大于该管段上所有卫生器具排水流量的累加值,应按卫生器具排水流量的累加值计。

(2)工业企业生活间、公共浴室、洗衣房、公共餐饮业的厨房、实验室、影剧院、体育场、候车(机、船)室等建筑的生活排水设计秒流量,应按下式计算:

$$q_{p} = \sum q_{0i} n_{0i} b_{0i} \tag{5-2}$$

式中:q_p——计算管段排水设计秒流量,L/s;

q_{0i}——计算管段上第 i 种卫生器具排水流量,L/s;

n_{0i}——计算管段上第 i 种卫生器具数量;

b_{0i}——计算管段上第 i 种卫生器具同时排水百分数,%,参见第三章采用。冲洗水箱大便器的同时排水百分数按 12% 计算。

当计算排水流量小于一个大便器排水流量时,应按一个大便器的排水流量计算。

三、排水管道设计计算

建筑内部排水系统的排水立管和横管的管径均可以通过水力计算确定,为了排水通畅,防止管道堵塞,保障室内环境卫生,《建筑给水排水设计规范》(GB 50015—2003)对排水管道的最小管径做了明确规定。在进行建筑内排水管道的设计计算时,首先应通过水力计算确定管径,同时应满足最小管径的要求。

1. 排水管道的最小管径

一般情况下,排水管道的管径应遵循如下规定:

(1)建筑内排水管最小管径不得小于50mm。

(2)大便器排水管最小管径不得小于100mm。

(3)多层住宅厨房间的立管管径不宜小于75mm。

(4)建筑底层排水管道与其他楼层管道分开单独排出时,其排水横支管管径可按立管工作高度≤2m 的数值确定。

(5)公共食堂厨房内的污水采用管道排除时,其管径比计算管径大一级,但干管管径不得小于100mm,支管管径不得小于75mm。

(6)医院污物洗涤盆(池)和污水盆(池)的排水管管径不得小于75mm。

(7)小便槽或连接3个及3个以上的小便器,其污水支管管径不宜小于75mm。

(8)浴池的泄水管管径宜为100mm。

2. 排水横管水力计算

(1)设计计算规定

在设计计算横支管和横干管时,为保证管道系统排水通畅,压力稳定,管道的设计充满度、管道的坡度、水流速度等水力要素须符合有关规定。

生活排水铸铁管道的坡度和最大设计充满度应按表5-3确定。

表5-3 生活排水铸铁管道的坡度和最大设计充满度

管径(mm)	通用坡度	最小坡度	最大设计充满度
50	0.035	0.025	0.5
75	0.025	0.015	0.5
100	0.020	0.012	0.5
125	0.015	0.010	0.5
150	0.010	0.007	0.6
200	0.008	0.005	0.6

生活排水塑料管道排水横支管的通用坡度应为0.026。排水横干管的坡度可按表5-4调整。

表5-4 生活排水塑料管道排水横干管的最小坡度和最大设计充满度

外径(mm)	最小坡度	最大设计充满度
110	0.004	0.5
125	0.0035	0.5
160	0.003	0.6
200	0.003	0.6

(2)水力计算

排水横管的水力计算,应按下式进行:

$$v = \frac{1}{n}R^{\frac{2}{3}}I^{\frac{1}{2}} \tag{5-3}$$

式中:v——流速,m/s;

n——管道粗糙系数,铸铁管为0.013,钢管为0.012,塑料管为0.009,混凝土管、钢筋混凝土管为0.013~0.014;

R——水力半径,m;

I——水力坡度,采用排水管的坡度。

根据水力计算公式及各项参数的规定,可编制各种材质排水横管的水力计算表,进行设计计算时可以直接通过水力计算表确定管径、流速和坡度等。塑料排水管水力计算表和机制铸铁排水管水力计算表见附录C和附录D。

3.排水立管水力计算

排水立管的最大排水能力与管径、系统是否通气、通气的方式和管材等因素有关。生活排水立管的最大排水能力应按表5-5、表5-6确定,但立管管径不得小于所连接的横支管管径。

表5-5 设有通气管系的生活排水立管最大排水能力

立管管径(mm)	排水能力(L/s)			
	仅设伸顶通气立管		有专用通气立管或主通气立管	
	铸铁排水立管	塑料排水立管	铸铁排水立管	塑料排水立管
50	1.0	1.2	—	—
75	2.5	3.0	5.0	—
90	—	3.8	—	—
100	4.5	5.4	9.0	10.0
125	7.0	7.5	14.0	16.0
150	10.0	12.0	25.0	28.0

注:①管径DN100的硬聚氯乙烯排水管公称外径为110mm,管径DN150的硬聚氯乙烯排水管公称外径为160mm;

②塑料排水立管的排水能力应按铸铁排水立管选用,最大不得超过本表所列数值,当按表中塑料排水立管的排水能力选用时,排出管、横干管比与之连接的立管大一号管径。

表5-6 不通气的生活排水立管最大排水能力

立管工作高度(m)	排水能力(L/s)				
	立管管径(mm)				
	50	75	100	125	150
≤2(底层单独排水时)	1.00	1.70	3.80	5.00	7.00
3	0.64	1.35	2.40	3.40	5.00
4	0.50	0.92	1.76	2.70	3.50
5	0.40	0.70	1.36	1.90	2.80
6	0.40	0.50	1.00	1.50	2.20
7	0.40	0.50	0.76	1.20	2.00
≥8	0.40	0.50	0.64	1.00	1.40

注:①排水立管工作高度,按最高排水横支管和立管连接点至排水管中心线间的距离计算;

②如排水立管工作高度在表中列出的两个高度值之间时,可用内插法求得排水立管的最大排水能力数值。

4. 通气管道的设计计算

通气管管径应根据污水管道的排水能力、管道长度确定，一般情况下应符合以下规定：

(1)通气管管径一般不小于排水管管径的1/2。

(2)通气管最小管径可以按表5-7、表5-8确定。

表5-7　通气管最小管径

通气管名称	污水管管径(mm)						
	32	40	50	75	100	125	150
器具通气管	32	32	32	—	50	50	—
环形通气管	—	—	32	40	50	50	—
通气立管	—	—	40	50	75	100	100

表5-8　硬聚氯乙烯通气管最小管径

通气管名称	污水管管径(mm)						
	40	50	75	90	110	125	160
器具通气管	40	40			50		
环形通气管		40	40	40	50	50	
通气立管					75	90	110

(3)当两根或两根以上污水立管的通气管汇合连接时，汇合通气管的断面积应为最大一根通气管的断面积加其余通气管断面积之和的0.25倍。

(4)两根以上排水立管共用通气管时，按最大的排水立管管径确定通气管管径，且其管径不宜小于其余任何一根污水立管管径。

(5)专用通气立管每隔2层，主通气立管每隔8~10层设置结合通气管与排水立管连接。

(6)通气立管长度大于50m时，其管径应与污水立管管径相同。

(7)接合通气管不宜小于通气立管管径。

(8)污水立管上部的伸顶通气管管径可与污水管相同，但在最冷月平均气温低于-13℃的地区，应在室内平顶或吊顶以下0.3m处将管径放大一级。

第四节　建筑排水管网的布置和敷设

一、横支管

横支管位于建筑底层时可以埋设在地下，其他楼层可以沿墙明装在地板上或悬吊在楼板下。当建筑有较高要求时，可采用暗装，如将管道敷设在吊顶管沟、管槽内，但必须考虑暗装和检修的方便。

架空或悬吊横管不得布置在遇水后会引起损坏的原料、产品和设备的上方，不得布置在卧室及厨房炉灶上方或在食品及贵重物品储藏室、变配电室、通风小室及空气处理室内，以保证安全和卫生。

横管不得穿越沉降缝、烟道、风道，并应避免穿越伸缩缝；必须穿越伸缩缝时，应采取相应的技术措施，如装伸缩接头等。

横支管不宜过长，以免落差过大，一般不得超过10m，并应尽量减少转弯，以避免阻塞。

二、污水立管

污水立管宜设置在靠近最脏、杂质最多、排水量最大的排水点处，例如尽量靠近大便器。污水立管应避免穿越卧室、办公室和其他对卫生、安静要求较高的房间。生活污水立管应避免靠近与卧室相邻的内墙。

污水立管一般布置在墙角明装，无冰冻危害地区可布置在外墙上。当建筑有较高要求时，可在管槽内或管井内进行暗装。暗装时需考虑检修的方便，在检查口处设检修门，如图5-6所示。

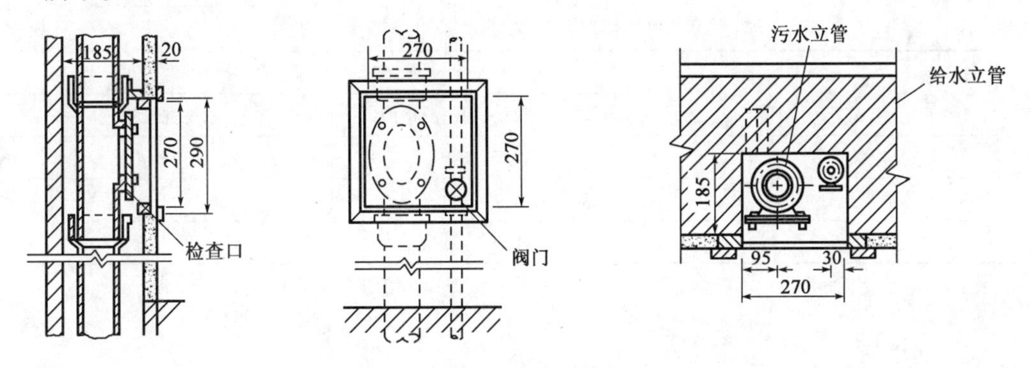

图5-6　管道检修门（尺寸单位：mm）

塑料立管应避免布置在温度大于60℃的热源设备附近及易受机械撞击处，否则应采取保护技术措施。

对于排水立管最下部连接的排水横支管应采取措施避免横支管发生有压溢流，具体如下：仅设伸顶通气管排水立管，其立管最低排水横支管与立管连接处到排水立管管底的垂直距离（图5-7）中 ΔH 所示。立管管径与排出管或横干管管径相同时应按立管连接卫生器具的层数 n 确定，即 $n \leqslant 4$ 层、5～6层、7～12层、13～19层、$\geqslant 20$ 层时，相应的分别为：$\Delta H=$ 0.45m、0.75m、1.2m、3.0m、6.0m。但当立管底部管径比排出管管径大一号或横干管管径比立管管径大一号时，则其垂直距离可缩小一档。

当排水横支管连接在排出管或排水横干管上时，其连接点距立管底部下游水平距离不宜小于3.0m。当排水横支管接入横干管竖直转向的管段时，其连接点应距转向处以下不得小于0.6m，当上述排水立管底部的排水横支管的连接达不到上述技术要求时，则立管最下部的排水横支管应单独排至室外排水检查井。

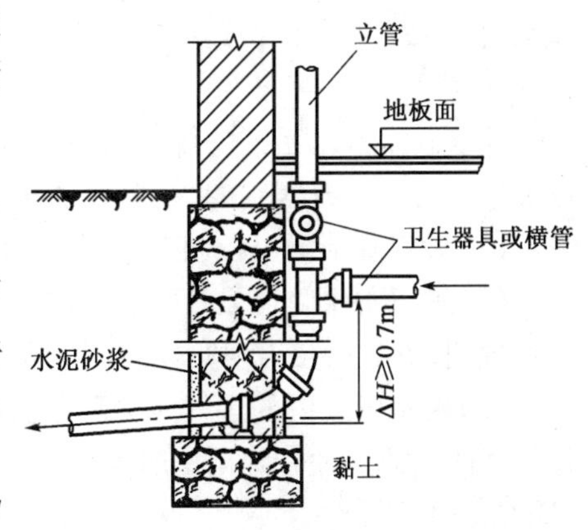

图5-7　排出管与立管的连接

三、排出管

排出管可埋在建筑底层地面以下或悬吊在地下室的顶板下。排出管的长度取决于室外排水检查井的位置。检查井的中心距建筑物外墙面一般为2.5～3m，不宜大于10m。

排出管与立管宜采用两个45°弯头连接，如图5-7所示。生活饮水箱（池）的泄水管、溢流管、开水器、热水器的排水，或医疗灭菌消毒设备的排水、蒸发式冷却器及空调设备冷凝水的排水、储存食品或饮料的冷藏库房的地面排水和冷风和浴霸水盘的排水，均不得直接接入或排入污废水管道系统，应采用具有水封的存水弯式空气隔断的间接排水方式，以避免上述设备受到污水污染。排出管穿越承重墙基础时，应防止建筑物下沉压破管道，其防止措施同给水管道。

排出管在穿越承重墙基础时，应预留孔洞，其大小为：排出管直径 d 为 50mm、75mm、100mm 时，孔洞尺寸为 300mm × 300mm；排出管管径 d 大于 100mm 时，孔洞高为（$d+300$）mm，宽为（$d+200$）mm。

为防止管道受机械损坏，一般的生产厂房内排水管的最小覆土深度应按表 5-9 确定。

表 5-9　生产厂房内排水管最小覆土深度

管　材	地面至管顶的距离（m）	
	素土夯实、碎石、砾石、砖地面	水泥混凝土地面
排水铸铁管	0.7	0.4
混凝土管	0.7	0.5
带釉陶土管	1.0	0.6

注：工业企业生活间和其他不可能受机械损坏的房间内，管道的埋设深度可降至 0.10m。

四、通气管

伸顶通气管高出屋面不得小于 0.30m，且必须大于最大积雪厚度，以防止积雪覆盖通气口。对于平屋顶屋面，若有人经常逗留活动，则通气管应高出屋面 2.0m，并应根据防雷要求设置防雷装置。通气管出口 4m 范围内有门窗时，通气管应高出门窗顶 0.6m 或引向无门窗的一侧。通气管出口不宜设在建筑物的挑出部位（如屋檐口、阳台、雨篷等）的下面，以免影响周围空气的卫生情况。

通气管不得与建筑物的风道或烟道连接。通气管的顶端应装设网罩或风帽。通气管与屋面交界处应防止漏水。

第五节　建筑雨水排水系统

建筑雨水排水系统的任务是及时排除降落在建筑物屋面的雨水、融化的雪水，避免屋顶积水对屋顶造成威胁，或造成雨水溢流、屋顶漏水等水患事故，影响人们正常生活和生产活动。

建筑雨水排水系统的排放对象是大气降水，雨水系统属于排水系统，但与生活污水、工业废水的排除是有区别的，主要表现在以下几点。

（1）大气降水不可控制，特别是近年来，气候异常，导致大气降水的异常现象更加突出。

（2）进行雨水管道设计时，设计参数中的雨水重现期是一个定值，即使选择比较高标准的重现期，也必然会出现实际降雨量大于设计降雨量的情况。

（3）雨水管道中的水气流动现象复杂，雨水排入雨水管道时会携带一部分空气，实际上是气水两相流。随着降雨历时的延长，流量时大时小，雨水管道中可能是非满管重力流，也可能是满管压力流。

（4）雨水本身不含大量的污物，水质相对较好，随着降雨历时的延长，雨水水质会越来越好。因此，对于缺水城市和地区，雨水具有很大的开发利用价值。

屋面雨水排水系统以最短距离将雨水迅速、及时地排至室外雨水管渠或地面，是雨水排水系统的总原则。

屋面雨水的排除方式按雨水管道的位置可分为外排水系统和内排水系统两种；按屋面雨水排水系统的设计流态又可以分重力流雨水系统和压力流雨水系统两种。

雨水排水系统的选择应根据建筑物的类型、建筑结构形式、屋面面积大小、当地气候条件及生产使用要求等因素确定，经过技术经济比较后选择雨水排水方式，一般情况下，尽量采用外排水系统。

设计时应注意，任何雨水系统都是根据一定的雨水设计重现期设计的，总会出现实际的暴雨强度超过设计暴雨强度的情况，所以雨水系统必须留有一定的余地，一般要考虑对超设计重现期雨水的处置措施。

一、雨水外排水系统

外排水系统是指屋面不设雨水斗，建筑物内部没有雨水管道的雨水排放方式。按屋面有无天沟，外排水系统又分为檐沟外排水、天沟外排水两种。

1. 檐沟外排水（又称普通外排水、水落管外排水）

檐沟外排水由檐沟和水落管（立管）组成，如图5-8所示。一般居住建筑、屋面面积比较小的公共建筑和单跨工业建筑，多采用此方式，屋面雨水汇集到屋顶的檐沟里，然后流入水落管，沿水落管排到地下管沟或排到地面。水落管一般沿外墙布置，设置间距根据降雨量和管道通水能力确定，根据一根雨落管应服务的屋面面积确定雨落管间距，根据经验，水落管间距为8～16m，工业建筑上可以达到24m。

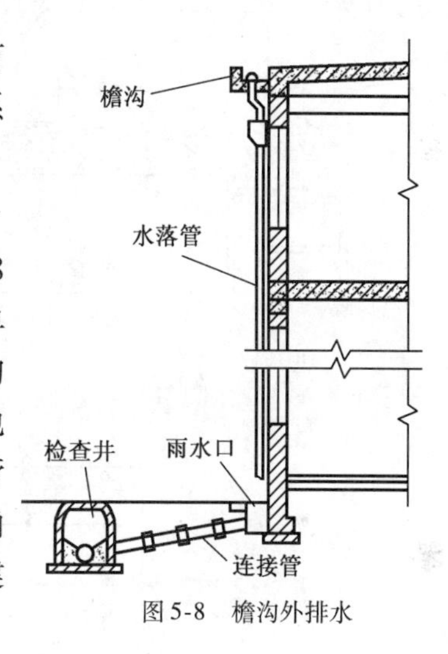

图5-8　檐沟外排水

2. 天沟外排水

天沟外排水系统由天沟、雨水斗和排水立管组成，一般用于排除大型屋面的雨雪水。特别是多跨度的厂房屋面，多采用天沟外排水。

所谓天沟是指屋面在构造上形成的排水沟，接受屋面的雨雪水，雨雪水沿着天沟流向建筑物的两端，然后经墙外的立管排到地面或雨水道。天沟的优点是节约投资、施工方便，能避免内排水容易出现的检查井冒水现象，排水性能好；缺点是如设计不合理或施工质量不好，可能会发生天沟漏水、翻水问题。图5-9所示为长天沟布置及天沟与雨水管的连接图。

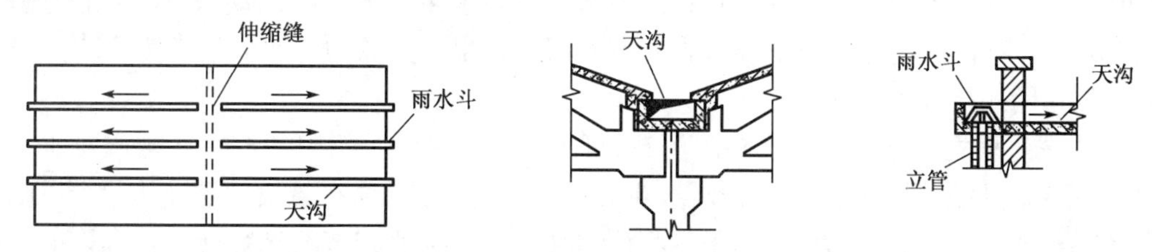

图5-9　长天沟布置、天沟与雨水管连接图

天沟的设计应保证排水通畅。设计的主要内容是天沟的断面尺寸和坡度等参数,这些参数要根据水力计算确定。计算依据是暴雨强度、建筑物的跨度(汇水面积)、屋面结构形式等。

设计时应注意:为防止沉降缝、伸缩缝处漏水,一般以建筑物伸缩缝为分水线,在分水线两侧分别设置天沟,流水长度一般不宜大于 50m,大坡度不宜小于 0.003,雨水流向山墙;天沟外排水应在山墙、女儿墙上或天沟末端设置溢流口,以防止降暴雨时立管排水不畅,屋面大量积水导致负荷过大,出现险情。

二、内排水系统

在建筑物屋面设置雨水斗,而雨水管道设置在建筑物内部称为内排水系统。内排水系统常用于屋面跨度大、屋面曲折(壳形、锯齿形)、屋面有天窗等设置天沟有困难的情况以及高层建筑、建筑立面要求比较高的建筑等不宜在室外设置雨水立管的情况。内排水系统如图 5-10 所示。

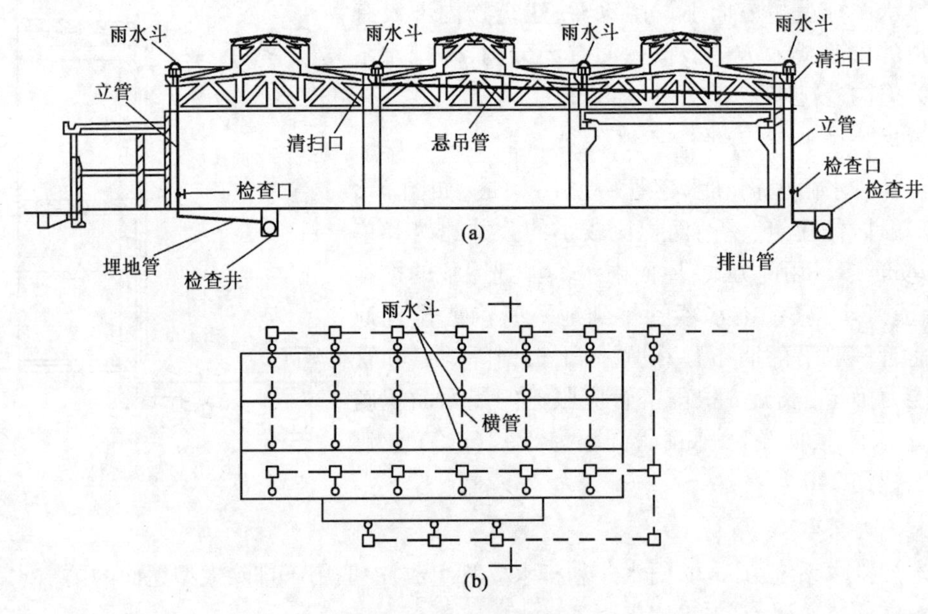

图 5-10 屋面雨水内排水系统

(a)剖面图;(b)平面图

1. 内排水系统的分类

(1)根据雨水排水系统是否与大气相通,内排水系统可分为敞开系统和密闭系统,敞开系统为重力排水,检查井设置在室内,可以接纳生产废水,省去生产废水的排出管,但在降暴雨时可能出现检查井冒水现象。密闭系统,雨水通过雨水斗收集,进入雨水立管,或通过悬吊管直接排至室外的系统,室内不设检查井。密闭式排出管为压力排水。通常为了安全可靠,宜采用密闭式排水系统。

(2)根据每根立管连接的雨水斗的个数,可将内排水系统分为单斗和多斗雨水排水系统。单斗系统为悬吊管上只连接单个雨水斗的系统。多斗系统为在悬吊管上连接一个以上(一般不多于 4 个)雨水斗的系统,悬吊管将雨水斗和排水立管连接起来。在条件允许的情况下,应尽量采用单斗排水,以充分发挥管道系统的排水能力。单斗系统的排水能力大于多斗系统。多斗系统的排水量大约为单斗系统的80%。

(3)按雨水管中水流的设计流态,可将内排水系统分为压力流(虹吸式)雨水系统、重力伴有压流雨水系统、重力无压流雨水系统。压力流(虹吸式)雨水系统采用虹吸式雨水斗,管道中呈全充满的压力流状态,屋面雨水的排水过程是一个虹吸排水过程。重力伴有压流雨水系统,其设计水流状态为伴有压流,系统的设计流量、管材、管道布置均考虑了水流压力的作用。

当屋面形状比较复杂、面积比较大时,也可在屋面的不同部位,采用几种不同形式的排水系统,即混合式排水系统,如采用内、外排水系统结合;压力、重力排水结合;暗管明沟结合等系统以满足排水要求。

2. 内排水系统的组成

内排水系统由雨水斗、连接管、悬吊管、立管、排出管、埋地横管、检查井等组成。

(1)雨水斗。雨水斗设在屋面整个雨水管道系统的进水口,雨水斗有整流格栅装置,其主要作用是最大限度地排雨雪水;对进水具有整流、导流作用,使水流平稳,以减少系统的掺气;同时具有拦截粗大杂质的作用。目前国内常用的雨水斗为65型、79型、87型雨水斗,以及平箅雨水斗、虹吸式雨水斗等。雨水斗一般有导流槽或导流罩,其作用是防止形成旋流,旋流会带入很多气体,掺气量大,将导致雨水管道泄水能力降低。图5-11所示为65型雨水斗、79型雨水斗和虹吸式雨水斗。

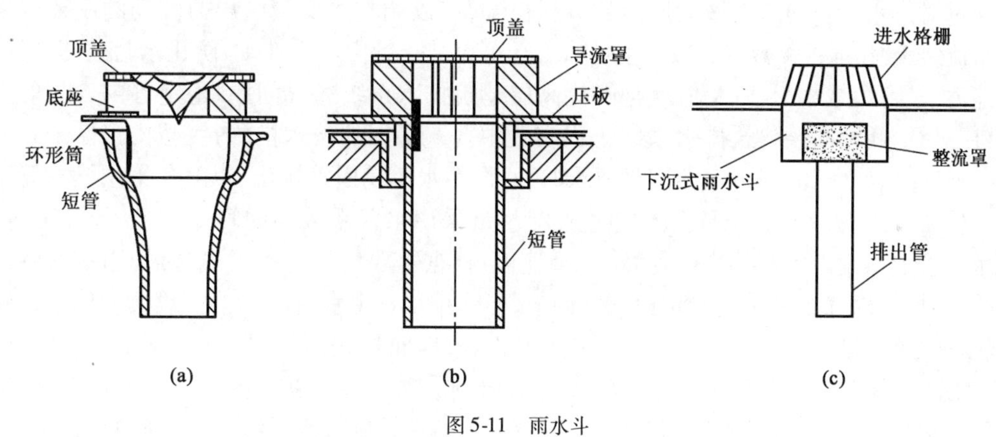

图5-11 雨水斗

(a)65型雨水斗;(b)79型雨水斗;(c)虹吸式雨水斗

(2)连接管。连接管是连接雨水斗与悬吊管的短管。

(3)悬吊管。悬吊管与连接管和雨水立管连接,是雨水内排水系统中架空布置的横向管道。对于一些重要的厂房,不允许室内检查井冒水,不能设置埋地横管时,必须设置悬吊管。

(4)立管。立管接纳雨水斗或悬吊管的雨水,与排出管连接。

(5)排出管。排出管将立管的水输送到地下管道中,考虑到降雨过程中常有超过设计重现期的雨量或水流掺气占去一部分容积,所以进行雨水排出管设计时,要留有一定的余地。

(6)埋地横管。密闭系统一般采用悬吊管架空排至室外,不设埋地横管;采用敞开系统,室内设有检查井,检查井之间的管为埋地敷设。

(7)检查井。雨水常把屋顶的一些杂物冲进管道,为便于清通,室内雨水埋地管之间要设置检查井。设计时应注意,为防止检查井冒水,检查井深度不得小于0.7m。检查井内接管应采用管顶平接,而且平面上水流转角不得小于135°。

第六节　高层建筑排水系统

一、技术要求

高层建筑中卫生器具多,排水量大,且排水立管连接的横支管多,多根横管同时排水,由于水舌的影响和横干管起端产生的强烈冲击流导致水跃高度增加,必将引起管道中较大的压力波动,导致水封破坏,室内环境受到污染。为防止水封破坏,保证室内的环境质量,高层建筑排水系统必须解决好通风问题,稳定管内气压,以保持系统运行的良好工况。同时,由于高层建筑体量大,建筑沉降可能引起出户管平坡或倒坡;暗装管道多,建筑吊顶高度有限,横管敷设坡度受到一定的限制;居住人员多,若管理水平低,卫生器具使用不合理,冲洗不及时等,都将影响水流畅通,造成淤积堵塞,一旦排水管道堵塞则影响面很大。因此,高层建筑的排水系统还应确保水流畅通。

二、技术措施

通过对排水立管内压力波动原因的分析已知,可以调整改变管内压力波动的主要因素是终限流速 V_t 和水舌系数 K。减小 V_t 和 K 值,可以减小管内压力波动,防止水封破坏,提高通水能力。所以,减小 V_t 和 K 值就是解决高层建筑排水系统通气问题,稳定管内气压的技术关键。当前我国高层建筑排水系统工程实践中普遍采用的技术措施是:当排水横干管与最下一根横支管之间的间距不能满足要求时,底层污水单设横管排出,以避免下层横支管连接的卫生器具出现正压喷溅现象;管道连接时尽量采用水舌系数小的管件如TY形三通等;在排水立管上增设乙字弯,以减缓污水下降速度;根据需要增设各类通气管道,当排水管内气流受阻时,管内气压可通过专用通气管调节,不受排水管中水舌的影响。设置专用通气管虽能较好地稳定排水管内气压,提高通水能力,但占地面积大,施工复杂,造价高。20世纪60年代以来,瑞士、法国、日本、韩国等国,先后研制成功了多种新型的单立管排水系统,即苏维脱排水系统、旋流排水系统、芯型排水系统和UPVC螺旋排水系统等。它们的共同特点是在排水系统中安装特殊的配件,当水流通过时,可降低流速和减少或避免水舌的干扰,不设专用通气管,即可保持管内气流畅通,控制管内压力波动,提高排水能力,既节省了管材也方便了施工。采用新型单立管排水系统,也是解决排水管道通气问题的有效技术措施。

1. 苏维脱排水系统(Sovent system)

苏维脱排水系统是1961年由瑞士苏玛(Fritz Sommr)研究成功的。其特殊配件有如下两个。

(1)气水混合器

如图5-12所示,气水混合器设置在立管与横管连接处,由上流入口、乙字弯、隔板、隔板上小孔、横支管流入口、混合室和排出口等部分组成。自立管下降的污水,经乙字管时,水流撞击分散与周围的空气混合,变成比重轻呈水沫状的气水混合物,下降速度减慢,可避免出现过大的抽吸力。横支管排出的污水受隔板阻挡,只能从隔板右侧向下排放,不会在立管中形成水舌,能使立管中气流畅通,气压稳定。

(2)气水分离器

如图5-13所示,气水分离器设置在立管底部的转弯处,由流入口、顶部通气口、有凸块的空气分离室、跑气管和排出口组成。自立管下降的气水混合液遇凸块被溅散,并改变方向冲击到凸块对面的斜面上,从而分离出气体,分离的气体经跑气管引入干管下游,导致污水体积变小,速度减慢,动能减小,底部正压减小,管内气压稳定。

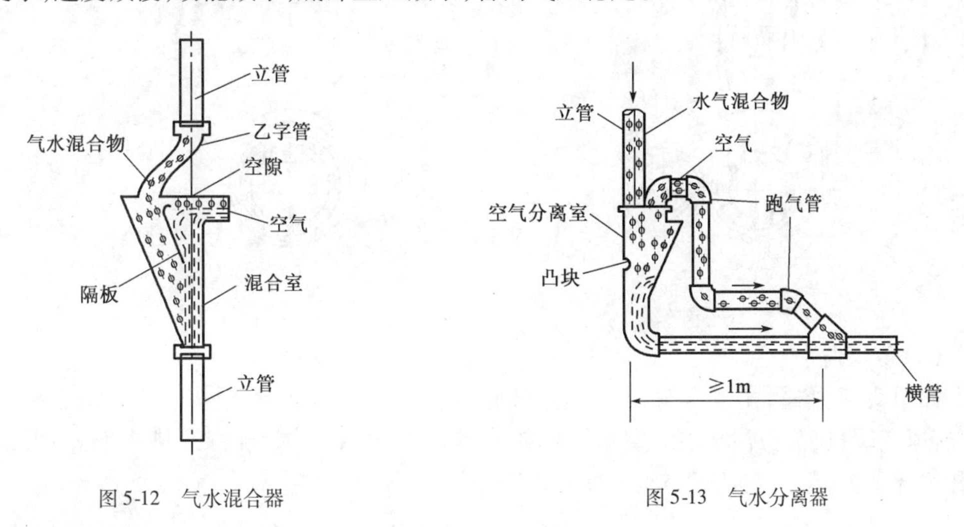

图5-12　气水混合器　　　　图5-13　气水分离器

2. 旋流排水系统[又称塞克斯蒂阿系统(Sexitasy stem)]

旋流排水系统是1967年由法国勒格(RogerLeg)、查理(Georges Richard)和鲁夫(M. Louve)共同研究成功的,其特殊配件有以下两个。

(1)旋流接头

如图5-14所示,旋流接头设置在立管与横管的连接处,由底座、盖板(其上带有固定旋流叶片,设置于底座支管和立管接口处)、导流板(设于立管切线方向上)组成。由横支管排出的污水通过导流板从切线方向以旋转状态进入立管,立管下降水流经固定旋流叶片沿壁旋转下降,当水流下降一段距离后旋流作用减弱,但流过下层旋流接头时,经旋流叶片导流,又可增加旋流作用直至底部,使管中间形成气流畅通的空气芯,压力变化很小。

(2)特殊排水弯头

如图5-15所示,特殊排水旁头设置在排水立管底部转弯处,为内有导向叶片的45°弯头。立管下降的附壁薄膜水流在导向叶片作用下,旋向弯头对壁,使水流沿弯头下部流入干管,可避免因干管内出现水跃而封闭气流造成过大正压。

3. 芯型排水系统(又称高奇马排水系统)

芯型排水系统是1973年由日本小岛德厚研究开发的。其特殊配件有如下两个。

(1)环流器

如图5-16所示,环流器设置在立管与横管连接处。由上部立管插入内部的倒锥体和2~4个横向接口组成。横管排出的污水受内管阻挡反弹后沿壁下降,立管中的污水经内管流入环流器,经锥体时水流扩散形成水气混合液流速减慢,沿壁呈水膜状下降使管中气流畅通。因环流器可与多根横支管连接形成环形通路,进一步加强了立管与横管中的空气流通,从而减小了管内的压力波动。

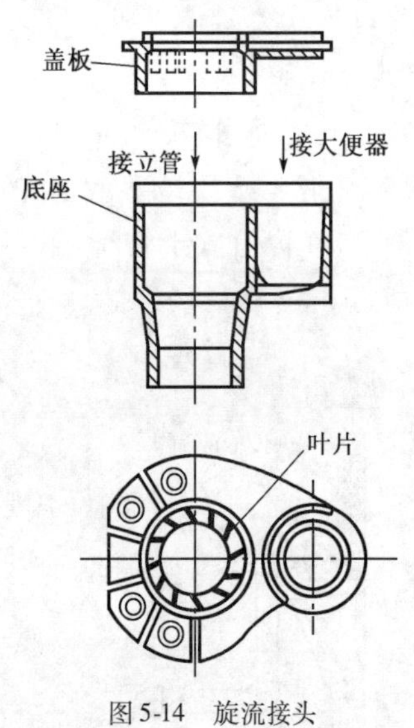

图 5-14　旋流接头

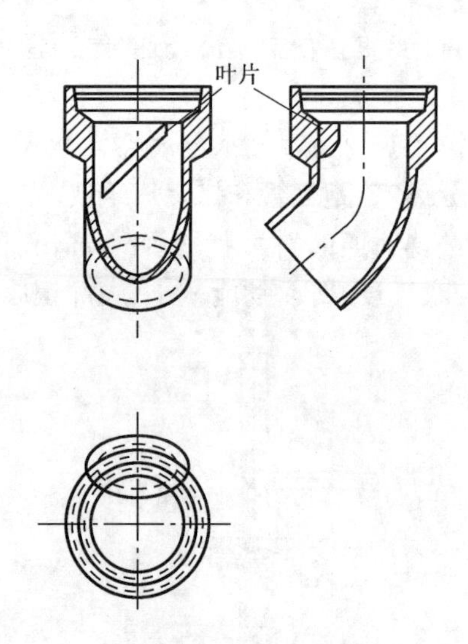

图 5-15　特殊排水弯头

(2)角笛弯头

如图 5-17 所示,角笛弯头设置在立管底部转弯处。自立管下降的水流因过水断面扩大,流速变缓,挟杂在污水中的空气放释放,且弯头曲率半径大,加强了排水能力,可消除水跃和水塞现象,避免立管底部产生过大正压。

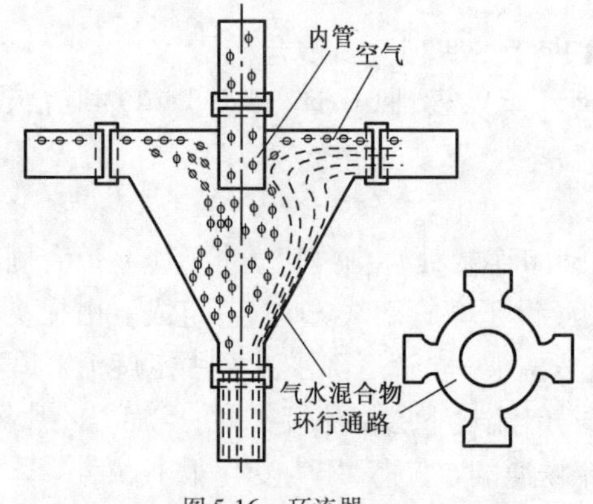

图 5-16　环流器

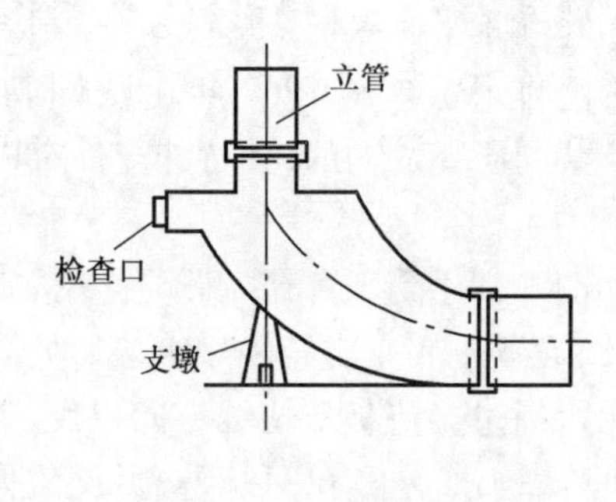

图 5-17　角笛弯头

4. UPVC 螺旋排水系统

UPVC 螺旋排水系统是韩国于 20 世纪 90 年代开发研制的,由特殊配件偏心三通和内壁带有 6 条间距 50mm 呈三角形突起的螺旋线导流突起组成,如图 5-18、图 5-19 所示。偏心三通设置在立管与横管的连接处。由横支管流入的污水经偏心三通从圆周切线方向进入立管,旋流下降立管中的污水在螺旋线导流突起的导流下,在管内壁形成较为稳定而密实的水膜旋流旋转下落,使管中心保持气流畅通,减小了管道内的压力波动。同时由于立管旋流与横管切线进入的水流减小了相互撞击,从而降低了排水噪声。

上述新型单立管排水系统在我国高层建筑排水工程中已有应用,但目前尚不普遍,随着特殊配件的定型化、标准化及有关规范的制定和完善,新型单立管排水系统将得到进一步推广使用。

为确保管道畅通,防止污物在管内沉积,排水管道连接时应尽量选用水力条件较好的斜三通、斜四通,立管与横干管相连时应采用 > 90° 的弯头。若受条件限制,排水立管偏置时,可用乙字管或2个45°弯头相连。考虑到高层建筑的沉降可适当增加出户管的坡度,或者出户管与室外检查井不直接连接,管道敷设在地沟内,管底与沟底预留一定的下沉空间,以免建筑沉降引起管道倒坡。

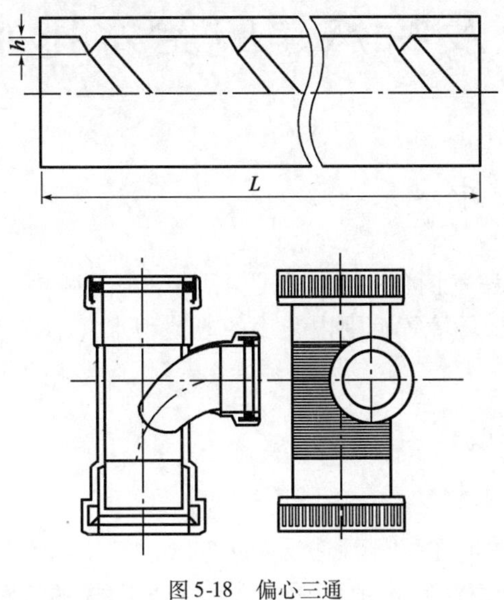

图5-18　偏心三通

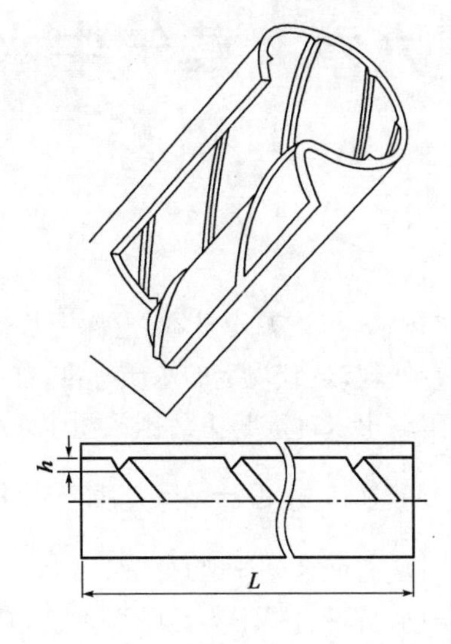

图5-19　有螺旋线导流突起的UPVC管

思考题

1. 简述建筑内部排水系统的组成。
2. 简述通气管的类型、作用和设置条件。
3. 高层建筑排水系统设计中应该注意哪些问题?

第六章　建筑中水系统及特殊建筑给水排水

第一节　建筑中水系统

“中水”一词源于日本，也称中水道。中水是一种将城市和居民生活中产生的杂排水经过适当处理，达到规定的水质标准，在生活、市政、环境等范围内杂用的非饮用水。中水水质介于生活用水标准与生活排放污水水质之间。

一、建筑中水设计适用范围及系统的基本类型

1. 建筑中水设计适用范图

中水回用适用于各类民用建筑和居住小区的新建、改建和扩建工程。《建筑中水设计规范》（GB 50336—2002）总则中明确指出，缺水城市和缺水地区适合建设中水设施的工程项目，应按照当地有关规定配套建设中水设施。中水设施必须与主体工程同时设计，同时施工，同时使用。适合建设中水设施的工程项目，系指具有水量较大、水量集中、就地处理利用的技术经济效益较好的工程。

表6-1为适宜配套建设中水设施工程的示例，仅作设计参考选用。

表6-1　配套建设中水设施工程示例

类　别		规　模
区域中水设施	集中建筑区（院校、机关大院、产业开发区）	建筑面积 > $50000m^2$，或综合污水量 > $750m^3/d$，分流回收水量 > $150m^3/d$
	居住小区（包括别墅区、公寓区等）	建筑面积 > $50000m^2$，或综合污水量 > $750m^3/d$，分流回收水量 > $150m^3/d$
建筑物中水设施	宾馆、饭店、公寓、高级住宅等	建筑面积 > $20000m^2$，或回收水量 > $100m^3/d$
	机关、科研单位、大专院校、大型文体建筑等	建筑面积 > $30000m^2$，或回收水量 > $100m^3/d$

2. 中水系统基本类型

中水系统是由中水原水的收集、储存、处理和中水供给等工程设施组成的有机结合体，是建筑物或居住小区的功能配套设施之一。其基本类型如下：

（1）建筑物中水系统

建筑物中水系统指在一栋或几栋建筑物内建立的中水系统。建筑物中水宜采用原水污、废分流，中水专供的完全分流系统。其理由是：水量可以平衡。一般情况下，有洗浴设备的建筑优质杂排水或杂排水经处理后可满足杂用水水量；处理流程可以简化，由于原水水质较好，可不需进行二段生物处理，减少处理占地面积，降低造价；减少污泥处理困难以及产生臭气对建筑环境的影响；处理设备容易实现设备化，管理方便；中水用户容易接受。

（2）小区中水系统

小区中水系统指在小区内建立的中水系统。小区主要指居住小区，也包括院校、机关大

院等集中建筑区。居住小区中水系统可采用以下形式。

①全部完全分流系统。全部完全分流系统指原水分流管系和中水供水管系覆盖全区建筑物的系统。就是在居住小区内的主要建筑物都建有污水、给水分流管系(两套排水管)和中水、自来水供水管系(两套供水管)的系统。“全部”是指分流管道的覆盖面,是全部建筑还是部分建筑;“分流”是指系统管道的敷设形式,是污水和废水分流、合流还是无管道。

采用杂排水作中水水源,必须配置两套上水系统(自来水系统和中水供水系统)和两套下水系统(杂排水收集系统和其他排水收集系统),属于完全分流系统。这种方式在缺水比较严重、水价较高的地区是可行的。

②部分完全分流系统。部分完全分流系统指原水分流管系和中水供水管系,只覆盖小区内部分建筑物的系统。

③半完全分流系统。半完全分流系统指无原水分流管系(原水为综合污水或外接水源),只有中水供水系统或只有污水、废水分流管系而无中水供水管的系统。当采用生活污水为中水水源,或原水为外接水源时,可省去一套污水收集系统,但中水仍然要有单独的供水系统,成为三套管路系统,所以称为半完全分流系统。当只将建筑物内的杂排水分流出来,处理后用于室外杂用的系统也称为半完全分流系统。

④无分流管系的简化系统。无分流管系的简化系统指地面以上建筑物内无污水、废水分流管系和中水供水管系的系统。中水用于河道景观、绿化和室外其他杂用的中水不进入居民的住房内,中水只用于地面绿化、喷洒道路、水景观和人工河湖补水、地下车库地面冲洗和汽车清洗等简易系统。由于中水不进入建筑内,所以楼内管道设计简化,投资较低,居民易于接受。缺点是限制了中水的适用范围,降低了中水的使用效益。

(3)建筑中水

建筑中水即建筑物中水和小区中水的总称。

(4)城市中水

城市中水是指城市污水处理厂出水在经深度处理后的回用工程,如北京高碑店污水处理厂、酒仙桥污水处理厂等城市污水处理厂再生水回用于电厂冷却水、市政道路、绿化等。中水回用的基本类型见表6-2。

表6-2 中水回用的基本类型

类型	系统图	特点	适用范围
城市中水系统	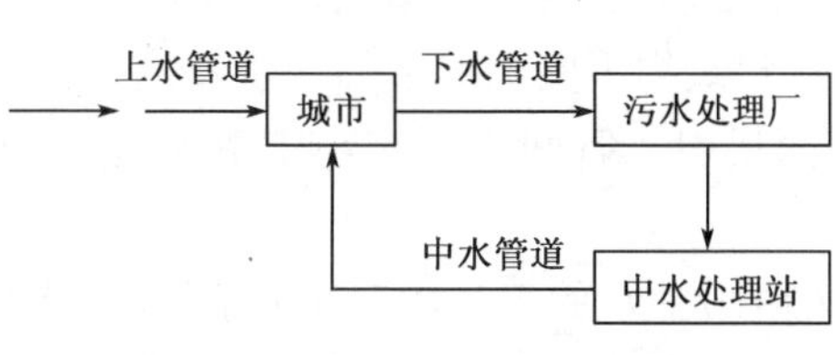 上水管道 → 城市 → 下水管道 → 污水处理厂 → 中水处理站 → 中水管道 → 城市	工程规模大,投资大,处理水量大,处理工艺较为复杂,随城市建设逐步实现	严重缺水城市,也可用于开辟地面和地下淡水资源时
小区中水系统	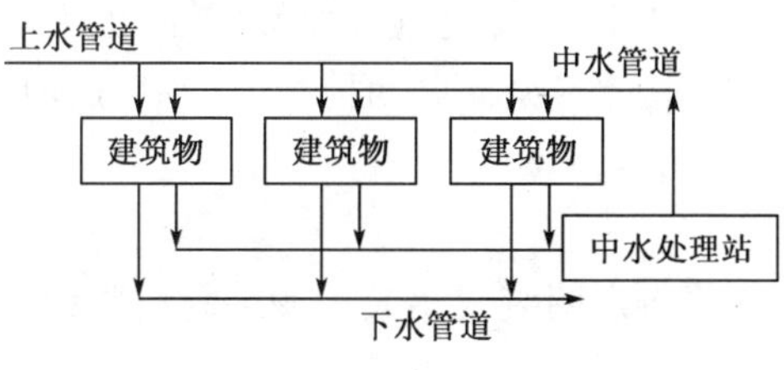 上水管道、中水管道 → 建筑物、建筑物、建筑物 → 中水处理站;下水管道	可结合城市小区规划,在小区污水厂内部采部分出水深度处理回用,或若干栋建筑物中排出的优质排水为水源 工程规模较大,用水量大,环境用水量也较大,易于形成规模效益,集中处理费用较低	缺水城市的小区建筑物,分布较集中的新建住宅小区和集中高层建筑群

续上表

类型	系统图	特点	适用范围
建筑中水系统	上水管道 建筑物 下水管道 污水处理厂 中水管道	采用优质排水为水源,处理方便,流程简单,投资省,占地小。在建筑物内便于与其他设备程序统一考虑,施工方便,处理水量宜平衡	大型公共建筑、公寓和旅馆、办公楼等

二、室内中水配水管网组成、布置与敷设

1. 室内中水配水管网系统的组成

室内中水配水管网系统由引入管(进户管)、水表节点、管道及附件、水泵或气压供水的增压设备、中水储存池及高位水箱等贮水设备组成,对于室内杂用、消防共用系统或消防系统还应有消毒设备。

中水引入管是指室外中水管网和室内中水管网之间的联络管段,它从室外中水分配管段上引入室内。水表节点是指在引入管上或住宅各用户中水管上装设的水表及闸门等装置的总称。它和一般生活给水水表节点相同。中水管道系统取决于采用的供水方式,由水平干管、立管、支管组成。

干管可进行下行或上行布置,一般布置成枝状,也可以布置成环状。管道附件是指管路上的阀门、止回阀及各种配水龙头和管件。中水管网系统中的升压和贮水设备是在室外中水管网的水压不能满足个别高层建筑或多层建筑室内中水要求的水压时,需要在室内中水系统增设诸如水泵、高位水箱等设备,以保证安全供水。室内消防设备按建筑消防规定,当建筑物需要设置独立的消防设备时,可采用中水作为消防水源,室内消防设备同给水系统。中水供水系统应根据使用要求安装计量装置。

2. 管道布置

建筑中水引入管的位置要根据室外中水分配位置、建筑物的布置等因素确定。中水引入管一般应从建筑物用水量最大处引入。当建筑物使用中水卫生器具位置比较均匀时,宜在建筑物中央部位引入,这样可使配水均匀,同时减少管段转输长度,从而使管网的水头损失减小。当室内中水管网为杂用、消防共用系统时,而建筑物的消火栓在 10 个以上时,为保证供水安全可靠,引入管应该设置成两条,并从建筑物不同侧的室外中水管网引入。当受到室内中水管条件所限时,只能从一侧引入,则两根引入管间距不宜小于 10m,并应在两根引入管之间设阀门。

室内中水管道布置与建筑物性质、建筑物使用中水的卫生器具的位置和数量以及采用的供水方式有关。进行管道布置时应力求长度短,尽可能呈直线走向,并与墙、梁、柱平行敷设。中水管道不允许敷设在排水沟、烟道和风道内,以免管道过快地被腐蚀,也不应穿越橱窗、壁柜和木装修,以利管道维修。管道尽量不直接穿越建筑物沉降缝,必须穿越时,要采取相应的措施,如采用柔性软管等。

3. 室内中水管道敷设

根据建筑物对卫生、美观要求的高低,中水管可以明装或暗装。明装管可敷设在墙、梁、柱和天花板下,也可敷设在地板旁边暴露,一般民用建筑卫生设备件数不多时多采用明装方

式。暗装是指将管道敷设在技术层、地下室天花板下、吊顶中、管道竖井内。为安全防护考虑,中水管不宜安装于墙体内,并严禁与生活饮用水管连接。中水储存池内,若需敷设生活饮用水管作为补充水源时,其出水口距中水池最高水位间应有不小于2.5倍管径的空气隔断高度。此外,中水管、排水管平行埋设时,其水平间距不小于0.5m,交叉埋设时,中水管应位于饮用水管之下,排水管之上,管线间距不小于0.5m。中水管道上不得装有取水龙头。

如根据需要装设取水接口(或短管)时,或在处理站内安装供工作人员使用或其他地方安装浇洒、绿化等用途的取水口时,为避免中水被当作饮用水管误接和误用,中水管外壁必须涂有浅绿色油漆,明显标示不得饮用,或安装供专人使用的带锁龙头等。中水池、阀门、水表及给水栓应有明显的中水标志。

引入管的室外部分埋深可由当地冻土深度及地面荷载情况确定,通常在冻土线以下200mm(从管顶算起),管顶上覆土不小于0.7~1.0m。为防止因建筑物沉陷而压坏引入管,应当采用防压坏的技术措施。如管道穿过基础或墙壁部分预留大于引入管直径200mm的孔洞,在孔洞与管道之间进行柔性填充,或采取预埋套管、砌分压拱或过梁等措施。室外地下水位高于引入管埋管深度时,还要在引入管穿墙基础部位采取防水措施。

4. 管道的防腐、防冻和防结露的技术措施

管道不论明装或暗装,除镀锌钢管都应作防腐处理。一般采用涂刷油漆法防腐,即先将管道表面除锈,刷防锈漆两道,再刷一道浅绿色调和漆作为中水管道标志。镀锌管上也可刷一道浅绿色调和漆作为非饮用水管标志。埋地铸铁管一律外刷沥青防腐。中水储池宜采用耐腐蚀、易清洁的材料制作。钢板池内、外壁及其附件均应采取防腐蚀处理。对于温度低于零度房间中的中水管道、中水储存池等设备,应进行保温防冻。南方地区因空气湿度大气温高,室内中水管可能产生凝结水,为避免损坏墙面或天花板,应采用防结露措施。防冻、防结露技术措施与室内给水管道做法相同。

三、中水处理工艺及主要处理技术

1. 中水处理工艺

中水处理工艺按组成段可分为预处理、主处理及后处理三部分。预处理包括格栅、调节池;主处理包括混凝、沉淀、气浮、活性污泥法、生物膜法、二次沉淀、过滤、生物活性碳以及土地处理等主要处理工艺单元;后处理为膜过滤、活性炭、消毒等深度处理单元。也可以将处理工艺分为以物理化学处理方法为主的物化工艺,以生物化学处理为主的生化处理工艺,生化处理与物化处理相结合的处理工艺及土地处理四类。由于中水回用时对有机物、洗涤剂去除要求较高,而去除有机物、洗涤剂有效的方法是生物处理,因此,中水的处理常用生物处理作为主体工艺。

中水处理工艺流程应根据中水原水的水质、水量和中水的水质、水量及使用要求等因素,经技术经济比较后确定。可按《建筑中水设计规范》推荐处理工艺选择。表6-3为目前在北京地区中水工程中已经有实践应用的几种中水处理工艺。

2. 主要处理技术

(1)预处理技术与设施

预处理单元一般由格栅、毛发去除器及调节池组成。

①悬浮固体及毛发的去除。与所有的污水处理系统一样,中水处理系统在进水端应设置格栅,用于去除中水原水中较大的悬浮固体物质。格栅采用机械格栅,格栅的选用及设计

可按《室外排水设计规范》(GB 50014—2006)中相关规定确定。以洗浴(涤)排水为原水的中水系统,污水泵吸水管上应设置毛发聚集器。近几年来开发了具有反冲洗功能、便于清污的快开结构的毛发过滤器,也有用自动清污的机械细格栅去除毛发等杂物,经运行实践,上述两种设备均运行稳定,操作管理方便。

表 6-3 已实践应用的中水处理流程

水质类型	处理流程
以优质杂排水为原水的中水工艺流程	(1)以生物接触氧化为主的工艺流程: 原水—格栅—调节池—生物接触氧化—沉淀—过滤—消毒—中水 (2)以生物转盘为主的工艺流程: 原水—格栅—调节池—生物转盘—沉淀—过滤—消毒—中水 (3)以混凝沉淀为主的工艺流程: 原水—格栅—调节池—混凝沉淀—过滤—活性炭—消毒—中水 (4)以混凝气浮为主的工艺流程: 原水—格栅—调节池—混凝气浮—过滤—消毒—中水 (5)以微絮凝过滤为主的工艺流程: 原水—格栅—调节池—絮凝过滤—活性炭—消毒—中水 (6)以过滤—臭氧消毒为主的工艺流程: 原水—格栅—调节池—过滤—臭氧消毒—中水 (7)以物化处理—膜分离为主的工艺流程: 原水—格栅—调节池—絮凝沉淀过滤(微絮凝沉淀过滤)—精密过滤—膜分离—消毒—中水
以综合生活污水为原水的中水工艺流程	(1)以生物接触氧化为主的工艺流程: 原水—格栅—调节池—两段生物接触氧化—沉淀—过滤—消毒—中水 (2)以水解—生物接触氧化为主的工艺流程: 原水—格栅—水解酸化调节池—两段生物接触氧化—沉淀—过滤—消毒—中水 (3)以厌氧—土地处理为主的工艺流程: 原水—水解池或化粪池—土地处理—消毒—植物吸收利用
以粪便水为主要原水的中水工艺流程	(1)以多级沉淀分离—生物接触氧化为主的工艺流程: 原水—沉淀 1—沉淀 2—接触氧化 1—接触氧化 2—沉淀 3—接触氧化 3—沉淀 4—过滤—活性炭—消毒—中水 (2)以膜生物反应器为主的工艺流程: 原水—化粪池—膜生物反应器—中水
以城市污水处理厂出水为原水的中水工艺流程	城市再生水厂的基本处理工艺: (1)城市污水—一级处理—二级处理—混凝、沉淀(澄清)—过滤—消毒—中水 (2)二级处理厂出水—混凝、沉淀(澄清)—过滤—消毒—中水

②预曝气。中水系统皆设有原水调节池,用以调节原水来水水量。调节池内宜设置曝气装置,使池中悬浮物质保持悬浮状态,与原水一起进入后续处理构筑物,可防止在调节池中沉积,长时间储存会腐化发臭;调节池内预曝气,可以获得 COD 和 BOD_5 等有机物指标一定范围的去除效率,减轻后续处理负荷。对于一般的中、小型中水处理系统,设置调节池后不再设初沉池。较大的中水处理站在调节池后可以设置中水(原水)提升泵站、沉砂池和初沉池。为节省占地提高沉淀效率,中水处理系统中初沉池可采用斜板沉淀池或竖流式沉淀池。

(2)主处理技术与设施

中水系统的主处理可分为生物处理和物化处理两大类。

①生物处理。生物处理主要用于去除中水原水中可溶性有机物,降低污水中的 COD、BOD_5、SS 等指标。建筑物中水生物处理可采用生物接触氧化池或曝气生物滤池,供氧方式可采用低噪声的鼓风机、布气装置、潜水曝气机或其他曝气设备。生物接触氧化池处理洗浴废水时,水停留时间不得小于 2h,处理生活污水时,应根据原水水质情况和出水水质要求确定水停留时间,但不应小于 3h。接触氧化曝气量可按 BOD_5 的去除负荷计算,宜为 40 ~ $80m^3/kgBOD_5$ 计,可采用易挂膜、耐用、比表面积较大、维护管理方便的固定填料或悬浮填料。当采用固定填料时,安装高度不小于 2m,当采用悬浮填料时,装填体积不应小于池容积的 25%。曝气生物滤池因具有处理负荷高,装置紧凑,可省略固液分离单元等诸多优点,已引起关注,并在中水处理系统中应用。

②物化处理。目前中水处理工艺中物化处理多采用混凝沉淀、混凝气浮或微絮凝处理技术。

混凝工艺能去除原水中悬浮状和胶体状杂质,是物化处理的主体工艺单元。实践证明,根据处理对象合理地选择混凝剂的种类及投药量对保证处理效果和节约运行费用有重要意义。混凝剂的种类及最佳投药量应通过试验确定。目前多采用聚合氯化铝等。沉淀和气浮均是混凝反应后的有效固液分离手段。若采用沉淀池,当处理规模较小时,可采用斜板沉淀池或竖流式沉淀池。规模较大时应参照《室外排水设计规范》中有关部分设计。当中水原水中含有阴离子洗涤剂时,多采用混凝气浮,去除效率高,其原因是气浮池中的微小气泡黏附带有极性的表面活性剂——洗涤剂上浮分离而造成的。微絮凝过滤是将絮凝和过滤过程相结合,设备简单。

(3)后处理(深度处理)技术及设施。深度处理是进一步去除处理后水中残存的有机物、悬浮物及胶体物质,常用的技术有过滤、活性炭吸附、膜分离及消毒等。

①过滤。过滤是让主处理后的水通过不同种类滤料或滤物,经过吸附、筛滤、沉淀等作用,进一步去除处理水中残留的悬浮物和部分胶体杂质,从而降低其 COD、BOD、磷、重金属、细菌病毒等含量。中水过滤处理宜采用滤池或过滤器。采用新型滤器、滤料和新工艺时,可按实验资料设计。

②活性炭吸附。活性炭吸附是常用的中水深度处理单元,用于进一步吸附去除水中可溶性有机物,如原水中的洗涤剂、人体排泄物等的分解产物。将活性炭吸附置于中水处理系统的后部,对保证出水水质是有利的,但活性炭价格昂贵,容易饱和,运行费用较高,选用时应慎重。一般对于以洗浴水为原水的中水系统,采用生物处理工艺时,能够去除大部分可溶性有机物,运行正常可达标排放,不必设置活性炭吸附单元;采用物化处理工艺时,由于混凝、过滤等工艺对可溶性有机物的去除效果不理想,为保证出水水质,可考虑设置活性炭吸附单元。

③膜分离技术。随着膜工业的发展,膜分离技术在污水处理中开始得到应用,对保证中水出水清澈透明、悬浮物达标、去除细菌方面有明显效果,但由于膜分离为物理截留作用,所以有机物指标如 COD、BOD_5 的去除效果不明显。在中水处理系统中,以往多采用超滤膜组件,但由于超滤膜孔径较小,膜通量受到限制。近年来,微滤膜逐渐应用到污水处理领域,使膜通量得到扩大。目前已研制出 0.4μm 孔径的水处理用的中空纤维微滤膜,其膜通量大幅度提高,对膜分离技术在中水处理中进一步扩大应用具有重要意义。

④消毒。消毒是保障中水卫生指标的重要环节，其直接影响中水的使用安全，所以中水处理必须设有消毒设施。中水消毒应符合下列要求：消毒剂宜采用次氯酸钠、二氧化氯、二氯异氰尿酸钠或其他消毒剂。建筑物内部的小型中水处理站，采用液氯消毒隐患较多，所以不推荐使用。当处理站规模较大并有严格的安全措施时，可采用液氯作为消毒剂，但必须使用加氯机。采用氯化消毒时，加氯量宜为有效氯的 5 ~ 8mg/L，消毒接触时间应大于 30min，当中水水源为生活污水时，应适当增加加氯量。

第二节　特殊建筑给水排水

一、水景给水排水设计

水景已成为城镇规划、旅游建筑以及其他大型公共建筑设计中不可忽视的重要方面之一。水景的设计应适应建筑总体布置和建筑艺术构思的要求，形成景观中心或衬托、加强建筑物的艺术雕塑和特定环境的艺术效果，以达到美化环境的目的。水景中的喷泉还能起到湿润和净化空气、改善小区气候的作用。喷泉的水池也可兼作其他用途的水源，如兼作附近建筑的消防贮水池、循环水的冷却喷水池或冷却湖、绿化浇洒用水的贮水池、娱乐游泳池供儿童戏水或成人娱乐游泳用。

水景的基本形态有镜池、溪流、叠流、瀑布、水幕、喷泉、冰塔、涌泉、水膜、水雾、孔流、珠泉等多种。这些基本形态经建筑环境设计构思，利用水的流动、聚散、蒸发等特性，可创造出一个优美的环境和宜人的气氛。本节仅介绍其中给排水管路和设备的设计方法。

1. 喷泉的系统设计

(1) 常用的给排水系统

目前常用的水景形式和给排水系统有下列 4 种形式。

①直流给水系统

如图 6-1 所示，将喷头直接与给水管网连接，喷头喷射出的水即排放掉，不循环使用。该系统具有系统简单、造价低、维护简单等优点，但存在耗水量大的缺点，常与假山盆景配合做小型喷泉、瀑布、孔流等，适合在小型庭院、大厅内设置。

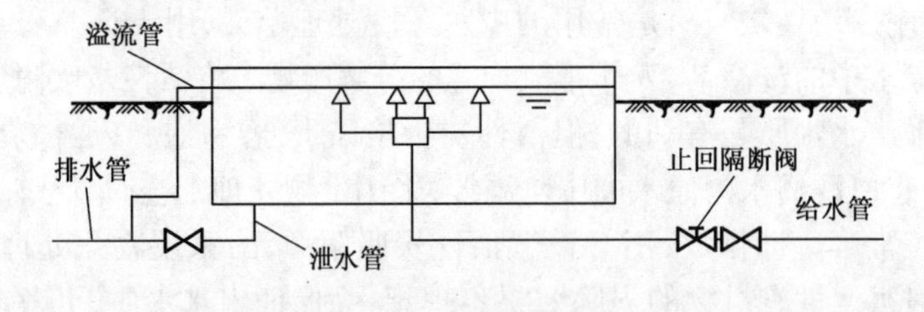

图 6-1　直流给水系统

②陆上水泵循环给水系统

如图 6-2 所示，系统设有贮水池、循环水泵房和循环管道。喷头喷射后的水可多次循环使用。具有耗水量少，运行费用低的优点。但系统较复杂，占地较多，管材用量较大，投资费用高，维护管理麻烦。该系统适合于各种规模和形式的水景，一般用于较开阔的场所。

③潜水泵循环给水系统

如图 6-3 所示，系统设有贮水池，将成组喷头和潜水泵直接放在水池内作循环使用。这种系统具有占地少、投资低、维护管理简单、耗水量少的优点。但水姿花形控制调节困难，适用于各种形式的中、小型喷泉和冰塔、涌泉、水膜等。

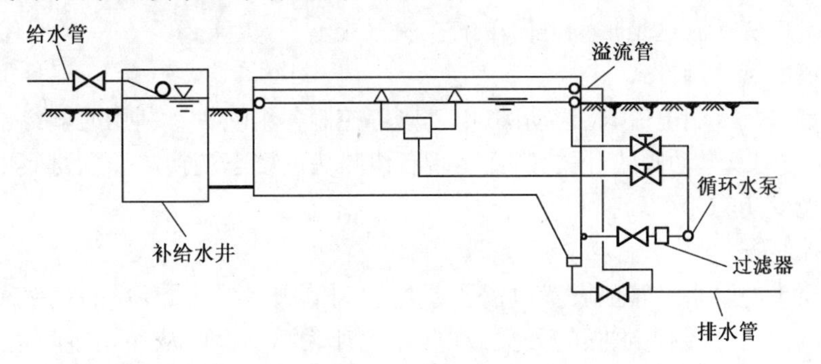

图6-2　陆上水泵循环给水系统

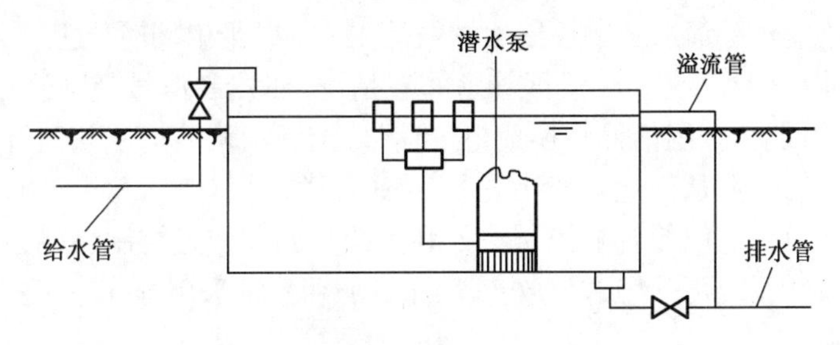

图6-3　潜水泵循环给水系统

④盘式水景循环给水系统

如图6-4所示，系统设有集水盘、集水井和水泵房。盘内铺砌踏石构成甬路。喷头设在石隙间适当隐蔽。此系统具有人可在喷泉间穿行，满足人们的亲水感，增加欢乐气氛的特点。系统不设贮水池，给水均循环利用，耗水量少，运行费用低，但存在循环水易被污染，维护管理较麻烦的缺点。此系统宜在公园中采用，可设计成各种中、小型喷泉和冰塔、孔流、水膜、瀑布、水幕等形式。

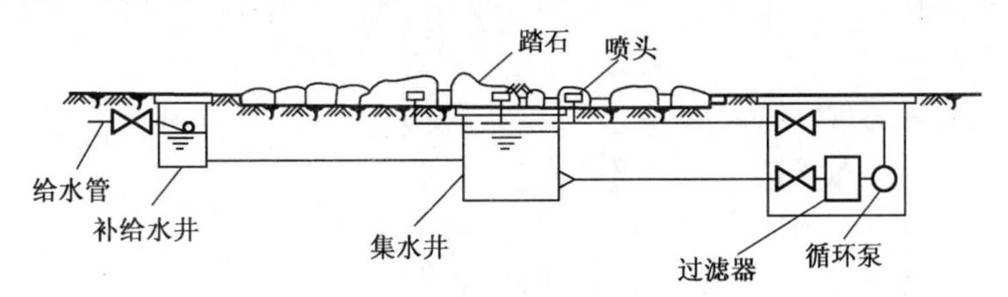

图6-4　盘式水景循环给水系统

上述几种系统的配水管道宜以环状形式布置在水池内，小型水池也可埋入池底，大型水池可设专用管廊。配水管的水头损失一般采用5～10mmH_2O/m为宜。配水管道接头要求严密平滑，转弯处应采用大转弯半径的光滑弯头。每个喷头前应有不小于20倍喷管口径的直线管段；每组喷头要设调节装置，以调节射流的高度或形状。循环水泵应靠近水池，以减少管道的长度。

(2)常用控制方式

为增强水景的观赏效果，通常需要将水姿进行一定的变换，有时需要使水的姿态变换与灯光色彩、照度以及音乐的旋律节奏相协调，这就要求采取较复杂的自动控制措施。目前常用的控制方式有以下几种。

①手动控制方式

水景设备运行后，喷水姿态固定不变，一般只需设置必要的手动调节阀，待喷水姿态调节满意后就不再变换。这是常见的简单的控制方式。

②时间继电器控制方式

设置多台水泵或用电磁阀、气动阀、电动阀等控制各组喷头。利用时间继电器控制水泵和电磁阀、气动阀或电动阀的开关，从而实现各组喷头的姿态变换。照明灯具的色彩和照度也可同样实现变换。

③音响控制方式

在各组喷头的给水干管上设置电磁阀或电动调节阀，将各种音响的频率高低或声音的强弱转换成电信号，控制电磁阀的开关或电动调节阀的开启度，从而实现喷水姿态的变换。常用的音响控制方式有以下几种：

a. 简易音响控制法。简易音响控制法一般是在一个磁带上同时录上音乐信号和控制信号。为使音乐与水姿同步变化，应根据管道布置情况，使控制信号超前音乐信号一定的时间。在播放音乐的同时，控制信号转换成电气信号，控制和调节电磁阀的开关、电动调节阀的开启度、水泵的转速等，从而达到变换喷水姿态的目的。

b. 间接音响控制法。间接音响控制法是利用同步调节装置控制音响系统和喷水、照明系统协调运行。音响系统可采用磁带放音，喷水和照明系统采用程序带、逻辑回路和控制装置进行调节和控制。

c. 直接音响控制法。直接音响控制法是利用各种外部声源，经声波转换器变换成电信号，再经同步装置协调后控制喷水和照明的变换运行。

d. 混合控制法。对于大、中型水景，使一部分喷头的喷水姿态和照明灯具的色彩和强度固定不变，而将其他喷头和灯具分成若干组，使用时间继电器使各组喷头和灯具按一定时间间隔轮流喷水和照明，当任意一组喷头和灯具工作时，再利用音响控制喷水姿态、照明的色彩和强度的变换。这样就可使喷水随着音乐的旋律舞动，使照明随着音乐的旋律变换，形成变化万千的水景姿态。

2. 喷头的形式

喷头是人工水景的重要组成部件之一。选择喷头的原则如下：

①以尽量少的水量和能耗，达到最佳的艺术效果。

②注意不同季节里水姿和水声对周围环境的影响效果。

③充分利用地形，根据水景形式选择适合的喷头类型。

因水景造型要求不同，喷头形式有多种。常见的喷头有以下几种。

(1)直流式喷头

直流式喷头是形成喷泉射流的喷头之一，如图 6-5 所示，喷头内腔类似于消防水枪形式，具有构造简单，价格便宜的优点。在同样水压下可获得较高或较长的射流水柱。

(2)吸气(水)式喷头

吸气(水)式喷头是可喷成冰塔形态的喷头，如图 6-6 所示，其利用喷嘴射流形成的负压，吸入空气(或水)使水柱中掺入大量的气泡，增大水的表观流量和反光效果。选用时需根据试验确定喷水效果。

(3)旋流式喷头

旋流式喷头是制造水雾形态的喷头，有时还可采用消防使用的水雾喷头代替。图 6-7

所示为旋流式喷头，结构复杂，加工较为困难。

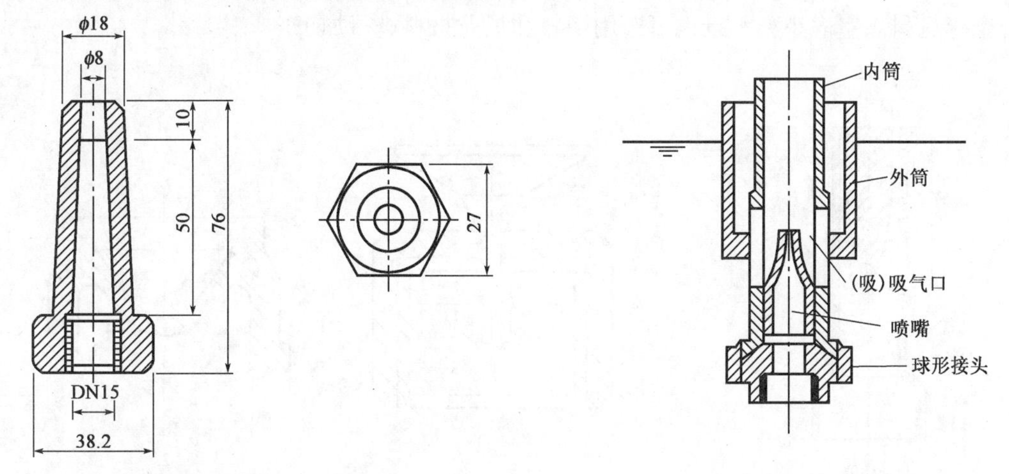

图 6-5　直流式喷头(尺寸单位:mm)

图 6-6　吸气(水)式喷头

(4)缝隙式喷头

缝隙式喷头是能喷出平面或曲面水膜的喷头之一，如图 6-8 所示。其出水口为较窄的条形缝隙。若缝隙形状不规则，边界粗糙，水压较大时也能喷成水雾。

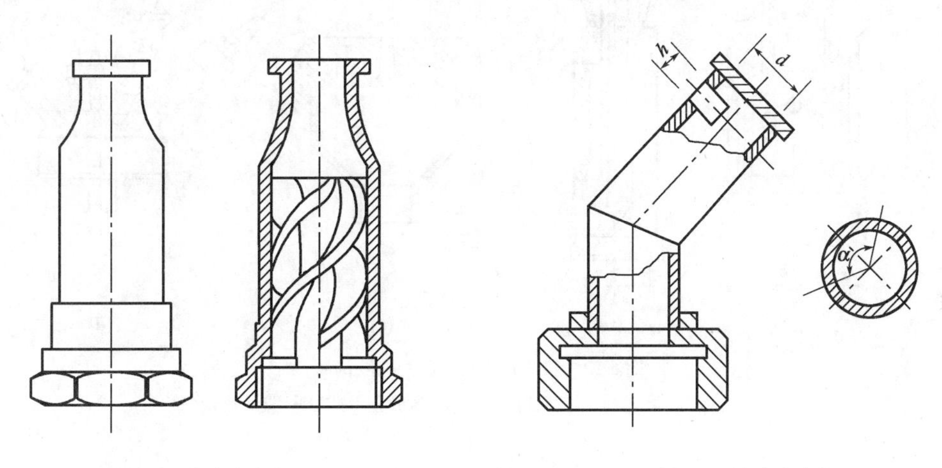

图 6-7　旋流式喷头

图 6-8　缝隙式喷头

(5)环隙式喷头

环隙式喷头的喷水口是环形缝隙，是形成水膜的另一种喷头，如图 6-9 所示。其可使水柱的表观流量变大，以较少的水量获得较强的观瞻效果。

(6)折射式喷头

水流在喷嘴外经折射形成水膜，水膜的形态根据喷头折射体形状不同，可喷成各种形状的水膜，如牵牛花形、马蹄莲形、灯笼形、伞形等。折射式喷头如图 6-10 所示。

(7)碰撞式喷头

碰撞式喷头靠水流相互碰撞或水流与喷头内壁碰撞而雾化，也是喷成水雾的喷头形式之一。碰撞式喷头如图 6-11 所示。

(8)组合式喷头

组合式喷头由若干个同一形式或者不同形式的喷头组装在一起构成。可喷成固定的资态，或者经过适当调节，喷出不同的姿态。图 6-12 所示是组合式喷头的一些实例。

喷头的材料应选用耐久性好，易于加工、不易锈蚀的材料。常采用黄铜、青铜、不锈钢、铝合金等材料。室内小型水景也可选用塑料和尼龙材料进行加工。

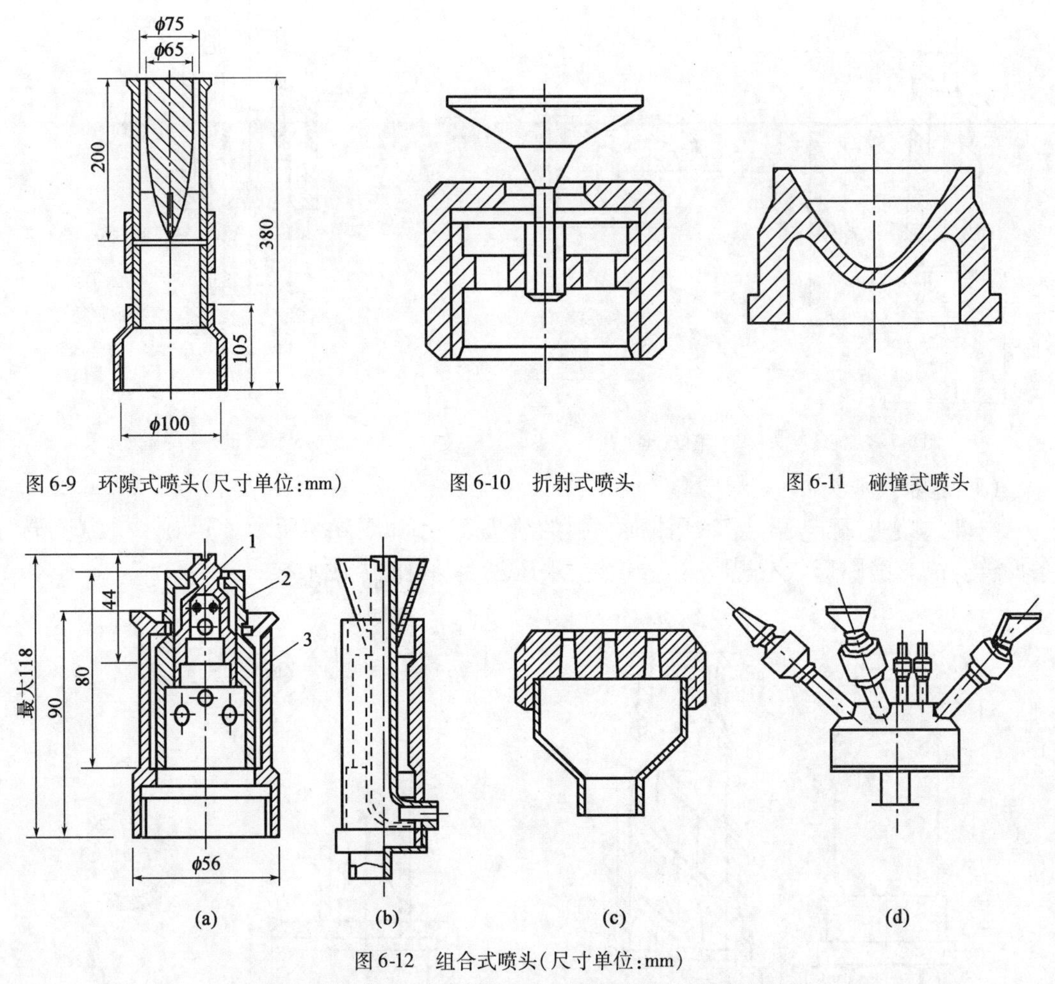

图 6-9　环隙式喷头（尺寸单位：mm）

图 6-10　折射式喷头

图 6-11　碰撞式喷头

图 6-12　组合式喷头（尺寸单位：mm）

（a）双层环原式；（b）直流折射式；（c）多股直流式；（d）直流扇形

3. 水景给水系统

水景可以采用城市给水、清洁的生产用水和天然水以及再生水作为供水水源，水质宜符合《生活饮用水卫生标准》规定的生活饮用水水质标准的感官性状指标。

如前所述，水景给水系统有直流式和循环式两种。直流式给水系统是将水源来水通过管道和喷头连续不断地喷水，给水射流后的水经收集直接排出系统，这种给水系统管道简单、无循环设备、占地面积小、投资小、运行费用低，但耗水量大，适用场合较少。

循环给水系统是水景工程最常用的供水方式，其利用循环水泵、循环管道和贮水池将水景喷头喷射的水收集后反复使用，其土建部分包括水泵房、水池、管沟、阀门井等；设备部分由喷头、管道、阀门、水泵、补水箱、灯具、供配电装置和自动控制等组成。

水景工程的基本形式有固定式、半移动式和全移动式三种。

（1）固定式水景工程

固定式水景工程中的构筑物、设备及管道固定安装，不能随意搬动，常见的有水池式、浅碟式和楼板式。水池式是建筑物广场和庭院前常用的水景形式，如图 6-13（a）所示，将喷头、管道、阀门等固定安装在水池内部，循环水泵等设置在专用设备间，循环水泵常用卧式或立式离心泵和管道泵。图6-13(b)所示是浅碟式水景工程示意图,水池减小深度,管道和喷头被池内布置的踏石、假山、水草等物掩盖,水泵从集水池吸水。图6-13(c)所示为适合在室内布置的楼板式水景工程,喷头和地漏暗装在地板内,管道、水泵及集水池等布置在附近的设备间,楼板地面上的地漏和管道将喷出的水汇集到集水池中。

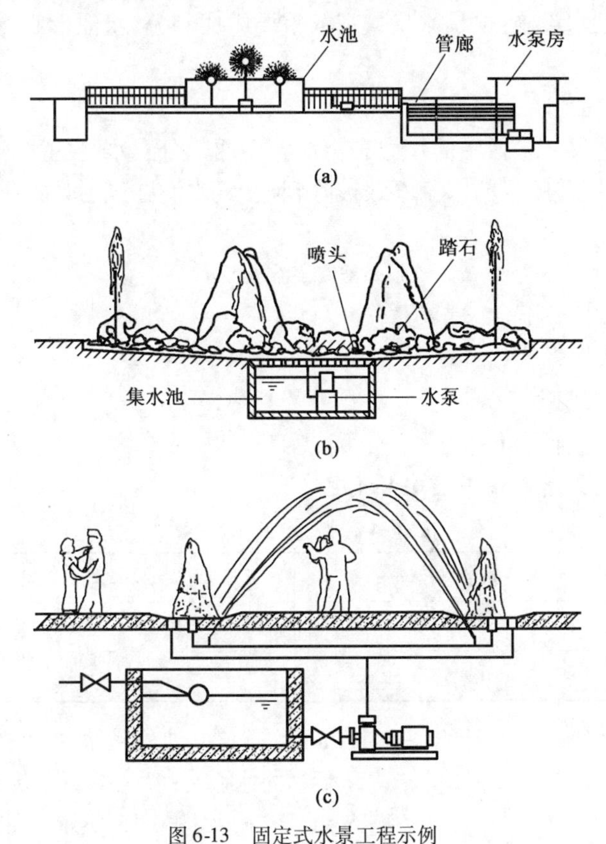

图6-13　固定式水景工程示例

(a)水池式水景工程;(b)浅碟式水景工程;(c)楼板式水景工程

(2)半移动式水景工程

半移动式水景工程中的水池等土建结构固定不动,而主要设备中将喷头、配水器、管道、潜水泵和灯具成套组装后可以随意移动,如图6-14(a)所示。

(3)全移动式水景工程

全移动式水景是将包括水池在内的全部水景设备一体化,可以任意整体搬动,常采用微型泵和管道泵,如图6-14(b)所示。

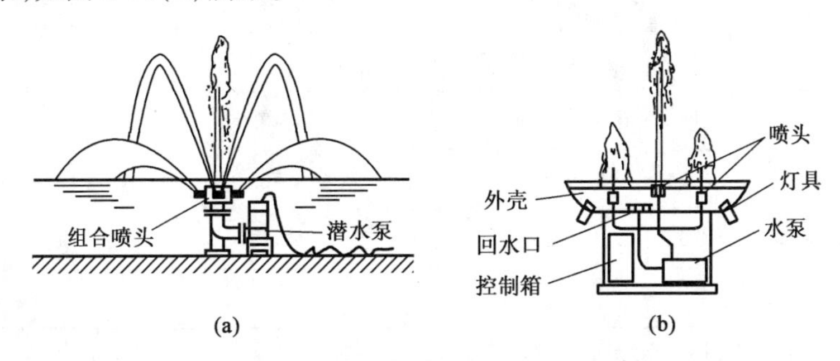

图6-14　半移动式和移动式水景工程示例

(a)半移动式水景;(b)全移动式水景

补水池或补水箱通常设在水泵房内，补水量包括风吹、蒸发、溢流、排污和渗漏等项水量损失，一般可取循环流量或水池容积的百分比。当补充水采用城市给水管网供水时，应采取防止饮用水水质污染的技术措施。

4. 水池设计计算

水池是喷泉的贮水设施，也是水景景观的重要组成部分，水池形状可根据水景的特点布置成各种平面造型。

(1)水池工艺尺寸

喷泉水池的工艺尺寸包括平面尺寸和水池深度两部分。水池的平面尺寸设计应考虑在一定的风速范围内，以使喷泉的水滴不致被吹到池外，水滴在风力作用下漂移的距离可用下列公式计算：

$$L = 0.0296Hv^2/d \tag{6-1}$$

式中：L——水滴漂移距离，m；

H——水滴最大降落高度，m；

v——设计平均风速，m/s；

d——水滴计算直径，mm。

水滴直径可按喷头形式参照表 6-4 确定。

表6-4 水滴直径表

喷头形式	水滴直径(mm)	喷头形式	水滴直径(mm)
直流式	3.0~5.0	碰撞式	0.25~0.50
旋流式	0.25~0.50		

水池的平面尺寸每边应比计算值大1.0m，以避免向池外溅水。

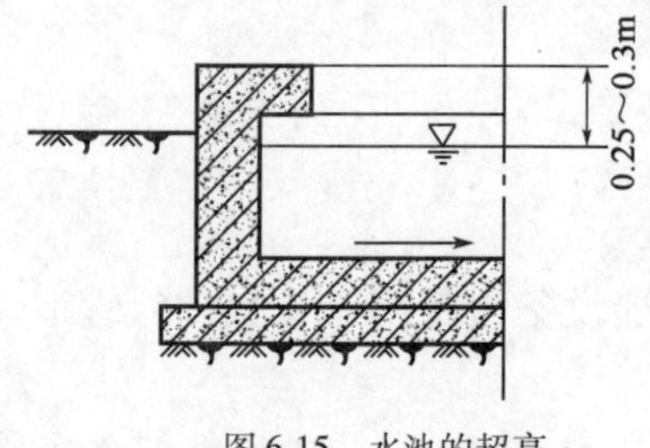

图6-15 水池的超高

水池的水深一般为0.4~0.6m，其超高一般为0.25~0.30m，如图6-15所示。如果水池还兼做其他用途时，应按其特定用途满足水池深度要求。

(2)水量损失、补充量和循环水量

水量损失包括风吹、蒸发、溢流、排污和渗漏等损失，一般按循环流量或水池容积的百分数计算，其数值参考表6-5选用。

表6-5 水量损失

项目 / 水景用式	风吹损失	蒸发损失	溢流，排污损失(每天排污量占水池容积的比例)(%)
	占循环流量的比例(%)		
喷泉、水膜、冰塔、孔流	0.5~1.5	0.4~0.6	3~5
水雾类	1.5~3.5	0.6~0.8	3~5
瀑布、水幕、叠流、涌泉	0.3~1.2	0.2	3~5
镜池，珠泉	—	—	2~4

注：水量损失的大小，应根据喷射高度、水滴大小、风速等因素选择。

补充水量应满足最大损失水量，还应满足运行前的充水要求，充水时间一般按24~48h

考虑。对于非循环供水的镜池、珠泉等静水景观，每月应排空换水 1 ~ 2 次，或按表 6-5 中溢流排污百分率连续溢流排污，同时不断补入等量的新鲜水。

补给水可使用生活饮用水、生产用水或清洁的天然水体，水质应符合《生活饮用水卫生标准》的感官性指标要求。

循环水流量应等于各种喷头喷水量的总和。对于镜池、珠泉等静水景观，为节约用水也可采用循环处理。

当采用生活饮用水做补给水源时，为防止倒流污染，应设置补给水井。补给水通过浮球阀供给补给水井。为了保持池水水面清洁和维持一定水位，喷泉水池应设置溢流装置。水池还应设置泄水装置以保证检修和清洗方便，泄空时间一般按 24 ~ 48h 考虑。

5. 水景设计的步骤和方法

水景设计的主要内容是与建筑师密切配合，确定与主体建筑相适应的水景形式和艺术姿态以及水景水池的平面布置，进行水景管道系统和设备的设计计算，以达到要求的水景形式，设计步骤如下：

(1) 根据总体规划要求选择相适应的水景形式、水池平面布置。

(2) 选择喷头的形式、数量，以满足所要求的艺术姿态。

(3) 进行喷头设计计算，确定喷头口径、喷头射流高度或喷射半径或射流轨迹。

(4) 计算喷头流量和喷头所需的水压 H。

(5) 进行管道布置，并计算选择管道系统的管径、循环流量、管道的阻力，以及循环泵所需的流量和扬程，选择循环水泵的型号。

(6) 进行水池工艺尺寸的设计和补给水、排水溢流管道的设计计算。

(7) 进行循环水泵房的工艺尺寸设计计算。

(8) 确定水景艺术姿态变化形式，以确定控制方式。

二、游泳池给水排水设计

1. 给水系统

游泳池是供人们进行游泳比赛、训练、跳水、水球等项目的运动场所，也可作为水上的娱乐设施。游泳池按设计要求分比赛游泳池、训练游泳池、儿童游泳池、幼儿戏水池和跳水池几种。人工游泳池的给水系统分为定期换水、直流供水和循环供水三种供水方式。

(1) 定期换水供水方式

定期换水供水方式是指每隔一定的时间将池水放空再换入新水，一般每 2 ~ 3d 换一次水，每天应清除池底和表面脏物，并投加漂白粉或漂白精等物进行消毒。这种供水方式具有系统简单、投资省、维护管理方便等优点，但因池水水质不能保证，目前我国不推荐采用此种供水方式。

(2) 直流供水方式

直流供水方式是指连续向池内补充新水，同时不断从泄水口和溢流口排走被污染的水。为保证水质，每小时的补充水量应为池水容积的 15% ~ 20%。每天应清除池底和水面污物，并用漂白粉或漂白精等物进行消毒。这种供水方式具有系统简单、投资省、维护简便等优点，在有充足清洁的水源时应优先采用此种供水方式。

(3) 循环供水方式

循环供水方式设专用净化系统，对池水进行循环净化、消毒、加热等处理，可保证池水水质符合卫生要求。这种供水方式具有运行费用低，耗水量少的优点，但系统较复杂，投资费用大，维护管理较麻烦。此种供水方式适合于各种游泳池。

2. 设计要求

(1)游泳池的设计尺寸

游泳池的长度一般为12.5m的整倍数，宽度由泳道的数量决定，每条泳道的宽度一般为2.0～2.5m，边道另加0.25～0.5m。正规比赛泳道宽度为2.5m，边道另加0.5m。各类游泳池的水深、平面尺寸可按表6-6选用。

表6-6 各种游泳池尺寸规定

类　型	水深(m)		池长(m)	池宽(m)	备　注
	最浅	最深			
比赛游泳池	1.8～2.0 ≥2.5①	2.0～2.2 ≥2.5①	50	26,25,21	供游泳比赛和竞技表演用，也可供运动员训练和水球比赛用(要求34m×20m)
跳水池	跳台高度	水深	2	12	供跳水比赛和训练用，也可供竞技表演用
	0.5	≥1.8			
	1.0	≥3.0	17	17	
	3.0	≥3.5			
	5.0	≥3.8	21	21	
	7.5	≥4.5			
	10.0	≥4.8，≥5.0①	25①	25①	
游泳、跳水合建池	同比赛游泳池	同跳水池	50	26,25,21	同比赛池，还可作跳水比赛和训练用
公共游泳池	1.8～2.0	2.0～2.2	50,25	25,21,12.5,10	供群众性成人游泳活动使用，也可做水球比赛用
练习游泳池	≤1.0 1.2 ≥1.07	≤1.5 1.7 ≥1.8	50,33.3,25	25,21	供成年人(包括大学生)初学游泳用，水深≥1.07m者可兼做一般比赛用
儿童游泳池	0.8～0.9	1.1～1.4	平面形状和尺寸根据具体情况和要求由设计定		供儿童(包括中小学生)初学游泳用
幼儿戏水池	0.3	0.5			供学前幼儿熟悉水性和戏水用，可附设水滑梯，喷泉等

注：①为国际比赛标准。

游泳池的水面面积根据实际使用人数计算，普通游泳池约有2/3的入场人数在水中活动，约有1/3在岸上活动或休息。各种游泳池的水面面积指标可按表6-7选用。

表6-7 各种游泳池的水面面积指标

游泳池类别	比赛池	游泳池	游泳、跳水、合建池	公共池	练习池	儿童池	幼儿池	水球池
面积指标(m^2/人)	10	3～5	10	2～5	2～5	2	2	25～42

(2)用水量

①充水和补水

游泳池的初次充水时间,主要受游泳池的使用性质和当地给水条件的制约,作为正式比赛训练用或营业用的游泳池,因其使用性质比较重要,充水时间应短些;对于公共游泳池、学校内使用的游泳池,因其主要作为锻炼身体和娱乐或消夏之用,充水时间可适当长些。如果水源紧张,充水时影响到周围其他单位的正常用水,充水时间宜长一些。充水时间主要以池水因突然发生传染病菌等事故为准,池水泄空后再次充水所需的时间为主要依据。游泳池的初次充水时间一般宜采用24h,最长不宜超过48h。

游泳池运行后补充水量主要用于游泳池水面蒸发损失、排污损失、过滤设备反冲洗排水量,以及游泳者人体在池内挤出去的水面溢流损失等。各种游泳池每天补充水量可按表6-8选用。

表6-8　各种游泳池每天补充水量

游泳池类型和特征	比赛、训练和跳水用游泳池		公共游泳池		儿童游泳池幼儿戏水池
	室内	露天	室内	露天	
占池水容积的百分数(%)	3~5	5~10	5~10	10~15	不小于10

注:对于直流给水系统的游泳池,每小时补充水量不得小于游泳池池水容积的15%。

②其他用水量

游泳池内其他用水量,如运动员淋浴、便器冲洗用水等,可按表6-9计算各项用水量用水定额。

游泳池运行后,每天总用水量应为补充水量和其他用水量之和,但在选择给水设施时还应满足初次充水时的用水要求。

表6-9　游泳池其他用水量用水定额

项　目	单　位	定　额	项　目	单　位	定　额
强制淋浴	L/(人·场)	50	运动员饮用水	L/(人·d)	5
运动员淋浴	L/(人·场)	60	观众饮用水	L/(人·d)	3
入场前淋浴	L/(人·场)	30	大便器冲洗用水	L/(h·个)	30
工作人员用水	L/(人·场)	50	小便器冲洗用水	L/(h·个)	180
绿化和地面洒水	L/(m^2·d)	1.5	消防用水		按消防规范
池岸和更衣室地面冲洗	L/(m^2·d)	1.0			

(3)水质标准

游泳池初次充水和正常使用过程中的补充水水质,应符合现行的《生活饮用水卫生标准》的要求。

游泳池池水与人的皮肤、眼、耳、口、鼻是直接接触的,因此池水水质的好坏直接关系到游泳者的健康。如果水质不卫生,会导致流行性角膜炎、中耳炎、痢疾、伤寒、皮肤病以及其他较严重的疾病迅速传播,从而造成严重后果。因此,游泳池池水水质应符合《人工游泳池水质卫生标准》,见表6-10。

表 6-10　人工游泳池水质卫生标准

序　号	项　目	标　　准
1	pH 值	6.5～8.5
2	浑浊度	不大于 5 度或站在游泳池两岸能看清 1.5m 的池底 4、5 泳道线
3	耗氧量	不超过 6mg/L
4	尿素	不超过 2.5mg/L
5	余氧	游离余氯:0.4～0.6mg/L　化合性余氯:1.0mg/L 以上
6	组菌总数	不超过 1000 个/mg
7	总大肠菌群	不得超过 18 个/L
8	有害物质	参照《工业企业设计卫生标准》(GBZ1—2002)中地面水水质卫生标准执行

注:比赛游泳池池水水质还应符合有关规定。

(4)水温

游泳池的池水温度可根据游泳池的用途按表 6-11 选用。

表 6-11　各类游泳池规定池水温度

游泳池用途	池水温度(℃)	游泳池用途	池水温度(℃)
室内比赛游泳池	24～26	室内儿童游泳池	24～29
室内训练游泳池	25～27	露天游泳池	不宜低于 22
室内跳水游泳池	26～28		

注:旅馆、学校、俱乐部和别墅内附设的游泳池,其池水温度可按训练游泳池水温设计。

3. 循环供水系统的设计计算

(1)循环方式

游泳池池水的循环供水方式是保证池水水质卫生的重要因素,循环供水方式应满足以下基本要求:配水均匀,不出现短流、涡流和死水域以防止局部水水质恶化,有利于池水的全部交换更新;有利于施工安装、运行管理和卫生保持。常用的循环方式有顺流式循环、逆流式循环和混合式循环。

①顺流式循环方式。如图 6-16 所示,这种循环方式为两端对称进水,底部回水,能使各个给水口的流量和流速基本保持一致,有利于防止水波形成涡流和死水域,是目前国内普遍采用的水流组织方法之一。

②逆流式循环方式。如图 6-17 所示,在池底均匀地布置给水口,循环水从池底向上供给,周边溢流回水。这种循环方式具有配水较均匀,底部沉积污物少,有利于去除表面污物的优点,是目前国际泳联推荐的游泳池池水的循环方式,但存在基建投资费用较高的缺点。

③混合式循环方式。如图 6-18 所示,循环水从游泳池底部和两端进水,从两侧溢流回水。这种循环方式具有水流较均匀,池底沉积物少和利于表面排污的优点。

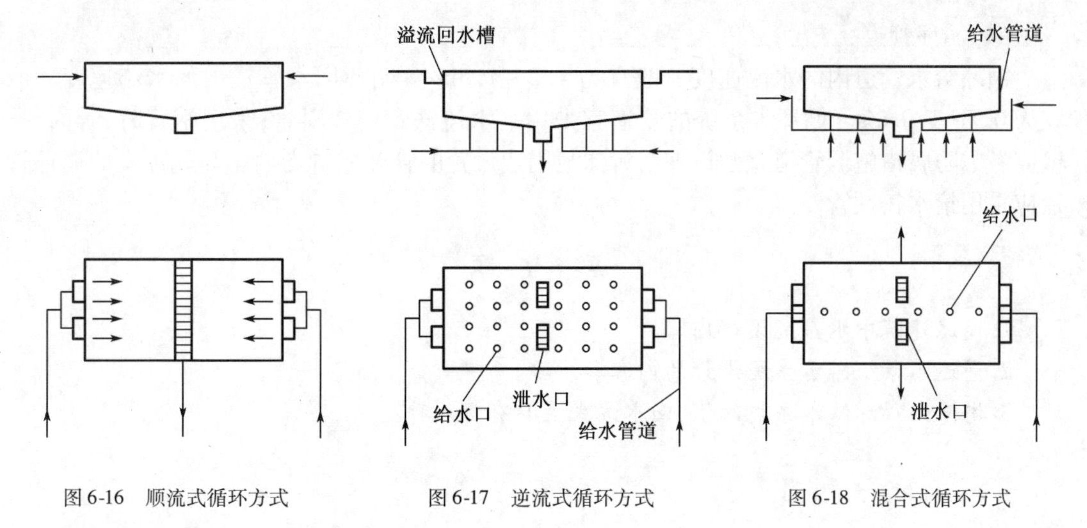

图6-16　顺流式循环方式　　图6-17　逆流式循环方式　　图6-18　混合式循环方式

(2)循环流量

游泳池的循环流量是选用净化处理设备的主要依据,一般按下式计算:

$$Q_x = \alpha \frac{V}{T} \tag{6-2}$$

式中:Q_x——游泳池池水的循环流量,m^3/h;

α——管道和过滤设备水容积附加系数,一般为1.1~1.2;

V——游泳池的水容积,m^3;

T——游泳池水的循环周期,应根据游泳池的使用性质、游泳人数、池水容积、水面面积和池水净化设备运行时间等因素确定,一般可按表6-12选用,如游泳池采用间歇式循环时应按游泳池开放前后将全部池水各循环一次计算。

表6-12　游泳池池水的循环周期

游泳池类别	循环周期 T(h)	循环次数 N(次/d)
比赛池、训练池	6~10	4~2.4
跳水池、私用游泳池	8~12	3~2
公共池	6~8	4~3
跳水、游泳合用池	8~10	3~2.4
儿童池	4~6	6~4
幼儿戏水池	1~2	24~12

(3)循环水泵的选择

循环水泵可采用各种类型的离心清水泵,选择时应符合下列要求。

①对用途不同的游泳池的循环水泵应单独设置,避免各池在不同时使用时造成管理困难。

②水泵出水流量按式(6-2)计算。

③备用水泵宜按过滤设备反冲洗时工作泵与备用泵并联运行确定备用泵的容量。

④设计扬程应根据管路、过滤设备、加热设备等的阻力和安装高度差计算确定。

⑤循环水泵应尽量靠近游泳池,水泵吸水管内的水流速度宜为1.0~1.2m/s;出水管内的水流速度宜为1.5m/s;水泵机组的设置和管道的敷设要考虑减振和降低噪声措施。

(4)循环管道

循环给水管道内的水流速度一般宜为1.2～1.5m/s；循环回水管道内的水流速度一般宜为0.7～1.0m/s。循环水系统的管道宜采用给水铸铁管或塑料管；采用钢管时，管内、外壁应考虑防腐措施。管道宜敷设在沿游泳池周边设置的管廊或管沟内。埋地敷设的循环管道应采用给水铸铁管。

思考题

1. 简述建筑中水系统设计内容。
2. 简述水景给排水系统设计的内容和步骤。
3. 游泳池循环给水系统的供、回水方式主要有哪几种？

第七章　热水供应系统

热水供应是水的加热、储存和输配的总称。热水供应系统主要供给生产、生活、用户洗涤及盥洗用热水，保证用户随时可以得到符合设计要求的水量、水温和水质。

第一节　热水供应系统概述

一、热水供应系统的分类

热水供应系统按其供应范围的大小，分为局部、集中及区域性热水供应系统。

1. 局部热水供应系统

局部热水供应系统的加热设备一般设置在卫生用具的附近或单个房间内。冷水是在厨房炉灶、热水炉、燃气加热器、小型电加热器及小型太阳能热水器等设备中加热，只供给单个或几个配水点使用。

2. 集中热水供应系统

集中热水供应系统供给用水量较大、层数较多的一幢或几幢建筑物所需要的热水。这种供应系统中的热水是由设置于建筑物内部或附近的锅炉房中的锅炉或热交换器加热的，并用管道输送到一幢建筑物或几幢建筑物内供用户使用。例如，医院、旅馆、集体宿舍、宾馆及饭店等建筑常设置集中热水供应系统。

3. 区域性热水供应系统

区域性热水供应系统一般是在城市或工业区有室外热力网的条件下采用的一种系统，每幢使用热水的建筑物可直接从热网取用热水或取用热媒使水加热。

上述三种类型的热水供应系统，以区域性热水供应系统热效率最高，因此，若条件允许，应该优先采用区域性热水供应系统。此外，如有余热或废热可以利用时，则应尽可能利用余热或废热来加热水，以节约能源，保护环境。

二、热水供应系统的组成

比较完整的热水供应系统，通常由下列几部分组成：加热设备——锅炉、炉灶、太阳能热水器、各种热交换器等；热媒管网——蒸汽管或热水管、凝结水管等；热水贮水箱——开式水箱或密闭水箱，热水贮水箱可单独设置也可与加热设备合并；热水输配水管网与循环管网；其他设备和附件——循环水泵、各种器材和仪表、管道伸缩器等。

建筑热水供应系统的选择和组成主要根据建筑物用途、热源情况、热水用水量大小，以及用户对水质、水温及环境的要求等而定。

生活用热水的水温一般为25～60℃，考虑到水加热器到配水点系统中不可避免的热损失，水加热器的出水温度一般不高于75℃，但也不宜过低。水温过高，则管道容易结垢，易发生人体烫伤事故，水温过低则不经济。

生产用热水的用水量定额及水温应根据各种生产工艺的要求确定。

热水供应水质的要求:生产用热水应按生产工艺的不同要求制定;生活用热水水质,除应符合国家现行的《生活饮用水水质标准》要求外,冷水的碳酸盐硬度不应超过5.4~7.2mg/L,以减少管道和设备结垢,提高系统热效率。

三、热水供应系统方式

系统方式是指由工程实践总结出来的多种布置方案。只有掌握了各种热水供应系统方式的优缺点及适用条件,才能根据建筑物对热水供应的要求及热源情况选定合适的系统。按照热水供应范围,系统方式可以分为以下几种。

1.局部热水供应系统

图7-1(a)所示是利用炉灶炉膛余热加热水的供应方式。这种方式适用于单户或单个房间(如卫生所的手术室)需用热水的建筑。其基本组成有加热套筒或盘管、贮水箱及配水管三部分。选用这种方式要求卫生间尽量靠近设有炉灶的房间(如设有炉灶的厨房、开水间等),可使装置及管道紧凑、热效率高。

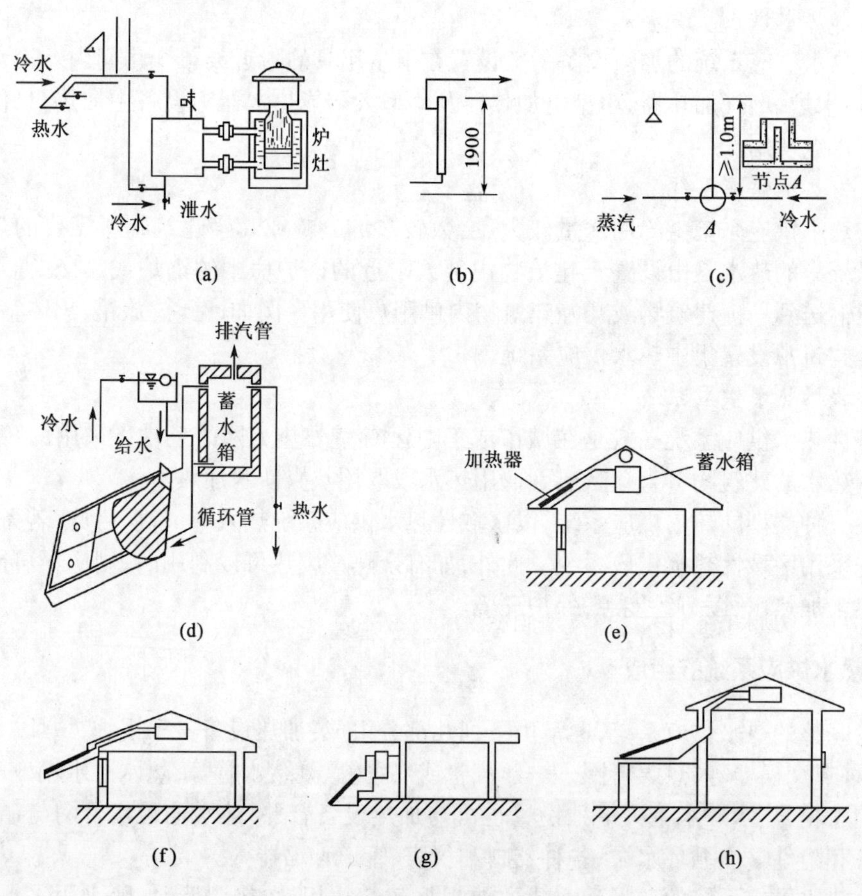

图7-1　局部热水供应方式

(a)锅炉加热;(b)小型单管;(c)点燃加热;(d)管式太阳能热水装置;(e)管式加热器在屋顶;(f)管式加热器充当窗户遮缝;(g)管式加热器在地面上;(h)管式加热器在单层屋顶上

图7-1(b)、图7-1(c)所示为小型单管快速加热和汽水直接混合加热的方式。在室外有蒸汽管道、室内仅有少量卫生器具使用热水时,可以选用这种方式。小型单管快速加热用的

蒸汽可利用高压蒸汽,亦可利用低压蒸汽。采用高压蒸汽时,蒸汽的表压不应超过0.25MPa,以避免发生意外烫伤人体。一定要使用低于0.07MPa的低压锅炉进行混合加热。这两种局部热水供应系统的缺点是调节水温比较困难。

图7-1(d)所示为管式太阳能热水器的热水供应方式。其利用太阳照向地球表面的辐射热,把保温箱内盘管(或排管)中的低温水加热后送到贮水箱(罐),以供使用。这是一种节约燃料、不污染环境的热水供应方式。在冬季日照时间短或阴雨天气时效果较差,需要备有其他热源和设备使水加热。太阳能热水器的管式加热器和热水箱可分别设置在屋顶上或屋顶下,亦可设置在地面上,如图7-1(e)~图7-1(h)所示。

2.集中热水供应系统

图7-2所示为几种集中热水供应方式,其中图7-2(a)为干管下行上给式全循环管网方式。其工作原理为:锅炉生产的蒸汽,经蒸汽管送到水加热器中的盘管(或排管)把冷水加热,从加热器上部引出配水干管把热水输配到用水点。为了保证热水温度而设置热水循环干管和立管。在循环干管(亦称回水管)末端用循环水泵把循环水引回水加热器继续加热,排管中的蒸汽凝结水经凝结水管排至凝结水池。凝结水池中的凝结水用凝结水泵再送至锅炉继续加热使用。有时为了保证系统正常运行和压力稳定,而在系统上部设置给水箱。这时,管网的透气管可以接到水箱上。这种方式一般分为两部分:一部分由锅炉、水加热器、凝结水泵及热媒管道等组成,也称热水供应第一循环系统;输送、分配热水部分由配水管道和循环管道等组成,也称热水供应第二循环系统。第一循环系统的锅炉和加热器在有条件时,最好放在供暖锅炉房内,以便集中管理。第二循环系统上部如果采用给水箱,应当在建筑物最高层上部设计水箱的位置,热水系统的给水箱一般应设置在热水供应中心处,给水箱应有专门房间,亦可以和其他设备如供暖膨胀水箱等设置在同一房间,给水箱的容积应经计算决定。

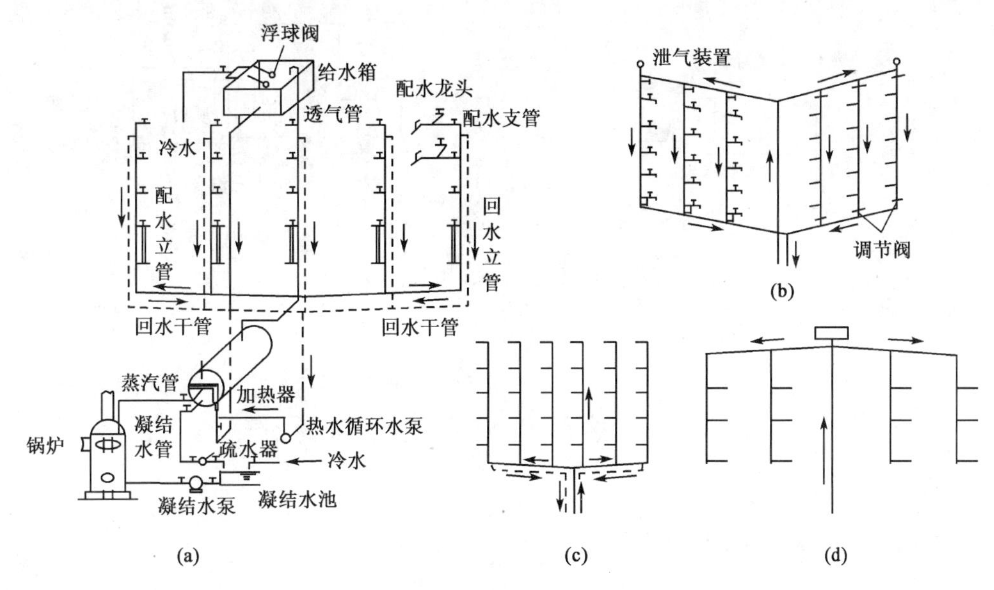

图7-2 集中热水供应方式

(a)下行上给式全循环管网;(b)上行下给式全循环管网;(c)下行上给式半循环管网;(d)上行下给式管网

图7-2(b)所示为干管上行下给式全循环管网方式。这种方式一般适用在5层以上,并且对热水温度的稳定性要求较高的建筑。这种系统因配、回水管高差大,往往可以不设循环水泵而能自然循环(必须经过水力计算)。这种方式的缺点是维护和检修管道不便。

图 7-2(c)所示为干管下行上给式半循环管网方式,其适用于对水温的稳定性要求不高的 5 层以下建筑物,这种方式比下行上给式全循环方式节省管材。

图 7-2(d)所示为不设循环管道的上行式管网方式,其适用于浴室、生产车间等建筑物内。这种方式的优点是节省管材,缺点是每次供应热水前,需要排掉管中冷水。

除上述几种系统方式外,在定时热水供应系统中,也可采用不设循环管的干管下行上给管网方式。

上述集中热水供应方式中,热媒与被加热水不直接混合,在条件允许时,亦可采用热媒与被加热水直接混合或热源直接传热加热冷水,如图 7-3 所示。

图 7-3(a)和图 7-3(b)所示为热水锅炉直接把水加热;图 7-3(c)、图 7-3(d)、图 7-3(e)所示是蒸汽和冷水混合加热,此种方式中加热水箱兼有贮水的作用。被用来和冷水混合加热的蒸汽,不得含有杂质、油质及对人体皮肤有害的物质。这种加热方式的优点是加热迅速、设备容积小,缺点是噪声大、凝结水不能回收,适用于有蒸汽供应的生产车间的生活间或独立的公共浴室。

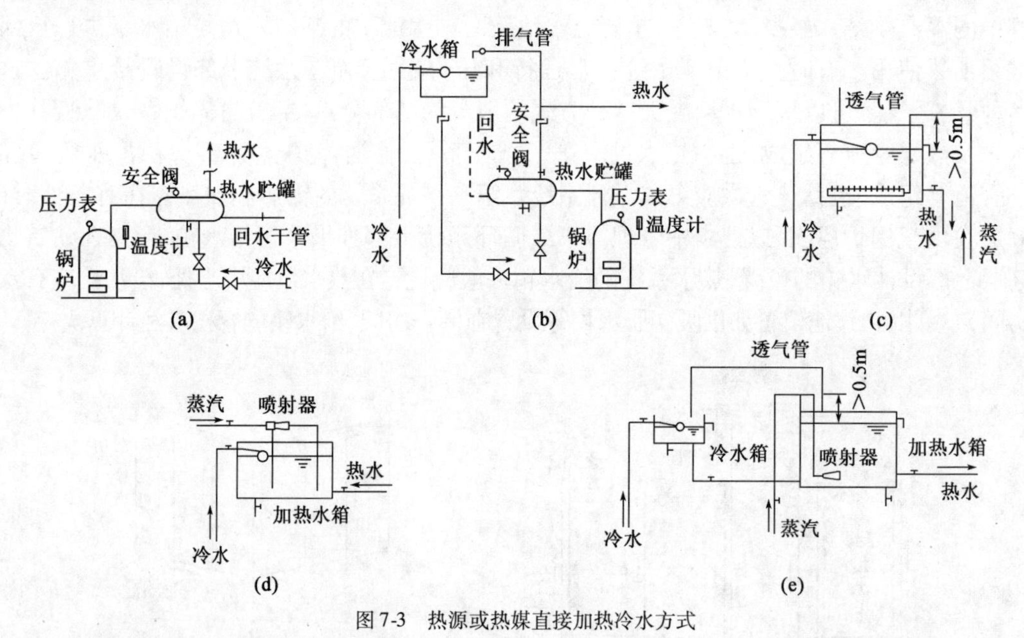

图 7-3　热源或热媒直接加热冷水方式

(a)热水锅炉配贮水罐;(b)冷水箱、热水锅炉配贮水罐;(c)多孔管蒸汽加热;(d)蒸汽喷射器加热(装在箱外);(e)蒸汽喷射器加热(装在箱内)

第二节　热水供应系统计算简介

一、热水用水量定额、水温和水质

1. 热水用水量定额

热水用水量定额根据卫生器具完善程度和地区条件有两种方式可以选择。一种是按热水用水单位所消耗的热水量及其所需水温制定的,如每人每日的热水消耗量及所需水温、洗涤每千克干衣所需的水量及水温等,此种定额按表 7-1 确定;另一种是按照卫生器具一次或一小时热水用水量和所需水温制定的,此种定额按表 7-2 确定。

表 7-1　热水用水定额

序号	建筑物名称	单　位	加热设备出口温度 t_w 对应的最高日用水量(L)				使用时间(h)
			50℃	55℃	60℃	65℃	
1	住宅：						
	有自备热水供应和淋浴设备	每人每日	49~98	44~88	40~80	37~73	24
	有集中热水供应和淋浴设备	每人每日	73~122	66~100	60~100	55~92	24
2	别墅	每人每日	86~134	77~121	70~110	64~101	24
3	单身职工宿舍、学生宿舍、招待所、培训中心、普通旅馆：						24或定时供热
	设公用盥洗室	每人每日	31~94	28~44	25~40	23~37	
	设公用盥洗室、淋浴室	每人每日	49~73	44~88	40~60	37~55	
	设公用盥洗室、淋浴室、洗衣室	每人每日	61~98	55~88	50~80	46~73	
	设单独卫生间、公共洗衣室	每人每日	73~122	66~110	60~100	55~92	
4	宾馆、客房：						
	旅客	每床位每日	147~196	132~176	120~160	110~146	24
	员工	每人每日	49~61	44~55	40~50	37~56	24
5	医院住院部：						
	设公用盥洗室	每床位每日	55~122	50~110	45~100	41~92	24
	设公用盥洗室、淋浴室	每床位每日	73~122	66~110	60~100	55~92	24
	设单独卫生间	每床位每日	134~244	121~220	110~200	101~184	24
	门诊部、诊疗所	每病人每日	9~16	8~14	7~13	6~12	8
	疗养院、休养院	每床位每日	122~196	110~176	110~160	92~146	24
6	养老院	每床位每日	61~86	55~77	50~70	46~64	24
7	幼儿园、托儿所：						
	有住宿	每儿童每日	25~49	22~44	20~40	19~37	24
	无住宿	每儿童每日	12~19	11~17	10~15	9~14	10
8	公共浴池：						
	淋浴	每顾客每日	49~73	44~66	40~60	37~55	12
	沐浴、淋浴	每顾客每日	73~98	66~88	60~80	55~73	12
	桑拿浴(淋浴、按摩浴)	每顾客每日	49~73	44~66	40~60	64~91	12
9	理发室、美容院	每顾客每日	12~19	11~17	10~15	9~14	12
10	洗衣房	每千克干衣	19~37	17~33	15~30	14~28	8
11	餐饮厅：						
	营业餐饮	每顾客每次	19~25	17~22	15~20	14~19	10~12
	快餐厅、职工及学生食堂	每顾客每次	9~12	8~11	7~10	7~9	11
	酒吧、咖啡厅、茶馆、卡拉OK房	每顾客每次	4~9	4~9	3~8	3~8	18
12	办公室	每人每班	6~12	6~11	5~10	5~9	8~10
13	健身中心	每人每次	19~31	17~28	15~25	14~23	12
14	体育场(馆)、运动员淋浴	每人每次	31~43	28~39	25~35	23~24	4
15	会议厅	每座位每次	2~4	2~4	2~3	2~3	4

注：表中所列用水量均已包括在给水用水量标准中。

表 7-2　卫生器具一次和一小时热水用水定额及水温

序号	卫生器具名称	一次用水量(L)	一小时用水量(L)	用水温度(℃)
1	住宅、宾馆、别墅、旅馆:			
	带淋浴器的浴室	150	300	40
	无淋浴器的浴室	125	250	40
	淋浴器	70～100	140～200	37～40
	洗脸盆、盥洗槽水嘴	3	30	30
	洗涤盆(池)	—	180	50
2	集体宿舍、招待所、培训中心淋浴器:			
	有淋浴小间	70～100	210～300	37～40
	无淋浴小间	—	150	37～40
	盥洗槽水嘴	3～5	50～80	30
3	餐饮业:			
	洗涤盆(池)	—	250	50
	洗脸盆:工作人员用	3	60	30
	顾客用	—	120	30
	淋浴器	40	400	37～40
4	幼儿园、托儿所:			
	浴盆:幼儿园	100	400	35
	托儿所	30	120	35
	淋浴器:幼儿园	30	180	35
	托儿所	15	90	35
	盥洗槽水嘴	15	25	30
	洗涤盆(池)	—	180	50
5	医院、疗养院、休养所:			
	洗手盆	—	15～25	35
	洗涤盆(池)	—	300	50
	浴盆	125～150	250～300	40
6	公共浴室:			
	浴盆	125	250	40
	淋浴器:有淋浴小间	100～150	200～300	37～40
	无淋浴小间	—	450～500	37～40
	洗脸盆	5	50～80	35
7	办公室:洗手盆	—	50～100	35
8	理发室、美容院:洗脸盆	—	35	35
9	实验室:			
	洗脸盆	—	60	50
	洗手盆	—	15～25	30

续上表

序号	卫生器具名称	一次用水量(L)	一小时用水量(L)	用水温度(℃)
10	剧场: 淋浴器 演员用洗脸盆	 60 5	 200~400 80	 37~40 35
11	体育场:淋浴器	30	300	35
12	工业生活间: 淋浴器:一般车间 脏车间 洗脸盆盥洗槽水嘴:一般车间 脏车间	 40 60 3 5	 360~540 180~480 90~120 100~150	 37~40 40 30 35
13	净身器	10~15	120~180	30

注:一般车间指现行《工业企业卫生标准》中规定3、4级卫生特征车间,脏车间指该标准中规定1、2级卫生特征的车间。

2. 热水用水水温

(1)冷水计算温度

冷水计算温度应根据当地最冷月平均水温资料确定。当无水温资料时,可以从相关的设计手册中查得各地区的冷水计算温度。

(2)热水供水温度和使用温度

热水供水温度是指热水供应设备出口温度,最低供水温度一般不低于55℃,最高供水温度一般不高于75℃。热水使用温度与用水对象有关,盥洗用为30~35℃,沐浴用为37~40℃,洗涤用约为50℃。

3. 热水用水水质

(1)生活用水热水水质的卫生标准应符合现行《生活饮用水卫生标准》的要求。

(2)生产用水热水水质应根据生产工艺的要求确定。

(3)集中热水供应系统的原水水处理,应根据水质、水量、水温、水加热设备的构造、使用要求等因素经技术经济分析后确定。

二、耗热量、热水量和加热设备供热量的计算

1. 设计小时耗热量的计算

设有集中热水供应系统的居住小区的设计小时耗热量,当公共建筑的最大用水时时段与住宅的最大用水时时段一致时,应按两者的设计小时耗热量叠加计算;当公共建筑的最大用水时时段与住宅的最大用水时时段不一致时,应按住宅的设计小时耗热量加公共建筑的平均小时耗热量叠加计算。

(1)全日供应热水的住宅、别墅、招待所、培训中心、旅馆、宾馆的客房(不含员工)、医院住院部、养老院、幼儿园、托儿所(有住宿)等建筑的集中热水供应系统的设计小时耗热量应按下式计算:

$$Q = K_h m q_h c(t_r - t_l)\rho_r/86400 \tag{7-1}$$

式中:Q——设计小时耗热量,W;

K_h——热水小时变化系数,全日供应热水时可按表7-3、表7-4和表7-5采用;

m——用水计算单位数,人数或床位数;

q_h——热水用水定额，L/(人·d)或L/(床·d)，可按表7-1采用；

c——水的比热容，$c=4187\text{J}/(\text{kg}\cdot℃)$；

t_r——热水温度，$t_r=60℃$；

t_l——冷水温度，℃；

ρ_r——热水密度，kg/L。

生产上需要的设计小时热水供应量，按产品类型、数量及相应的生产工艺和时间确定。

表7-3　住宅、别墅的热水小时变化系数 K_h 值

居住人数 m	≤100	150	200	250	300	500	1000	3000	≥6000
K_h	5.12	4.40	4.13	6.88	6.70	6.28	2.86	2.48	2.34

表7-4　旅馆的热水小时变化系数 K_h 值

床位数 m	≤150	300	450	600	900	≥1200
K_h	6.84	5.61	4.97	4.58	4.19	6.90

表7-5　医院的热水小时变化系数 K_h 值

床位数 m	≤50	75	100	200	300	500	≥1000
K_h	4.55	6.78	6.54	2.93	2.60	2.23	1.95

(2)定时供应热水的住宅、旅馆、医院及工业企业生活间、公共浴室、学校、剧院、体育馆(场)等建筑的集中热水供应系统的设计小时耗热量应按下式计算：

$$Q=\sum q_h c(t_r-t_l)\rho_r N_0 b/3600 \tag{7-2}$$

式中：Q——设计小时耗热量，W；

q_h——卫生器具热水的小时用水定额，L/h，应按表7-2采用；

N_0——同类型卫生器具数；

b——卫生器具的同时使用百分数，按表7-6采用。

表7-6　卫生器具同时使用百分数 b 值

建 筑 物 名 称	卫生器具同时使用百分数 b 值
工业企业生活间、公共浴室、学校、剧院、体育馆(场)等建筑浴室内的淋浴器和洗脸盆	均按100%计
住宅、旅馆、医院、疗养院病房	卫生间内浴盆或淋浴器可按70%~100%计，其他器具不计，但定时连续供水时间应不小于2h
住宅一户带多个卫生间	只按一个卫生间计算

2. 热水量的计算

建筑内集中热水供应系统中的设计小时热水供应量，理论上应根据日用水量小时变化曲线、换热方式、锅炉及换热器的工作制度确定。在无上述资料时可按下式进行计算。

$$Q_r=Q/[1.163c(t_r-t_l)\rho_r] \tag{7-3}$$

式中：Q_r——设计小时热水量，L/h；

其他符号同前。

3. 热媒耗量的计算

(1)蒸汽直接与被加热热水混合加热的蒸汽耗量

$$G=0.001kQ/(h_m-h_r) \tag{7-4}$$

式中：G——蒸汽耗量，kg/s；

k——热媒管道热损失附加系数，$k = 1.05 \sim 1.10$；

h_m——蒸汽比焓，kJ/kg；

h_r——蒸汽与冷水混合后的热水比焓，kJ/kg，$h_r = 4/187t_r$；

t_r——蒸汽与冷水混合后的热水温度，℃。

(2)蒸汽通过传热面间接加热冷水的蒸汽耗量

$$G = 0.001kQ/r \tag{7-5}$$

式中：r——蒸汽的汽化热，kJ/kg。

(3)热媒为高温水通过传热面间接加热冷水的热水耗量

$$G = 0.001kQ/[c(t_{mc} - t_{mz})] \tag{7-6}$$

式中：G——高温水耗热量，kg/s；

t_{mc}——进换热器高温水进口温度，℃；

t_{mz}——出换热器换热后的热媒温度，℃。

由热水热力网供热，应采用供回水的最低温度计算，但热力网供水的初温和被加热水的终温温差不得小于10℃。

三、热水管网水力计算简介

热水管网水力计算是在绘制热水管网平面图和轴测图后进行的，计算的内容：计算热媒管道的管径及相应的压力损失；计算配水管网和循环管网的管径及压力损失；计算和选择锅炉、换热器、贮水罐、循环水泵、疏水阀、安全阀、调压阀、自动温度调节装置和膨胀管补偿器等。

热水管网水力计算包括热媒管网水力计算和配水管网、循环管网的水力计算。

1. 热水配水管网水力计算

从换热器或热水储罐出来的热水进入到各用热水器具之间的管网称配水管网。配水管网的水力计算方法与建筑给水管道的水力计算方法完全相同，如采用设计秒流量公式、卫生器具热水给水额定流量、支管管径和最低工作压力等。主要区别是在选择卫生器具给水额定流量时，应当选择一个阀开的配水龙头，使用“热水管道水力计算表”来计算管道沿程水头损失，另外，热水管道内的水流速度应比冷水小一些，一般不宜大于1.2m/s。

2. 热水循环管网水力计算

从各配水管网出来的部分热水回至换热器或热水储罐之间的管网称循环管网。循环管网流程长，管网较大，为保证循环效果，一般多采用机械循环方式。热水供应方式不同，循环管网的计算内容就不同。

全日热水供应系统机械循环管网计算步骤如下：

(1)确定回水管管径。

(2)计算配水管网各管段的热损失。

(3)计算配水管网总的热损失，将各管段的热损失相加便得到配水管网总的热损失。

(4)计算总循环流量。

(5)计算循环管路各管段通过的循环流量。

(6)复核各管段的终点水温。

(7)计算循环管网的总水头损失(最不利环路的循环压力损失)。

(8)选择循环水泵。

定时循环热水供应系统的循环泵一般在供应热水前半小时开始运转，直到把水加热至规定温度，循环泵即停止工作。因为在定时供应热水的情况下，用水比较集中，所以在供应热水时，不考虑热水循环，循环泵的选择是按1h内循环管网中的水循环次数而定的，一般为2~4次，其上、下限的选择，可依系统的大小和水泵产品情况而定。循环水泵的扬程与全日热水供应系统的计算相同。

自然循环热水管网计算的方法基本上与机械循环方式相同，但应在求出循环管网的总水头损失后，校核一下系统的自然循环压力值是否满足要求。

第三节　热水管网敷设及保温

一、热水管网的敷设

热水管网的敷设与给水管网敷设原则基本相同，一般多为明装，暗装不得埋于地面下，多敷设于地沟内、地下室顶部、建筑物最高层的顶板下或顶棚内、管道设备层内。设于地沟内的热水管应尽量与其他管道同沟敷设，地沟断面尺寸要与同沟敷设的管道统一考虑后确定。热水立管明装时，一般布置于卫生间内，暗装一般设于管道井内。管道穿过墙和楼板时应设套管。穿过卫生间楼板的套管应高出室内地面5~10cm，以避免地面积水从套管渗入下层。配水立管始端与回水立管末端以及多于5个配水龙头的支管始端，均应设置阀门，以便调节和检修。为防止热水倒流或窜流，水加热器或热水罐上、机械循环的回水管上、直接加热混合器的冷热水供水管上，都应装设止回阀。所有热水横管均应有不小于0.003的坡度，便于排水和泄水。为避免热胀冷缩对管件或管道接头的破坏，热水干管应考虑自然补偿管道或装设足够的管道补偿器。

对于上行式配水干管的最高点应根据系统的要求设置排气装置，如自动放气阀、集气罐、排气管或膨胀水箱。管网系统最低点还应设置泄水阀或丝堵，以便检修时排掉系统的积水。下行式回水立管的起端应装在立管最高点以下0.5m处，以使热水中析出的气体不被循环水带回加热器或锅炉中。

热水立管与水平干管的连接方式如图7-4所示，这样可以消除管道受热伸长时的各种影响。

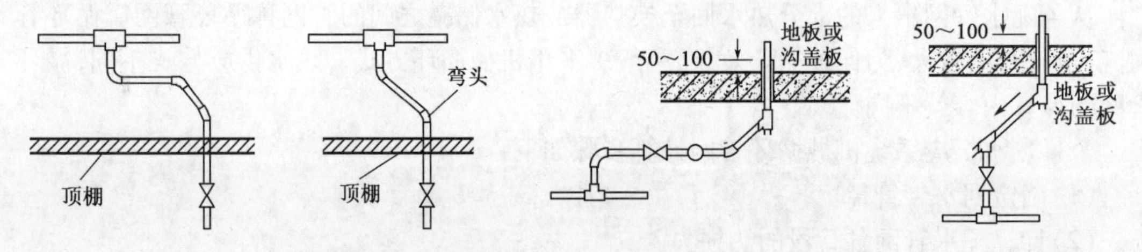

图7-4　热水立管与水平干管的连接方式(尺寸单位:mm)

二、热水供应系统的保温

热水供应系统的水加热设备、贮水罐、热水输(配)水干管、循环回水干(立)管应做保温处理，以减少热量损失。

保温层结构由保温层、防潮层和保护层组成。常用的保温材料有岩棉制品及其管壳、矿渣制品及其管壳、微孔硅酸钙制品及其管壳、超细玻璃棉、硅酸铝制品、珍珠岩制品、泡沫玻璃制品、聚苯乙烯泡沫塑料、聚氨酯泡沫塑料、泡沫石棉制品等;防潮层材料有油毡纸、铝箔、带金属网沥青玛蹄脂、布面涂沥青漆等;保护层材料有不锈钢薄板、布面涂漆、带金属网石棉—水泥抹面等。管道保温层厚度要根据管道中热媒温度、管道保温层外面温度及保温材料性质确定。

第四节　饮 水 供 应

饮水供应有开水、凉开水、冷饮和生水供应之分。每种系统又有集中制备、分散制备和分散制备管道供应系列,在我国,办公楼、旅馆、学校与公寓和军营习惯采用开水供应。大型公共场所、公共建筑工厂热车间采用冷水和生水供应。

一、饮用水定额

室内饮水供应包括开水、凉开水和凉水供应三类。饮用水定额一般按用水单位制定(见表7-7)。开水水温通常按100℃考虑,其水质应符合国家现行《生活饮用水水质标准》的要求。

表7-7　饮用水定额及小时变化系数

建筑物名称	单位	饮用水量标准(L)	小时变化系数k
热车间	每人每班	3~5	1.5
一般车间	每人每班	2~4	1.5
工厂生活间	每人每班	1~2	1.5
办公楼	每人每班	1~2	1.5
集体宿舍	每人每日	1~2	1.5
教学楼	每学生每日	1~2	2.0
医院	每病床每日	2~3	1.5
影剧院	每观众每场	0.2	1.0
招待所、宾馆	每客人每日	2~3	1.5
体育馆(场)	每观众每场	0.2	1.0

注:小时变化系数指开水供应时间内的变化系数。

二、开水制备

根据热源的具体情况,开水供应的开水系统分为分散制备和集中制备两种方式。办公楼、旅馆等建筑内常采用分散制备方式,工厂车间多采用集中制备方式。图7-5所示是利用蒸汽和冷水混合制备开水,采用这种制备方式一定要保证蒸汽质量与水混合后符合饮用水卫生标准。

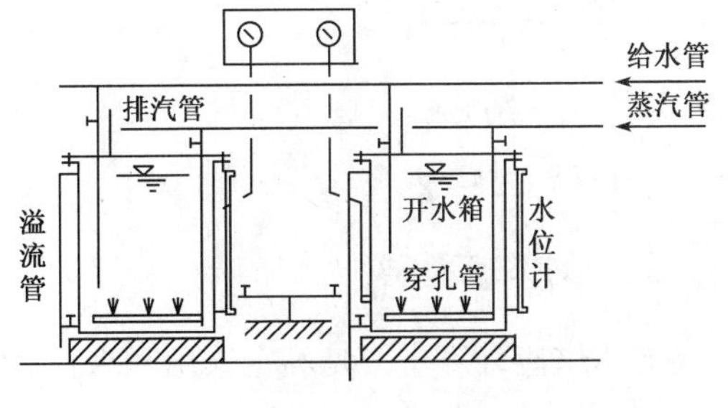

图7-5　蒸汽与冷水混合制备开水

图7-6、图7-7和图7-8所示为间接制备开水方法。其中,图7-6所示是开水器设在楼层

间的间接加热方式。其适用于设有集中锅炉房的机关、学校、工厂等建筑物，优点是使用方便，维护管理简单。图7-7及图7-8所示方法适用于大型饮水站，兼备凉开水。制备饮用冷水一定要保证冷水符合卫生标准，主要措施是过滤和消毒。饮用冷水多用在公共集会场所，如体育馆、车站、大剧院等建筑物。图7-9所示为常用的一种砂滤棒过滤器，起截留微细悬浮体作用。图7-10所示为紫外线消毒饮水系统。过滤和消毒后的冷水，通过饮水器供人们饮用。

开水供应设备应装设在使用方便、不受污染以及易于检修的地方。开水锅炉或开水器均应装设溢水管（直径不小于25mm）、泄水管（直径不小于15mm）、通气管（直径不小于32mm）。这些管道末端出口不得与排水管道直接连接，以保持卫生。

开水管道一般采用明装，并应保温。管道常用镀锌钢管，零件及配件应采用镀锌、镀铬或铜制材料，以防铁锈污染水质。

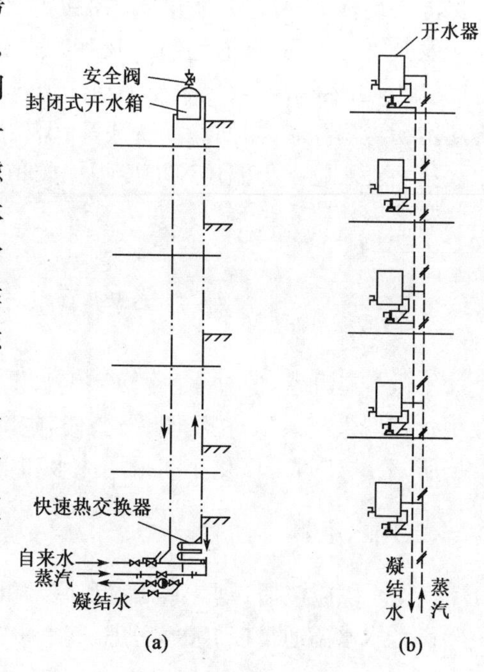

图7-6　楼层间接制备开水方式

（a）联层集中设备开水；（b）每层分散设开水器

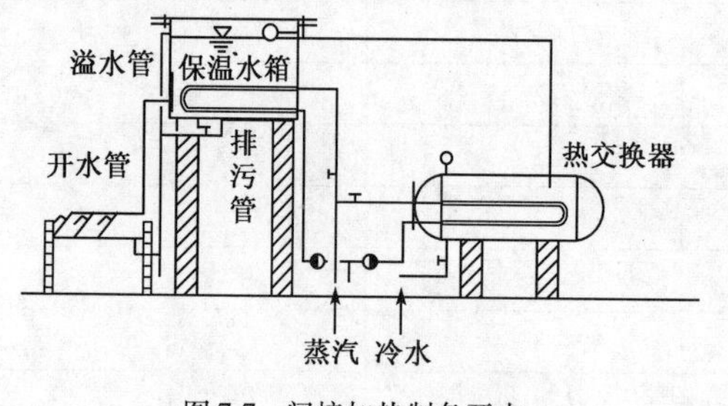

图7-7　间接加热制备开水

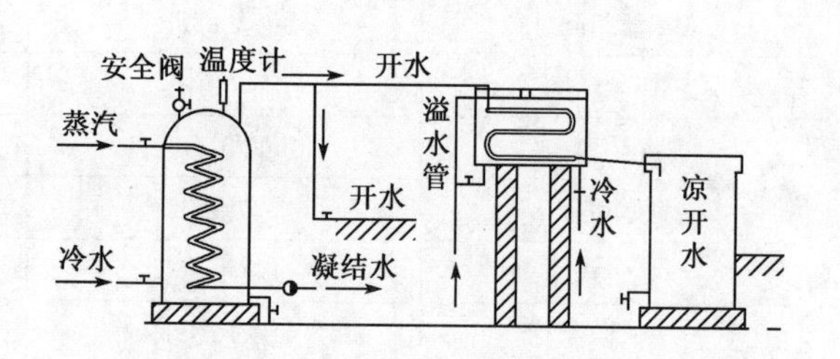

图7-8　间接制备开水同时供应凉开水

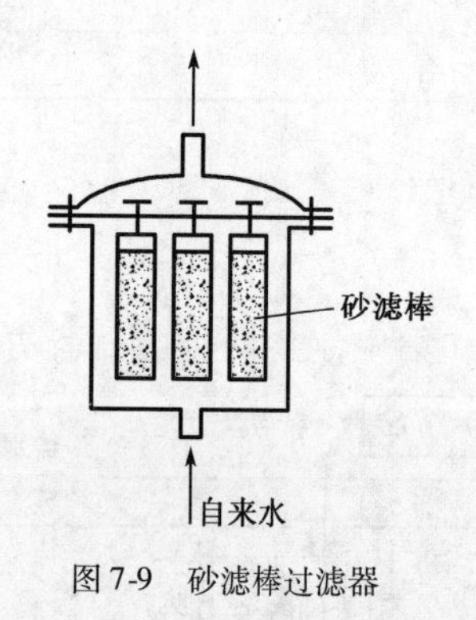

图7-9　砂滤棒过滤器

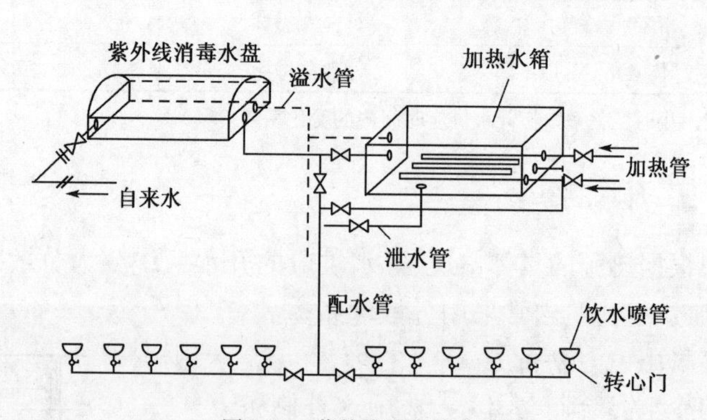

图7-10　紫外线消毒饮水系统

三、开水供应计算

开水供应计算主要是确定饮用开水总量、设计小时耗热量和设计秒流量，然后据此选择开水器、贮水器、开水炉设备以及选定管径，其计算公式如下：

$$Q_x = q_r n \tag{7-7}$$

$$q_{k,max} = kQ_x/T \tag{7-8}$$

式中：Q_x——饮用开水总量，L/d；

q_r——饮用开水量标准，L/(人·d)，按表7-3选用；

n——供应人数；

$q_{k,max}$——设计最大小时饮用开水量，L/h；

k——小时变化系数，按表7-3选用；

T——每日供应开水时间数，h。

思考题

1. 集中热水供应系统的类型有哪些？各种系统的特点和使用条件分别是什么？
2. 热水用水定额有哪几种？各在什么条件下使用？
3. 简述建筑内部热水管道布置和敷设的基本原则和方法。
4. 高层建筑热水供应系统的特点是什么？

第八章　传热及气体射流基本知识

物理学中,热学是采用宏观方法研究热现象的理论。其中,采用观察与实验方法得到的热能性质及其与其他热量转换的规律称为热力学。对于采用相同方法总结得到的热量传递过程规律则称为传热学。本章仅介绍建筑设备工程必需的热量传递的某些知识。在物理学中,热量的传递有三种基本方式,即热传导、热对流和热辐射。但在实际工程中遇到的热传递现象,往往是由两种或三种基本方式同时出现综合组成的传热过程,下面简要介绍这些基本方式和传热过程。

第一节　传热学基本知识

一、传热学的基本概念

凡是有温差的地方,都会发生热量的转移,因此传热是一种普遍现象。按照物体中各点温度是否随时间变化,可将传热分为稳定传热和非稳定传热两种类型。

1. 热

热是由于物体外界温度不同,通过边界而传递的能量,是物体间通过分子运动相传递的能量。给物体加热,实际上就是增加物体分子运动的能量,物体的温度便会升高;反之,使物体散热,减小分子运动的能量,物体的温度便会降低。

热的单位是J(焦耳),1J=1N·m(或0.24cal)。

热分为显热和潜热两种,以温度为特征的热称为显热。例如,每1L水,温度升高1K(1℃)吸收的热量为4200J;降低1K(1℃)放出的热量为4200J。以状态变化为特征的热为潜热,也叫汽化热。例如,1L100℃的水蒸发为100℃蒸汽需要吸收2260kJ的热量。日常生活中水的蒸发过程,也是吸收的潜热。

2. 热力学温度

温度表示物体冷热的程度。热力学温度的单位为K(开尔文),是水三相点热力学温度的1/273.16。在表示温度差和温度间隔时,1K=1℃。热力学温度T与摄氏温度t之间的关系为$T=t+273.15$。

3. 热膨胀

物体受热,长度增长,体积增大,这种物体随温度增加而胀大的现象称为热膨胀。

(1)线膨胀

物体的线膨胀是指温度增加后物体在长度方向的增长。固体物质的温度每改变1℃,其长度的变化和它在0℃时长度之比,称为“线膨胀系数”,用α_L表示。

$$\alpha_L = \frac{L_1 - L_2}{L_1(t_2 - t_1)} \tag{8-1}$$

或

$$L_2 - L_1 = \Delta L = \alpha_L L_1(t_2 - t_1) \tag{8-2}$$

式中：L_1、L_2、ΔL——物体的原长、胀后长及增加长，m；

t_1、t_2——原有温度及升温后的温度，℃或 K；

α_L——线膨胀系数，m/(m·℃)。

(2)体膨胀

物体的体积随温度的升高而胀大称为体膨胀，其膨胀程度用体膨胀系数表示。

$$V_2 = \alpha_V V_1 (t_2 - t_1) \tag{8-3}$$

式中：V_1、V_2——分别为 t_1 及 t_2 时的体积，m^3；

α_V——体膨胀系数；

t_1、t_2——原有温度及升温后的温度，℃或 K。

(3)比热容

物体 1kg 质量、温度升高 1K 所吸收的热量称为比热容。物体吸收的热量与其温度的增加成正比。

$$Q = cm(t_2 - t_1) \tag{8-4}$$

式中：Q——物体的吸热量，J；

c——物体的比热容，J/(kg·K)；

m——物体的质量，kg；

t_1、t_2——物体的初温和终温，℃或 K。

二、传热方式与传热过程

1. 传热方式

物体的传热方式可分为热传导、热对流和热辐射三种。

(1)热传导(导热)

热传导是指温度不同的物体直接接触时，或同一物体内温度不同的相邻部分之间所发生的热传递现象，也称为导热。热能通过导热方式传递，是组成物体的微观粒子运动的结果。在气体中，热传导主要依靠原子、分子的热运动；在液体中，热传导主要依靠弹性波的作用；在固体中，热传导主要依靠晶格振动和自由电子的运动。假设图 8-1 所示为均质平板，其面积为 F，厚度为 δ，板两面温度为由 t_1 降到 t_2，若热导率为 λ，则单位时间通过平板的导热量 Q 与 F 及温差成正比，与板厚 δ 成反比，即：

$$Q = \frac{\lambda F(t_1 - t_2)}{\delta} \tag{8-5}$$

式中：Q——导热量，W；

F——导热面积，m^2；

t_1、t_2——均质平板两面温度，K；

δ——板厚，m；

λ——热导率，W/(m·K)，视材料不同。

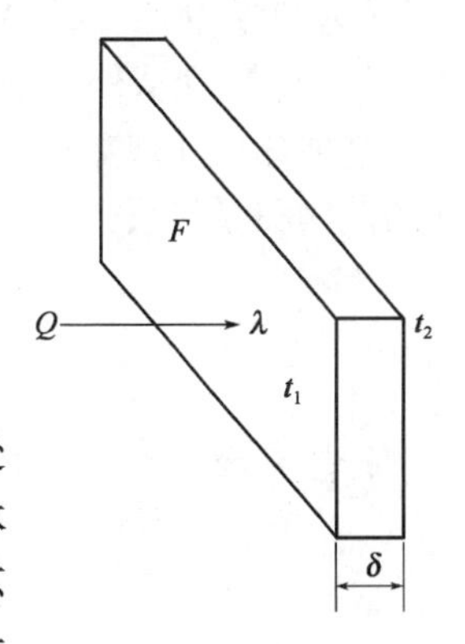

图 8-1　导热平面

(2)热对流

温度不同的流体各部分之间发生相对位移，把热量从高温处带到低温处的热传递现象，称为热对流。热对流只能发生在流体中，与流体的流动有关。由于流体质点位移在改变空间位置时不可避免地要和周围流体相接触，因而发生热对流的同时一定伴有导热存在。

工程上最关心的是流动着的流体与温度不同的壁面接触时,它们之间所发生的热传递现象,例如管内流动的热水与管内壁面间的换热,称之为对流换热。对流换热过程是热对流和导热的综合过程。

对流换热又分为受迫对流换热和自然对流(或自由对流)换热。受迫对流是指流体在外力(如风扇、泵等)的作用下,流过固体表面的运动。自然对流是指与固体相邻的较热(或较冷)的流体内各处温度不同引起密度的不同而产生的循环运动。

对流换热的计算是牛顿在1701年首先提出来的,称为牛顿冷却定律,其方程式为:

$$Q = \alpha F(t_w - t_f) \tag{8-6}$$

$$q = \alpha(t_w - t_f) \tag{8-7}$$

式中:Q——对流换热量,W;

q——单位面积的对流换热量,W/m^2;

t_w、t_f——物体表面和流体的温度,K或℃;

α——表面传热系数,$W/(m^2 \cdot K)$。

(3)热辐射

凡物理温度高于绝对零度,由于物体的热状态促使分子及原子中的电子不间断地振动和激发,其就不间断地转换本身的内热能,并以电磁波(波长主要为0.1~100μm)热射线形式向周围空间辐射能量,当其达到另一物体表面被其吸收时,又重新转换为内热能,这种热射线传播过程称为热辐射。物体的温度愈高,辐射能力愈强。温度相同但物体性质和表面情况不同,辐射能力就不同。热辐射不需要中间媒介,所以可以在真空中进行。

黑体的辐射能在同温度物体中最大,黑体单位时间内发出的辐射热量与其热力学温度的4次方成正比。

$$Q = \alpha_R F T^4 \tag{8-8}$$

式中:Q——黑体辐射热量,W;

F——辐射面积,m^2;

T——黑体的热力学温度,K;

α_R——斯忒藩—玻尔兹曼常量,$\alpha_R = 5.67 \times 10^{-8} W/(m^2 \cdot K^4)$。

2. 传热过程

冬季,室内热量通过墙壁传递至室外的冷空气中,分析其过程如下:

(1)室内热空气流体 t_1 传递热量 Q 于墙壁,此过程为对流作用。

(2)热量 Q 通过壁厚 δ 由热面 τ_1 导热于冷面 τ_2,此过程为导热作用。

(3)热量 Q 从外墙壁散热于冷空气中 t_2,此过程也是对流作用。

这种热传递现象称为传热过程,如图8-2所示。如墙壁面积为 F,墙的热导率为 λ,墙内外的散热和吸热系数分别为 α_1、α_2,则三个环节的热传递量相等,即:

$$Q = \frac{F(t_1 - t_2)}{\dfrac{1}{\alpha_1} + \dfrac{\delta}{\lambda} + \dfrac{1}{\alpha_2}} \tag{8-9}$$

传热系数

$$K = \frac{1}{\dfrac{1}{\alpha_1} + \dfrac{\delta}{\lambda} + \dfrac{1}{\alpha_2}} \tag{8-10}$$

$$Q = KF(t_1 - t_2) \tag{8-11}$$

如墙壁为多层均质材料构成，其传热过程如图 8-3 所示，其热导率和相应厚度分别为 λ_1、λ_2、λ_3…及 δ_1、δ_2、δ_3…，则传热系数 K 值的计算公式为：

$$K = \frac{1}{\frac{1}{\alpha_1} + \sum \frac{\delta_i}{\lambda_i} + \frac{1}{\alpha_2}} \tag{8-12}$$

式中：Q——传递热量，W；

α_1、α_2——吸热及散热系数，W/($m^2 \cdot K$)；

λ_i——第 i 种材料的热导率，W/($m \cdot K$)；

δ_i——第 i 种材料的厚度，m；

K——传热系数，W/($m^2 \cdot K$)。

将式(8-12)改写成：

$$\frac{1}{K} = R = \frac{1}{\alpha_1} + \sum \frac{\delta_i}{\lambda_i} + \frac{1}{\alpha_2} \tag{8-13}$$

式(8-13)中，R 为热阻，其单位是 $m^2 \cdot K/W$，类似于电工学中的电阻。从式(8-13)可以看出，各串联的总热阻等于各环节热阻之和，用其可进行多层传热过程的计算。

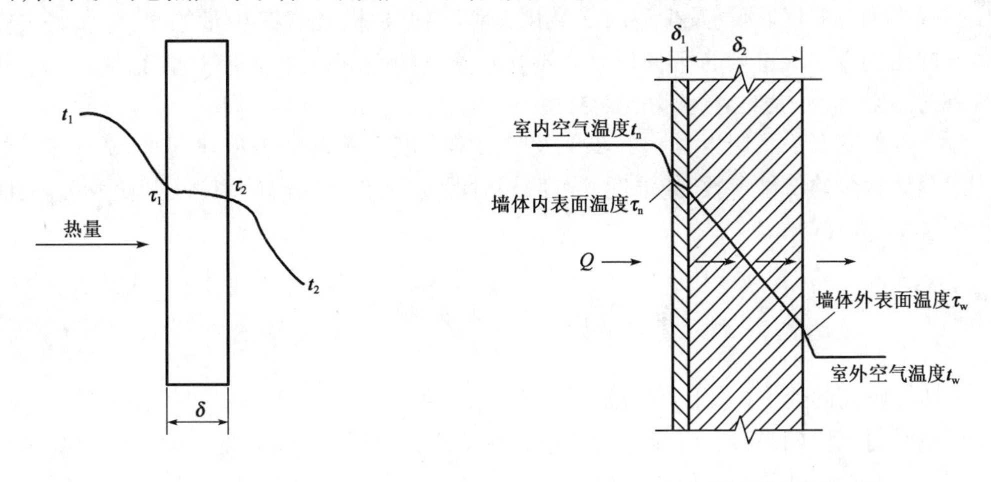

图 8-2　传热过程　　　　图 8-3　通过围护结构的传热过程

3. 热媒的性质

(1)水

水在传热学中的有关性质如下：

①水的压缩性很小，一般情况下可视为不可压缩体，但其膨胀却不可忽视。

②水的比热容为 4.187kJ/(kg·K)，凝结热为 335kJ/kg，汽化热为 2260kJ/kg，热容量很大，因而常被用于供热或冷却的热媒。

③水的沸点在标准大气压下为 100℃，但其随压力的增加而提高，也随含溶解物质的增多而提高。水的冰点随压力的增加而降低。

④水的密度和汽化热随温度的升高而降低。

⑤水的黏滞性随温度的增高而降低，因而摩擦力相应地也减小。

⑥水是优质的溶剂。

(2)蒸汽

蒸汽分为饱和蒸汽和过热蒸汽两种。100℃的水称为饱和水,100℃的蒸汽称为饱和蒸汽,其含有一些雾状的小水滴,这种蒸汽也称为湿饱和蒸汽,若将湿饱和蒸汽再加热,便会成为干饱和蒸汽。将饱和蒸汽再加热,并保持一定的压力,便会形成过热蒸汽。

饱和水加热转化为饱和蒸汽,需要吸取汽化热2260kJ/kg,凝结为饱和水时放出同样的热量。

$$q = h_1 - h_2 \tag{8-14}$$

式中:q——每kg蒸汽凝结时的放热量;

h_1——进入散射设备的蒸汽的比焓;

h_2——流出凝结水的比焓。

当进入散热设备为饱和蒸汽,而流出散热设备为饱和水时,则式(8-14)转化为:

$$q = r \tag{8-15}$$

式中:r——汽化热。

蒸汽的比热容比热水大很多。蒸汽的状态参数是表现其在热力学特性方面的物理量,有温度t、比热容或密度ρ、压力p、汽化热r等。蒸汽的热惰性较小。

(3)空气

空气中含有氮气、氧气及少量的二氧化碳和其他气体,还含有少量的水蒸气,其中氮气和氧气的比例占空气总量的98%以上。不含水蒸气的空气称为干空气,含有少量水蒸气的空气称为湿空气,一般的空气都是湿空气。

湿空气的状态除了用压力p、容积V及热力学温度T等参数表示外,还需要有标志湿空气中水蒸气含量的特性参数,如温度、湿度、相对湿度、含湿量、湿球温度及其比焓等。此外,还需了解空气焓湿图。

第二节　气体射流简介

流体以较高的速度(属于紊流流态)经孔口、管嘴或条缝向无限空间的静止气体喷射称为无限空间射流。如果喷射到流动的流体中称为伴随射流,而喷射到有限空间中则称为受限射流。它们的流动特征是射流流体与周围流体相互作用形成射流边界层,边界层的发展变化就构成了射流运动,如图8-4所示。在有限空间中,由于受固体边壁的影响,导致边界层发展受到限制,于是便形成了受限射流的特殊运动规律。

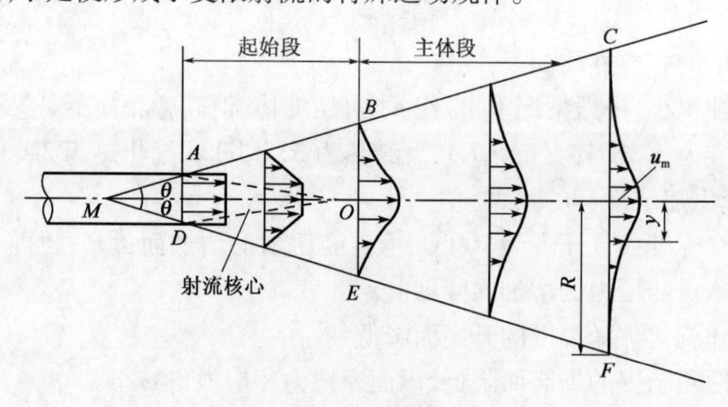

图8-4　气体射流

在通风空调工程中,如空气淋浴、送风口等,都广泛应用到射流原理,下面对气体紊流射流作简单的介绍。

一、无限空间紊流射流的特征

图 8-4 所示为一出口速度为 v_0 的射流,由于紊流的横向混掺,与周围气体产生了动量交换、热量变换、浓度交换(具有温差、浓差时),从而把周围静止气体的质量卷吸到射流中去,形成了以 *AO*、*DO* 为内边界,以 *ABC*、*DEF* 为外边界的射流边界层。

随着横向动量交换,周围静止气体的质量不断地被卷吸,所以边界层厚度不断增大,图 8-4 中所示 *AOD* 不受外界空气的掺混影响,流速保持出口速度 v_0 的部分称为射流核心。射流核心消失的界面 *BOE* 称为过渡断面,就整个射流来说,射流过渡断面以前被称为射流起始段,射流过渡断面以后被称为主体段。

实验表明,射流的边界是直线扩散的圆锥面。圆锥的顶点 *M* 称为射流极点,圆锥的半顶角 θ 称为射流扩散角,θ 可用下式计算:

$$\tan\theta = \alpha\varphi \tag{8-16}$$

式中:θ——射流扩散角;

α——紊流系数,它是反映喷嘴速度不均匀程度的因子,由实验测定,计算时可参考表 8-1;

φ——射流喷口的形状参数,圆断面射流:$\varphi = 3.4$,平均射流:$\varphi = 2.44$。

表 8-1　紊 流 系 数

喷 嘴 种 类	α	喷 嘴 种 类	α
带有收缩口的光滑卷边喷管	0.066	巴吐林喷管(有导风板)	0.12
圆柱形喷管	0.080	轴流风机(有导风板)	0.16
带有导风板或栅栏的喷管	0.090	轴流风机(两侧有网)	0.20
方形喷管	0.10	锐缘平面壁夹缝喷口	0.10

射流各断面的流速分布如图 8-4 所示,其说明了由于紊流混掺作用,射流流量沿程不断增加,射流轴线流速沿程不断减小,断面流速分布沿轴线至边界由最大减小至零。若将各断面实验资料以无因次流速 u/u_m(u_m 为任意断面的轴心流速)和无因次距离(y/R)作为坐标来整理,那么边界层各断面的流速分布曲线都重合在一起,成为一条统一的无因次流速分布曲线。这一特点称为射流边界层断面流速分布相似性。主体段的半经验公式为:

$$\frac{u}{u_m} = \left[1 - \left(\frac{y}{R}\right)^{1.5}\right]^2 \tag{8-17}$$

式中:y——横断面上任意点至轴心距离;

R——该断面射流半径;

u——y 点处的速度;

u_m——该断面的轴心速度。

实验还表明:射流中任意点上的压强均等于周围静止气体的压强。因此,单位时间内通过射流各断面的动量相等。

二、有限空间射流

在通风空调工程中,射流送风是在有限空间中进行的,如果房间围护结构(墙、顶棚、地面)限制了射流扩散,那么此时无限空间射流的规律不再适用,必须研究受限后的射流运动规律。目前有限空间射流理论尚不完善,多是根据实验数据整理的近似公式或无因次曲线应用于设计计算中。现只对有限空间射流结构特征作简单介绍。

图 8-5 所示为有限空间射流结构,由于边壁限制了射流边界层的发展,射流半径及流量不是一直增加,而是增大到一定程度后逐渐减小,使其边界线呈橄榄形。橄榄形的边界外部与固体边壁间形成与射流方向相反的回流区,于是流线呈闭合状,这些闭合流线环绕的中心,就是射流与回流共同形成的旋涡中心 C。

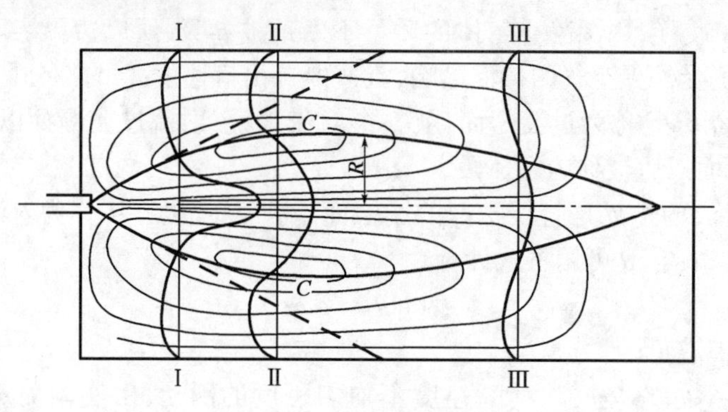

图 8-5　有限空间射流结构

射流出口至断面 Ⅰ—Ⅰ,因为固体边壁尚未妨碍射流边界层的扩散,所以各运动参数所遵循的规律与无限空间射流一样,称 Ⅰ—Ⅰ 为第一临界断面。

从 Ⅰ—Ⅰ 断面开始,射流边界层扩散受到影响,射流卷吸周围气体的作用减弱,因而射流半径和流量的增加速率逐渐减慢;与此同时,射流中心速度减小的速率也变慢。但总的趋势还是半径增大,流量增加。达到 Ⅱ—Ⅱ 断面,即包含旋涡中心的断面时,射流各运动参数发生了根本转折。射流流线开始越出边界,产生回流,射流主体流量开始沿程减少,仅在此断面上射流主体流量为最大,称 Ⅱ—Ⅱ 为第二临界断面。

由实验得知:Ⅱ—Ⅱ 断面处回流的平均流速、回流流量都为最大,而射流半径则在 Ⅱ—Ⅱ 断面稍后一点达到最大值。从 Ⅱ—Ⅱ 断面以后,射流主体流量、回流流量、回流平均流速都逐渐减小。

射流结构与喷嘴安装的位置有关,例如,喷嘴安装在房间高度、宽度的中央处,射流结构上下对称,左右对称,射流主体呈橄榄体,四周为回流区。但实际送风多将喷嘴靠近顶棚安置,如安置在 $0.7H$(H 为房间高度)以上,即 $h \geqslant 0.7H$ 时,射流将贴附于顶棚上,回流区全部集中在射流的下部与地板间。这种现象称为贴附射流。这是由于靠近顶棚处流速大,静压小,而射流下部流速小,静压大,在压差的作用下射流贴附在顶棚上,贴附射流完全可以看作完整射流的一半,其规律与完整射流相同。

思 考 题

1. 物体的传热方式有哪几种? 如何计算传热量?
2. 简述室内外热量传递的过程。
3. 气体射流的特点是什么?

第九章 供 暖

供暖就是用人工方法向室内供给热量，使室内保持一定温度，以创造适宜的生活条件或工作条件的技术。供暖系统通常由热媒制备（热源）、热媒输送（热网）和热媒利用（散热设备）三个主要部分组成。热媒是热能的载体，工程上指传递热能的媒介物；热源是供暖热媒的来源或能从中吸取热量的任何物质、装置或天然能源；散热设备是把热媒的部分热量传递给室内空气的末端放热装置。

第一节 供暖方式、热媒及系统分类

1. 供暖方式

（1）集中式供暖与分散式供暖

集中式供暖指将热源和散热设备分别设置，用热媒管道相连，由热源向各个房间或各个建筑物供给热量的供暖方式。分散式供暖指热源、热媒输送和散热设备在构造上合为一体的就地供暖方式，如火炉、火墙和火炕等。

（2）全面供暖与局部供暖

全面供暖指为使整个供暖房间保持一定温度要求而设置的供暖方式。局部供暖指为使室内局部区域或局部工作地点保持一定温度而设置的供暖方式。

（3）连续供暖与间歇供暖

连续供暖指对于全天使用的建筑物，使其室内平均温度全天均能达到设计温度的供暖方式。间歇供暖指对于非全天使用的建筑物，仅在使用时间内使室内平均温度达到设计温度，而在非使用时间内可自然降温的供暖方式。

（4）值班供暖

在非工作时间或中断使用的时间内，为使建筑物保持最低室温而设置的供暖方式。值班供暖室温一般为5℃。

2. 供暖方式的选择

供暖方式应根据建筑物规模、所在地区气象条件、能源状况、能源政策、环保等要求，通过技术经济比较等方式确定。

（1）累年日平均温度低于或等于5℃的天数大于或等于90天的地区，宜采用集中式供暖系统。

（2）累年日平均温度稳定低于或等于5℃的天数为60～89天或不足60天，但平均温度稳定低于或等于8℃的天数大于或等于75天的地区，其幼儿院、养老院、学校、医疗机构等建筑宜采用集中式供暖系统。

（3）设置供暖的公共建筑和工业建筑，当其位于严寒地区或寒冷地区，且在非工作时间或中断使用的时间内，室内温度必须保持在0℃以上，当利用房间蓄热量不能满足要求时，应按5℃的要求设置值班供暖。当工艺或使用条件有特殊要求时，可根据需要另行确定值班供暖所需维持的室内温度。

(4)设置供暖的工业建筑,如工艺对室内温度无特殊要求,且每名工人占用的建筑面积超过$10m^2$时,为提高供暖效率,节约能源,通常不宜设置全面供暖,应在固定工作地点设置局部供暖。当工作地点不固定时,可设置取暖室。

3. 集中式供暖的热媒及其选择

集中式供暖系统的常用热媒(也称为热介质)是热水和蒸汽,民用建筑通常采用热水作为热媒。工业建筑的厂区只有供暖用热或以供暖用热为主时,宜采用高温水作为热媒;当厂区供热以工艺用蒸汽为主时,在不违反卫生、技术和节能要求的条件下,可采用蒸汽作为热媒。利用余热或天然热源供暖时,供暖热媒及其参数可根据具体情况确定。

4. 供暖系统的分类

(1)按供暖系统使用热媒分类

按供暖系统使用热媒不同,可将其分为热水供暖系统和蒸汽供暖系统两种。以热水做热媒的供暖系统,称为热水供暖系统;以蒸汽做热媒的供暖系统,称为蒸汽供暖系统。

(2)按散热设备分类

按供暖系统中使用的散热设备不同,可将其分为散热器供暖系统和热风供暖系统两种。以各种对流散热器或辐射对流散热器作为室内散热设备的热水或蒸汽供暖系统,称为散热器供暖系统。对流散热器是指全部或主要靠对流传热方式而使周围空气受热的散热器;辐射对流散热器是指以辐射传热为主的散热设备。以热空气作为传热媒介的供暖系统,称为热风供暖系统,一般指用暖风机、空气加热器等散热设备将室内循环空气加热或与室外空气混合再加热,向室内供给热量的供暖系统。

(3)按散热方式分类

按供暖系统中散热方式的不同,将其分为对流供暖系统和辐射供暖系统两种。利用对流换热或以对流换热为主散热给室内的供暖系统,称为对流供暖系统。广泛应用的散热器供暖系统、热风供暖系统都是典型的以对流散热为主的对流供暖系统。以辐射传热为主散热给室内的供暖系统,称为辐射供暖系统。利用建筑物内部顶棚、地板(如低温热水地板辐射供暖)、墙壁或其他表面(如金属辐射板)作为辐射散热面进行供暖是典型的辐射供暖系统。

第二节　室内供暖系统形式

一、室内热水供暖系统

以热水为热媒的供暖系统,称为热水供暖系统。从卫生条件和节能等因素考虑,民用建筑应采用热水作为热媒。热水供暖系统也用在生产厂房及其辅助建筑中。

室内热水供暖系统是由供暖系统末端装置及其连接的管道系统组成,从观察与思考问题的角度,可按下述方法对其进行分类:

(1)按系统中水的循环动力分类

根据系统中水的循环动力的不同,可将热水供暖系统分为重力(自然)循环系统和机械循环系统两种。以供回水密度差作为循环动力的系统,称为重力(自然)循环系统;靠机械(水泵)力强制水进行循环的系统,称为机械循环系统。

(2)按供、回水方式分类

根据供、回水方式的不同,可将热水供暖系统分为上供下回式(图 9-1,图 9-2)、下供下回式(图 9-3)、中供式(图 9-4)、下供上回式(图 9-5)和混合式系统(图 9-6)五种。

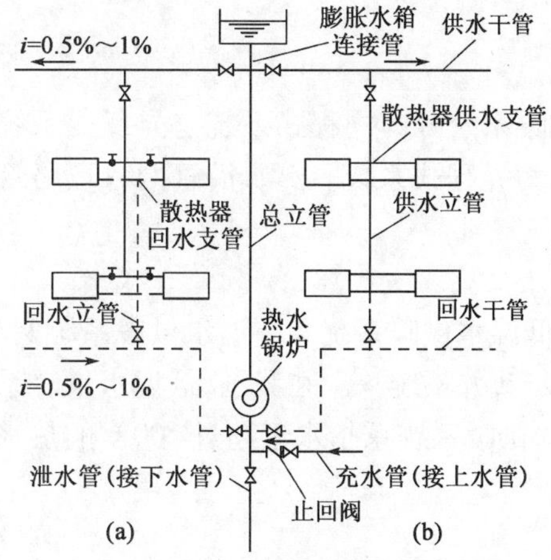

图 9-1 重力循环热水供暖系统常用形式示意图

(a)双管上供下回式;(b)单管顺流式

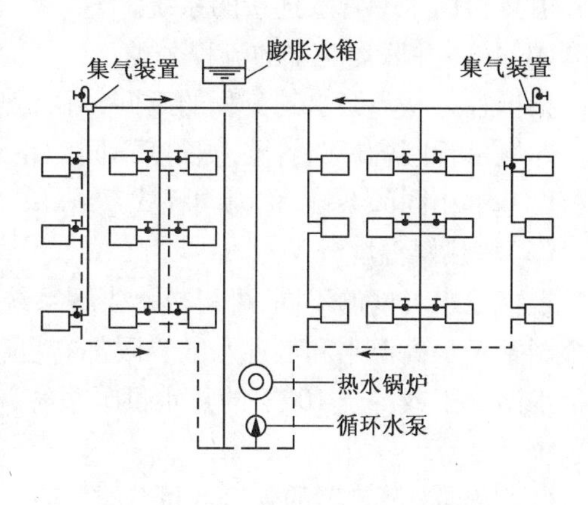

图 9-2 机械循环上供下回式热水供暖系统示意图

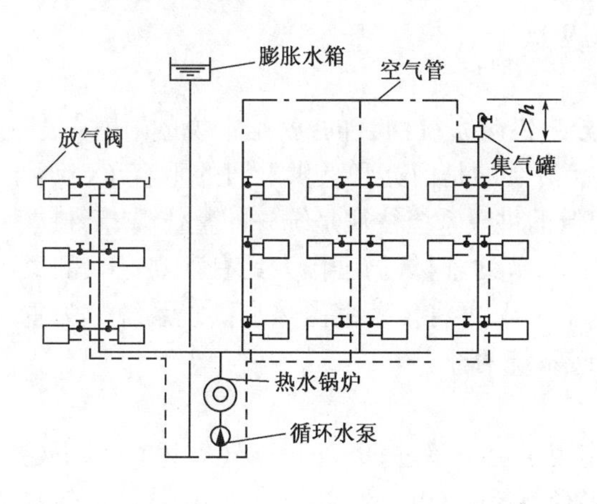

图 9-3 机械循环下供下回式热水供暖系统示意图

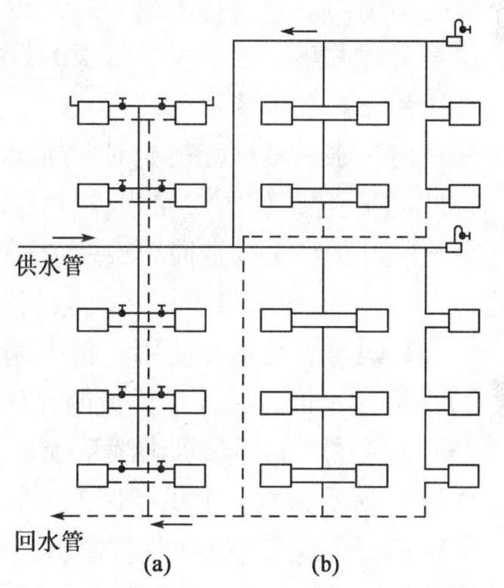

图 9-4 机械循环中供式热水供暖系统示意图

(a)上部系统:下供下回式双管系统;下部系统:上供下回式双管系统;(b)上、下部系统:均为上供下回式单管系统

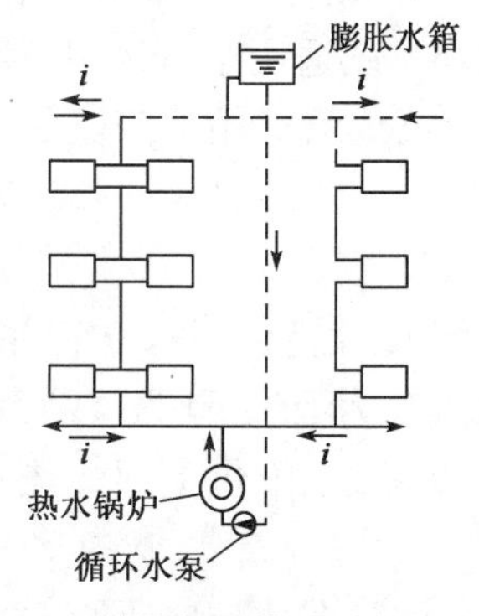

图 9-5 机械循环下供上回式(倒流式)热水供暖系统示意图

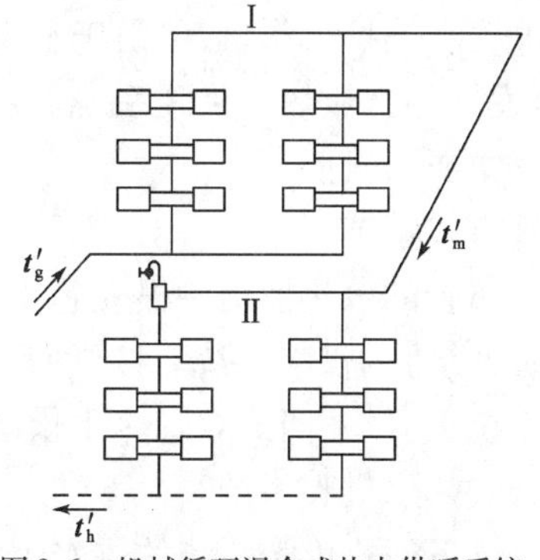

图 9-6 机械循环混合式热水供暖系统示意图

(3)按系统管道敷设方式分类

根据系统管道敷设方式的不同,可将热水供暖系统分为垂直式和水平式两种。垂直式供暖系统系指不同楼层的各散热器用垂直立管连接的系统,水平式供暖系统系指同一楼层的各散热器用水平管线连接的系统。

(4)按各并联环路水的流程分类

根据各并联环路水的流程的不同,可将热水供暖系统分为同程式系统与异程式系统两种。热媒沿管网各环路管路总长度不同的系统,称为异程式系统。热媒沿管网各环路管路总长度基本相同的系统,称为同程式系统。

(5)按热媒温度分类

根据热媒温度的不同,可将热水供暖系统分为低温水供暖系统和高温水供暖系统两种。各个国家对于高温水和低温水的界限都有自己的规定,并不统一。在我国,低温水供暖系统系指水温低于或等于100℃的热水供暖系统,高温水供暖系统系指水温超过100℃的热水供暖系统。

(6)按连接散热器的管道数量分类

根据连接散热器的管道数量不同,可将热水供暖系统分为双管系统和单管系统两种。双管系统是指用两根管道将多组散热器相互并联起来的系统[图9-1(a)],单管系统是指用一根管道将多组散热器依次串联起来的系统[图9-1(b)]。

1. 传统室内热水供暖系统

传统室内热水供暖系统是相对于新出现的分户供暖系统而言的,就是常说的"大采暖"系统,通常以整幢建筑作为对象来设计供暖系统,沿袭的是前苏联上供下回的垂直单、双管顺流式系统。其优点是构造简单;缺点是整幢建筑的供暖系统往往是统一的整体,缺乏独立调节能力,不利于节能与自主用热。但其结构简单,节约管材,仍可作为具有独立产权的民用建筑与公共建筑供暖系统使用。根据循环动力不同,可将传统室内热水供暖系统分为重力(自然)循环热水供暖系统和机械循环热水供暖系统两种。

(1)重力(自然)循环热水供暖系统

图9-1(a)所示为双管上供下回式,适用于作用半径不超过50m的三层(≤10m)以下建筑。图9-1(b)所示为单管顺流式,适用于作用半径不超过50m的多层建筑。自然循环热水供暖系统的特点是作用压力小、管径大、系统简单、不消耗电能。

(2)机械循环热水供暖系统

机械循环热水供暖系统靠水泵的机械能提供动力,使水在系统中强制循环,增加了系统的运行电费和维护工作量,但由于水泵作用压力大,机械循环系统适用于单幢建筑和多幢建筑,甚至发展为区域热水供暖系统。机械循环热水供暖系统已成为应用最广泛的一种供暖系统。其主要形式如下:

①垂直式系统

竖向布置的散热器沿一根立管串接(垂直单管供暖系统)或沿供、回水立管并接(垂直双管供暖系统)的供暖系统。按供回水干管位置不同,可将其分为上供下回式双管和单管热水供暖系统、下供下回式双管热水供暖系统、中供式热水供暖系统、下供上回式热水供暖系统和混合式热水供暖系统。

a. 上供下回式供暖系统的供水干管在建筑物上部,回水干管在建筑物下部。上供下回双管供暖系统(图9-2),适用于四层及四层以下不设分户计量的多层建筑;上供下回单管供暖系统(图9-2),适用于不设分户计量的多层和高层建筑。上供下回式系统管道布置合理,是最常用的一种布置形式。下供下回式供暖系统的供水和回水干管都敷设在底层散热器下面(图9-3)。在设有地下室的建筑物,或在平屋顶建筑顶棚下难以布置供水干管的场合,常采用下供下回式系统。下供下回式系统一定程度上缓和了上供下回式双管系统垂直失调的现象。

b.中供式供暖系统的水平供水干管敷设在系统的中部。下部系统呈上供下回式,上部系统可采用下供下回式(双管),如图9-4(a)所示,也可以采用上供下回式(单管),如图9-4(b)所示。中供式供暖系统可以避免由于顶层窗户的不合理布置而带来的麻烦,并缓和了上供下回式楼层过多,易出现垂直失调的现象,但上部系统要增加排气装置。

c.下供上回式(倒流式)供暖系统的供水。干管设在下部,回水干管设在上部,顶部还设置有顺流式膨胀水箱(图9-5)。倒流式系统中,水在系统内的流动方向是自下而上,与空气流动方向一致。可通过顺流式膨胀水箱排除空气,无须设置集气罐等排气装置。而且由于底层供水温度高,对于热损失大的底层房间,所需散热器面积减小,便于布置。当采用高温水供暖时,由于供水干管设在底层,可降低防止高温水汽化所需的水箱标高,减少布置高架水箱的困难。但下供上回式系统散热器的传热系数远低于上供下回式系统,因此在相同的立管供水温度下,散热器的面积要比上供下回顺流式系统的面积大。

混合式系统是由下供上回(倒流式)和上供下回两组系统串联组成的系统(图9-6),由于两组系统串联,系统压力损失大些。这种系统一般用在连接高温热水网路上的卫生条件要求不高的民用建筑或生产厂房中。

②水平式系统

根据供水管与散热器的连接方式,可将水平式系统分为顺流式(图9-7)和跨越式(图9-8)两类。水平式系统的排气方式要比垂直式上供下回系统复杂些,需要在散热器上设置冷风阀分散排气,或在同一层散热器上部串联一根空气管集中排气。适用于单层建筑或不能敷设立管的多层建筑。水平式系统的总造价一般比垂直式系统低;管路简单,无穿过各层楼板的立管,施工方便;可利用最高层的辅助间(如楼梯间、厕所等)架设膨胀水箱,不必在顶棚上专设安装膨胀水箱的房间,不仅降低了建筑造价,还不影响建筑物外形美观。对一些各层有不同使用功能或不同温度要求的建筑物,采用水平式系统,更便于分层管理和调节。水平式系统还适用住宅建筑室内供暖分户计量热量的系统。

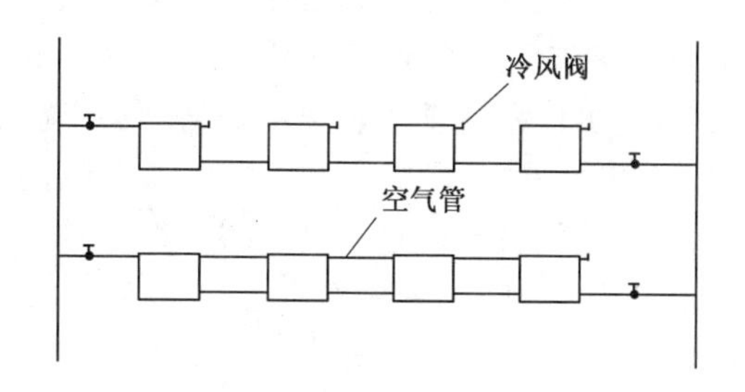

图9-7 单管水平串联方式示意图

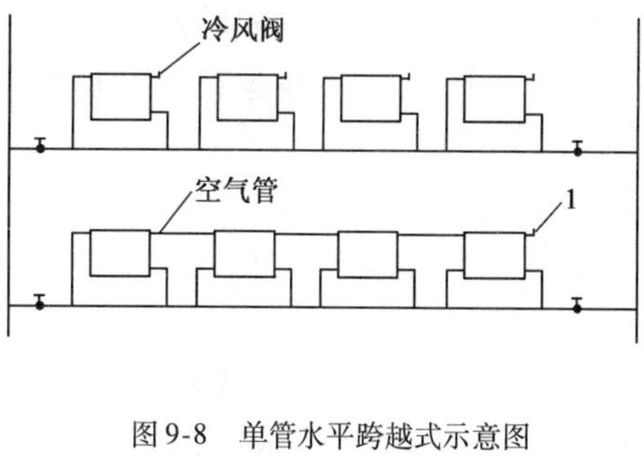

图9-8 单管水平跨越式示意图

③高层建筑热水供暖系统

由于高层建筑热水供暖系统的水静压力较大,因此,其与室外热网连接时,应根据散热器的承压能力、外网的压力状况等因素,确定系统的形式及其连接方式。

a. 分区式供暖系统。垂直方向分成两个或两个以上的独立系统称为分区式供暖系统。下区系统通常与室外网路直接连接。其高度主要取决于室外管网的压力状况和散热器的承压能力。上区系统与外网采用隔绝连接(图9-9),利用水加热器使上区系统的压力与室外网路的压力隔绝。当外网供水温度较低,使用热交换器所需加热面积较大且经济上不合理时,可考虑采用双水箱分区式供暖系统(图9-10)。

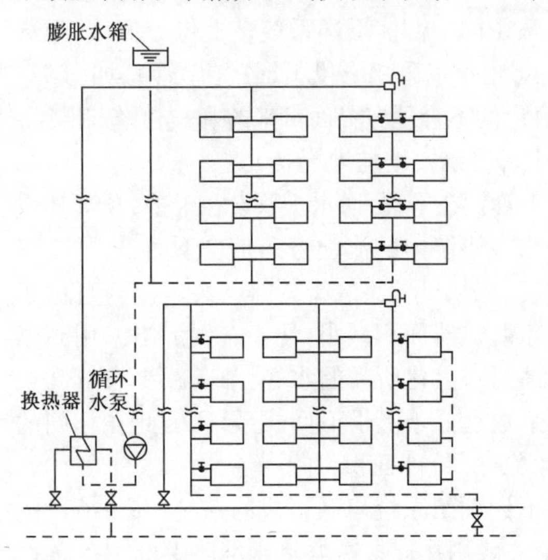

图9-9 分区式热水供暖系统示意图

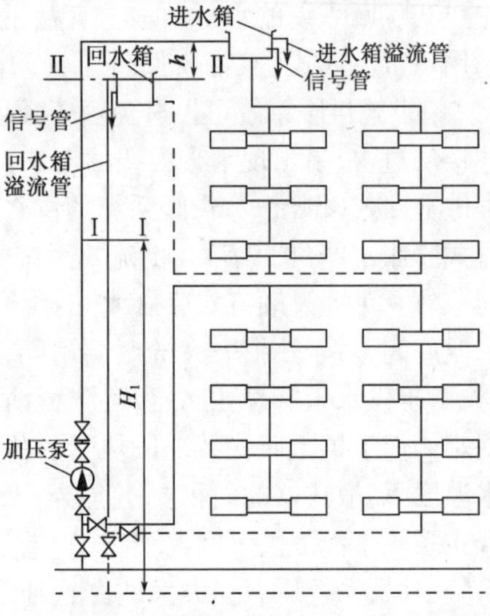

图9-10 双水箱分区式热水供暖系统示意图

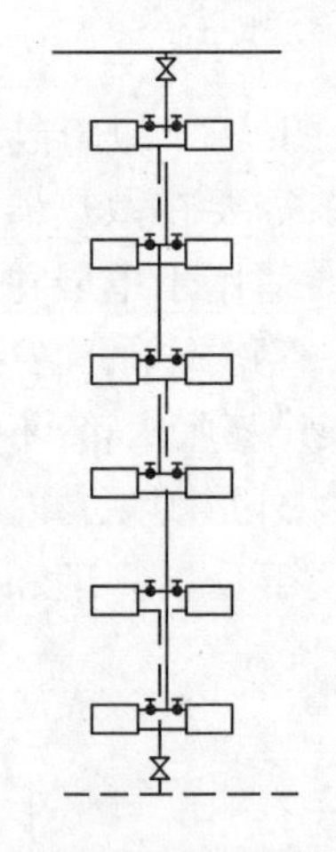

图9-11 单、双管混合式系统示意图

b. 单、双管混合系统。将散热器沿垂直方向分成若干组,每组内采用双管系统形式,组与组之间则用单管连接,这就组成了单、双管混合式系统(图9-11)。这种系统的特点是:既避免了双管系统在楼层数过多时出现的严重竖向失调现象,又避免了单管系统不能进行局部调节的问题,同时解决了散热器立管管径和支管管径过大的缺点。

④异程式系统与同程式系统

异程式系统的管道用量小,但在机械循环系统中,由于作用半径较大,连接立管较多,因而通过各个立管环路的压力损失较难平衡。初调节不当时,就会出现近处立管流量超过要求,而远处立管流量不足的问题。在远近立管处出现流量失调而引起在水平方向冷热不均的现象,称为系统的水平失调。为了消除或减轻系统的水平失调,在供、回水干管走向布置方面,可采用同程式系统。同程式系统的管道用量大,但通过各个立管的循环环路的总长度都相等,各环路的压力损失容易平衡,可以消除或减轻系统的水平失调现象,在较大的建筑中,连接立管较多时常采用同程式系统。

2. 分户计量采暖热水供暖系统

分户计量采暖热水供暖系统通过对传统的顺流式采暖系统在形式上加以改变,以建筑中具有独立产权的用户为服务对象,使该用户的采暖系统具备分户调节、控制与关断的功能。目前,新建住宅建筑设置集中热水供暖系统时,均应采用温度调节和户用热量计量装置,实行供热计量收费。建筑内的公共用房和公用空间应单独设置供暖系统和热计量装置。

适合热计量的供暖系统应具备以下条件：

①调节功能，即系统必须具有可调性，用户可以根据需要分室控制温度。无论手动调节还是恒温调节，系统可调是实现热计量的前提。

②与调节功能相应的控制装置，这是保证调节功能的必备条件。

③每户有热计量功能。每户用热量应可计量，用户按用热量多少计量交费，调动用户自身的节能意识。

适合分户热计量的室内供暖系统形式大体分为两种：一是沿用前述传统的上下贯通的"单管式"或"双管式"；二是适应按户设置热量表形成的单户独立系统的新形式。前者通过每组散热器上安装的热量分配表及建筑入口的总热量表进行热计量，尤其适用于对旧系统的热计量改造；后者直接由每户的用热表计量，适用于新建住宅的供暖分户计量。

旧有系统中，供暖系统按位置分为室内系统和室外系统两种。供暖管道进入楼房内再直接进入户内，大部分使用单管顺流系统为各用户供暖。这种系统不能适应新的计量收费形式，用户无法单独控制散热量。所以，在计量收费供热系统中，必须把系统从原来的两部分重新分成三部分，即室外系统（外网）、楼内系统和户内系统。因此，相应的室内供暖系统也要按照户内和楼内分开进行。楼内系统采用的系统形式必须是可以独立调节的，常用垂直单管跨越、垂直双管同程、垂直双管异程这三种系统；而户内系统则可采用分户水平式（如单管水平串联式、单管水平跨越式、双管同程式、双管异程式、上供下回式、上供上回式和下供下回式等）系统和放射式系统。

（1）楼内为垂直单管跨越式系统

楼内系统中立管为单管，其调节性能普遍低于双管系统。造价低，占地面积少是单管系统优于双管系统的地方，但单管顺流系统用户根本无法进行调节，所以只能考虑使用单管跨越系统，这种系统较少使用。

（2）楼内为垂直双管系统

楼内单管系统应用于计量收费系统。其优点是立管数量少，但是如果总立管采用单管跨越系统，由于低层用户回水温度过低，则散热器的初投资太大，总体上需增加20% ~30%的散热面积，所以楼内系统立管常采用双管形式。双管系统又可分为同程双管系统和异程双管系统两种。由于使用高阻力温控阀可以克服垂直双管系统自然循环的压降，所以在热力工况方面，两者区别不大。但是，比较管路布置可以发现同程式系统比异程式系统多一根管路。从克服垂直失调的角度，楼内宜采用垂直双管下供下回异程式系统。图9-12所示为楼内垂直双管异程式与户内水平单管式供暖系统示意图。图9-13所示为楼内垂直双管异程式与户内水平双管式供暖系统示意图。图9-14所示为楼内垂直双管异程式与户内水平单、双管式供暖系统示意图。图9-15所示为楼内垂直双管异程式与户内水平放射式供暖系统示意图。上述示意图中，楼内的垂直双管异程式系统可通过增加一根供水立管或回水立管都能变为相应的楼内垂直双管同程式系统。

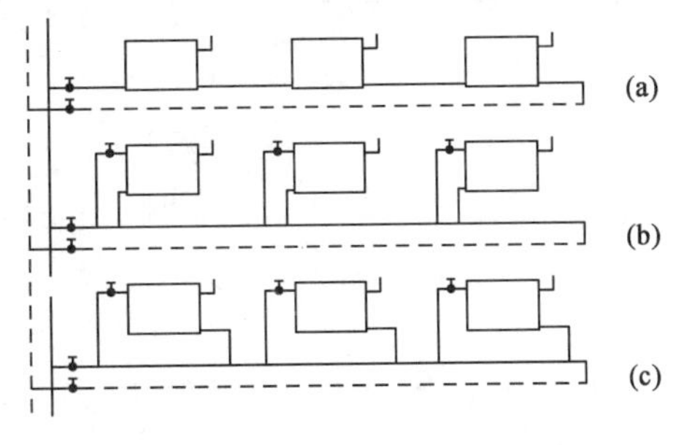

图9-12　楼内垂直双管异程式与户内水平单管式供暖系统示意图

(a)串联式；(b)同侧接管跨越式；(c)异侧接管跨越式

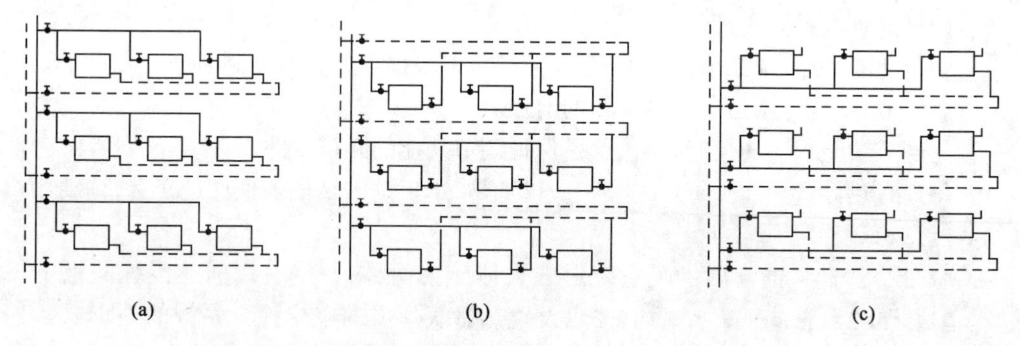

图 9-13　楼内垂直双管异程式与户内水平双管式供暖系统示意图
(a)上供下回同程式;(b)上供上回同程式;(c)下供下回同程式

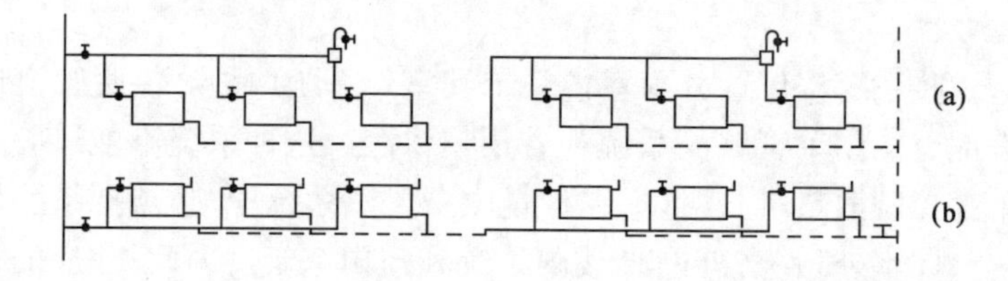

图 9-14　楼内垂直双管异程式与户内水平单、双管式供暖系统示意图
(a)上供下回同程式;(b)下供下回同程式

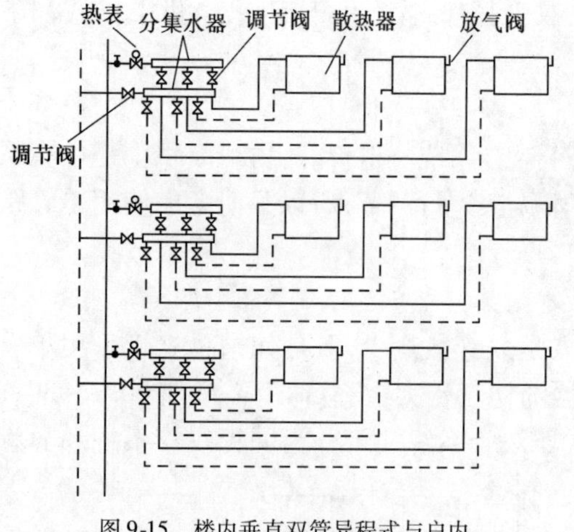

图 9-15　楼内垂直双管异程式与户内水平放射式供暖系统示意图

二、蒸汽供暖系统

1. 蒸汽供暖系统的分类

(1)按供汽压力的大小分类

按照供汽压力的大小,供汽的表压力高于70kPa时,称为高压蒸汽供暖;供汽的表压力低于或等于70kPa,但高于当地大气压力时,称为低压蒸汽供暖;当系统中的压力低于大气压力时,称为真空蒸汽供暖。

(2)按蒸汽干管布置位置分类

按照蒸汽干管布置位置的不同,蒸汽供暖系统可分为上供式、中供式、下供式三种。

(3)按立管的布置分类

按照立管的布置特点,蒸汽供暖系统可分为单管式和双管式两种。目前,国内绝大多数蒸汽供暖系统采用双管式。

(4)按回水动力分类

按照回水动力不同,蒸汽供暖系统可分为重力回水和机械回水两类。高压蒸汽供暖系统均采用机械回水方式。

2. 低压蒸汽供暖系统的基本形式

图 9-16 所示是重力回水低压蒸汽供暖系统示意图,图 9-16(a)是上供式,图 9-16(b)是下供式。锅炉加热后产生的蒸汽,在自身压力作用下,克服流动阻力,沿供汽管道输进散热器内,并将积聚在供汽管道和散热器内的空气驱入凝水管,最后经连接在凝水管末端的排气管排出。蒸汽在散热器内冷凝放热,凝水靠重力作用返回锅炉,重新加热变成蒸汽。

图9-17所示为机械回水中供式低压蒸汽供暖系统示意图。凝水首先进入凝水箱，再用凝结水泵将凝水送回锅炉重新加热。

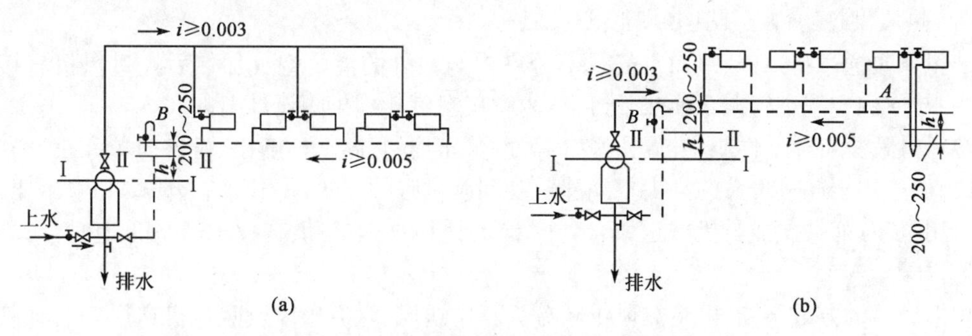

图9-16 重力回水低压蒸汽供暖系统示意图(尺寸单位:mm)
(a)上供式;(b)下供式

重力回水低压蒸汽供暖系统形式简单，无须设置凝结水泵，运行时不消耗电能，可在小型系统中采用，当供暖系统作用半径较长时应采用机械回水系统。机械回水系统主要优点是扩大了供热范围，因而应用较为普遍。

3. 高压蒸汽供暖系统

图9-18所示是一个用户入口和室内高压蒸汽供暖系统示意图。高压蒸汽通过室外蒸汽管路进入用户入口的高压分汽缸。根据各种热用户的使用情况和要求的压力不同，季节性的室内蒸汽供暖管道系统宜与其他热用户的管道系统分开，即从不同的分汽缸中引出蒸汽分送到不同的用户。当蒸汽入口压力或生产工艺用热的使用压力高于供暖系统的工作压力时，应在分汽缸之间设置减压装置。

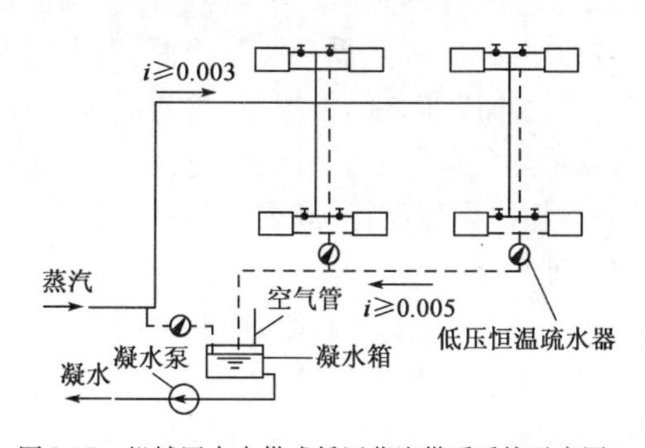

图9-17 机械回水中供式低压蒸汽供暖系统示意图

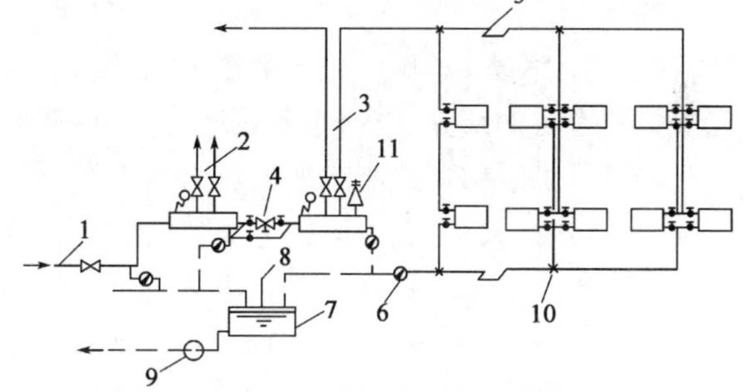

图9-18 用户入口室内高压蒸汽供暖系统示意图
1-室外蒸汽管;2-室内高压蒸汽供热管;3-室内高压蒸汽采暖管;4-减压装置;5-补偿器;6-疏水器;7-开式凝水箱;8-空气管;9-凝水泵;10-固定支点;11-安全阀

三、热风供暖与空气幕

1. 热风供暖系统

(1)热媒

热风供暖的热媒宜采用0.1~0.3MPa的高压蒸汽或不低于90℃的热水，也可以采用燃气、燃油或电加热，但应符合国家现行标准《城镇燃气设计规范》(GB 50028—2006)和《建筑设计防火规范》(GB 50016—2012)的要求。热风供暖中空气的加热采用间接加热方法，利用蒸汽或热水通过金属壁传热而将空气加热的换热设备称为空气加热器；利用燃气或燃油加热空气的热风供暖装置称为燃气热风器或燃油热风器(即热风炉);利用电能加热空气的设备称为电加热器。

(2)热风供暖的特点及其基本形式

热风供暖通过将室外、室内空气或部分室内与室外的混合空气加热后经过风机直接送入室内,与室内空气进行混合换热,维持室内空气温度达到供暖设计温度。

热风供暖具有热惰性小、升温快、室内温度分布均匀、温度梯度小、设备简单和投资省等特点,因而适用于耗热量大的高大空间建筑和间歇供暖的建筑。当有防火防爆和卫生要求,必须采用全新风时,或能与机械送风合并时,或利用循环空气供暖技术经济合理时,均应采用热风供暖。

根据送风的方式不同,可将热风供暖分为集中送风、风道送风及暖风机送风等几种基本形式。按被加热空气来源的不同,可将热风供暖分为直流式(空气全部来自室外)、再循环式(空气全部来自室内)及混合式(部分室外空气和部分室内空气混合)等系统。

集中送风系统是以大风量、高风速、采用大型孔口为特点的送风方式,其以高速喷出的热射流带动室内空气按一定的气流组织强烈地混合流动,因而温度场均匀,可以大大降低室内的温度梯度,减少房屋上部的无效热损,并且节省风道和风口等设备。这种供暖方式一般适用于室内空气允许再循环的车间或作为大量局部排风车间的补入新风与供暖之用。对于散发大量有害气体或粉尘的车间,一般不宜采用集中送风方式供暖。

风道式机械循环或自然循环热风供暖系统可用于小型民用建筑。对于工业厂房,风道式送风供暖应与机械送风系统合并使用。

暖风机是由空气加热器、通风机和电动机组合而成的一种供暖通风联合机组。暖风机具有加热空气和输送空气两种功能,因而省去了敷设大型风管的麻烦。暖风机可用于各种类型的车间,当空气中不含粉尘和易燃易爆性气体时,其可作为加热循环空气供暖使用。另外,在房间比较大、对噪声无严格要求、需散热器数量多而难以布置的情况下,可用暖风机补充散热器不足的部分,或利用散热器作为值班供暖,其余热负荷均由暖风机承担。

暖风机供暖靠强迫对流来加热周围空气,与一般散热器供暖相比,其突出的优点是作用范围大、散热量大;缺点是消耗电能多、噪声大、维护管理复杂、费用高。

2. 空气幕

空气幕是利用特制的空气分布器喷出一定速度和温度的幕状气流,借此封闭大门、门厅、门洞、柜台等装置,减少和隔绝外界气流的侵入,以维持室内或某一工作区域一定的环境条件,同时还可阻挡灰尘、有害气体和昆虫的进入,不仅可维护室内环境而且可节约建筑能耗。

(1)空气幕的分类及其特点

①按空气幕的安装位置可以分为上送式、侧送式和下送式三种。

上送式空气幕如图 9-19 所示。空气幕安装在门洞上部,喷出气流的卫生条件较好,安装简便,占空间面积小,不影响建筑美观,适用于一般的公共建筑,如影剧院、会堂、旅馆、商店等,也越来越多地用于工业厂房。

侧送式空气幕安装在门洞侧部,分为单侧和双侧两种,如图 9-20 和图 9-21 所示。单侧空气幕适用于宽度小于 4m 的门洞和车辆通过门洞时间较短的场合。双侧空气幕适用于门洞宽度大于 4m 或车辆通过门洞时间较长的场合。侧送式空气幕挡风效率不如下送式,但卫生条件较下送式好。

下送式空气幕如图 9-22 所示。空气幕安装在门洞下部的地沟内,由于下送式空气幕的射流最强区位于门洞下部,正好抵挡冬季冷风从门洞下部侵入,所以冬季挡风效率最好,而且不受大门开启方向的影响。下送式空气幕的缺点是送风口位于地面下,容易被脏物堵塞和污染空气,维修困难,另外当车辆通过时,因空气幕气流被阻碍而影响送风效果,一般很少使用。

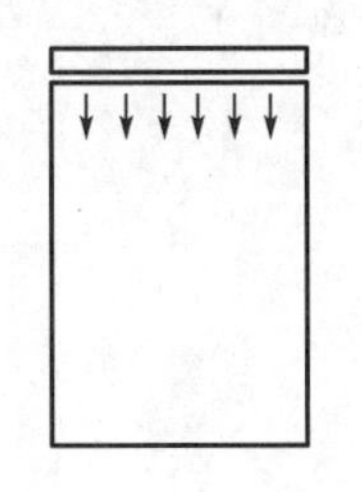

图 9-19　上送式空气幕

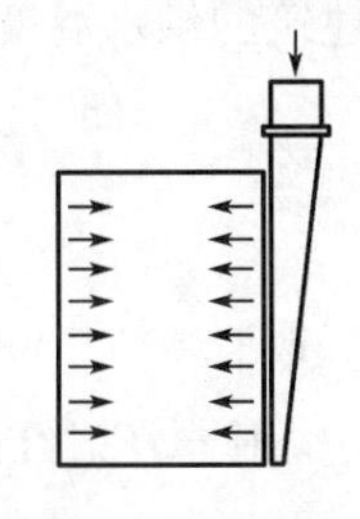

图 9-20　单侧式空气幕

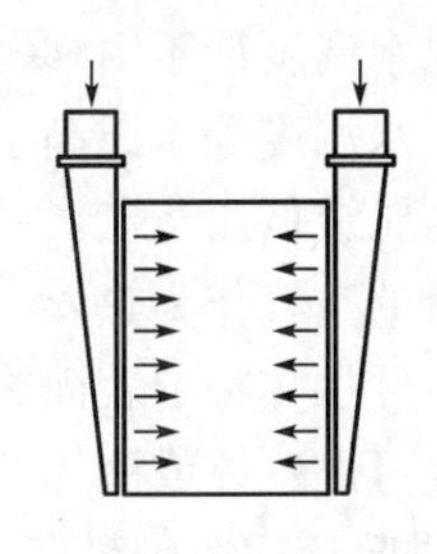

图 9-21　双侧式空气幕

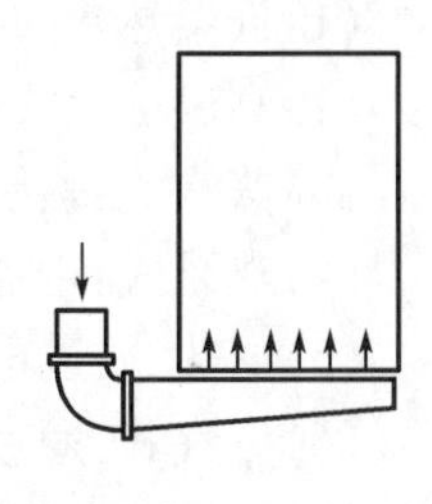

图 9-22　下送式空气幕

②按送出气流温度可分为热空气幕、等温空气幕和冷空气幕三种。

热空气幕。空气幕内设加热器,以热水、蒸汽或电为热媒,将送出空气加热到一定温度,适用于严寒地区。

等温空气幕。空气幕内不设加热(冷却)装置,送出空气不经处理,因而构造简单、体积小,适用范围广,是目前非严寒地区主要采用的形式。

冷空气幕。空气幕内设冷却装置,送出一定温度的冷风,主要用于炎热地区而且有空调要求的建筑物大门。

(2)空气幕的设置条件

符合下列条件之一时,宜设置空气幕或热空气幕。

位于严寒地区、寒冷地区的公共建筑和工业建筑,经常开启的外门且不设门斗和前室时;公共建筑和工业建筑,当生产和使用要求不允许降低室内温度时或经技术经济比较设置热空气幕合理时;室外冷空气侵入会引起供暖室内温度过低时;内部散湿量很大的公共建筑(游泳池等)的外门;设置空气调节系统的公共建筑主要出入口,不可能设置门斗时。

(3)空气幕设备

空气幕由空气处理设备、风机、风管系统及空气分布器组成。可将空气处理设备、风机、空气分布器三者组合成一种产品。供暖建筑中用的空气幕是带热盘管或电加热器的热空气幕,其热媒可为蒸汽、热水或电加热。

四、辐射供暖系统

1. 辐射供暖分类

根据辐射表面温度的高低,辐射供暖可分为以下几类:

(1)低温辐射供暖(≤60℃)

热媒一般为低温热水,散热设备多为塑料加热盘管,亦可采用电热膜(天棚式)与发热电缆(地板式)的形式,现已广泛应用于住宅、办公建筑采暖。

(2)中温辐射供暖(80~200℃)

热媒为高压蒸汽(≥200kPa)或高温热水(≥110℃),通常是用钢板和小管径的钢管制成矩形块状或带状散热板。

(3)高温辐射供暖(≥200℃)

一般采用电力或燃油、燃气,以及红外线采暖,经常应用于厂房与野外作业。

2. 辐射供暖的热媒

辐射供暖的热媒可用热水、蒸汽、空气、电和可燃气体或液体(如人工煤气、天然气、液化石油气等)。根据所用热媒的不同,辐射供暖可分为以下几种:

(1)低温热水式:热媒水温度低于100℃(民用建筑的供水温度不大于60℃)。

(2)高温热水式:热媒水温度等于或高于100℃。

(3)蒸汽式:热媒为高压或低压蒸汽。

(4)热风式:用加热后的空气作为热媒。

(5)电热式:以电热元件加热特定表面或直接发热。

(6)燃气式:通过燃烧可燃气体或液体经特制的辐射器发射红外线。

目前,低温热水辐射供暖应用范围最广。

3. 辐射供暖方式

(1)低温辐射供暖

低温辐射供暖的散热面与建筑构件合为一体,根据其安装位置可分为顶棚式、地板式、墙壁式、踢脚板式等几种类型;根据其构造可分为埋管式、风道式或组合式三种类型。低温辐射供暖系统的分类及特点见表9-1。

表9-1 低温辐射供暖系统的分类及特点

分类根据	类型	特点
辐射板位置	顶棚式	以顶棚作为辐射表面,辐射热占70%左右
	墙壁式	以墙壁作为辐射表面,辐射热占65%左右
	地板式	以地面作为辐射表面,辐射热占55%左右
	踢脚板式	以窗下或踢脚板处墙面作为辐射表面,辐射热占65%左右
辐射板构造	埋管式	直径为15~32mm的管道埋设于建筑表面内构成辐射表面
	风道式	利用建筑构件的空腔使其间热空气循环流动构成辐射表面
	组合式	利用金属板焊以金属管组成辐射板

①低温热水地板辐射供暖

低温热水地板辐射供暖具有舒适性强、节能、方便实施按户热计量、便于住户二次装修等特点,还可以有效地利用低温热源如太阳能、地下热水、供暖和空调系统的回水、热泵型冷热水机组、工业与城市余热和废热等。

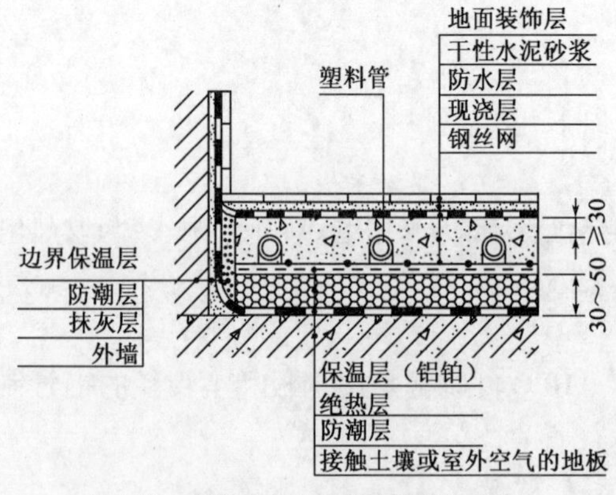

图9-23 低温热水地板辐射供暖地面做法示意图(尺寸单位:mm)

低温热水地板辐射供暖构造如图9-23所示。

目前常用的低温热水地板辐射供暖以低温热水(≤60℃)为热媒,采用塑料管预埋在地面不宜小于30mm混凝土垫层内。

地面结构一般由结构层(楼板或土壤)、绝热层(上部敷设按一定管间距固定的加热管)、填充层、防水层、防潮层和地面层(如大理石、瓷砖、木板等)组成。绝热层主要控制热量传递方向,填充层埋置保护加热管并使地面温度均匀,地面层指完成的建筑地面。当楼板基面比较平整时,可省略找平层,在结构层直接铺设绝热层。当工程允许地面按双向散热进行设计时,可不设绝热层。对于住宅建筑而言,由于涉及分户热量计量,不应取消绝热层,并且户内每个房间均应设分支管、视房间面积大小单独布置成一个或多个环路。直接与室外空气或不供暖房间接触的楼板、外墙内侧周边,也必须设绝热层。与土壤相邻的地面,必须设绝热层,并且绝热层下部应设防潮层。对于潮湿房间如卫生间、厨房和游泳池等,在填充层上宜设置防水层。为增强绝热板材的整体强度,并便于安装固定加热管,有时在绝热层上还敷设玻璃布及铝箔保护层和固定加热管的低碳钢丝网。

绝热层的材料宜采用聚苯乙烯泡沫塑料板。楼板上的绝热层厚度不应小于30mm(住宅受层高限制时不应小于20mm),与土壤或室外空气相邻的地板上的绝热层厚度不应小于40mm,沿外墙内侧周边的绝热层厚度不应小于20mm。采用其他绝热材料时,应按等效热阻确定其厚度。

填充层的材料应采用C15豆石混凝土,豆石粒径宜为5~12mm,掺入适量的防裂剂。地面荷载大于20kN/m^{2}时,应对加热管上方的填充层采取加固构造措施。

早期的地板辐射供暖均采用钢管或铜管,现在的地板辐射供暖均采用塑料管。塑料管具有耐老化、耐腐蚀、不结垢、承压高、无污染、沿程阻力小、容易弯曲、埋管部分无接头、易于施工等优点。

图9-24所示是低温热水地板辐射供暖系统示意图。其构造形式与前述的分户热量计量系统基本相同,只是户内加设了分、集水器而已。另外,当集中供暖热媒温度超过低温热水地板辐射供暖的允许温度时,可设集中的换热站,也有在户内入口处加热交换机组的系统。后者更适合于将分户热量计量对流供暖系统改装为低温热水地板辐射供暖系统的用户。

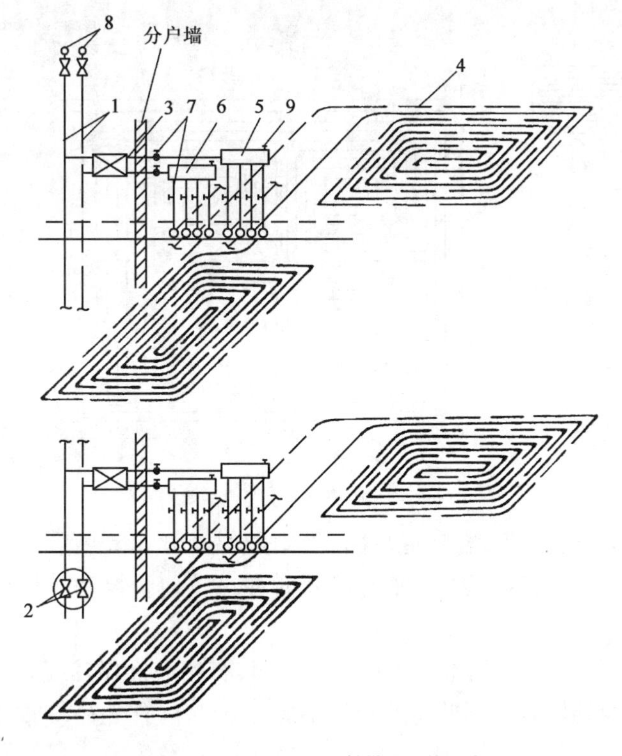

图9-24　低温热水地板辐射供暖系统示意图

1-共用立管;2-立管调节装置;3-入户装置;4-加热盘管;5-分水器;6-集水器;7-球阀;8-自动排水阀;9-散热器放气阀

低温热水地板辐射供暖的楼内系统一般通过设置在户内的分水器、集水器与户内管路系统连接。分、集水器常组装在一个分、集水器箱体内(图9-25),每套分、集水器宜接3~5个回路,最多不超过8个。分、集水器可布置于厨房、洗手间、走廊两头等既不占用主要使用面积,又便于操作的部位,并留有一定的检修空间,每层安装位置应相同,建筑设计时应给予考虑。

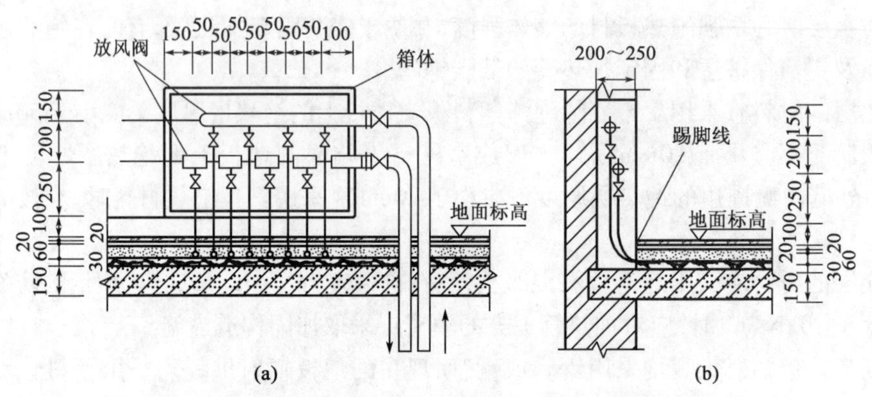

图9-25　低温热水地板辐射供暖系统分、集水器安装示意图(尺寸单位:mm)

(a)分、集水器安装正视图;(b)分、集水器安装侧视图

图9-26所示是低温热水地板辐射供暖环路布置示意图。为了减少流动阻力和保证供、回水温差不致过大,加热盘管均采用并联形式布置。原则上采取一个房间为一个环路,大房间一般以房间面积20~30m^2为一个环路,视具体情况可布置多个环路。每个分支环路的盘管长度应尽量接近,一般为60~80m,最长不超过120m。

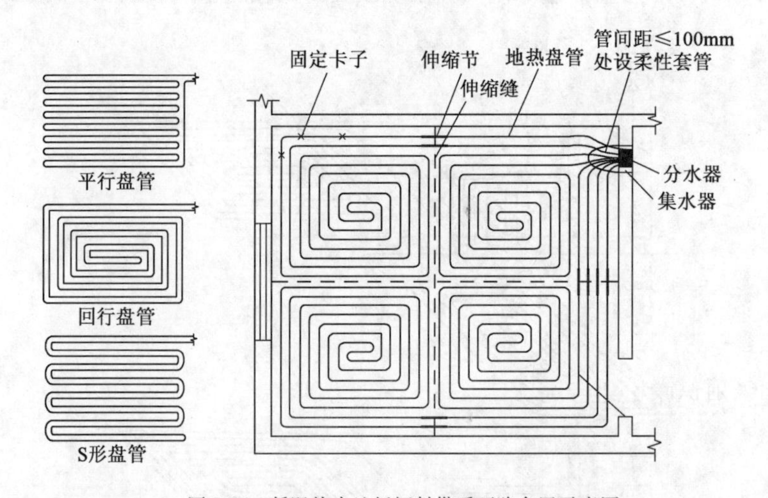

图9-26　低温热水地板辐射供暖环路布置示意图

卫生间一般采用散热器供暖,自成环路,采用类似光管式散热器的干手巾架与分、集水器直接连接。如面积较大有可能布置加热盘管时亦可按地暖设计,但应避开管道、地漏等,并做好防水。

埋地盘管的每个环路宜采用整根管道,中间严禁有接头,以防渗漏。加热管的间距不应大于300mm。塑料及铝塑复合管的弯曲半径不宜小于6倍管外径,铜管的弯曲半径不宜小于5倍管外径。

加热管以上的混凝土填充层厚度不应小于30mm,且应设伸缩缝以防止热膨胀导致地面龟裂和破损。一般当供暖面积超过 30m² 或长边超过 6m 时，填充层应设置间距不大于 6m、宽度不小于 5mm 的伸缩缝，缝中填充弹性膨胀材料（如弹性膨胀膏）。加热管的环路布置不宜穿越填充层内的伸缩缝。必须穿越时，伸缩缝处应设长度不小于 200mm 的柔性套管。沿墙四周 10mm 均应设伸缩缝，其宽度为 5～8mm，在缝中填充软质闭孔泡沫塑料。为防止密集管路胀裂地面，管间距小于 100mm 的管路应设置柔性套管等措施。

②低温辐射电热膜供暖

低温辐射电热膜供暖方式以电热膜为发热体，大部分热量以辐射方式散入供暖区域。其是一种通电后能发热的半透明聚酯薄膜，由可导电的特制油墨、金属载流条经印刷、热压在两层绝缘聚酯薄膜之间制成。电热膜工作时表面温度为 40～60℃，通常布置在顶棚上（图 9-27）或地板下或墙裙、墙壁内，同时配以独立的温控装置。

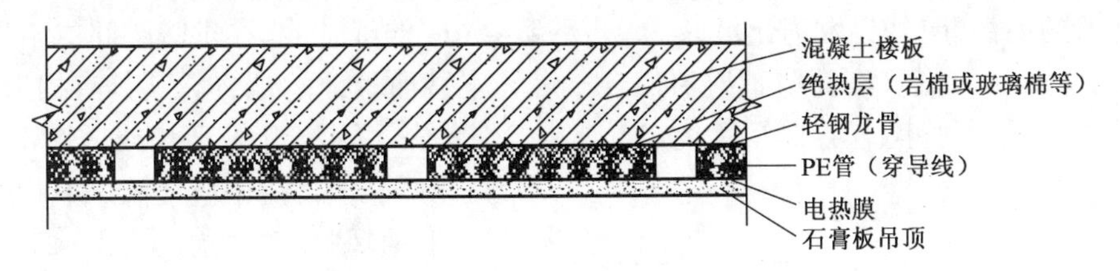

图 9-27　低温电热膜供暖顶板安装示意图

③低温发热电缆供暖

发热电缆是一种通电后发热的电缆，其由实芯电阻线（发热体）、绝缘层、接地导线、金属屏蔽层及保护套构成。低温加热电缆供暖系统由可加热电缆和感应器、恒温器等组成，也属于低温辐射供暖，通常采用地板式，将发热电缆埋设于混凝土中，有直接供热及存储供热等系统形式，如图 9-28 所示。

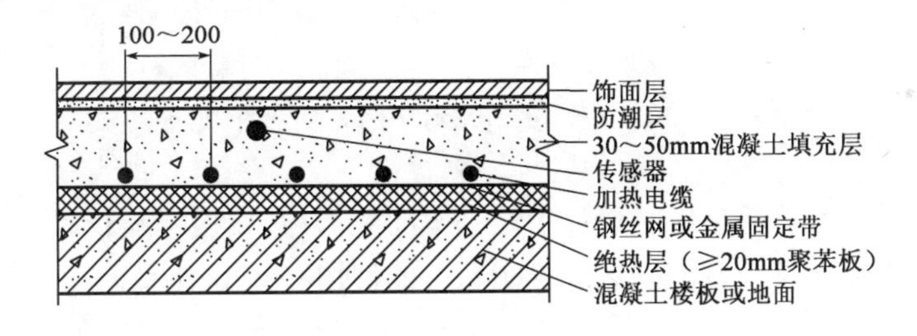

图 9-28　低温发热电缆辐射供暖安装示意图

（2）中温辐射供暖

中温辐射供暖使用的散热设备通常都是钢制辐射板。按照钢制辐射板长度的不同可分为块状和带状两种类型。块状辐射板通常用 DN15～25 与 DN40 的水煤气钢管焊成排管构成加热管，将排管嵌在 0.5～1mm 厚的预先压好槽的薄钢板制成的长方形的辐射板上。辐射板在钢板背面加设保温层以减少无效热损失。保温层外侧可用 0.5mm 厚钢板或纤维板包裹起来。块状辐射板的长度一般为 1～2m，以不超过钢板的自然长度为原则。

带状辐射板的结构与块状板完全相同，只是在长度方向上由几张钢板组装成形，也可将多块块状辐射板在长度方向上串联成形。带状辐射板在加工与安装方面都比块状辐射板简单一些，由于带状辐射板连接支管和阀门大为减少，因而比块状辐射板经济。带状辐射板可沿房屋长度方向布置，也可以水平悬吊在屋架下弦处。带状辐射板在布置中应注意解决好加热管热膨胀的补偿、系统排气及凝结水的排除等问题。

钢制辐射板构造简单，制作维修方便，比普通散热器节省金属比例30% ~70%。钢制辐射板供暖适用于高大的工业厂房、大空间的公共建筑，如商场、展厅、车站等建筑物的全面供暖或局部供暖。

(3)高温辐射供暖

高温辐射供暖按其能源类型分为电气红外线辐射供暖和燃气红外线辐射供暖两种类型。

①电气红外线辐射供暖设备多采用石英管或石英灯辐射器。石英管电气红外线辐射器的辐射温度可达90℃，其中，辐射占总散热量的78%。石英灯辐射器的辐射温度可达232℃，其中，辐射热占总热量的80%。

②燃气红外线辐射器供暖利用可燃气体或液体通过特殊的燃烧装置进行无焰燃烧，形成80~90℃的高温，向外界发射出波长为2.7~2.47μm的红外线，在供暖空间或工作地点产生良好的热效应。燃气红外线辐射器适合于燃气丰富而价廉的地方。其具有构造简单、辐射强度高、外形尺寸小、操作简单等优点。如果条件允许，可用于工业厂房或一些局部工作地点的供暖。但使用中应注意采取相应的防火、防爆和通风换气等措施。图9-29所示为燃气红外线辐射器构造图。其工作原理是：具有一定压力的燃气经喷嘴喷出，由于速度高形成负压，将周围空气从侧面吸入，燃气和空气在渐缩管形的混合室内混合，再经过扩压管使混合物的部分动能转化为压力能，最后，通过燃烧板的细孔流出，在燃烧板表面均匀燃烧，从而向外界释放出大量的辐射热。

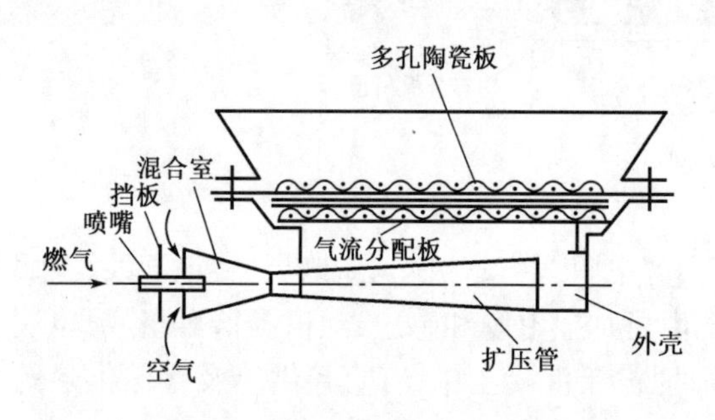

图9-29　燃气红外线辐射器构造图

第三节　供暖系统的设计热负荷

供暖系统的设计热负荷是供暖设计中最基本的数据，其直接影响供暖系统方案的选择、供暖管道管径和散热器等设备的确定及供暖系统的使用和经济效果。

一、供暖系统的设计热负荷

人们为了生产和生活，要求室内保持一定的温度。建筑物或房间有各种得热和散失热量的途径，当建筑物或房间的失热量大于得热量时，为保证室内要求的温度，需由供暖系统向房间供热。

供暖系统的热负荷是指在某一室外温度 t_w 下，为了达到要求的室内温度 t_n，供暖系统在单位时间内向建筑物供给的热量，其随着建筑物得失热量的变化而变化。

供暖系统的设计热负荷是指在设计室外温度 t_w' 下，为达到要求的室内温度 t_n，供暖系统在单位时间内向建筑物供给的热量 Q'，是设计供暖系统的最基本依据。

冬季供暖系统的热负荷应根据建筑物或房间的得、失热量确定。

失热量：围护结构传热耗热量 Q_1；加热由门、窗缝隙渗入室内的冷空气的耗热量 Q_2，称冷风渗透耗热量；加热由门、孔洞及相邻房间侵入的冷空气的耗热量 Q_3，称冷风侵入耗热量；水分蒸发的耗热量 Q_4；加热由外部运入的冷物料和运输工具的耗热量 Q_5；通风系统将空气从室内排到室外所带走的热量 Q_6，称通风耗热量。

得热量：生产车间最小负荷班的工艺设备散热量 Q_7；非供暖通风系统的其他管道和热表面的散热量 Q_8；热物料的散热量 Q_9；太阳辐射进入室内的热量 Q_{10}。此外，还有通过其他途径散失或获得的热量 Q_{11}。

对于没有由于生产工艺所带来得、失热量而需设置通风系统的建筑物或房间（如一般的民用住宅建筑、办公楼等），建筑物或房间的热平衡就简单多了。失热量 Q_{sh} 只考虑上述前三项耗热量。得热量 Q_d 只考虑太阳辐射进入室内的热量。至于住宅中其他途径的得热量，如人体散热量、炊事和照明散热量（统称为自由热），一般散发量不大，且不稳定，通常可不予计入。

因此，对于没有装置机械通风系统的建筑物，供暖系统的设计热负荷可用下式表示：

$$Q' = Q'_{\mathrm{sh}} - Q'_{\mathrm{d}} = Q'_1 + Q'_2 + Q'_3 - Q'_{10} \tag{9-1}$$

式(9-1)中带"′"的上标符号均表示在设计工况下的各种参数，下同。

围护结构的传热耗热量是指当室内温度高于室外温度时，通过围护结构向外传递的热量。在工程设计中，计算供暖系统的设计热负荷时，常将其分成围护结构传热的基本耗热量和附加（修正）耗热量两部分进行计算。基本耗热量是指在设计条件下，通过房间各部分围护结构（门、窗、墙、地板、屋顶等）从室内传到室外的稳定传热量的总和，附加（修正）耗热量是指围护结构的传热状况发生变化而对基本耗热量进行修正的耗热量。

对于一般民用建筑和产生热量很少的工业建筑，计算供暖设计热负荷时不考虑房间的得热量，而仅计算以下三项的耗热量。

(1)围护结构的基本耗热量：在一定传热条件下，通过房间各部分围护结构从室内传向室外的热量 $Q_{1\cdot\mathrm{j}}$。

(2)冷风渗透耗热量：加热由房间的外门、外窗缝隙不密封而由室外渗入室内的冷空气所消耗的热量 Q_2。

(3)冷风侵入耗热量：冬季外门开启时由于风力和热压作用而进入室内的冷空气，从室外温度加热到室内温度所消耗的热量 Q_3。

因此，供暖设计热负荷的计算公式为：

$$Q' = Q'_{1\cdot\mathrm{j}} + Q'_{1\cdot\mathrm{x}} + Q'_2 + Q'_3 \tag{9-2}$$

式中：$Q'_{1\cdot\mathrm{j}}$——围护结构基本耗热量，W；

$Q'_{1\cdot\mathrm{x}}$——围护结构附加修正耗热量，W。

二、围护结构的基本耗热量

在工程设计中，围护结构的基本耗热量是按一个稳定传热过程进行计算的，即假设在计算时间内，室内、外空气温度和其他传热过程参数都不随时间变化。实际上，室内散热设备散热不稳定，室外空气温度随季节和昼夜变化不断波动，这是一个不稳定传热过程。但不稳定传热计算复杂，所以对室内温度容许有一定波动幅度的一般建筑物来说，采用稳定传热计算可以简化计算方法并能基本满足要求。对于室内温度要求严格，温度波动幅度要求很小的建筑物或房间，就应采用不稳定传热原理进行围护结构耗热量计算。

围护结构基本耗热量可按下式计算：

$$q' = KF(t_{\mathrm{n}} - t'_{\mathrm{w}})\alpha \tag{9-3}$$

式中：q'——围护结构基本耗热量，W；

K——围护结构的传热系数，W/(m^2·℃)；

F——围护结构的面积,m^2;

t_n——冬季室内计算温度,℃;

t'_w——供暖室外计算温度,℃;

α——围护结构的温差修正系数。

整个建筑物或房间的基本耗热量 $Q'_{1\cdot j}$ 等于其围护结构各部分基本耗热量的总和,算式为:

$$Q'_{1\cdot j} = \sum q' = KF(t_n - t'_w)\alpha \tag{9-4}$$

三、围护结构的附加(修正)耗热量

围护结构的基本耗热量,是在稳定条件下按式(9-4)计算得出的。实际耗热量会受到气象条件以及建筑物情况等各种因素影响而有所增减。由于受这些因素影响,需要对房间围护结构基本耗热量进行修正,这些修正耗热量称为围护结构附加(修正)耗热量。通常按基本耗热量的百分率进行修正。附加(修正)耗热量有朝向修正耗热量、风力修正耗热量和高度修正耗热量等。

1. 朝向修正耗热量

朝向修正耗热量是考虑建筑物受太阳照射影响而对围护结构基本耗热量的修正。当太阳照射建筑物时,阳光直接透过玻璃窗,使室内得到热量。同时由于阳面的围护结构较干燥,外表面和附近气温升高,围护结构向外传递热量减少。采用的修正方法是按围护结构的不同朝向,采用不同的修正率。需要修正的耗热量等于垂直的外围护结构(门、窗、外墙及屋顶的垂直部分)的基本耗热量乘以相应的朝向修正率。

根据中华人民共和国国家标准《民用建筑供暖通风与空气调节设计规范》(GB 50736—2012)(以下简称《暖通规范》)规定,宜按下列规定的数值选用不同朝向的修正率,详见表9-2。

表9-2 朝向修正率

北、东北、西北	0~10%	东南、西南	-10%~-15%
东、西	-5%	南	-15%~-30%

2. 风力修正耗热量

风力修正耗热量是考虑室外风速变化而对围护结构基本耗热量的修正。在计算围护结构基本耗热量时,外表面换热系数是对应风速约为4m/s的计算值。我国大部分地区冬季平均风速一般为2~3m/s。因此,《暖通规范》规定:在一般情况下,不必考虑风力修正。只对建在不避风的高地、河边、海岸、旷野的建筑物,以及城镇、厂区内特别突出的建筑物,才考虑垂直外围护结构附加5%~10%。

3. 高度修正耗热量

高度修正耗热量是考虑房屋高度对围护结构耗热量的影响而附加的耗热量。《暖通规范》规定:民用建筑和工业辅助建筑物(楼梯间除外)的高度附加率为,当房间高度大于4m时,每高出1m应附加2%,但总的附加率不应大于15%。应注意:高度附加率应附加于房间各围护结构基本耗热量和其他附加(修正)耗热量的总和上。

综上所述,建筑物或房间在室外供暖计算温度下,通过围护结构的总耗热量 Q'_1,可用下式表示:

$$Q'_1 = Q'_{1\cdot j} + Q'_{1\cdot x} = (1 + x_g)\sum \alpha KF(t_n - t'_w)(1 + x_{ch} + x_f) \tag{9-5}$$

式中：x_{ch}——朝向修正率，%；

x_f——风力附加率，%，$0 \leq x_f$；

x_g——高度附加率，%，$0 \leq x_g \leq 15\%$。

其他符号同式(9-2)、式(9-3)和式(9-4)。

四、冷风渗透耗热量

在风力和热压造成的室内外压差作用下，室外的冷空气通过门、窗等缝隙渗入室内，被加热后逸出。这部分冷空气从室外温度加热到室内温度所消耗的热量，称为冷风渗透耗热量 Q_2。冷风渗透耗热量在设计热负荷中占有不小的份额。

影响冷风渗透耗热量的因素很多，如门窗构造、门窗朝向、室外风向和风速、室内外空气温差、建筑物高低以及建筑物内部通道状况等。对于多层（六层及六层以下）的建筑物，在工程设计中，冷风渗透耗热量主要考虑风压的作用，可忽略热压的影响。对于高层建筑，则应考虑风压与热压的综合作用。冷风渗透耗热量的常用计算方法有缝隙法、换气次数法和百分数法，此处仅介绍缝隙法。

对于多层建筑，可通过计算不同朝向的门、窗缝隙长度以及从每米长缝隙渗入的冷空气量，确定其冷风渗透耗热量，这种方法称为缝隙法。

对于不同类型的门、窗，在不同风速下每米长缝隙渗入的空气量 L，可采用表 9-3 的实验数据。

表 9-3　每米门、窗缝隙渗入的空气量［单位：$m^3/(m \cdot h)$］

门窗类型	冬季室外平均风速(m/s)					
	1	2	3	4	5	6
单层木窗	1.0	2.0	3.1	4.3	5.5	6.7
双层木窗	0.7	1.4	2.2	3.0	3.9	4.7
单层钢窗	0.6	1.5	2.6	3.9	5.2	6.7
双层钢窗	0.4	1.1	1.8	2.7	3.6	4.7
推拉铝窗	0.2	0.5	1.0	1.6	2.3	2.9
平开铝窗	0.0	0.1	0.3	0.4	0.6	0.8

注：①每米外门缝隙渗入的空气量，为表中同类外窗的两倍。

②当有密封条时，表中数据可乘以 0.5～0.6 的系数。

用缝隙法计算冷风渗透耗热量时，以前的方法是只计算朝冬季主导风向的门窗缝隙长度，朝主导风向背风面的门窗缝隙不必计入。实际上，冬季中的风向是变化的，不位于主导风向的门窗，在某一时间也会处于迎风面，必然会渗入冷空气。因此，《暖通规范》明确规定：建筑物门窗缝隙的长度分别按各朝向所有可开启的外门、窗缝隙丈量，在计算不同朝向的冷风渗透空气量时，引进一个渗透空气量的朝向修正系数 n。即：

$$V = lLn \tag{9-6}$$

式中：V——经门窗缝隙进入室内的空气量，m^3/h；

l——门窗缝隙长度，m；

L——门窗缝隙单位长度每小时渗入的空气量，$m^3/(h \cdot m)$，通过表 9-3 查取；

n——冷风渗透朝向修正系数。

对于门、窗缝隙的计算长度，建议按下述方法计算：当房间仅有一面或相邻两面外墙时，全部计入其门、窗可开启部分的缝隙长度；当房间有相对两面外墙时，仅计入风量较大一面的缝隙；当房间有三面外墙时，仅计入风量较大的两面的缝隙。确定门、窗缝隙渗入空气量 V 后，冷风渗透耗热量 Q'_2，可按下式计算：

$$Q'_2 = 0.278V\rho_w c_p(t_n - t'_w) \tag{9-7}$$

式中：ρ_w——室外供暖计算温度下的空气密度，kg/m^3；

c_p——冷空气的定压比热，$c_p = 1kJ/(kg \cdot ℃)$；

t_n、t'_w——室内、外供暖计算温度，℃；

0.278——单位换算系数，1kJ/h = 0.278W。

五、冷风侵入耗热量

在冬季受风压和热压作用下，冷空气由开启的外门侵入室内。这部分冷空气加热到室内温度所消耗的热量称为冷风侵入耗热量。

冷风侵入耗热量可按式(9-8)计算：

$$Q'_3 = 0.278V_w c_p \rho_w(t_n - t'_w) \tag{9-8}$$

式中：V_w——流入的冷空气量，m^3/h；

其他符号同前。

由于流入的冷空气量 V_w 不易确定，根据经验总结，冷风侵入耗热量可采用外门基本耗热量乘以表9-4中的百分数的简便方法进行计算，亦即：

$$Q'_3 = NQ'_{1\cdot j\cdot m} \tag{9-9}$$

式中：$Q'_{1\cdot j\cdot m}$——外门的基本耗热量，W；

N——考虑冷风侵入外门附加率，按表9-4采用。

表9-4中的外门附加率只适用于短时间开启的、无热风幕的外门。对于开启时间长的外门，冷风侵入量 V_w 可根据《工业通风》等原理进行计算，或根据经验公式或图表确定，并按式(9-8)计算冷风侵入耗热量。此外，建筑物的阳台门不必考虑冷风侵入耗热量。

表9-4　外门附加率 N 值

外门布置状况	附加率(%)	外门布置状况	附加率(%)
一道门	$65n$	三道门(有两个门斗)	$60n$
两道门(有门斗)	$80n$	公共建筑和生产厂房的主要出入口	500

注：n——建筑物的楼层数。

六、高层建筑供暖设计热负荷特点

上文已阐述了多层建筑物冷风渗透量的计算方法。该方法只考虑风压，而未考虑热压的作用。高层建筑由于高度增加，热压作用不容忽视。冷风渗透量将受到风压和热压的综合作用。

1. 热压作用

冬季建筑物的内、外温度不同，由于空气的密度差，室外空气在底层一些楼层的门窗缝隙进入，通过建筑物内部楼梯间等竖直贯通通道上升，然后在顶层一些楼层的门窗缝隙排出。这种引起空气流动的压力称为热压。

假设沿建筑物各层完全畅通，热压主要由室外空气与楼梯间等竖直贯通通道空气之间的密度差造成。建筑物内、外空气密度差和高度差形成的理论热压可按下式计算：

$$P_r = (h_z - h)(\rho_w - \rho_n')g \tag{9-10}$$

式中：P_r——理论热压，Pa；

h_z——中和面标高(指室内外压差为零的界面，通常在纯热压作用下，可近似取建筑物高度的一半)，m；

h——计算高度，m；

ρ_w——供暖室外计算温度下的空气密度，kg/m³；

ρ_n'——形成热压的室内空气柱密度，kg/m³；

g——重力加速度，$g = 9.81\text{m/s}^2$。

由式(9-10)可知，热压差为正值时，室外压力高于室内压力，冷风由室外渗入室内。图9-30所示直线表示建筑物楼梯间及竖直贯通通道的理论热压分布线。实际上，建筑物外门、窗等缝隙两侧的热压差仅是理论热压 P_r 的一部分，其大小与建筑物内部贯通通道的布置、通气状况以及门窗缝隙的密封性有关，即与空气由渗入到渗出的阻力分布有关。图9-30所示的折线表示各层外窗的热压分布线示意图。

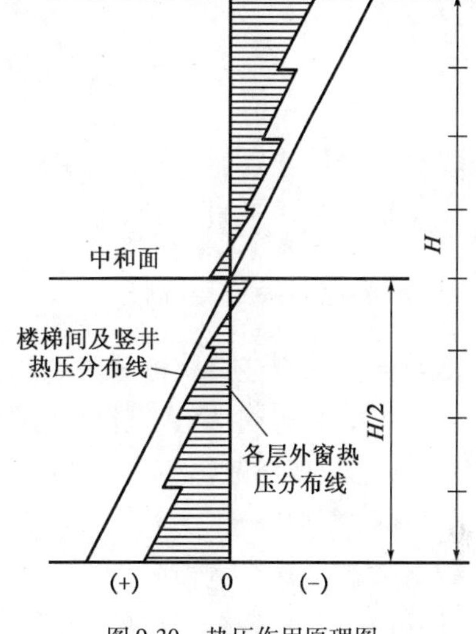

图9-30　热压作用原理图

2. 风压作用

高层建筑遇到的特殊问题之一是，需要考虑风速随高度的变化，风速随高度增加的变化规律可用下式表示：

$$V_h = V_0(h/h_0)^\alpha \tag{9-11}$$

式中：V_h——高度 h 处的风速，m/s；

V_0——高度 h_0 处的风速，m/s；

α——幂指数，与地面的粗糙度有关，可取$\alpha = 0.2$。

按照我国气象部门规定，风观测的基准高度为10m。当风吹过建筑物时，空气会经过迎风面方向的门窗缝隙渗入，而从背风向的缝隙渗出。目前规范给出各城市的冬季平均风速 V_0 是对应基准高度 $h_0 = 10\text{m}$ 的数值。对于不同高度 h 处的室外风速 V_h，可改写为下式：

$$V_h = (h/h_0)^{0.2}V_0 = 0.631h^{0.2}V_0 \tag{9-12}$$

3. 风压与热压共同作用

实际作用的冷风渗透现象，都是风压与热压共同作用的结果。室外风速随高度增加使作用于高层建筑物高层部分迎风面上的风压也相应地增加，这就加大了室外冷空气的渗透量。冷空气从迎风面缝隙渗入，并从背风面缝隙排出，为了不使迎风面房间温度过低，必须将渗入的冷空气加热，这就加大了高层部分的热负荷。

此外，冬季高层建筑物内热外冷，使得室外空气经建筑物下部出入口(或缝隙)进入建筑物，然后通过上部各种开口排出。这种在热压作用下的空气流动，当高度越高，室内外温差越大时，就会使更多的室外空气流入建筑物。这种作用增大了高层建筑物下层部分的热负荷。

4. 高层建筑供暖设计围护结构的传热系数

围护结构的传热系数与围护结构的材料、材料的厚度，以及内、外表面的换热系数有关。

在上述因素中，围护结构外表面的换热系数取决于外表面的对流放热量与辐射放热量。

室外风速从地面到上空逐渐加大。对于一般建筑来讲，建筑物上部和下部的风速差别可不予考虑。然而面对高层建筑物，由于高层部分的室外风速大，因此高层部分外表面的对流换热系数也大。此外，一般建筑物由于邻近有高度差不多的建筑等，所以建筑物之间的相互辐射可忽略不计。而高层建筑其高层部分的四周一般无其他建筑物屏挡，导致高层建筑物不断向天空辐射热量。而周围建筑物向高层建筑物的辐射热量却少得几乎没有，因此高层部分外表面辐射放热量的增加不能被忽视。由于高层部分外表面对流换热系数加大，并且辐射放热量也增加，所以高层部分围护结构的传热系数也相应加大了。

5. 高层建筑供暖设计热负荷特点

国内外高层建筑一般采用幕墙形式，其传热系数虽然可能比传统结构还要小，但其热容量却较传统结构小很多，这使高层建筑物室内的蓄热能力大为降低。当室外气温及太阳辐射变化时，房间的供暖热负荷便会迅速发生变化。

第四节 供暖系统的散热设备

供暖系统的热媒（蒸汽或热水）通过散热设备的壁面，主要通过对流传热方式（对流传热量大于辐射传热量）向房间传热。这种散热设备通称为散热器。

一、散热器分类及其特性

散热器按其制造材质可分为金属材料散热器和非金属材料散热器两种类型。金属材质散热器又可分为铸铁、钢、铝、钢（铜）铝复合散热器及全铜水道散热器等；非金属材质散热器有塑料散热器、陶瓷散热器等，但后者并不理想。散热器按结构形式可分为柱形、翼形、管形、平板形等类型。

1. 铸铁散热器

铸铁散热器具有结构简单、防腐性好、使用寿命长以及热稳定性好等优点，但其金属耗量大，金属热强度低于钢制散热器，运输、组装工作量大，承压能力低，在多层建筑热水及低压蒸汽供暖工程中得到广泛应用。常用的铸铁散热器有四柱形、M—132 型、长翼形、圆翼形等，如图 9-31 所示。

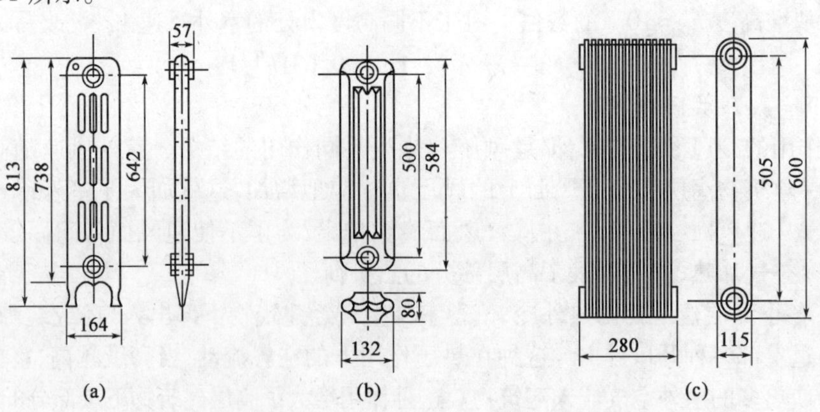

图 9-31 常用铸铁散热器示意图（尺寸单位：mm）

（a）四柱型散热器；（b）M—132 型散热器；（c）长翼型散热器

2. 钢制散热器

钢制散热器与铸铁散热器相比，存在易被腐蚀、使用寿命短等缺点，应用范围受到一定限制。但其具有制造工艺简单，外形美观，金属耗量小，重量轻，运输、组装工作量少，承压能力高等特点，常被用于高层建筑供暖。钢制散热器的金属强度比铸铁散热器高，除钢制柱型散热器外，钢制散热器的水容量较少，热稳定性差些，同时耐腐蚀性差，对供暖热媒水质要求高，非供暖期仍应充满水，而且不适于蒸汽供暖系统。常用的钢制散热器有柱式、板式、扁管形、串片式、光排管式等类型，如图9-32所示。

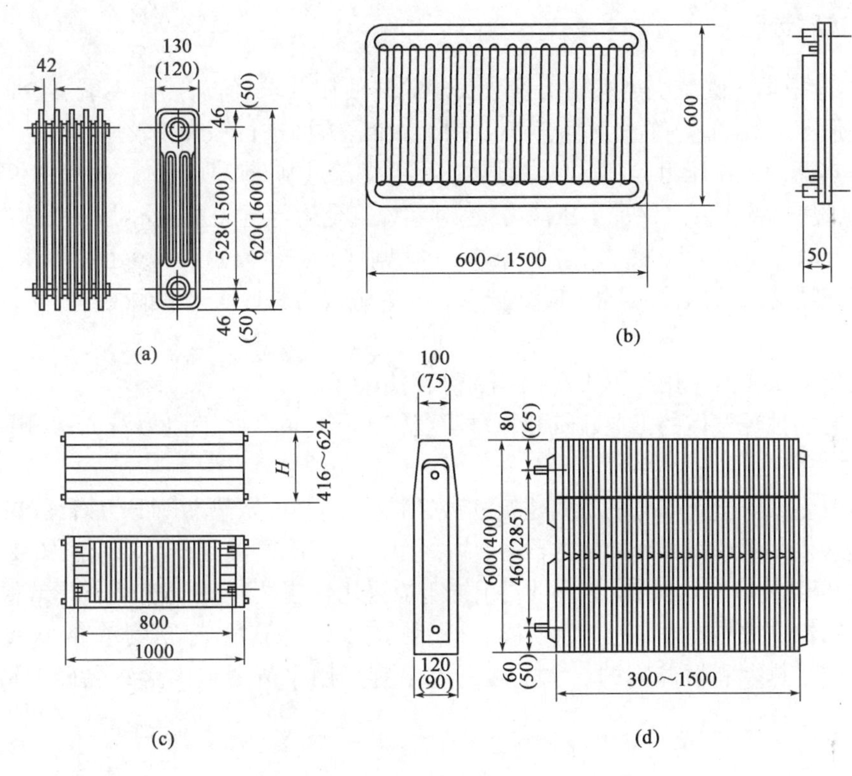

图9-32　常用钢制散热器(尺寸单位:mm)

(a)钢制柱型;(b)钢制板式;(c)钢制扁管;(d)钢串片式

3. 铝制及钢(铜)铝复合散热器

铝制散热器采用铝及铝合金型材料挤压成形，分为柱翼形、管翼形、板翼形等形式，管柱与上下水道采用焊接或钢拉杆连接。铝制散热器的辐射系数比铸铁和钢小，为补偿其辐射放热的减小，外形上应采取措施以提高其对流散热量。铝制散热器结构紧凑、重量轻、造型美观、装饰性强、热工性能好、承压高。铝氧化后形成一层氧化铝薄膜，能避免进一步氧化，所以可用于开式系统以及卫生间、浴室等潮湿场所。铝制散热器的热媒应为热水，不能采用蒸汽。以钢管、不锈钢管、铜管等为内芯，以铝合金翼片为散热元件的钢铝、铜铝复合散热器，结合了钢管、铜管高承压、耐腐蚀和铝合金外表美观、散热效果好的优点，是住宅建筑理想的散热器替代产品。

4. 全铜水道散热器

全铜水道散热器是指过水部件全为金属铜的散热器，耐腐蚀，适用于任何水质的热媒，导热性好，高效节能，强度高、承压能力强，不污染水质，加工容易，易做成各种美观的形式。

5. 塑料散热器

塑料散热器重量轻，节省金属，防腐性好，是有发展前途的一种散热器。塑料散热器的基本构造分为竖式（水道竖直设置）和横式两大类。其单位散热面积的散热量比同类型钢制散热器低20%左右。目前我国尚处研制开发阶段。

6. 卫生间专用散热器

目前市场上的卫生间专用散热器种类繁多，其除散热外，兼具装饰及烘干毛巾等功能。材质有钢管、不锈钢管、铝合金管等。

二、散热器选用

散热器应根据供暖系统热媒技术参数及建筑物使用要求，需从热工性能、经济性、力学性能（机械强度、承压能力等）、卫生、美观、使用寿命等方面进行综合比较选择。

(1)散热器的工作压力，当以热水为热媒时，不得超过制造厂规定的压力值；对高层建筑使用热水供暖时，首先要求保证承压能力，这对系统安全运行至关重要。当采用蒸汽为热媒时，在系统启动和停止运行时，散热器的温度变化剧烈，容易导致接口等处渗漏，因此，铸铁柱形和长翼型散热器的工作压力不应高于0.2MPa；铸铁圆翼型散热器的工作压力不应高于0.4MPa。

(2)民用建筑中宜采用外形美观、易于清扫的散热器。

(3)具有腐蚀性气体的工业建筑和相对湿度较大的房间（如卫生间、洗衣房、厨房等）应采用耐腐蚀的散热器。

(4)防粉尘或防尘要求高的工业建筑，应采用易于清扫的散热器（如光排管散热器）。

(5)热水供暖系统采用钢制散热器时，应采用闭式系统，并满足产品对水质的要求，在非供暖季节供暖系统应充水保养；蒸汽供暖系统不应采用钢制柱形、板形和扁管形等散热器。

(6)采用铝制散热器时，应选用内防腐型铝制散热器，并满足产品对水质的要求。

(7)安装量热表和恒温阀的热水采暖系统不宜采用水流通道内含有黏砂的铸铁等散热器。

三、散热器的布置

1. 一般建筑布置散热器时的规定

(1)散热器宜安装在外墙的窗台下，从散热器上升的热气流能阻止从玻璃窗下降的冷气流，使流经生活区和工作区的空气比较暖和舒适。也可放在内门附近人流频繁、对流散热较好处。当安装和布置管道有困难时，散热器也可靠内墙布置。

(2)双层门的外室及门斗不应设置散热器，以免冻裂，影响整个供暖系统的运行。楼梯间或其他有冻结危险的场所，其散热器应由单独的立、支管供热，且不得装设调节阀。

(3)楼梯、扶梯、跑马廊等贯通的空间容易形成烟囱效应，散热器应尽量布置在底层，当散热器过多，底层无法布置时，可按比例分布在下部各层。

(4)散热器应尽量明装。对内部装修要求高的房间和幼儿园的散热器必须暗装或加防护罩。暗装时装饰罩应有合理的气流通道、足够的流通面积，并方便维修。

(5)在垂直单管或双管热水供暖系统中，同一房间的两组散热器可以串联连接；储藏室、盥洗室、厕所和厨房等辅助用室及走廊的散热器，可同邻室串联连接。两串联散热器之间的串联管直径应与散热器接口直径（一般为$\phi 1\frac{1}{4}''$）相同，以便水流畅通。

(6)铸铁散热器的组装片数不宜超过以下数值:粗柱形(M132 型),20 片; 细柱形(四柱),25 片;长翼型,7 片。

2. 住宅建筑分户计量的散热器选用与布置

(1)安装热量表和恒温阀的热水供暖系统宜选用铜铝或钢铝复合型、铝制或钢制内防腐型、钢管型等非铸铁类散热器;必须采用铸铁散热器时,应选用内腔无黏砂型铸铁散热器。

(2)采用热分配表计量时,所选用的散热器应具备安装热分配表的条件。

(3)采用分户热源或供暖热媒水质有保证时,可选用铝制或钢制管形、板形等各种散热器。

(4)散热器的布置应确保室内温度分布均匀,并应尽可能缩短户内管道的长度。

(5)散热器罩会影响散热器的散热量和恒温阀及配表的工作,安装在装饰罩内的恒温阀必须采用外置传感器,传感器应设在能正确反映房间温度的位置。

第五节　室内供暖系统的管路布置与主要设备及附件

一、室内热水供暖系统的管路布置与设备附件

1. 室内热水供暖系统的管路布置

室内热水供暖系统管路布置合理与否,将直接影响到系统造价和使用效果。因此,系统管道走向布置应合理,以节省管材,便于调节和排除空气,而且要求各并联环路的阻力损失易于平衡。

供暖系统的引入口宜设置在建筑物热负荷对称分配的位置,一般设在建筑物中部,这样可以缩短系统的作用半径。在民用建筑和生产厂房辅助性建筑中,系统总立管在房间内的布置不应影响人们的生活和工作。

在布置供、回水干管时,首先应确定供、回水干管的走向。系统应合理地设若干支路,而且尽量使各支路的阻力易于平衡。图 9-33 所示为两种常见的供、回水干管的走向布置方式。其中,图 9-33(a)所示为有四个分支环路的异程式系统布置方式。其特点是系统南北分环,容易调节;各环的供、回水干管管径较小,但各环的作用半径过大,容易出现水平失调现象。图 9-33(b)所示为有两个分支环路的同程式系统布置形式。一般将供水干管的始端放置在朝北向一侧,而末端设在朝南向一侧。当然,还可以采用其他的管路布置方式,应视建筑物的具体情况灵活确定。在各分支环路上,应设置关闭和调节装置。

室内热水供暖系统的管路应明装,有特殊要求时,采用暗装。尽可能将立管布置在房间的角落。尤其在两外墙的交接处,每根立管的上、下应装阀门,以便检修放水。对于立管很少的系统,也可仅在分环供、回水干管上安装阀门。

对于上供下回式系统,供水干管多设在顶层顶棚下。顶棚的过梁底标高距窗户顶部的距离应满足供水干管的坡度和设置集气罐所需的高度。回水干管可敷设在地面上,地面上不容许设置(如过门时)或净空高度不够时,回水干管设置在半通行地沟或不通行地沟内。地沟上每隔一定距离应设活动盖板,过门地沟也应设活动盖板,以便于检修。

为有效地排除系统内的空气,所有水平供水干管应具有不小于 0.002 的坡度(坡向根据自然循环或机械循环而定)。如有条件限制,机械循环系统的热水管道可无坡度敷设,但管中的水流速度不得小于 0.25m/s。

对于住宅建筑室内热水供暖系统的管路布置,当集中供暖系统采用热量计量表按户进

行计量时，应采用共用立管的分户独立系统形式。建筑平面设计应考虑楼内系统供回水立管的布置，为便于安装维修和热表读数，系统的共用立管和入户装置宜设于单独的管道井内。管道井应布置在楼梯间等户外空间(图9-34)；户外空间无法设置时，也可布置在户内厨房等处，并应适当加大楼梯间或厨房的尺寸。

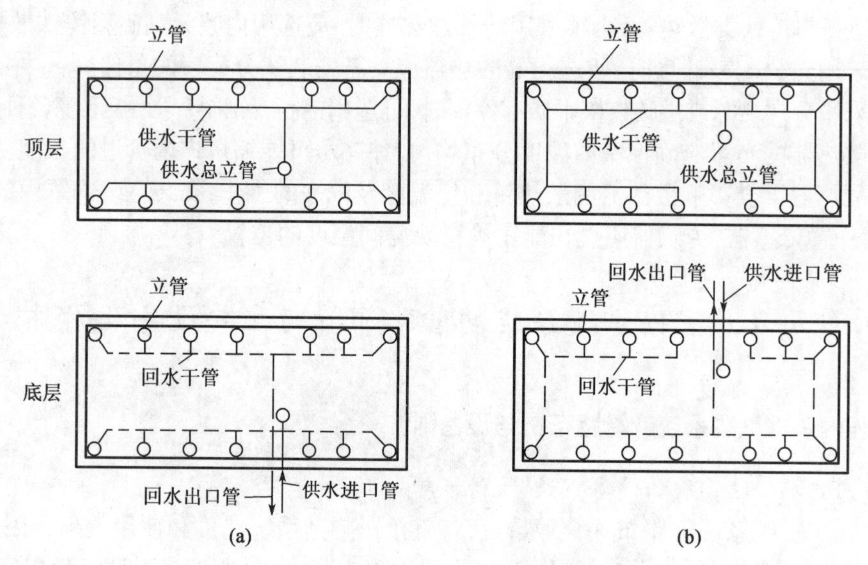

图9-33 常见的供、回水干管走向布置方式

(a)四个分支环路的异程式系统；(b)两个分支环路的同程式系统

分户安装热表时，水平系统的管道过门处理比较困难，可在设计与施工中把过门管道预先埋设在地面内(图9-35)。实施按户热表计量，室内管道增加既影响美观也占用了有效使用面积，且不方便布置家具，因此，条件允许时应首先考虑户内系统管道暗埋布置。暗埋管不应有连接口，且暗埋的管道应外加塑料套管。户内供暖系统有埋地单管水平跨越式，埋地双管水平式，埋地水平单、双管式，埋地水平放射式等类型。

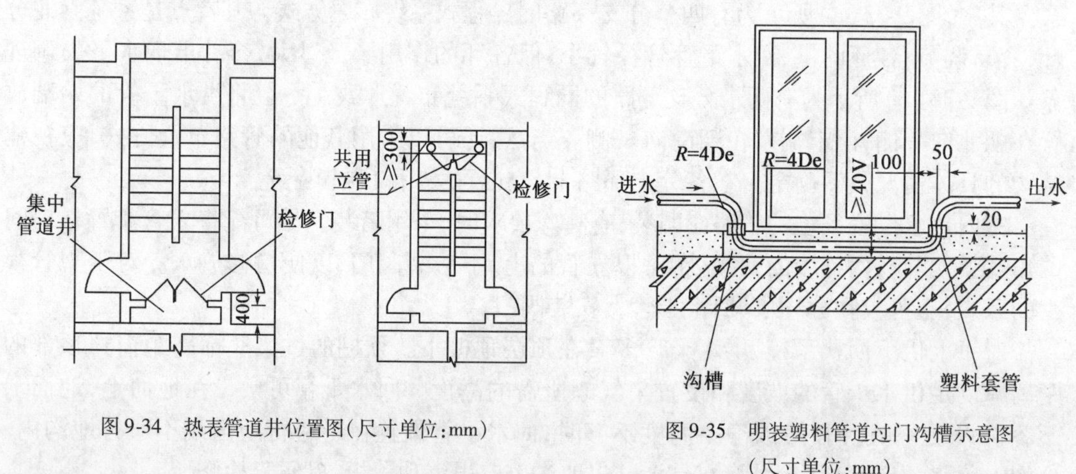

图9-34 热表管道井位置图(尺寸单位：mm)

图9-35 明装塑料管道过门沟槽示意图(尺寸单位：mm)

对于分户计量供暖系统，由于室内需布置水平供、回水干管，因此层高的尺寸应视室内供暖系统的具体形式确定。一般需增加60～100mm的层高。分户热计量热水集中供暖系统，应在建筑物热力入口处设置热力表、压差或流量调节装置、除污器或过滤器等设备。设有单体建筑热量总表的户内分户计量供暖建筑，如有地下室时，其热力入口装置应设在该建

筑物地下室专用小室内;如无地下室时,其热力入口装置可设在建筑物单元入口楼梯下部,或室外热力入口小室等场合。

2. 热水供暖系统的主要设备和附件

(1)膨胀水箱

膨胀水箱的作用是储存热水供暖系统加热的膨胀水量。在自然(重力)循环上供下回式系统中,它还起着排气作用。膨胀水箱的另一作用是恒定供暖系统的压力。

膨胀水箱一般用钢板制成,通常是圆形或矩形。图 9-36 所示为圆形膨胀水箱构造图。管路上连有膨胀管、溢流管、信号管、排水管及循环管等管路。

在自然(重力)循环系统中,膨胀管与供暖系统管路的连接点应位于供水总立管的顶端;在机械循环系统中,一般位于循环水泵吸入口前。连接点处的压力,无论在系统不工作或运行时,都是恒定的,此点因而也称为定压点。当系统充水的水位超过溢水管口时,通过溢流管将水自动溢流排出。溢流管一般可接到附近下水道。

信号管用来检查膨胀水箱是否存水,一般应引到管理人员容易观察到的地方(如接回锅炉房或建筑物底层的卫生间等)。排水管用来清洗水箱时放空存水和污垢,可与溢流管一起接至附近下水道。

在机械循环系统中,循环管应接到系统定压点前的水平回水干管上(图 9-37)所示。该点与定压点(膨胀管与系统的连接点)之间应保持 1.5 ~ 3m 的距离。这样可使少量热水能缓慢地通过循环管和膨胀管流过水箱,以防水箱里的水冻结。同时,膨胀水箱应考虑保温。在自然(重力)循环系统中,循环管也接到供水干管上,应与膨胀管保持一定的距离。

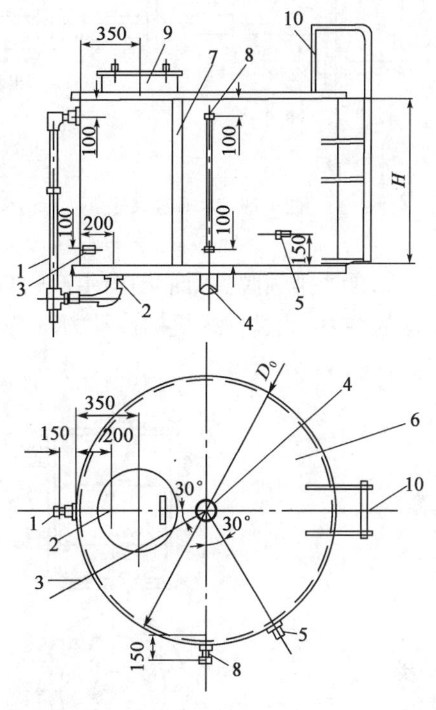

图 9-36　圆形膨胀水箱(尺寸单位:mm)

1-溢流管;2-排水管;3-循环管;4-膨胀管;5-信号管;6-箱体;7-内人梯;8-玻璃管水位计;9-人孔;10-外人梯

膨胀管、循环管和溢流管上严禁安装阀门,以防止系统超压及水箱水冻结或水从水箱溢出。

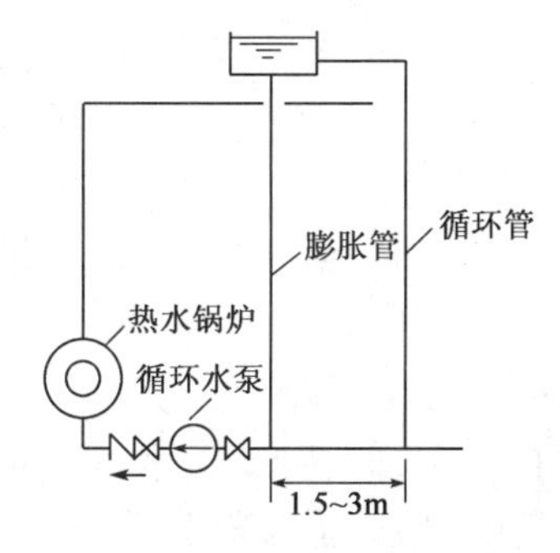

图 9-37　膨胀水箱与机械循环系统的连接方式

(2)热水供暖系统排除空气的设备

系统的水被加热时,会分离出空气。当系统停止运行时,通过不严密处也会渗入空气。充水后也会有空气残留在系统内。系统中如果积存空气,就会形成气塞影响水的正常循环。因此系统中必须设置排除空气的设备。目前常见的排气设备主要有集气罐、自动排气阀和冷风阀等几种类型。

①集气罐。集气罐用直径 100 ~ 250mm 的短管制成,其有立式和卧式两种,自动排气阀如图 9-38 所示(图中尺寸为国标图中最大型号的规格)。顶部连接直径 ϕ15mm 的排气

管。在机械循环上供下回式系统中,集气罐应设在系统各分支环路供水干管末端的最高处(图9-39)。当系统运行时,定期手动打开阀门将热水中分离出来并聚集在集气罐内的空气排除。

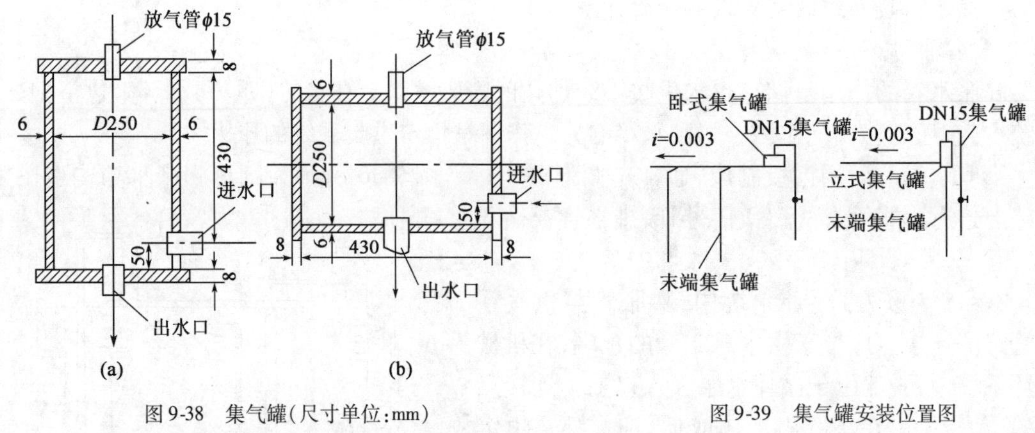

图 9-38 集气罐(尺寸单位:mm)
(a)立式;(b)卧式

图 9-39 集气罐安装位置图

②自动排气阀。目前国内生产的自动排气阀型式较多。其工作原理很多都是依靠水对浮体的浮力,通过杠杆机构传动力,使排气孔自动启闭,实现自动阻水排气的功能。自动排气阀如图 9-40 所示。

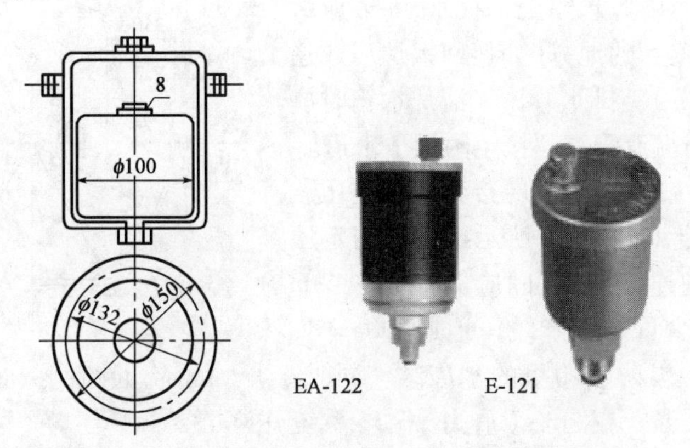

图 9-40 自动排气阀

③冷风阀。冷风阀多用在水平式和下供下回式系统中,其旋紧在散热器上部专设的丝孔上,以手动方式排除空气。冷风阀如图 9-41 所示。

(3)散热器温控阀

散热器温控阀是一种自动控制散热器散热量的设备,其由两部分组成:一是阀体部分,二是感温元件控制部分。当室内温度高于给定的温度值时,感温元件受热,其顶杆就压缩阀杆,使阀口关小;进入散热器的水流量减小,散热器散热量减小,室温下降。当室内温度下降到低于设定值时,感温元件开始收缩,其阀杆靠弹簧的作用,将阀杆抬起,阀孔开大,水流量增大,散热器散热量增加,室内温度开始升高,从而保证室温处在设定的温度值上。温控阀控温范围在 13~28℃,控制精度为 ±1℃。散热器温

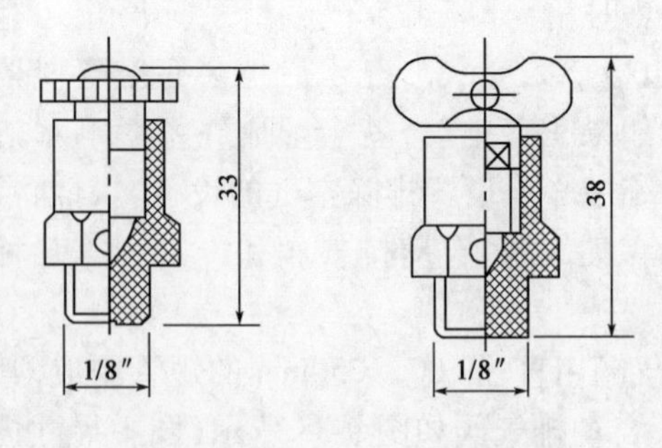

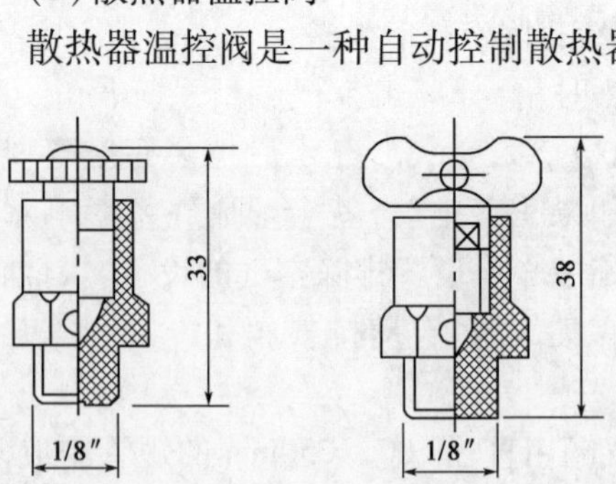

图 9-41 冷风阀(尺寸单位:mm)

控阀外形如图 9-42 所示。

图 9-42　散热器温控阀

(4)热计量仪表

热能表通过测量水流量及供、回水温度并经运算和累计得出某一系统使用的热能量。热能表包括流量传感器及流量计、供回水温度传感器、热表计算器(也称积分仪)几部分。根据所计量介质的温度可将热能表分为热量表和冷热计量表,通常情况下,统称为热量表;根据流量测量元件不同,可分为机械式、超声波式、电磁式等类型;根据热能表各部分的组合方式,可分为流量传感器与计算器分开安装的分体式和组合安装的紧凑式,以及计算器、流量传感器、供回水温度传感器均组合在一起的一体式。热量分配表有蒸发式和电子式两种。热量分配表不是直接测量用户的实际用热量,而是测量每个住户的用热比例,由设于楼入口的热量总表测算总热量,供暖季结束后,由专业人员读表,通过计算得出每户的实际用热量。

(5)水力控制阀

水力控制阀包括平衡阀、流量控制阀、压差控制阀和锁闭阀等几种类型。其中,锁闭阀是随着既有建筑采暖系统分户改造工程与分户采暖工程的实施出现的,前者常采用三通阀,后者常采用两通型,主要作用都是关闭功能,是必要时采取强制措施的手段。阀芯可采用闸阀、球阀、旋塞阀的阀芯,分为单开型锁与互开型锁两种类型。有的锁闭阀不仅可关断,还具有调节功能。此类型的阀门可在系统试运行调节后,将阀门锁闭。既有利于系统的水力平衡,又可避免由于用户的“随意”调节而造成失调现象的发生。

(6)分、集水器

此处涉及的分、集水器是在低温热水辐射采暖室内系统中使用的,用于连接各路加热盘管的供、回水管的配、汇水装置。分、集水器是通过本体的螺纹与主干管道连接,各分支管道与本体上的各接头螺纹相连接而实现主干管道至各分支管道的分流或把各分支管道集流至主干管道的一种连接部件。

分水器的作用是将低温热水平稳地分开并导入每一路的地面辐射供暖所铺设的盘管内,实现分室供暖和调节温度的目的,而集水器是将散热后的每一路内的低温水汇集到一起。一般的分、集水器由主体 1、接头 2、橡胶密封圈 3、丝堵 4、放气阀 5(可以是手动或自动)等构成,如图 9-43 所示。分、集水器接头 2 上应设置可关断阀门。有的分、集水器上安装带有刻度的温控阀,具有一定的调节功能。分、集水器的材质一般为铜,但近年随着有色金属价格的上涨,出现了一些合成塑料材质的替代品。

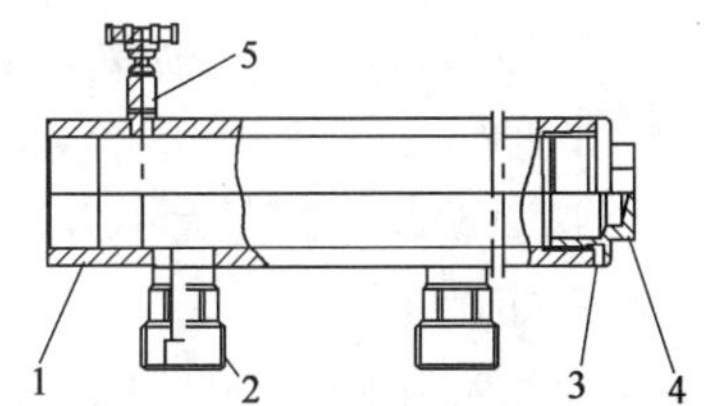

图 9-43　分、集水器的基本结构示意图

1-主体;2-接头;3-密封圈;4-丝堵;5-放气阀

二、室内蒸汽供暖系统的管路布置与主要设备附件

1. 室内蒸汽供暖系统的管路布置

室内蒸汽供暖系统管路布置大多采用上供下回式。当地面不便布置凝水管时,也可采用上供上回式。上供上回式布置方式必须在每个散热设备的凝水排出管上安装疏水器和止回阀。

在蒸汽供暖管路中,需排除沿途凝水,以免发生蒸汽系统常有的"水击"现象,这是设计人员必须考虑的一个重要问题。在蒸汽供暖系统中,沿管壁凝结的沿途凝水可能被高速的蒸汽流裹带,形成随蒸汽流动的高速水滴;落在管底的沿途凝结水也可能被高速蒸汽流重新掀起,形成"水塞",并随蒸汽一起高速流动,在遭到阀门、拐弯或向上的管段等使流动方向改变时,水滴或水塞在高速下与管件或管子撞击,就会产生"水击",从而出现噪声、振动或局部高压现象,严重时能破坏管件接口的严密性和管路支架。

为减轻水击现象,水平敷设的供汽管路必须具有足够的坡度,并尽可能保持汽、水同向流动,蒸汽干管汽水同向流动时,坡度宜采用0.003,特殊情况下不得小于0.002。进入散热器支管的坡度 $i=0.01\sim0.02$。

供汽干管向上拐弯处,必须设置疏水装置。通常宜装置耐水击的双金属片型的疏水器,以定期排出沿途来的凝水。当供汽压力低时,也可使用水封装置。此外,为使空气能顺利排除,当干凝水管路(无论低压或高压蒸汽系统)通过过门地沟时,必须设空气绕行管。当室内高压蒸汽供暖系统的某个散热器需要停止供汽时,为防止蒸汽通过凝水管窜入散热器,每个散热器的凝水支管上都应增设阀门,供关断用。

2. 室内蒸汽供暖系统的主要设备附件

(1)疏水器

疏水器的主要作用是自动阻止蒸汽逸漏,迅速地排出用热设备及管道中的凝水,同时排除系统中积留的空气和其他不凝性气体。疏水器是蒸汽供热系统中最重要的设备,其工作状况对系统运行的可靠性和经济性影响极大。根据疏水器的作用原理不同,一般可分为机械型疏水器(如浮筒式、自由浮球式、倒吊筒式)、热动力型疏水器(如圆盘式、脉冲式、孔板或迷宫式)及热静力型(如波纹管式、双金属片式等)等。无论哪一种类型的疏水器,在性能方面,应能在单位压降下的排凝水量较大,漏汽量要小(标准为不应大于实际排水量的3%),同时能顺利地排除空气,而且应对凝水的流量、压力和温度的波动适应性强。在结构方面,应结构简单,活动部件少,并便于维修,体积小,金属耗量少;同时,使用寿命长。近十年来,我国疏水器的制造有了长足的进展,开发了不少新产品,但对于蒸汽供热系统的重要设备,疏水器的漏、短、缺问题仍未能得到很好的解决。漏——密封面漏汽;短——使用寿命短;缺——品种规格不全。提高产品性能仍是目前迫切需要解决的问题。

(2)减压阀

减压阀通过调节阀孔大小,对蒸汽进行节流,从而达到减压目的,并能自动地将阀后压力维持在一定范围内。

目前国产减压阀分为活塞式、波纹管式和薄膜式等几种。图9-44所示为减压阀安装标准图式。旁通管的作用是保证供汽,当减压阀发生故障需要检修时,可关闭减压阀两侧的截止阀,暂时通过旁通管供汽,减压阀两侧应分别装设高压和低压压力表,为防止减压后的压力超过允许的限度,阀后应装安全阀。

(3)二次蒸发箱

二次蒸发箱的作用是将室内各用汽设备排出的凝水，在较低的压力下分离出一部分二次蒸汽，并将低压的二次蒸汽输送到热用户利用，二次蒸发箱构造简单，如图 9-45 所示。高压含汽凝水沿切线方向的管道进入箱内，由于进口阀的节流作用，压力下降，凝水分离出一部分二次蒸汽。水的旋转运动更易使汽水分离，水向下流动，沿凝水管送回凝水箱。二次蒸发箱的容积 V 可按每 $1m^3$ 容积每小时分离出 $2000m^3$ 蒸汽来确定。箱中按 20% 的体积存水，80% 的体积为蒸汽分离空间。二次蒸发箱的型号及规格参见国家标准图集。

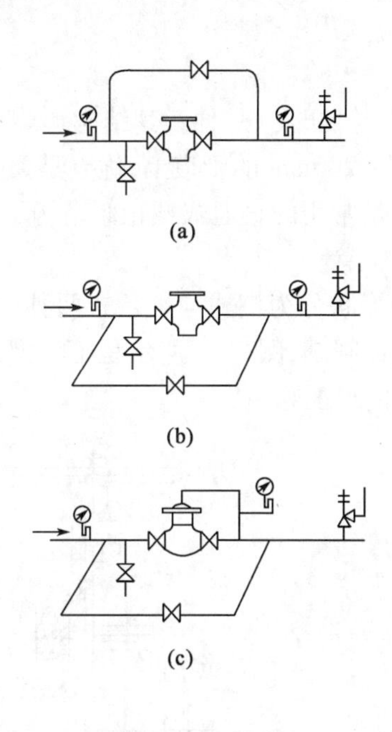

图 9-44　减压阀

(a)活塞式减压阀旁通管垂直安装；

(b)活塞式减压阀旁通管水平安装；

(c)薄膜式或波纹管式减压阀安装

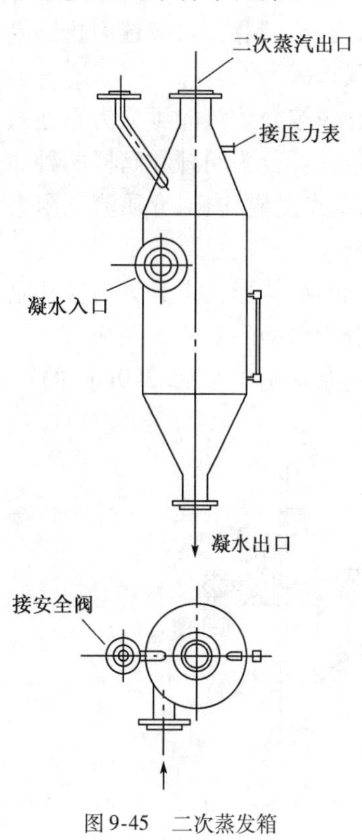

图 9-45　二次蒸发箱

第六节　供热管道及其附件

供热管道及其附件是供热管线输送热媒的主体部分。供热管道附件是供热管道上的管件(三通、弯头等)、阀门、补偿器、支座和器具(放气、放水、疏水、除污等装置)的名称。这些附件是构成供热管线和保证供热管线正常运行的重要部分。

一、供热管道

供热管道通常都采用钢管。钢管的最大优点是能承受较大的内压力和动荷载，管道连接简便；缺点是内部及外部容易腐蚀。室内供热管道常采用水煤气管或无缝钢管；室外供热管道都是采用无缝钢管和钢板卷焊管。当 DN > 200mm 时，多采用螺旋焊缝钢管。

钢管的连接可采用焊接、法兰连接和丝扣连接。焊接的主要优点是连接可靠，施工简便迅速，广泛用于供热管道及钢制附件(如方型补偿器、套筒补偿器等)的连接。法兰连接装卸方便，常用在管道与设备、阀门等需要拆卸的附件连接上。对于室内供热管道，通常借助三通、四通、管接头等管件，进行丝扣连接，也可采用焊接或法兰连接。

二、阀门

阀门是用来开闭管路和调节输送介质流量的设备。在供热管道上，常用的阀门有截止阀、闸阀、蝶阀、止回阀、调节阀和球阀等形式。

应根据阀门用途、热媒种类、最大工作压力、热媒温度、管道直径来选用阀门。用于截断或接通流体时，选用闸阀、截止阀、旋塞阀等；用于调节流量和压力时可选用调节阀、节流阀、减压阀；用于限制流向，应选用止回阀；用于安全保护，应选用安全阀。

1. 截止阀

截止阀按介质流向可分为直通式、直角式和直流式（斜杆式）三种。其结构形式按阀杆螺纹的位置可分为明杆和暗杆两种。截止阀常用于 DN < 200mm 的管道上，优点是关闭严密性较好，缺点是阀体长，介质流动阻力大。图 9-46 所示是常用的直通式截止阀结构示意图。

2. 闸阀

闸阀的结构形式也分为明杆和暗杆两种；按闸板的形状分为楔式与平行式两种；按闸板的数目分为单板和双板。图 9-47 所示是明杆平行式双板闸阀；图 9-48 所示是暗杆楔式单板闸阀。闸阀常用于 DN > 200mm 的管道上，优缺点与截止阀正好相反。

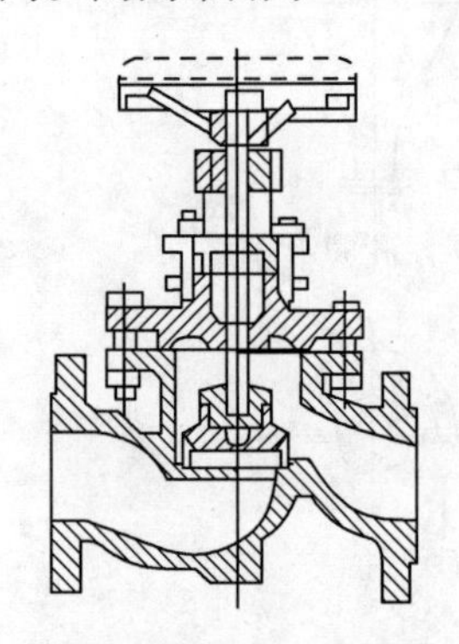

图 9-46　直通式截止阀

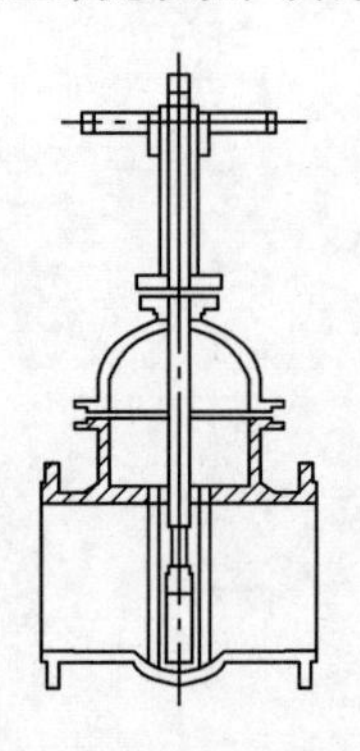

图 9-47　明杆平行式双板闸阀

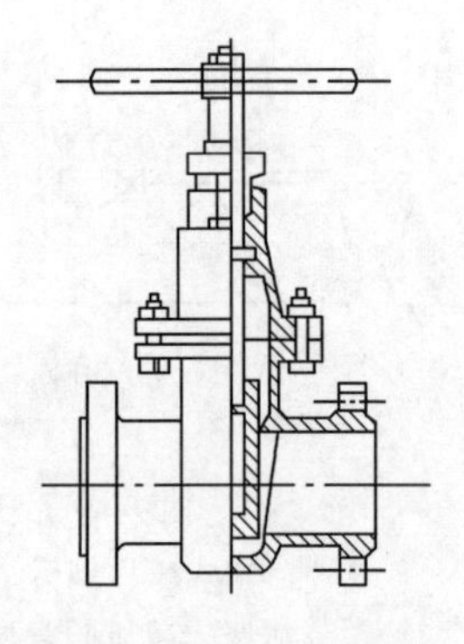

图 9-48　暗杆楔式单板闸阀

截止阀和闸阀主要起开闭管路的作用。由于其调节性不好，不适用于调节流量。

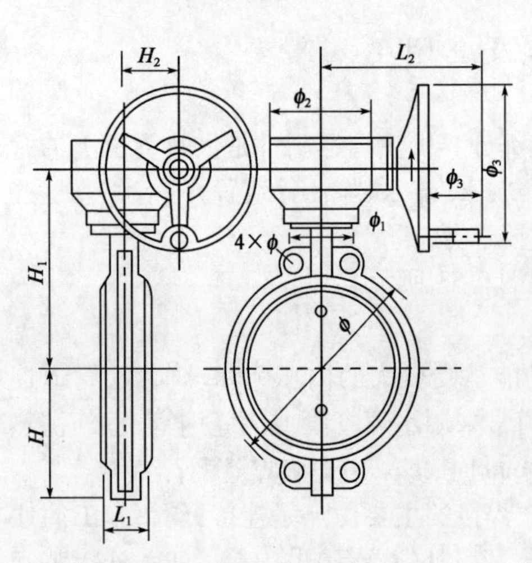

图 9-49　蝶阀结构示意图

3. 蝶阀

图 9-49 所示是蜗轮传动型蝶阀，阀板沿垂直管道轴线的立轴旋转，当阀板与管道轴线垂直时，阀门全闭；当阀板与管道轴线平行时，阀门全开。蝶阀阀体长度很小，流动阻力小，调节性能稍优于截止阀和闸阀，但造价高。蝶阀在国内热网工程上的应用逐渐增多。

截止阀、闸阀和蝶阀的连接方式可采用法兰、螺纹连接或焊接。它们的传动方式可手动（用于小口径）和齿轮、电动、液动和气动等（用于大口径）。

4. 止回阀

止回阀是用来防止管道或设备中介质倒流的一种阀门。其利用流体的动能来开启阀门。在供热系统中,止回阀常安装在泵的出口、疏水器出口管道上以及其他不允许流体反向流动处。

常用的止回阀主要有旋启式和升降式两种。图9-50所示是旋启式止回阀,图9-51所示是升降式止回阀。旋启式止回阀密封性差,一般多用在垂直向上流动或大直径的管道上。升降式止回阀密封性较好,但只能安装在水平管道上,一般多用于公称直径小于200mm的管道上。

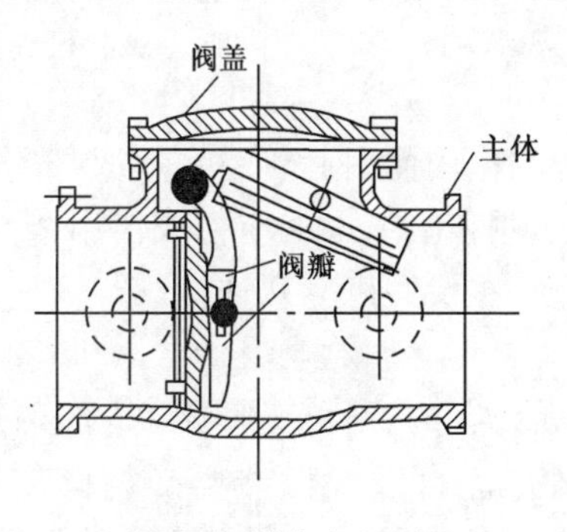

图9-50　旋启式止回阀

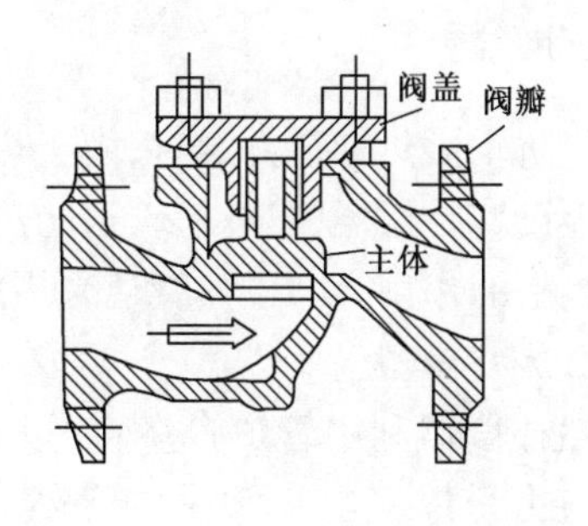

图9-51　升降式止回阀

5. 手动调节阀

当需要调节供热介质流量时,在管道上可设置手动调节阀。如图9-52所示,手动调节阀阀瓣呈锥形,通过转动手轮调节阀瓣的位置可以改变阀瓣与阀体通径间形成的缝隙面积,从而调节介质流量。

三、管道的放气、排水及疏水装置

为了便于热水管道和凝水管道顺利地放气和在运行或检修时排净管道中的水,以及从蒸汽管道中排出沿途凝水,地下敷设供热管道宜设坡度,且坡度不小于0.002,同时应配置相应的放气、排水及疏水装置。

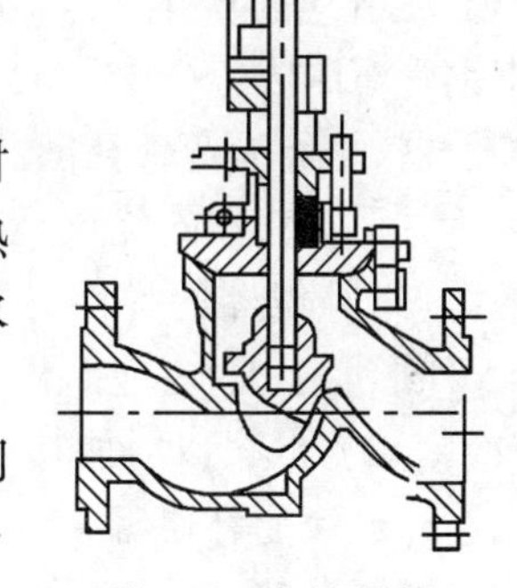

图9-52　手动调节阀

放气装置应设在热水、凝结水管道的最高点处(包括分段阀门划分的每个管段的高点处)。放气阀门的管径一般采用ϕ15～32mm。

热水和凝结水管道的低点处(包括分段阀门划分的每个管段的低点处),应安装放水装置。热水管道的放水装置应保证一个放水段的排水时间不超过以下规定:对于DN≤300mm的管道,放水时间为2～3h;对于350mm≤DN≤500mm的管道,放水时间为4～6h;对于DN≥600mm的管道,放水时间为5～7h。规定放水时间主要是考虑冬季出现事故时能迅速放水,缩短抢修时间,以免供暖系统和管路冻结。

热水和凝水管放气和排水装置位置的示意图如图9-53所示。

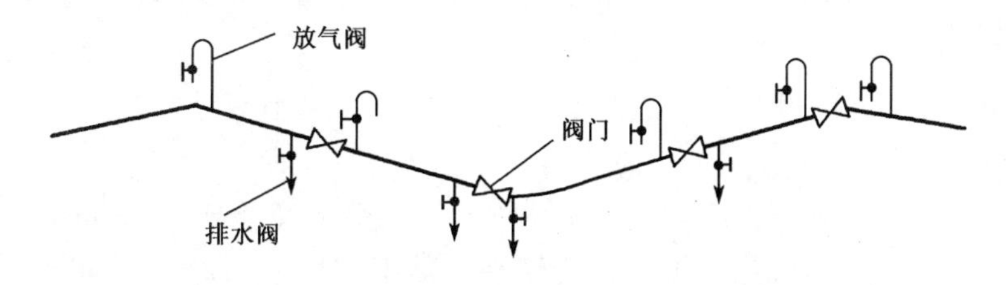

图9-53　热水和凝水管道放气和排水装置位置示意图

为了排除蒸汽管道的沿途凝水，蒸汽管道的低点和垂直升高的管段应设启动疏水和经常疏水装置。此外，同一坡向的管段，在顺坡情况下每隔 400～500mm，逆坡时每隔 200～300mm 应设置启动疏水和经常疏水的装置。经常疏水装置排出的凝结水宜排入凝结水管道，以减少热量和水量的损失。当管道中的蒸汽在任何运行工况下均为过热状态时，可不装经常疏水装置。

四、补偿器

为了防止供热管道升温时，由于热伸长或温度应力的作用而引起管道变形或破坏，需要在管道上设置补偿器，以补偿管道的热伸长，从而减小作用在管壁上的应力或作用在阀件或支架结构上的作用力。供热管道采用的补偿器种类很多，主要有以下几种。

1. 自然补偿器

自然补偿器利用管道自然转弯构成的几何形状所具有的弹性来补偿管道的热膨胀，使管道应力得以减小。常见的自然补偿器有 L 形、Z 形。自然补偿器不必特设补偿器。因此，布置热力管道时，应尽量利用所有的管道原有弯曲的自然补偿器。自然补偿器的优点是装置简单、可靠、不另占地和空间，缺点是管道变形时产生横向位移，补偿的管段不能很长。

2. 方形补偿器

方形补偿器通常是由 4 个 90°弯头构成"U"形的补偿器，如图 9-54 所示。靠其弯管的变形，补偿管段的热伸长。方形补偿器通常由无缝钢管煨弯或机制弯头组合而成。此外，也有将钢管弯曲成"S"形或"Ω"形的补偿器。这种用与供热直管同径的钢管构成呈弯曲形状的补偿器，总称为弯管补偿器。

方形补偿器的优点是制造安装方便，不需要经常维修，补偿能力大，作用在固定点上的推力（即补偿器的弹性力）较小，可用于各种压力和温度条件；缺点是补偿器介质流动阻力大，外形尺寸大，占地面积大。方形补偿器在供热管道上应用很普遍。安装时经常采用冷拉（冷紧）的方法，以增加其补偿能力或达到减小对固定支座推力的目的。

3. 波纹管补偿器

如图 9-55 所示，波纹管补偿器是用单层或多层薄金属管制成的具有轴向波纹的管状补偿设备。工作时，其利用波纹变形进行管道热补偿。对波形补偿器进行安装前应预拉伸，拉伸值为热伸长量的 50%。波形补偿器的优点是体积小、节省钢材、流体阻力小，缺点是补偿能力小、轴向推力大、安装质量要求较严格。

图 9-54　方形补偿器　　　　图 9-55　波形补偿器

4. 套筒补偿器

图 9-56 所示为单向套筒补偿器。套筒补偿器一般用于管径 DN＞150mm、工作压力较小且安装位置受到限制的供热管道上。套筒补偿器不宜用于不通行管沟敷设的管道上。单向套筒补偿器应安装在固定支架近旁的平直管段上，并在其活动侧设导向支架。双向

套筒补偿器设在两固定支架中间，套筒须固定。套筒补偿器的优点是安装简单、尺寸紧凑、补偿能力较大、介质流动阻力小、造价低、承压能力大；缺点是轴向推力大、造价高、需经常检修和更换填料，否则容易漏水、漏汽；当管道变形产生横向位移时，容易造成填料圈卡住。

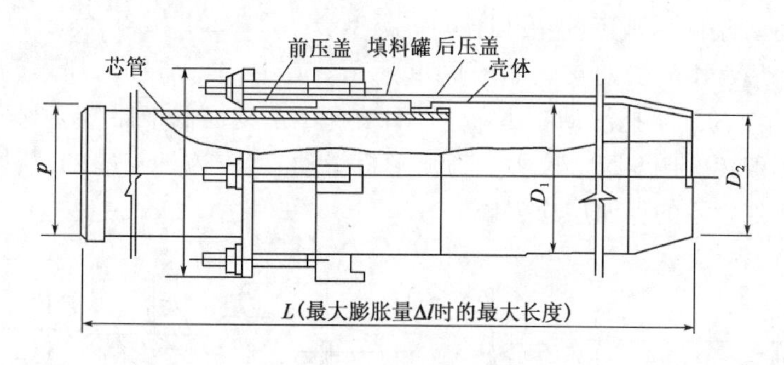

图 9-56　单向套筒补偿器

为了消除套筒补偿器的轴向推力，可将套筒补偿器做成图 9-57 所示的型式，称为无推力套筒补偿器。这种补偿器既有安装简单、尺寸紧凑、占地少、补偿能力较大、承压能力强、阻力小等普通套筒补偿器的优点，又克服了普通套筒补偿器轴向推力大的缺点，因此称为无推力套筒补偿器。其有 DN50 ~ 160mm 各种规格，填料的耐温可达 60℃，耐压为 4.0MPa。采用无推力套筒补偿器时管道的活动支架和固定支架设计计算，除不计算推力外，其余与普通套筒补偿器相同。为保证管道无侧向位移而沿轴向伸缩，补偿器一般应安装在固定支架的近旁，并应在活动侧设导向支架，在管道转弯处，必须安装固定支架。套筒补偿器在各种气温下安装，都不需预拉伸或预压紧。

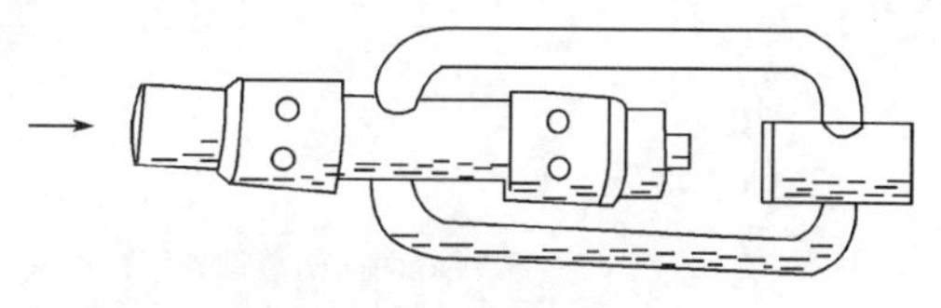
图 9-57　无推力套筒补偿器

5. 球形补偿器

球形补偿器利用球形管接头的随机弯转来吸收管道的热伸长，其工作原理如图 9-58 所示，三向位移的蒸汽和热水管道宜采用这种补偿器。球形补偿器的优点是补偿能力大（比方形补偿器大 5 ~ 10 倍）、变形应力小、所需空间小、不存在推力、能做空间变形，适用于架空敷设，从而减少补偿器和固定支架数量。其缺点是存在侧向位移，制造要求严格，否则容易漏水漏汽，要求加强维修等。材料采用石棉夹铜丝盘根，更换填料时需要松开压盖。维修比较方便。

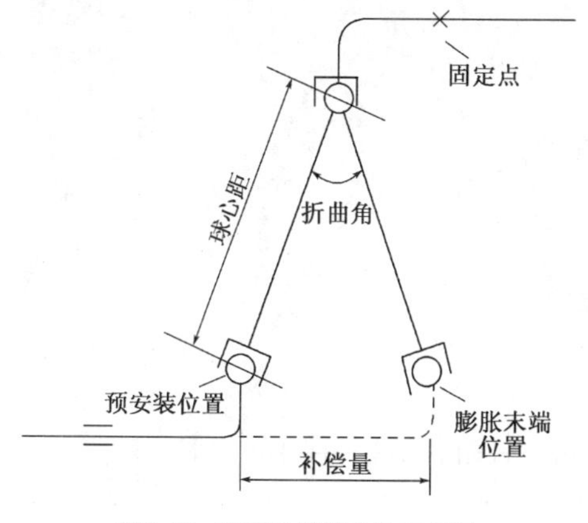

图 9-58　球形补偿器动作原理图

五、管道支座

管道支座是供热管道的重要构件。管道支座承受从管道传来的内压力、外载负荷作用力（重力、摩擦力、风力等）和温度变形的弹性力，并将这些力传递到支承结构物（支架）或地上去。供热管道常用的支座分为活动支座和固定支座两种。

1. 活动支座

供热管道上设置的活动支座的作用在于承受供热管道的本身自重、管内流体重量、保温结构重量等。室外架空敷设的管道的活动支座还承受风载荷。

管道的活动支座还应保证管道在发生温度变形时能够自由地移动。活动支座按其构造和功能可分为滑动、滚动、弹簧、悬吊和导向等类型。

热力管道上最常用的滑动支座如图9-59所示。其中,图9-59(a)所示为曲面槽滑动支座;图9-59(b)所示为丁字托滑动支座。这两种支座的滑动面低于保温层,管道由支座托住,保温层不会受到破坏。图9-59(c)所示为弧形板滑动支座,这种支座的滑动面直接与管接触。在安装支座处管道的保温层应去掉。

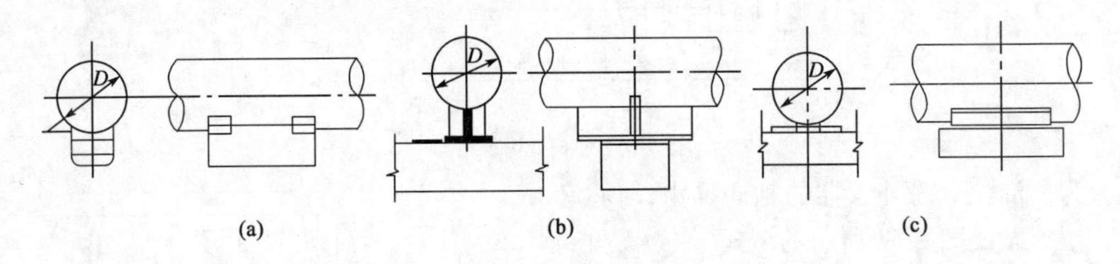

图9-59　滑动支座

(a)曲面槽滑动支座;(b)丁字托滑动支座;(c)弧形板滑动支座

滚动支座(图9-60)和滚柱支座利用了滚子的转动,从而大大减小了管道受热伸长移动时的摩擦力,使支承板结构尺寸减小,节省材料。但这两种支座的结构都较复杂,一般只用于热媒温度较高和管径较大的室内或架空敷设管道,对于地下不通行管沟敷设的管道,禁止使用滚动和滚柱支座,以免这种支座在沟内锈蚀导致滚子和滚柱损坏不能转动,反而成为不好滑动的支座。

供热管道有垂直位移处常设弹簧悬吊支架(图9-61)。悬吊支架的优点是结构简单、摩擦力小,缺点是由于沿管道安装的各悬吊支架的偏移幅度小因而可能引起管道扭斜或弯曲。因此,采用套管补偿器的管道,不能用悬吊支架。

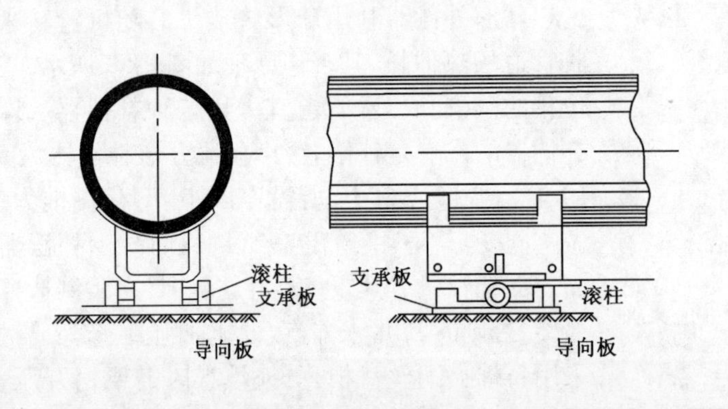

图9-60　滚动支座

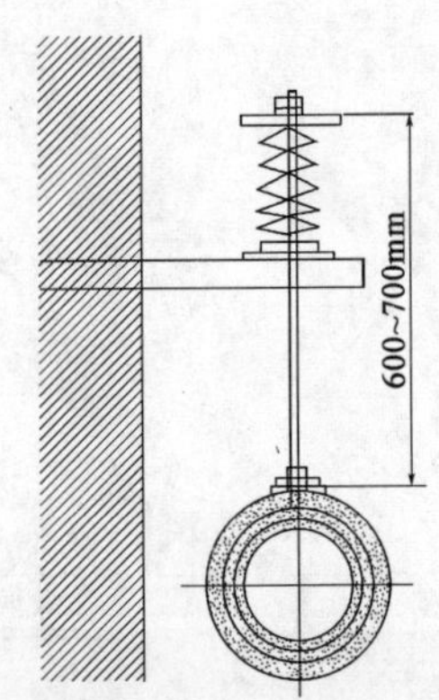

图9-61　弹簧悬吊支架

2. 固定支座

固定支座(架)是不允许管道和支承结构有相对位移的管道支座(架),其主要用于将管道划分成若干补偿管段,分别进行补偿,从而保证补偿器正常工作。

通常,供热管道的下列位置应设置固定支座:补偿器的两端,管道节点分岔处,管道弯处及管道进入热力入口前处。最常用的固定支座是金属结构型,采用焊接或螺栓连接方法将管道固定在支座(架)上。金属结构的固定支座形式很多,常用的如图9-62所示。

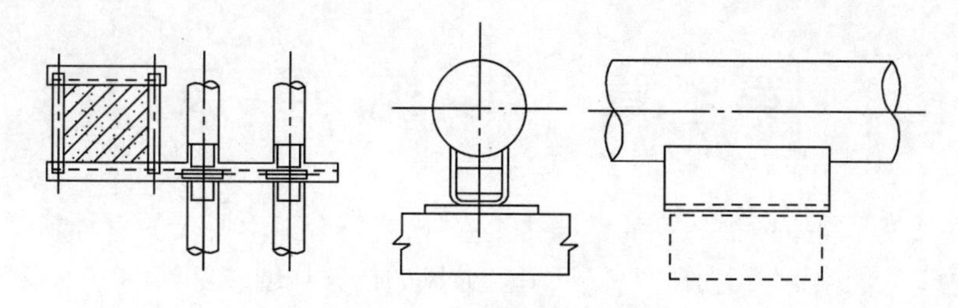

图9-62　金属结构固定支座

思　考　题

1. 供暖方式的选择与哪些因素有关?
2. 按散热方式不同,供暖系统可以分为哪几类?
3. 试叙述低温辐射供暖的分类及特点。
4. 住宅分户热计量供暖系统的热力入口装置包括哪些设备和附件?

第十章 建筑通风

建筑通风，就是将室内被污染的空气排至室外，将符合卫生要求的室外新鲜空气送进室内，以保持适于人们生活或生产的空气环境。通风的任务是创造良好的室内空气环境，对室内排出的废气进行必要的处理使其符合排放标准，避免或减少对大气的污染。

第一节 建筑通风方式

建筑通风按照促使气流运动的动力不同，可分为自然通风和机械通风两种类型；按照通风系统的作用范围，可以分为局部通风和全面通风两种类型；按照气流的运动方向，可以分为送风和排风两种类型。对于建筑物而言，向房间送入空气称为送风，从房间排出空气称为排风。

1. 自然通风

自然通风依靠室外风力造成的风压和室内外空气温度差所造成的热压使空气流动，以达到交换室内外空气的目的。

(1)热压作用下的自然通风

图10-1所示为利用热压进行通风的示意图。从图中可以看出，由于室内空气温度高、密度小，则产生了一种上升的力，使房间中的空气上升后从上部窗孔排出，而此时室外的冷空气就会从下边的门窗或缝隙进入室内，使工作区的环境得以改善。

(2)风压作用下的自然通风

图10-2所示为利用风压进行通风的示意图。室外气流遇到建筑物时，动压转变成静压，在不同朝向的维护结构外表面上形成风压差。在迎风面上产生正压面，而在背风面上产生负压面。在这个风压的作用下，室外空气通过建筑物迎风面上的门、窗的孔口或缝隙进入室内，室内空气则由背风面、侧面上的门、窗口排出。

(3)热压和风压同时作用下的自然通风

在大多数实际工程中，建筑物是在热压和风压的同时作用下进行自然通风换气的。一般来说，在这种自然通风中，热压作用的变化较小，风压作用的变化较大，图10-3所示即为热压和风压同时作用下形成的自然通风。用热压和风压来进行换气的自然通风对于产生大量余热的生产车间是一种既经济又有效的通风方法。如机械制造厂的铸造热处理车间，各种加热炉、冶炼炉车间均可利用自然通风。自然通风量的大小与许多因素有关，如室内外温差，室外风速、风向，门窗的面积、形式和位置等，因此在有些情况下，完全依靠自然通风不能满足建筑物内空气环境的要求。

2. 机械通风

依靠通风机产生的动力来迫使室内外空气进行交换的方式称为机械通风。图10-4所示为某车间的机械送风系统。机械通风可以根据作用压力的大小选择不同的风机，可以通过管道把空气按要求的送风速度送到指定地点，也可以从任意地点按要求的吸风速度排除被污染的空气。机械通风可适当地组织室内气流的方向，并且可根据需要对进风或排风进行各种处理。此外,也便于调节通风量和稳定通风效果。但是,机械通风需要消耗电能,风机和风道等设备还会占用一部分面积和空间,且工程设备费和维护费较大,安装管理较为复杂。

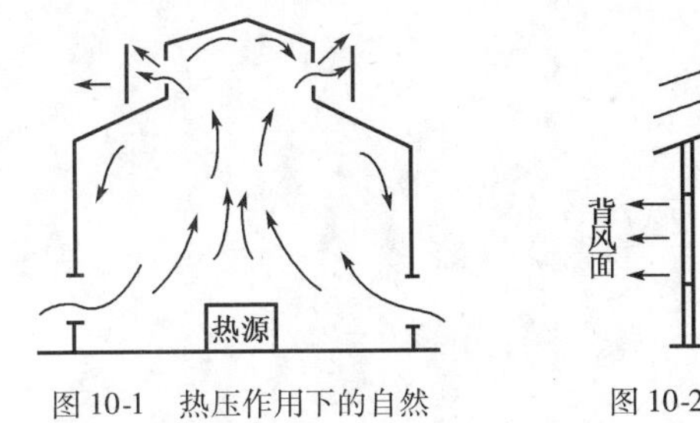

图 10-1　热压作用下的自然通风

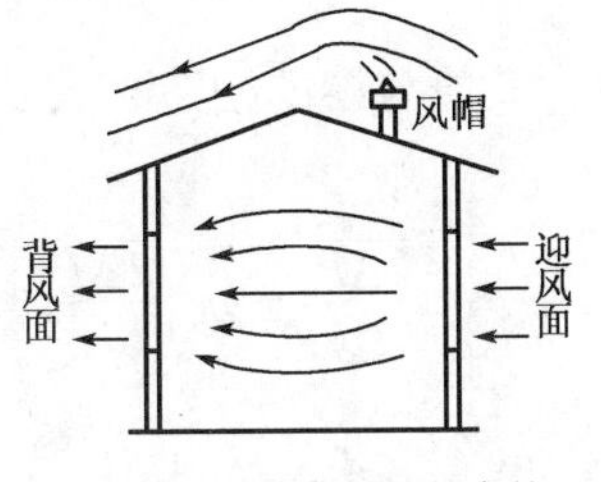

图 10-2　风压作用下的自然通风

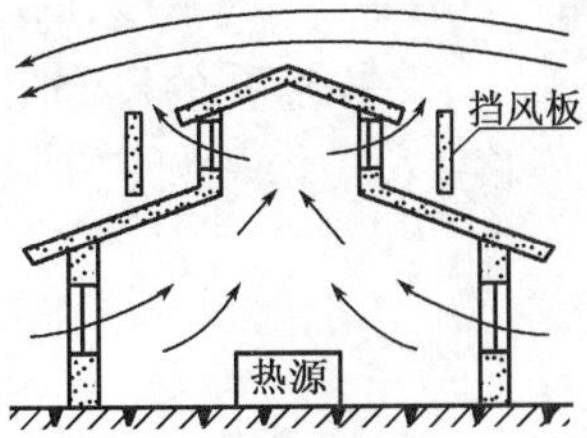

图 10-3　风压和热压同时作用下的自然通风

按照通风系统应用范围的不同,机械通风还可分为全面通风和局部通风两种类型。

(1)全面通风

全面通风就是对整个房间进行通风换气,也称稀释通风。全面通风可使室内有害物浓度降到最高容许值以下,同时把污浊空气不断排至室外。全面通风包括全面送风和全面排风两种类型。

(2)局部通风

局部通风是利用局部气流,使局部工作地点的空气环境保持良好,不受有害物的污染。局部通风包括局部送风与局部排风两种类型,如图 10-5,图 10-6 所示。

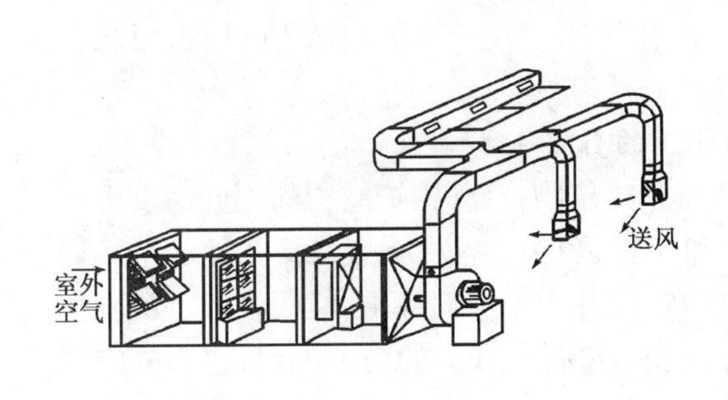

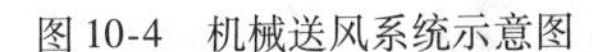

图 10-4　机械送风系统示意图

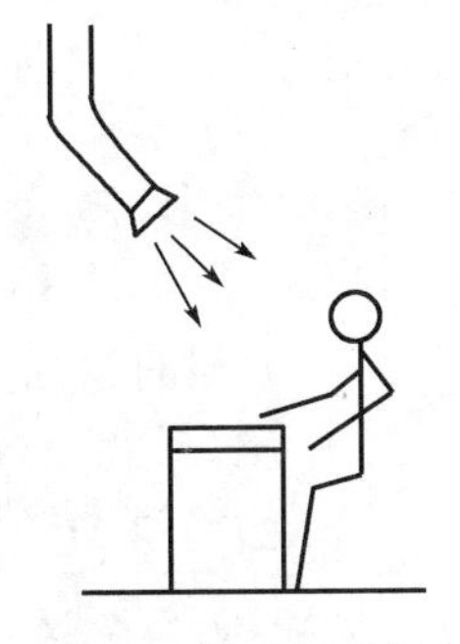

图 10-5　局部送风示意图

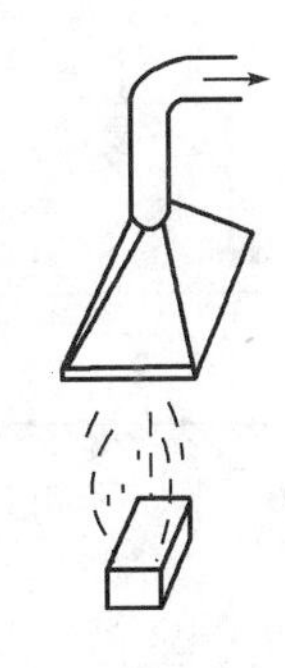

图 10-6　局部排风示意图

第二节　自 然 通 风

自然通风不消耗机械动力,是一种经济的通风方式,对于产生大量余热的车间,利用自然通风可产生巨大的通风换气量。由于自然通风易受室外气象条件的影响,特别是风力的作用很不稳定,所以自然通风主要用于热车间排除余热。某些热设备的局部排风也可采用自然通风方式。

一、自然通风作用原理

如果建筑物外墙上的窗孔两侧存在压力差 ΔP,就会有空气流过该窗孔,空气流过窗孔时的阻力就等于 ΔP。

$$\Delta P = \xi \frac{v^2}{2}\rho \tag{10-1}$$

式中：ΔP——窗孔两侧的压力差，Pa；

v——空气流过窗孔时的流速，m/s；

ρ——空气密度，kg/m^3；

ξ——窗孔的局部阻力系数，其值与窗的构造有关。

将式(10-1)改写成下式：

$$v = \sqrt{\frac{2\Delta P}{\xi\rho}} = \mu\sqrt{\frac{2\Delta P}{\rho}} \tag{10-2}$$

式中：μ——窗孔的流量系数，$\mu = \frac{1}{\sqrt{\xi}}$，$\mu$ 值一般不大于 1。

则通过窗孔的空气体积数量 L 为：

$$L = vF = \mu F\sqrt{\frac{2\Delta P}{\rho}} \tag{10-3}$$

其质量流量 G 为：

$$G = L\rho = \mu F\sqrt{2\Delta P\rho} \tag{10-4}$$

式中：F——窗孔的面积，m^2。

由式(10-3)和式(10-4)可以看出，只要已知窗孔两侧的压力差 ΔP 和窗孔面积 F 就可以求出通过该窗孔的空气体积数量 L 或 G。可见，要想提高自然通风效果，即增加 L 或 G，必须增加窗孔两侧空气的压力差 ΔP 或加大窗孔面积 F。

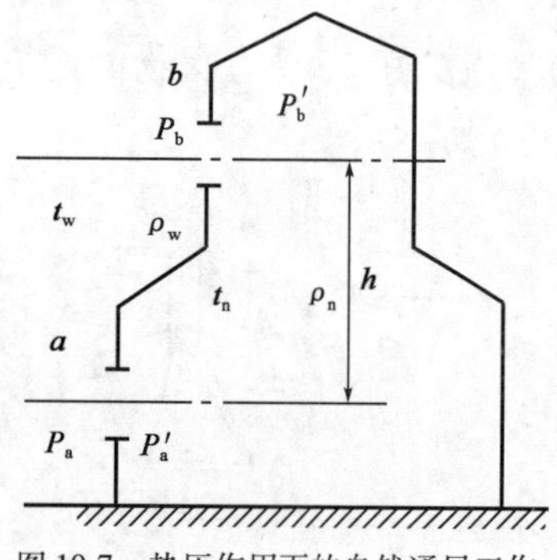

图 10-7　热压作用下的自然通风工作原理

1. 热压作用下的自然通风

如图 10-7 所示建筑物，其外围护结构的不同高度上分别设有窗孔 a 和 b，两者的高差为 h；假设窗孔外的空气静压力分别为 P_a、P_b，窗孔内的空气静压力分别为 P'_a、P'_b。用 ΔP_a 和 ΔP_b 分别表示窗孔 a 和 b 的内外压差；室内外空气的密度和湿度分别表示为 ρ_n、t_n 和 ρ_w、t_w，且 $t_n > t_w$，$\rho_n < \rho_w$。若先将上窗孔 b 关闭，下窗孔 a 开启，则下窗孔 a 两侧空气在压力差 ΔP_a 的作用下流动，最终将使 P_a 等于 P'_a，即室内外压力差 ΔP_a 为零，空气便停止流动。这时上窗孔 b 两侧必然存在压力差 ΔP_b，按静压强分布规律可以求得 ΔP_b。

$$\begin{aligned}\Delta P_b &= P'_b - P_b = (P'_a - \rho_n gh) - (P_a - \rho_w gh)\\ &= (P'_a - P_a) + gh(\rho_w - \rho_n)\\ &= \Delta P_a + gh(\rho_w - \rho_n)\end{aligned} \tag{10-5}$$

从式(10-5)可以看出，当 $\Delta P_a = 0$ 时，$\Delta P_b = gh(\rho_w - \rho_n)$，说明当室内外空气存在温差 $t_n > t_w$时，只要开启窗孔 b，空气便会从室内向室外排出。随着空气向室外流动，室内静压逐渐降低，使得 $P'_a < P_a$，即 $\Delta P_a < 0$，这时室外空气便由下窗孔 a 进入室内，直至窗孔 a 的进风量与窗孔 b 的排风量相等为止，从而形成正常的自然通风。

将式(10-5)整理，可得到下式：

$$\Delta P_b + (-\Delta P_a) = \Delta P_b + |\Delta P_a| = gh(\rho_w - \rho_n) \tag{10-6}$$

由式(10-5)可以看出，进风窗孔和排风窗孔两侧压差的绝对值之和与两窗孔的高度差 h 和室内外的空气密度差 $gh(\rho_w - \rho_n)$ 有关，$gh(\rho_w - \rho_n)$ 称为热压。如果室内外没有空气温差或者窗孔之间没有高差就不会产生热压作用下的自然通风。在室内外温差一定的情况下，提高热压作用动力的唯一途径是增大进、排风窗孔之间的垂直高度。实际上，即使只有一个窗孔仍然会形成自然通风，这时窗孔的上部排风，下部进风，相当于两个窗孔连在一起。

2. 风压作用下的自然通风

室外空气在平行流动中与建筑物相遇将发生绕流(非均匀流)现象，经过一段距离后才能恢复原有的流动状态。如图 10-8 所示，建筑物四周的空气静压由于受到室外气流的作用而有所变化，称为风压。

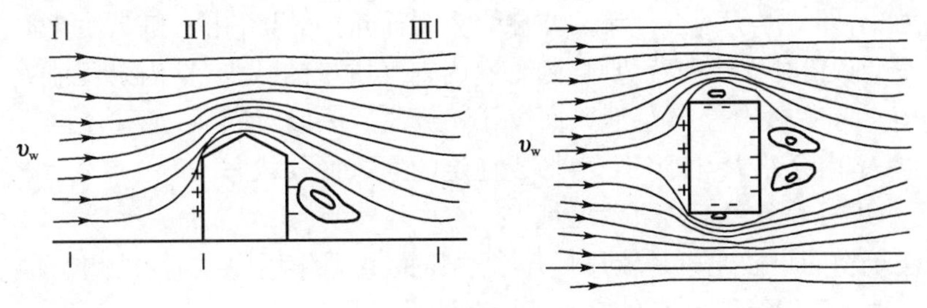

图 10-8　建筑物四周的空气分布

在建筑物迎风面，由于气流受阻，部分动压转化为静压，静压值升高，风压为正，称为正压；在建筑物的侧面和背风面，由于产生局部涡流，形成负压区，静压降低，风压为负，称为负压。风压为负的区域称为空气动力阴影，如图 10-9 所示。对于风压所造成的气流运动来说，正压面的开口起进风作用，负压面的开口起排风作用。

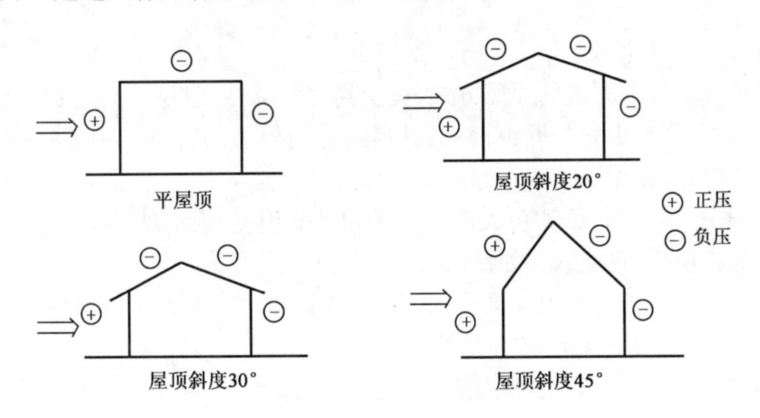

图 10-9　风压作用下建筑物四周的正、负压区

建筑物周围的风压分布与建筑物本身的几何造型和室外风向有关。当风向一定时，建筑物外维护结构上各点的风压值可用下式计算：

$$P_f = K\frac{v_w^2}{2}\rho_w \tag{10-7}$$

式中：P_f——风压，Pa；

K——空气动力系数；

v_w——室外空气流速，m/s；

ρ_w——室外空气密度，kg/m^3。

不同形状的建筑物在不同风向的作用下，其空气动力系数的分布是不同的。K 值一般通过模型试验得到，K 值为正，该点的风压为正，该处的窗孔为进风窗；K 值为负，该点的风压为负，该处的窗孔为排风窗。

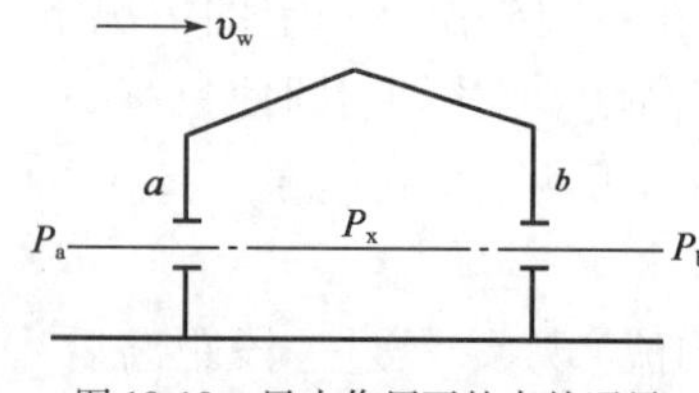

图 10-10 风力作用下的自然通风

如图 10-10 所示，室外风速为 v_w，室内外空气温度相等，即无热压作用。在风力作用下，迎风面窗孔 a 的风压为 P_{fa}，背风面窗孔 b 的风压为 P_{fb}，且 $P_{fa} > P_{fb}$。窗孔中心平面上的余压设为 P_x。当仅有风力作用时，室内各点的余压均相等，因为$(\rho_w - \rho_n)$为零。

若开启窗孔 a，关闭窗孔 b，无论窗孔 a 内外两侧的压力差如何，空气的流动结果都会使室内的余压 P_x 值逐渐升高，直到室内的余压 P_x 与窗孔 a 的风压相均衡为止，即 $P_x = P_{fa}$，空气流动才会静止；若同时开启窗孔 a 和 b，由于 $P_{fa} = P_x > P_{fb}$，室内空气必然会从窗孔 b 流向背风侧，随着室内空气质量的减少，室内余压值 P_x 下降，便再次出现 $P_{fa} > P_x$，此时，室外空气从迎风面窗孔 a 进风。一段时间后，窗孔 a 的进风量等于窗孔 b 的排风量，室内余压 P_x 稳定不变，形成稳定的通风换气状态，即 $P_{fa} > P_x > P_{fb}$。

3. 风压、热压同时作用下的自然通风

当某一建筑物的自然通风是依靠风压和热压的共同作用完成时，外围结构上各窗孔的内外空气压力值 ΔP 就等于各窗孔的余压与室外风压之差。

由于室外的风速和风向是经常变化的，不是一个稳定的因素，且无法人为加以控制。因此，为了保证自然通风的设计效果，根据《暖通规范》的规定，在实际计算时仅考虑热压的作用，风压一般不予考虑。但是必须定性地考虑风压对自然通风的影响。

二、自然通风设计

1. 自然通风的设计原则

自然通风是一种经济有效的通风方式，但受到气象条件、建筑平面规划、建筑结构形式、室内工艺设备布置、窗户形式与开窗面积、其他机械通风设备等许多因素的影响，因此在进行自然通风设计时，应遵循以下基本原则。

(1)确定总图的方位时，为避免大面积外墙和玻璃窗受到西晒，应当尽量将建筑纵轴布置成东西向，尤其是在炎热地区应如此。

(2)采用自然通风的建筑，其主要进风面一般应与夏季主导风向的角度成 60°~90°，一般不宜小于 45°，并应与避免西晒问题一并考虑。

(3)为避免受到高大建筑周围正压区或负压区的影响，采用自然通风的低矮建筑应当与高大建筑保持足够的距离，尤其是在有自然通风进、排风口的方向。

(4)建筑物的高度对自然通风有很大影响。室外风速随高度增加而增大，而建筑门窗两侧的风压差与风速的平方成正比。另外，热压与建筑物高度也成正比。因此，自然通风的风压及热压作用都随着建筑物高度的增加而增强。这对高层建筑物的室内通风是有利的。

(5)如果建筑物迎风面和背风面的外墙开孔面积占外墙总面积的 1/4 以上，应当尽量使室外气流能横贯整个房间，形成所谓的"穿堂风"。在我国南方，冷、热加工车间和一般的民用建筑都广泛采用穿堂风。当穿堂风作为热车间的主要降温措施时，应将主要热源布置在夏季主导风向的下风侧。

(6)对于多层车间，在工艺条件允许的情况下，热源应尽量设置在上层，下层用于进风。室外新鲜空气由下层直接进入工作区，可以较好地改善工作区的劳动条件。

(7)自然通风进风窗的高度应能够根据其使用的季节来确定。夏季使用的进风窗下边缘距离室内地坪的高度一般为 0.3~1.2m，以便于室外新鲜空气直接进入工作区；冬季使用的进风窗下边缘一般距离室内地面4m以上，以便于室外气流到达工作区前能和室内空气充分混合，以免冷风直接吹向工作人员。

(8)为了增大进风面积，以自然通风为主的热车间应尽量采用单跨厂房。在多跨厂房中应将冷、热跨间隔布置，尽量避免热跨相邻。

(9)以热压为主进行自然通风的厂房，应尽量将散热设备布置在天窗下方；高温热源应尽量布置在厂房外面、夏季主导风向的下风侧。布置在室内的热源，应采取有效的隔热降温措施，并应靠近生产厂房的外墙一侧。

(10)利用天窗排风的生产厂房，符合下列情况之一者应采用避风天窗：累年最热月平均温度≥28℃的地区室内余热量大于23W/m²；其他地区，室内余热量大于35W/m²；不允许气流倒灌。

为了避免天窗在风的作用下发生倒灌，可以在天窗上增设挡风板，保证排风天窗在任何风向下都处于负压区，以利于排风，这种天窗称为避风天窗。常用的避风天窗有矩形天窗、下沉式天窗、曲(折)线形天窗等。

2. 进风窗、避风天窗及风帽

(1)进风窗的布置与选择

①对于单跨厂房，进风窗应设在外墙上，在集中供暖地区最好设上、下两排。

②自然通风进风窗的标高应根据其使用的季节来确定。

③夏季车间余热量大，因此下部进风窗面积应开设得大一些，宜用门、洞、平开窗或垂直转动窗板等，冬季使用的上部进风悬窗扇，向室内开启。窗面积应小一些，宜采用下悬窗扇，向室内开启。

(2)避风天窗

在工业车间的自然通风中，往往依靠天窗(车间上部的排风窗)来排除室内的余热及烟尘等污染物。在风的作用下，普通天窗迎风面的排风窗孔会发生倒灌。因此，在平时要及时关闭迎风面天窗，只能依靠背风面天窗进行排风，这样既增加了天窗面积，又给天窗的管理带来了很多麻烦。为了让天窗能稳定排风，不发生倒灌，可以在天窗上增设挡风板，或者采取其他措施，保证天窗排风口在任何风向下都处于负压区，这种天窗称为避风天窗。避风天窗应具有排风性能好、结构简单、造价低、维修方便等特点。目前常用的避风天窗有以下几种形式：

①矩形天窗

如图10-11所示，风板常用钢板、木板或木棉板等材料制成，两端应封闭。挡风板上缘一般应与天窗屋檐高度相同。挡风板与天窗窗扇之间的距离为天窗高度的1.2～1.3倍。挡风板下缘与屋顶之间的间距为50～100mm，用于排除屋面水。矩形避风天窗采光面积大，便于热气流排除。但结构复杂，造价高。

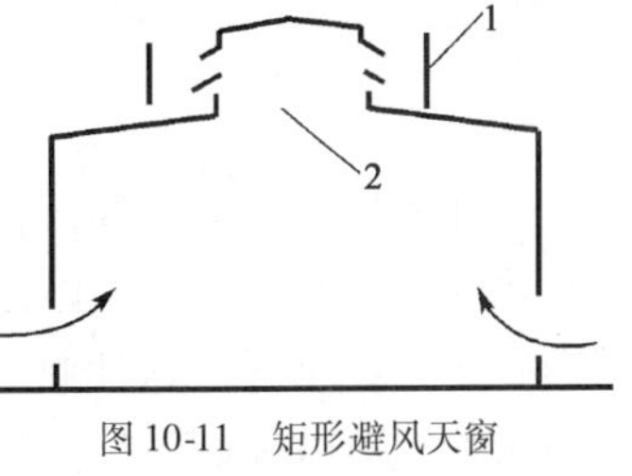

图10-11 矩形避风天窗

1-挡风板；2-喉口

②下沉式天窗

如图10-12所示，部分屋面下凹，利用屋架本身的高差形成低凹的避风区。这种天窗无须专设挡风板和天窗架，其造价低于矩形天窗，但是不易于清扫积灰，不便于排水。

③曲(折)线形天窗

如图10-13所示，曲(折)线形天窗是一种新型的轻型天窗，挡风板的形状为折线或曲线形。与矩形天窗相比，其排风能力强、阻力小、造价低、重量轻。

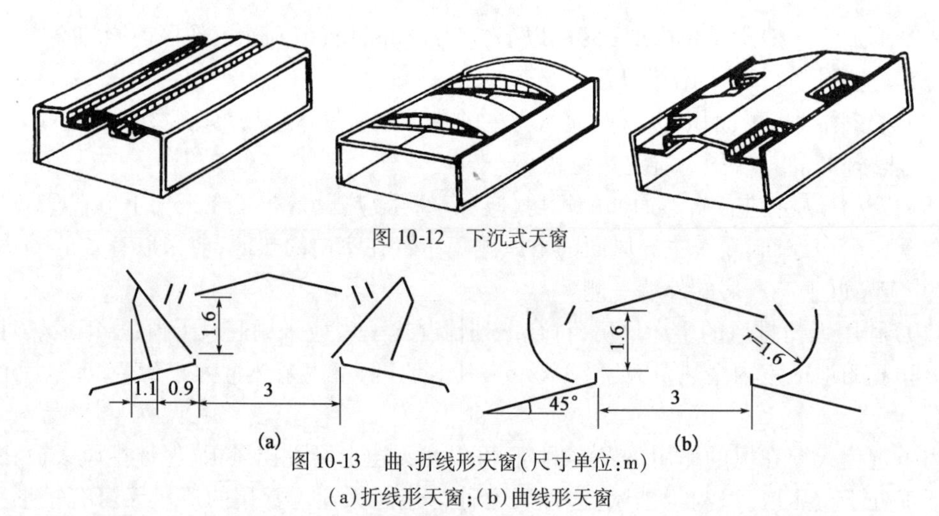

图 10-12 下沉式天窗

图 10-13 曲、折线形天窗(尺寸单位:m)

(a)折线形天窗;(b)曲线形天窗

(3)避风风帽

气流通过风帽时,会在排风口四周形成负压区。风帽多用于局部自然通风和设有排风天窗的全面自然通风系统中,一般安装在局部自然排风罩风道出口末端和全面自然通风的建筑物屋顶上,如图 10-14、图 10-15、图 10-16 所示。风帽可使排风口处和风道内产生负压,防止室外风倒灌和防止雨水或污物进入风道或室内。

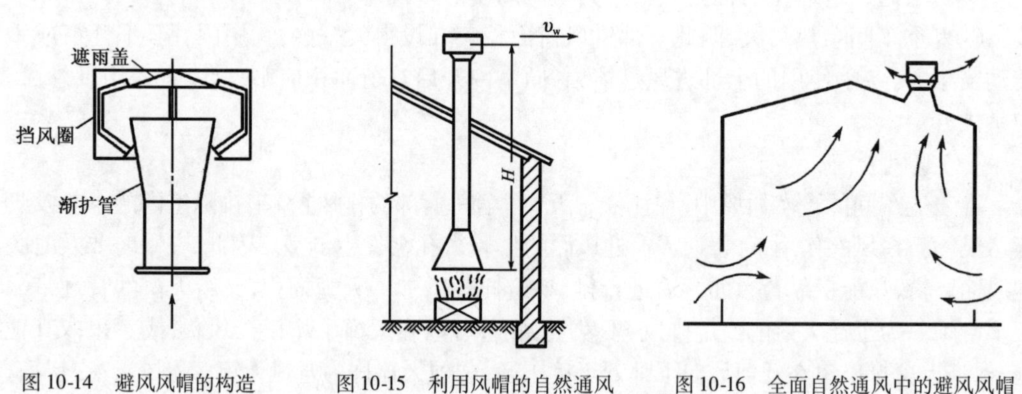

图 10-14 避风风帽的构造　　图 10-15 利用风帽的自然通风　　图 10-16 全面自然通风中的避风风帽

第三节 局部通风

局部通风系统分为局部排风和局部送风两类。

局部排风是在污染源附近设置排风设备,将污染物就近、及时地收集起来排出,同时向室内补充新鲜空气。这种通风方式能够避免污染物在更大的空间扩散,用较小的风量实现对污染物的有效控制。局部排风方式适用于建筑内各种污染源位置相对比较集中的场合,如住宅厨房的油烟污染、化学实验室的操作台等。

局部送风是向建筑内局部地点送入满足卫生要求的新鲜空气,以改善这一地点的空气环境。局部送风方式适用于体积大、工艺过程对室内空气环境没有特殊要求的工业厂房中,当工作人员的活动范围比较小时,采用局部送风来满足人员工作范围内的空气环境要求是比较经济的。

一、局部送风

局部送风系统分为系统式和分散式两种。

1. 系统式局部送风系统

图 10-17 所示为某铸造车间浇注工段系统式局部送风系统示意图。空气经过集中处理后，通过由风机、管道及送风口组成的系统送至工作区的局部地点。系统式局部送风可以根据需要对空气进行冷却、加热和净化等处理。常用的送风口分为固定式和旋转两种，如图 10-18所示。当操作人员活动范围较大时，可采用设有活动导流叶片的旋转式喷头，喷头与风管之间的连接为可旋转的活动连接，能够调整气流方向。安装在热车间内的局部送风喷口，送出的气流应从人体的前侧上方倾斜地吹到头、颈和胸部，使人体对辐射热最为敏感的部位处在送风气流的包围中，同时不允许有污染气流吹向人体。系统式局部送风系统常用于卫生环境条件较差、室内散发有害物和粉尘且不允许有水滴存在的车间内。

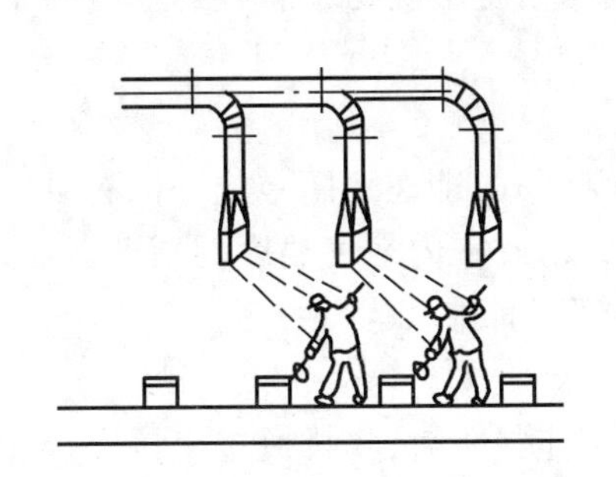

图 10-17　系统式局部送风系统示意图

(a)　(b)

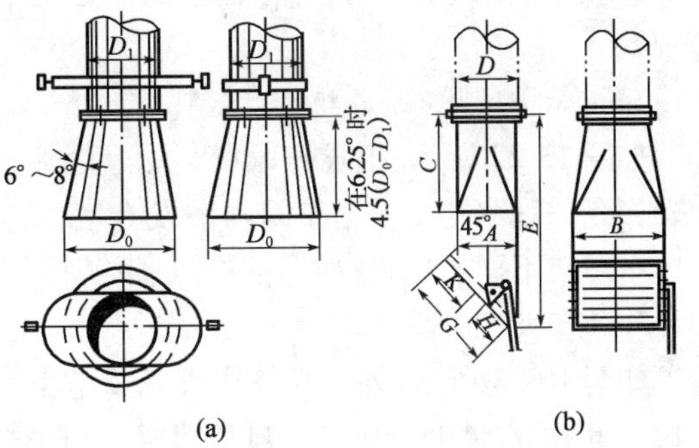

图 10-18　局部送风喷头

(a)固定式；(b)旋转式

2. 分散式局部送风系统

分散式局部送风通常使用轴流风扇或喷雾风扇来增加工作地点的风速或降低局部空间的气温。轴流风扇适用于室内气温低于 35℃、辐射强度不大的无尘车间，利用轴流风扇来强制空气流动加速，帮助人体散热；喷雾风扇是在轴流风机上增设了甩水盘，如图 10-19 所示，风机与甩水盘同轴转动，盘上的出水沿着切线方向甩出。形成的水雾与水流同时被送到工作区域，水滴在空气中吸热蒸发，空气温度下降，并能吸收一定的辐射。

二、局部排风

局部排风是指在产生污染物的地点直接将污染物收集起来，经处理后排至室外。在排风系统中，以局部排风最为经济、有效，因此对于污染源比较固定的情况应优先考虑。局部排风系统示意图如图 10-20 所示。

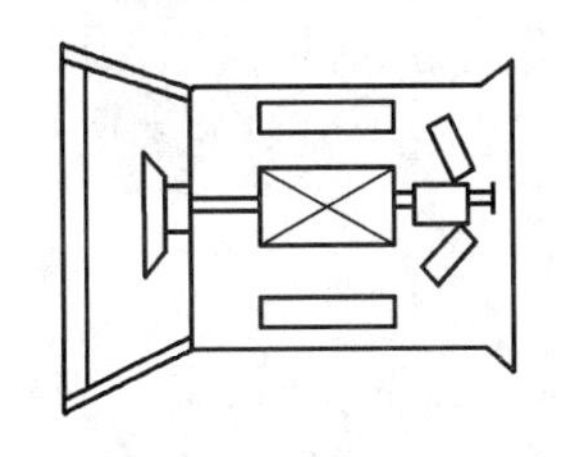

图 10-19　喷雾风扇构造图

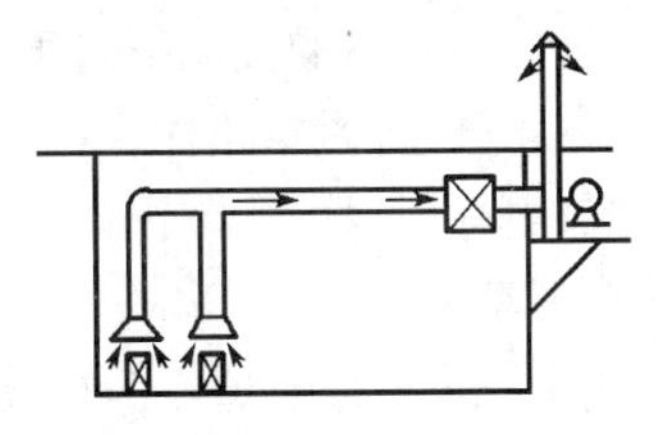

图 10-20　局部排风系统示意图

污染源产生的污染物经局部排风罩收集后，通过风管送至净化设备处理后，排至室外。局部排风系统由局部排风罩、风管、净化设备和风机等组成。局部排风罩是用于收集有害物的装置，局部排风就是依靠排风罩来实现的。排风罩的形式多种多样，其性能对局部排风系统的技术经济效果有着直接影响。在确定排风罩的形式、形状之前,必须了解和掌握车间内有害物的特性及其散发规律,并熟悉工艺设备的结构和操作情况。在不妨碍生产操作的前提下,使排风罩尽量靠近有害物源,并朝向有害物散发的方向,使气流从工作人员一侧流向有害物,防止有害物对工人造成不良影响。所选用的排风罩应能够以最小的风量有效而迅速地排除工作地点产生的有害物,一般情况下,应首先考虑采用密闭式排风罩,其次考虑采用半密闭式排风罩等其他形式。局部排风罩按其作用原理可分为以下几种类型。

1. 密闭式排风罩

如图 10-21 所示,密闭式排风罩是将工艺设备及其散发的有害污染物密闭起来,通过排风在罩内形成负压,从而防止有害物外逸。密闭罩的特点是,不受周围气流的干扰,所需风量较小,排风效果好。但是检修不便,需要在排风罩上设监视孔才能看到里面的工作过程。

2. 柜式排风罩(通风柜)

如图 10-22 所示,柜式排风罩实际上是密闭罩的特殊形式,即在密闭罩的一侧有可启闭的操作孔和观察孔。根据车间内散发有害气体的密度大小或室内空气温度的高低,可将排风口布置在不同的位置,如上部排风、下部排风或上、下部同时排风等。

3. 外部吸气式排风罩

如图 10-23 所示,外部吸气式排风罩是当生产设备不能封闭时,将排风罩直接安置在有害物产生地点,借助于风机在排风罩吸入口处造成的负压作用,将有害物吸入排风系统。这类排风罩与上述两种排风罩相比,所需的风量较大。

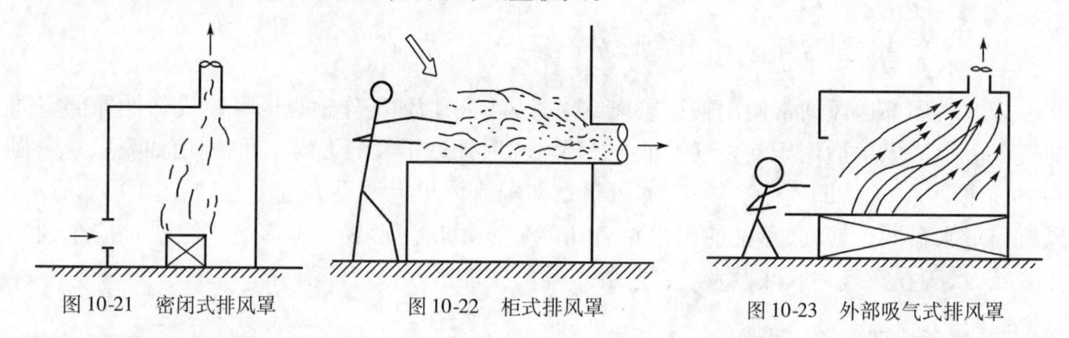

图 10-21　密闭式排风罩　　图 10-22　柜式排风罩　　图 10-23　外部吸气式排风罩

4. 吹吸式排风罩

如图 10-24 所示,当工艺操作的要求不允许在污染源上部或附近设置密闭罩或外部吸气排风罩时,可以采用吹吸式排风罩。吹吸式排风罩通过把吹气气流和吸气气流结合起来,利用喷射气流的射流原理,以射流作为动力使污染源散发出的有害气体形成一道气幕与周围空气隔离,并用吹出的气流把有害物吹向设在另一侧的吸风口处排出,以保证工作区的卫生条件。与吸气式排风罩相比,吹吸式排风罩可以很大程度地减少风机的抽风量,避免周围气流的干扰,更好地保证控制污染的效果。

5. 接受式排风罩

当某些生产设备或机械本身能将污染物从一定方向排出或散发时,宜选用接受式排风罩。接受式排风罩的特点是:只起接受空气的作用,污染物形成的气流完全由生产过程本身决定。设计时应将排风罩置于污染气流的前方,与运动的机械方向相吻合。比如车间内高温热源的气流排风罩应位于车间的顶部或上部,如图 10-25 所示;对于砂轮磨削过程中抛甩出的粉尘,应将排风罩入口正好朝向粉尘被甩出的方向,如图 10-26 所示。

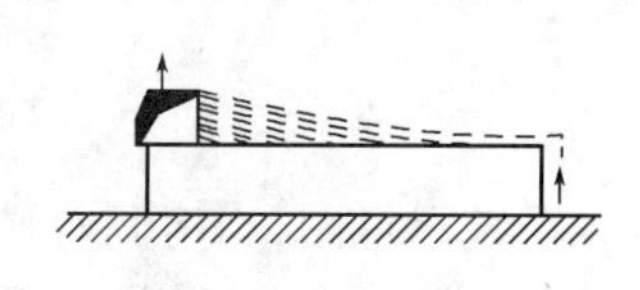
图 10-24　吹吸式排风罩

图 10-25　高温热源的接受罩

图 10-26　砂轮磨削的接受罩

为防止大气被有害物污染，局部排风系统应按照有害物的毒性、污染物的浓度，以及周围环境的自然条件等因素考虑是否应进行净化处理，常见的净化设备分为除尘器和有害气体净化装置两类。

三、局部通风

有时采用既有局部送风又有局部排风的通风装置，可以在局部地点形成一道“风幕”，利用这种风幕来防止有害气体进入室内，是一种既不影响工艺操作又比单纯排风更为有效的通风方式。

四、事故排风

在生产车间中除了设置一般的通风系统外，还需要考虑设置事故排风系统。因为在生产车间中，当生产设备发生偶然事故或发现故障时，会突然散发大量有害气体或有爆炸性的气体，为防止可能突然散放的气体造成更大人员或财产损失，要求必须及时将这些气体排出而设置的排风系统，称为事故排风系统。事故排风是保证安全生产和保障工人生命安全的一项必要措施。

事故排风的风量应根据工艺设计所提供的资料通过计算确定。当工艺设计不能提供相关计算资料时，应按每小时不小于房间全部容积的 8 次换气量确定。事故排风宜由经常使用的排风系统和事故排风的排风系统共同完成，但必须在发生事故时，提供足够的排风量。

事故排风的通风机应分别在室内、外便于操作的地点设置开关，一旦发生紧急事故时，使其立即投入运行。事故排风的吸风口应设在有害气体或爆炸危险物质散发量可能最大的地方。事故排风的排风口不应设置在人员经常停留或经常通行的地点，且应高于 20m 范围内最高建筑的屋面 3m，当其与机械送风系统进风口的水平距离小于 20m 时，应高于进风口 6m。

第四节　全 面 通 风

一、全面通风方式

全面通风是在房间内全面地进行通风换气。全面通风可分为全面排风、全面送风和全面送、排风三种类型。

1. 全面排风

对整个车间实施全面均匀排气的方式称为全面排风。全面排风系统既可以利用自然排风，也可以利用机械排风。图 10-27 所示为在产生有害物的房间设置全面机械排风系统，其利用全面排风将室内的有害气体排出，而进风来自不产生有害物 的邻室和本房间的自然进风，这

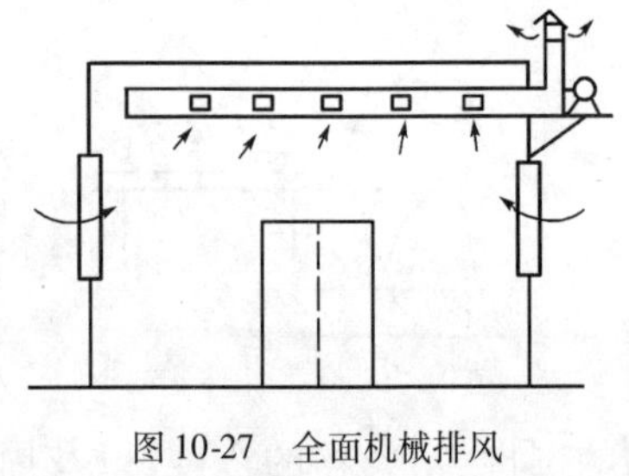

图 10-27　全面机械排风

样，通过机械排风造成一定的负压，可防止有害物向卫生条件较好的邻室扩散。

2. 全面送风

图 10-28 所示为全面机械送风系统示意图，当房间对送风有所要求或邻室有污染源而不宜直接自然进风时，可采用机械送风系统。室外新风先经空气预处理装置进行预处理，达到室内卫生标准和工艺要求时，由送风机、送风道、送风口送入房间。此时室内处于正压状态，室内部分空气通过门、窗逸向室外。

3. 全面送、排风

很多情况下，一个车间可同时采用全面送风和全面排风系统相结合的全面送、排风系统，如门窗密闭、自行排风或进风比较困难的场所。通过调整送风量和排风量的大小，使房间保持一定的正压或负压。图 10-29 所示即为全面送、排风系统。

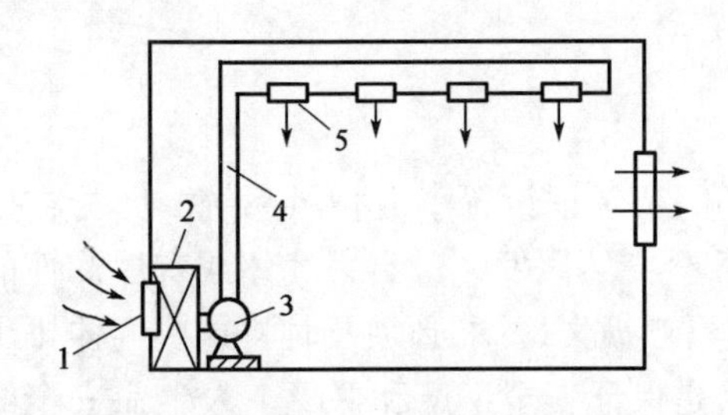

图 10-28　全面机械送风

1-进风口；2-空气处理设备；3-风机；4-风道；5-送风口

图 10-29　全面送、排风系统

二、全面通风量的确定

在工业和民用建筑中，全面通风具有稀释室内空气中的有害物、消除室内余热和余湿的作用。因此，在设计全面通风系统时，通风量要根据系统在不同建筑物内所承担的主要任务来确定。

1. 稀释有害物所需的通风量

$$L_y = \frac{KX}{y_n - y_s} \tag{10-8}$$

式中：L_y——稀释有害物所需的全面通风量，m^3/s；

X——室内有害物散发量，mg/s；

y_n——室内空气质量标准中规定的有害物最高容许浓度，mg/m^3；

y_s——送风中有害物的最高容许浓度，mg/m^3；

K——安全系数，对于一般房间 $K = 3 \sim 10$；对于生产车间 $K \geq 6$。

当不能准确得到室内有害物散发量 X 时，式(10-8)便无法应用。这时全面通风量可根据类似房间的实测资料和经验数据，按房间的换气次数确定。计算公式为：

$$L = nV \tag{10-9}$$

式中：n——房间换气次数，次/h，按表 10-1 选用；

V——房间容积，m^3。

表 10-1 居住及公共建筑的换气次数

房间名称	换气次数(次/h)	房间名称	换气次数(次/h)
住宅居室	1.0	食堂储粮间	0.5
住宅浴室	1.0~3.0	托幼所	5.0
住宅厨房	3.0	托幼浴室	1.5
食堂厨房	1.0	学校礼堂	1.5
学生宿舍	2.5	教室	1.0~1.5

2. 消除余热所需的通风量

$$L_r = \frac{Q}{c\rho(t_p - t_j)} \tag{10-10}$$

式中：L_r——消除余热所需的通风量，m^3/s；

Q——室内余热量，kJ/s；

c——空气的质量比热容，$c = 1.01$kJ/(kg·℃)；

t_p——排风温度，℃；

t_j——进风温度，℃；

ρ——进入空气的密度，kg/m^3，可按下式近似计算：

$$\rho = \frac{1.293}{1 + \frac{1}{273}t} \approx \frac{353}{T} \tag{10-11}$$

式中：1.293——0℃时干空气的密度，kg/m^3；

t——空气的摄氏温度，℃；

T——空气的绝对温度，K。

3. 消除余湿所需的通风量

$$L_s = \frac{W}{\rho_n(d_p - d_j)} \tag{10-12}$$

式中：L_s——消除余湿所需的通风量，m^3/s；

W——室内余湿量，g/s；

ρ_n——室内空气的密度，kg/m^3

d_p——排出空气的含湿量，g/kg(干空气)；

d_j——进入空气的含湿量，g/kg(干空气)。

实际的建筑物中往往不仅存在一种污染物质，而且污染源在产生污染物质的同时还常常伴有余热、余湿的释放，此时全面通风量的确定要遵循以下原则：

(1)当室内有多种有机溶剂(如苯及其同系物、醇类、醋酸酯类)的蒸汽或是有刺激性气体(如三氧化硫、二氧化硫、氟化物及其盐类)同时存在时，全面通风量应按各类气体分别稀释至容许值时所需要的换气量之和计算。

(2)对于室内要求同时消除余热、余湿及有害物的情况，全面通风量应按其所需的最大换气量计算。

第五节 通风系统的主要设备和构件

机械排风系统一般由有害污染物收集设施、净化设备、排风道、风机、排风口及风帽等组成；机械送风系统一般由进风室、风道、空气处理设备、风机和送风口等组成。此外，在机械通风系统中还应设置必要的调节通风量和启闭系统运行的各种控制部件，即各式阀门。本节主要介绍通风机、风道和室外进、排风口及阀门等设备和构件。

一、通风机

通风机为空气流动提供必需的动力，以克服空气输送过程中的阻力损失。在通风工程中，根据通风机的作用原理可将其分为离心式、轴流式和贯流式三种类型，目前广泛使用的是离心式和轴流式通风机。在特殊场所使用的还有高温通风机、防爆通风机、防腐通风机和耐磨通风机等。

1. 离心式通风机

离心式通风机的构造如图 10-30 所示，与离心式水泵相类似，其由叶轮、风机轴、机壳、吸风口、电机等部分组成。

(1)离心式通风机类型

离心式通风机按其产生的压力高低划分为如下三种类型。

①高压通风机：压力 $P>3000$Pa，一般用于气体输送系统；

②中压通风机：$3000\text{Pa}>P>1000$Pa，一般用于除尘排风系统；

③低压通风机：$P<1000$Pa，多用于通风及空气调节系统。

(2)离心式通风机性能参数

①风量 L：风机在单位时间内输送的空气量，m^3/s 或 m^3/h；

②全压(或风压)P：每 m^3 空气通过风机所获得的动压和静压之和，Pa；

③轴功率 N：电动机施加在风机轴上的功率，kW；

④有效功率 N_x：空气通过风机后实际获得的功率，kW；

⑤效率 η：风机的有效功率与轴功率的比值，$\eta=N_x/\text{N}\times100\%$；

⑥转数 n：风机叶轮每分钟的旋转数，r/min。

2. 轴流式通风机

轴流式通风机如图 10-31 所示。叶轮安装在圆筒形外壳中，当叶轮由电动机带动旋转时，空气从吸风口进入，在风机中沿轴向流动，经过叶轮的扩压器时压头增大，从出风口排出。通常电动机就安装在机壳内部。

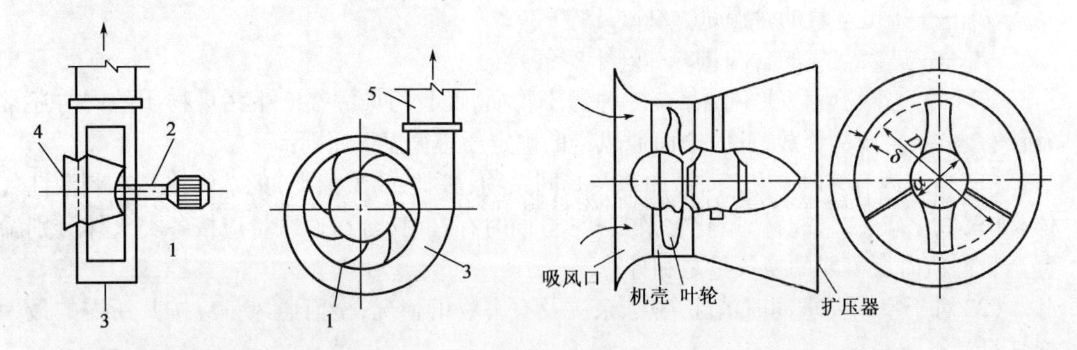

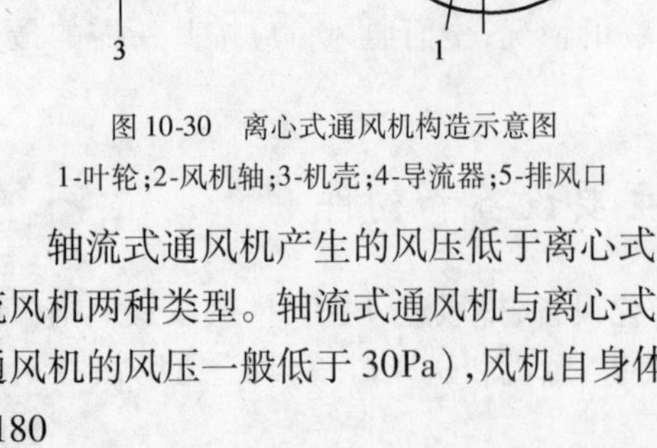

图 10-30 离心式通风机构造示意图

1-叶轮；2-风机轴；3-机壳；4-导流器；5-排风口

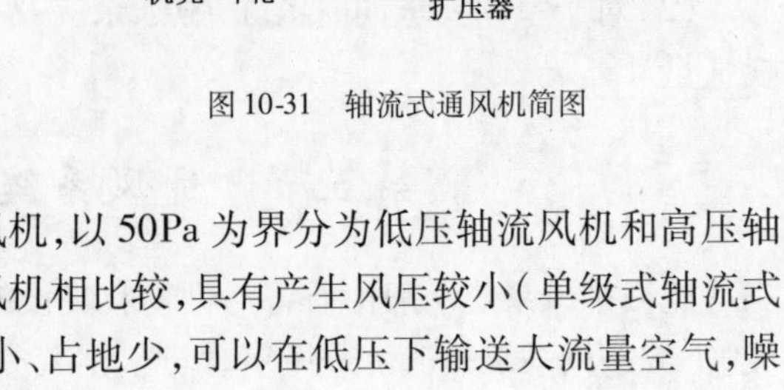

图 10-31 轴流式通风机简图

轴流式通风机产生的风压低于离心式通风机，以 50Pa 为界分为低压轴流风机和高压轴流风机两种类型。轴流式通风机与离心式通风机相比较，具有产生风压较小(单级式轴流式通风机的风压一般低于 30Pa)，风机自身体积小、占地少，可以在低压下输送大流量空气，噪声大,允许调节范围小等特点。轴流式通风机一般多用于无须设置管道以及风道阻力较小的通风系统。

3. 通风机的选择

根据被输送气体(空气)的成分和性质以及阻力损失大小,首先选择不同用途和类型的风机。例如,当用于输送含有爆炸、腐蚀性气体的空气时,需选用防爆防腐型风机;用于输送含有强酸或强碱类气体的空气时,可选用塑料通风机;对于一般工厂、仓库和公共民用建筑的通风换气,可选用离心式通风机;对于通风量大而所需压力小的通风系统,以及用于车间内防暑散热的通风系统,多选用轴流式通风机。

根据通风系统的通风量和风道系统的阻力损失,按照风机产品样本确定风机型号。一般情况下,应对通风系统计算所得的风量和风压附加安全系数,风量的安全系数为1.05~1.10,风压的安全系数为1.10~1.15。风机选型还应注意使所选用风机正常运行工况处于高效率范围。另外,样本中所提供的性能选择表或性能曲线是指标准状态下的空气,所以,当实际通风系统中空气条件与标准状态相差较大时应进行换算。

4. 通风机的安装

轴流式通风机通常安装在风道中间或墙洞中。风机可以固定在墙上、柱上或混凝土楼板下的角钢支架上,如图10-32所示。小型直联传动离心式通风机可以采用图10-33(a)所示的安装方法;中、大型离心式通风机一般应安装在混凝土基础上,如图10-33(b)所示。此外,安装通风机时,应尽量使吸风口和出风口处的气流均匀一致,不要出现流速急剧变化的现象。对隔振有特殊要求时,应将风机装置在减振台座上。

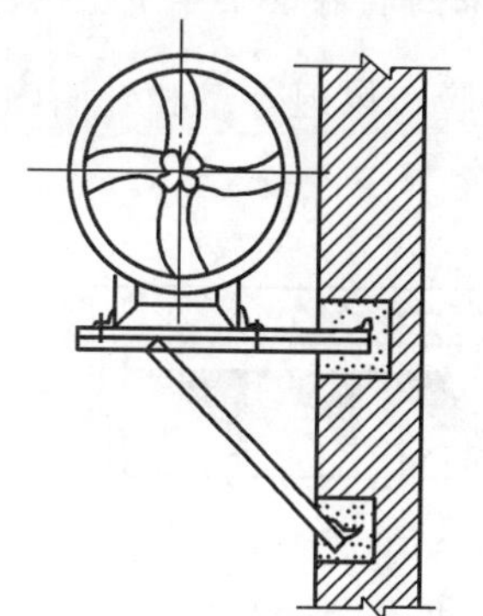

图10-32　轴流式通风机在墙上安装

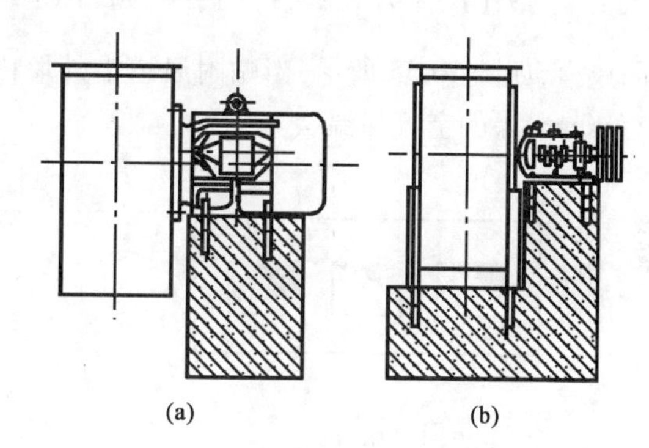

图10-33　离心式通风机在混凝土基础上安装
(a)小型直联传动离心机安装;(b)中、大型离心机安装

二、风道

风道的作用是输送空气。风道的制作材料、形状、布置均与工艺流程、设备和建筑结构等因素有关。

1. 风道的材料、形状及保温

制作风道的常用材料有薄钢板、塑料、胶合板、纤维板、混凝土、钢筋混凝土、砖、石棉水泥、矿渣石膏板等。风道选材是由系统所输送的空气性质以及按就地取材的原则来确定的。输送腐蚀性气体的风道可用涂刷防腐油漆的钢板或硬塑料板、玻璃钢制作;埋地风道通常用混凝土板做底、两边砌砖,用预制钢筋混凝土板做顶;利用建筑空间兼作风道时,多采用混凝土或砖砌风道。

风道的断面形状为矩形或圆形。圆形风道的强度大、阻力小、耗材少,但占用空间大,不易与建筑配合，对于高流速、小管径的除尘和高速空调系统或需要暗装时，可选用圆形风道；矩形风道容易布置、便于加工，对于低流速、大断面的风道多采用矩形。矩形风道适宜的宽高比在3.0以下。风道在输送空气过程中，如果要求管道内空气温度维持恒定，或是避免低温风道穿越房间时外表面结露，或是为了防止风道对某空间的空气参数产生影响等情况，均应考虑风道的保温处理问题。保温材料主要有泡沫塑料、玻璃纤维板等。保温厚度应根据保温要求进行计算，保温层结构可参阅有关国家标准图。

2. 风道的布置

风道的布置应在进风口、送风口、排风口、空气处理设备、风机的位置确定之后进行。风道布置应该服从整个通风系统的总体布局，并与土建、生产工艺和给排水等各专业互相协调、配合，应使风道少占建筑空间，不妨碍生产操作；风道布置还应尽量缩短管线、减少分支、避免复杂的局部管件，便于安装、调节和维修；风道之间或风道与其他设备、管件之间合理连接以减少阻力和噪声；风道布置应尽量避免穿越沉降缝、伸缩缝和防火墙等处，对于埋地风道应避免与建筑物基础或生产设备底座交叉，并应与其他管线综合考虑；风道在穿越火灾危险性较大房间的隔墙、楼板处以及垂直和水平风道的交接处，均应符合防火设计规范的规定。

在某些情况下，可以把风道和建筑物本身构造密切地结合在一起，如民用建筑的竖直风道，通常就砌筑在建筑物的内墙里。为了防止结露，影响自然通风的作用压力，竖直风道一般不允许设在外墙中，否则应设空气隔离层。相邻的两个排风道或进风道，其间距不应小于1/2砖厚，相邻的进风道和排风道，其间距不应小于1砖厚。风道的断面尺寸应按砖的尺寸取整数倍，其最小尺寸为1/2×1/2砖厚，如图10-34所示。如果内墙墙壁小于$1\frac{1}{2}$砖厚，应设贴附风道，如图10-35所示，当贴附风道沿外墙内侧布设时，应在风道外壁和外墙内壁之间留有40mm厚的空气保温层。

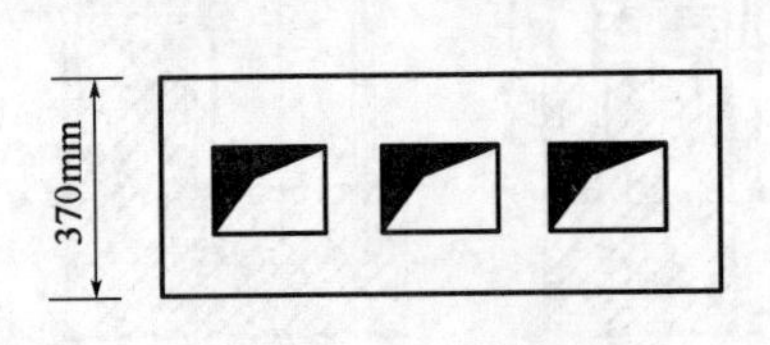

图10-34　内墙风道

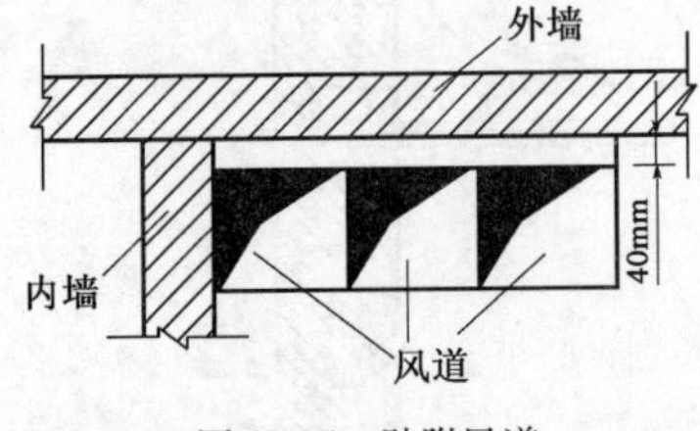

图10-35　贴附风道

工业通风管道常采用明装，风道用支架支承，沿墙壁敷设，或用吊架固定在楼板、桁架之下。在满足使用要求的前提下尽可能布置得美观。

三、进风和排风装置

进风口、排风口按其使用场合和作用的不同分为室外进、排风装置和室内进、排风装置两种类型。

1. 室外进、排风装置

(1)室外进风装置

室外进风口是指通风和空调系统采集新鲜空气的入口。根据进风室的位置不同，室外进风口可采用竖直风道塔式进风口，也可以采用设在建筑物外围结构上的墙壁式或屋顶式进风口，如图10-36、图10-37所示。

室外进风口位置设置要求如下：

①设置在室外空气较为洁净处,在水平和垂直方向上都应远离污染源。

②室外进风口下缘距室外地坪的高度不宜小于2m,并须装设百叶窗,以免吸入地面上的粉尘和污物,同时可避免雨雪的侵入。

③用于降温的通风系统,其室外进风口宜设在背阴的外墙侧。

④室外进风口的标高应低于周围的排风口,且宜设在排风口的上风侧,以防吸入排风口排出的污浊空气。如果进风口、排风口之间的水平间距小于20m,进风口应比排风口至少低6m。

⑤屋顶式进风口应高出屋面0.5~1.0m,以免吸进屋面上的积灰或被积雪埋没。室外新鲜空气由进风装置采集后直接送入室内通风房间或送入进风室,根据用户对送风的要求进行预处理。机械送风系统的进风室多设在建筑物的地下层或底层,也可以设在室外进风口内侧的平台上。

(2)室外排风装置

室外排风装置的任务是将室内被污染的空气直接排到大气中。管道式自然排风系统和机械排风系统向室外排风通常由屋面排出,如图10-38所示;也有由侧墙排出的,但排风口应高出屋面。室外排风口应设在屋面以上1m的位置,出口处应设置风帽或百叶风口。

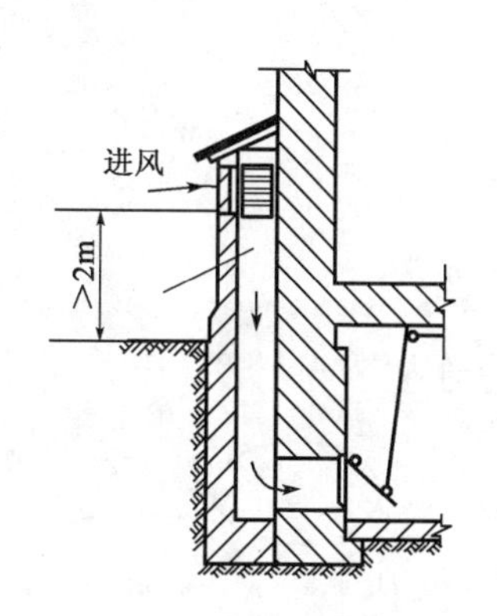

图10-36　塔式室外进风装置

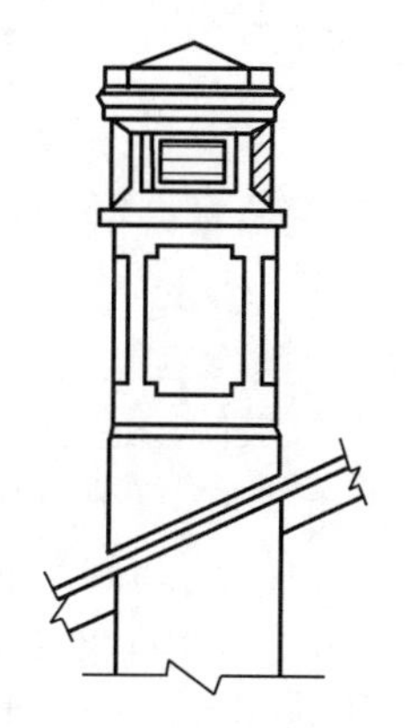

图10-37　屋顶式进风装置

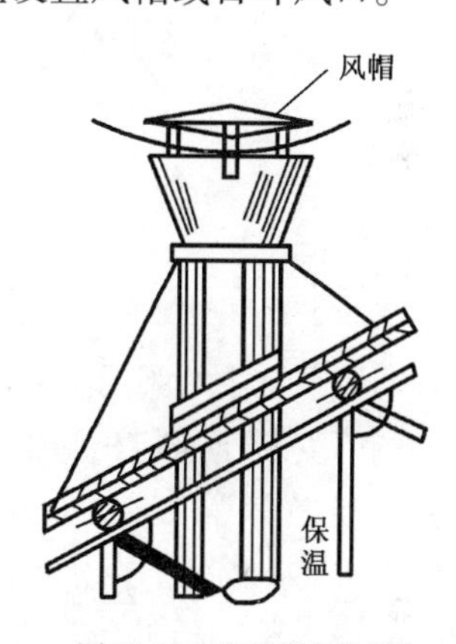

图10-38　室外排风装置

2. 室内送、排风装置

室内送风口是送风系统中风道的末端装置。由送风道输入的空气通过送风口以一定速度均匀地分配到指定的送风地点。室内排风口是排风系统的始端吸入装置,车间内被污染的空气经过排风口进入排风道内。室内送、排风口的位置决定了通风房间的气流组织形式。

室内送风口的形式有多种,最简单的形式是在风道上开设孔口送风。根据孔口开设的位置可分为侧向送风口、下部送风口两种类型,如图10-39所示。其中,图10-39(a)所示的送风口无任何调节装置,无法调节送风的流量和方向,图10-39(b)所示的送风口处设置了插板,可以调节送风口截面积的大小,便于调节送风量,但仍不能改变气流的方向。常用的室内送风口还有百叶式送风口,布置在墙内或者暗装的风道可采用这种送风口,将其安装在风道末端或墙壁上。百叶式送风口有单、双层和活动式、固定式之分,双层式不但可以调节风向,也可以控制送风速度。为了美观还可以采用各种花纹图案式送风口。

在工业车间中,往往需要大量的空气从较高的上部风道向工作区送风,而且为了避免工作地点有“吹风”的感觉,要求送风口附近的风速迅速降低。在这种情况下,常用的室内送风口形式是空气分布器,如图10-40所示。室内排风口一般没有特殊要求,其形式种类也较少。通常多采用单层百叶式排风口,有时也采用水平排风道上开孔的孔口排风形式。

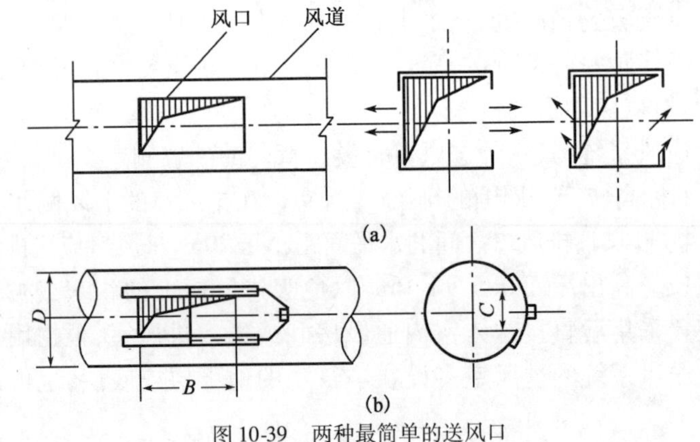

图 10-39　两种最简单的送风口

(a)风管侧送风口;(b)插送式送、吸风口

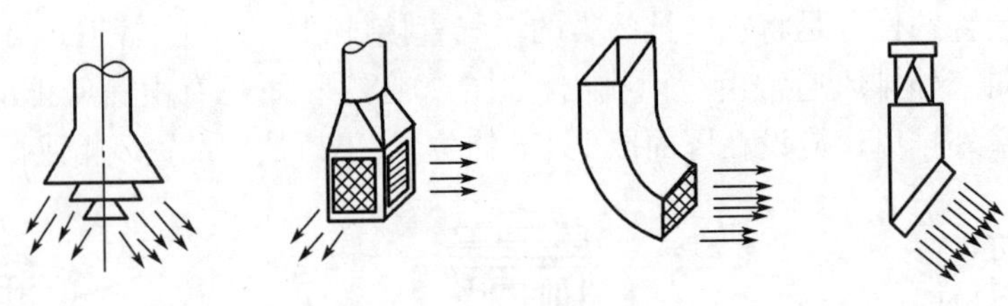
图 10-40　空气分布器

四、阀门

通风系统中的阀门主要用于启动风机,关闭风道、风口,调节管道内空气量,平衡阻力等。

阀门安装于风机出口的风道上、主干风道上、分支风道上或空气分布器之前等位置。常用的阀门有插板阀、蝶阀。插板阀的构造如图 10-41 所示,多用于风机出口或主干风道处做开关。通过拉动手柄来调整插板的位置即可改变风道的空气流量。其调节效果好,但占用空间大。蝶阀的构造如图 10-42 所示,多用于风道分支处或空气分布器前端,转动阀板的角度即可改变空气流量。蝶阀使用较为方便,但严密性较差。

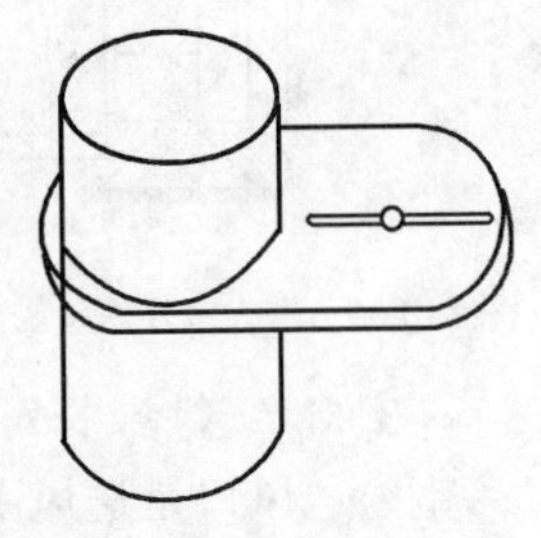
图 10-41　插板阀构造示意图

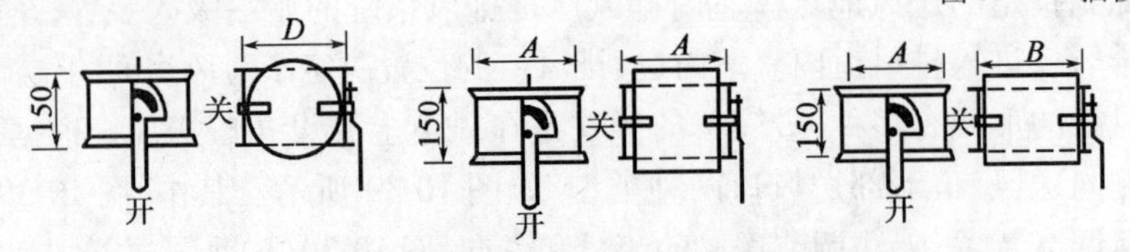

图 10-42　蝶阀构造示意图(尺寸单位:mm)

思 考 题

1. 简述建筑通风系统的分类,以及各种类型通风系统的特点和组成。
2. 简述自然通风设计原则。
3. 简述机械通风系统的组成。
4. 简述全面通风量的计算方法。

第十一章 空 气 调 节

空气调节是用人工方法创造和保持某一特定的室内环境，使之满足室内温度、相对湿度、洁净度、气流速度等参数要求的技术，简称空调。空调技术在促进国民经济和科学技术的发展、提高人们的物质文化生活水平等方面都具有重要的作用。

第一节 概 述

一、空气调节系统的组成

空气调节系统通常由以下几部分组成。

(1)工作区(也称为空调区)。工作区通常指距地面2m，离墙0.5m以内的空间。在此空间内，应保持所要求的室内空气参数。

(2)空气的输送和分配设施。空气的输送和分配设施指输送和分配空气的送、回风机，送、回风管，送、回风口等设备。

(3)空气处理设备。空气处理设备指对空气进行加热、冷却、加湿、减湿、净化等各种处理的设备。

(4)处理空气所需要的冷热源。处理空气所需要的冷热源指为空气处理提供冷量和热量的设备，如采暖锅炉、热泵、冷水机组等。

(5)空调水系统。空调水系统主要包括冷热水系统、冷却水系统及冷凝水系统。

二、空气调节系统的分类

1.根据空气处理设备的设置情况分类

(1)集中式系统。系统所有的空气处理设备(包括风机、冷却器、加湿器、过滤器等)都设在一个集中的空调机房内。

(2)半集中式系统。除了集中空调机房外，半集中式系统还设有分散在空调房间内的二次设备(又称末端装置)。

(3)分散式系统(局部机组)。这种系统把冷、热源和空气处理、输送设备(风机)集中设置在一个箱体内，从而形成一个紧凑的空调系统。可以按照需要，灵活分散地设置在空调房间内，因此局部机组不需设置集中的空调机房。

各系统特征及应用详见表11-1。

2.按承担室内热负荷、冷负荷和湿负荷的介质种类分类

(1)全空气系统。全空气系统是指空调房间的室内负荷全部由经过处理的空气来负担的空调系统。

(2)全水系统。全水系统是指空调房间的室内负荷全部由水作为冷热介质来负担的空调系统。

(3)空气—水系统。空气—水系统是指空调房间的室内负荷由空气和水两种介质共同负担的空调系统。

表 11-1 按空气处理设备的集中程度分类

名称		图 式	特 征	应 用
集中式空调系统		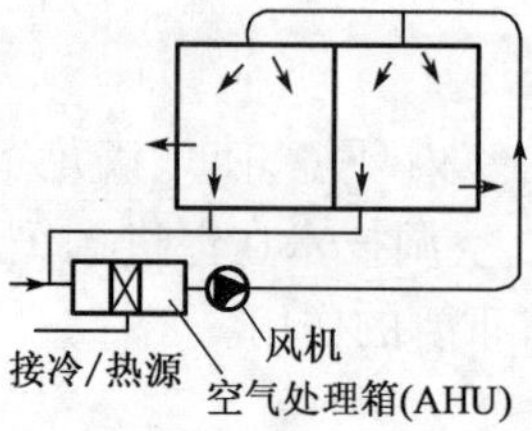 接冷/热源 风机 空气处理箱(AHU)	空气的温湿度集中在空气处理箱(AHU)中进行调节后,经风道输送到使用地点,对应负荷变化集中在 AHU 中不断调整,是空调最基本的方式	• 普通单风道定风量系统 • 普通单风道变风量系统 • 双风道系统
半集中式空调系统		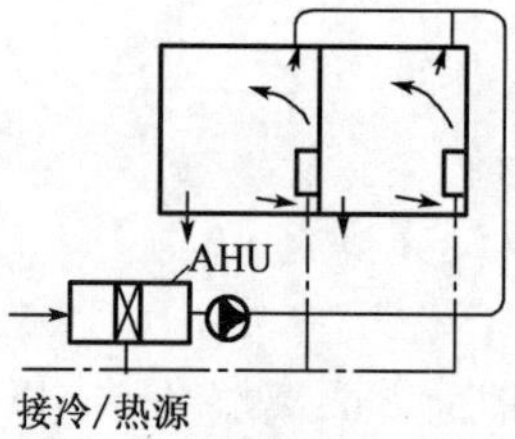 AHU 接冷/热源	除由集中的 AHU 处理空气外,在各个空调房间还分别设有处理空气的"末端装置"	• 新风集中处理加诱导器 • 新风集中处理加风机盘管 • 新风集中处理加辐射板
分散式空调系统	个别独立型	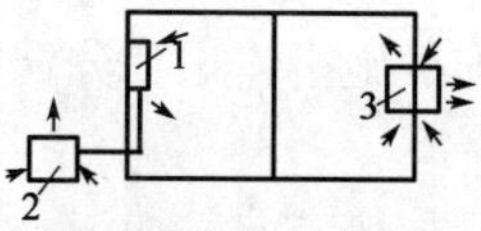 1-分体空调机的室内机 2-分体空调机的室外机 3-窗式空调机	各房间的空气处理由独立的带冷热源的空调机组承担	整体式或普通分体式空调机组(单元式空调器)
	构成系统型	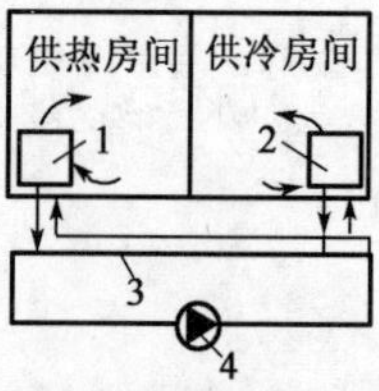 供热房间 供冷房间 1-空调机组(热泵工况) 2-空调机组(制冷工况) 3-水系统(闭环) 4-水泵	分别带冷热源的空调机组通过水系统构成环路	• 有热回收功能的闭环式水源热泵机组系统 • 有热回收功能的分体式多匹配型空调机

(4)冷剂系统。冷剂系统是指空调系统房间的室内负荷由制冷工质来负担的空调系统。各系统的特征及应用详见表 11-2。

表 11-2 按负担室内负荷的介质不同分类

名称	图 式	特 征	应 用
全空气系统	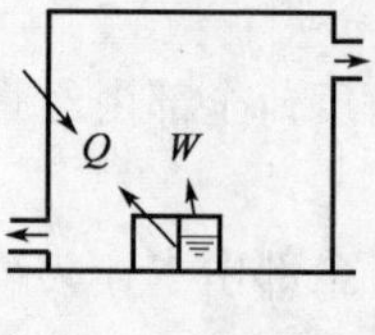 Q W	(1)室内负荷全部由集中处理过的空气来负担; (2)空气比热小、密度小,需空气量多,风道断面大,输送耗能大	普通的低速单风道系统应用广泛,可分为单风道定风量或变风量系统、双风道系统、全空气诱导器系统、末端空气混合箱

续上表

名称	图式	特征	应用
全水系统		(1)室内负荷全部由集中处理过的一定温度的水来负担； (2)输送管路断面小； (3)无通风换气的作用	(1)风机盘管系统； (2)辐射板供冷供热系统； (3)通常不单独采用该方式
空气—水系统		(1)由处理过的空气和水共同负担室内负荷； (2)其特征介于上述二者之间	(1)辐射板供冷加新风系统； (2)风机盘管加新风系统； (3)空气—水诱导器空调系统； (4)该方式应用广泛
冷剂系统		(1)制冷系统蒸发器或冷凝器直接向房间吸收或放出热量； (2)冷、热量的输送损失少	(1)整体式或分体式空调机组； (2)多台室内机的分体式空调机组； (3)闭环式水热源热泵机组系统； (4)常用于局部空调机组

3.根据集中式空调系统处理的空气来源分类

(1)封闭式系统

封闭式系统所处理的空气全部来自空调房间本身，没有室外空气补充，全部为再循环空气。因此，空调房间和空气处理设备之间形成了一个封闭环路。封闭式系统冷、热消耗量最省，但卫生效果差，适用于密闭空间且无法(或不需)采用室外空气的场合，如粮库。

(2)直流式系统

直流式系统所处理的空气全部来自室外，室外空气经处理后送入室内，再全部排到室外。因此与封闭式系统相比，直流式系统具有完全不同的特点。这种系统适用于不允许采用回风的场合，如放射性实验室以及散发大量有害物的车间等处。为了回收排出空气的热量或冷量，可以在这种系统中设置热回收设备，用于加热或冷却新风。

(3)混合式系统

从上述两种系统可见，封闭式系统不能满足卫生要求，直流式系统经济上不合理，因此，两者都只在特定情况下使用。对于绝大多数场合，往往需要综合两者的利弊，采用混合部分回风的系统，称为混合式系统。

按空气来源分类，各系统的特征及应用见表11-3。

表11-3　按空调系统处理的空气来源分类

名称	图式	特征	应用
封闭式空调系统	冷却器 风机	全部为循环空气，系统中无新风加入	适用于战时和无人居留的场所

续上表

名称		图　　式	特　　征	应　　用
直流式空调系统		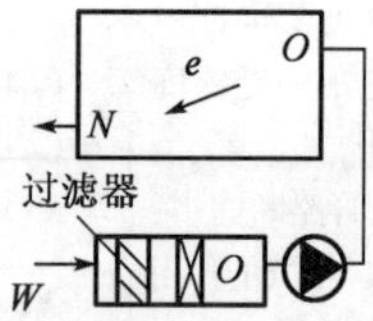	全部用新风,不使用循环空气	适用于室内存有有害物质或放射性等不能循环使用的车间等场所
混合式空调系统	一次回风	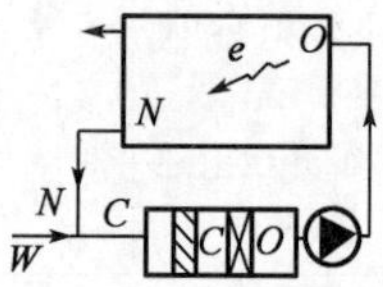	• 除部分新风外使用相当数量的循环空气(回风) • 在 AHU 前混合一次	普通应用最多的全空气空调系统
	两次回风	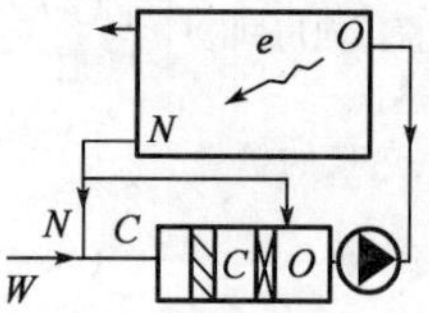	• 除部分新风外使用相当数量的循环空气(回风) • 在 AHU 前后各混合一次	为减小送风温差而又不用再热器时的空调方式

注:N 表示室内空气;W 表示室外空气;C 表示混合空气;O 表示冷却器后空气状态。

4. 根据系统的用途不同分类

(1)舒适性空调。舒适性空调主要满足人体的舒适性需要而设置的空调系统。

(2)工艺性空调。工艺性空调主要满足工艺过程对空气参数的要求而设置的空调系统。

三、空气调节的应用

空气调节广泛应用于工业及科学实验过程。如半导体工厂、机械工厂、制药工厂、食品工厂、卷烟厂、印刷厂、纺织厂、医院手术室、生物实验室等。空气调节还广泛应用于公共与民用建筑中,如大会堂、会议厅、图书馆、展览馆、影剧院、体育馆、办公楼、商场等。随着旅游业的发展,空气调节在宾馆、酒店、游乐场所也已很普遍。在居民住宅中,家用空调使用率也在逐年递增。此外,空气调节在交通运输工具中也获得了广泛应用,如汽车、飞机、火车、船舶等。

第二节　空调负荷计算与送风量

空调房间冷、热、湿负荷是确定空调系统送风量和空调设备容量的基本依据,而空调房间冷、热、湿负荷的计算则以室内外空气计算参数为依据。

一、室内外空气计算参数

1. 室内空气计算参数

室内空气计算参数包括室内温湿度基数及其允许波动范围,室内空气的流速、洁净度、噪声、压力及振动等。

(1)舒适性空气调节室内计算参数应符合表 11-4 的规定。

表 11-4　舒适性空气调节室内计算参数

参　数	冬　季	夏　季
室内温度 t(℃)	18 ~ 24	22 ~ 28
室内空气流速 v(m/s)	≤0.2	≤0.3
室内相对湿度 ϕ(%)	30 ~ 60	40 ~ 65

(2)工艺性空气调节室内温、湿度基数及其允许波动范围,应根据工艺需要及卫生要求确定。活动区的风速:冬季不宜大于 0.3m/s;夏季宜采用 0.2 ~ 0.5m/s;当室内温度高于 30℃时,可大于 0.5m/s。具体参数可参考《空气调节设计手册》(第 2 版)。

2. 室外空气计算参数

室外空气计算参数应按照《暖通规范》执行。具体确定如下:

(1)冬季空气调节室外计算温度,应采用历年平均不保证 1 天的日平均温度。

(2)冬季空气调节室外计算相对湿度,应采用累年最冷月平均相对湿度。

(3)夏季空气调节室外计算干球温度,应采用历年平均不保证 50 小时的干球温度。

(4)夏季空气调节室外计算湿球温度,应采用历年平均不保证 50 小时的湿球温度。

(5)夏季空气调节室外计算日平均温度,应采用历年平均不保证 5 天的日平均温度。

二、空调负荷计算

空调房间的冷、热、湿负荷计算是确定空调系统送风量和空调设备容量的基本依据。

1. 空调冷负荷计算

计算空调冷负荷之前,应该计算出空调房间的得热量。得热量是指在某一时刻由室外和室内热源散入房间的热量的总和。冷负荷是指为了维持室温恒定,空调设备在单位时间内必须自室内取走的热量,即在单位时间内必须向室内空气供给的冷量。冷负荷与得热量有时相等,有时则不等,围护结构热工特性及得热量的类型决定了得热量和冷负荷的关系。在瞬时得热中的潜热得热及显热得热中的对流成分是直接放散到房间空气中的热量,它们立即构成瞬时负荷,而显热得热中的辐射成分(如经窗的瞬时日射得热及照明辐射热等)则不能立即成为瞬时冷负荷。根据这一特性,目前负荷计算方法包括谐波反应法和冷负荷系数法两种。本书主要介绍冷负荷系数法。

(1)围护结构瞬变传热形成冷负荷的计算

①外墙和屋面瞬变传热引起的冷负荷计算

该方法对 302 种墙体和 324 种屋面结构进行归纳整理,并根据其热工特性分成六种类型,以北京地区室外气象参数为依据,按不同类型给出逐时冷负荷温度值。

$$Q_w = KF(t'_{1\cdot\tau} - t_n) \tag{11-1}$$

$$t'_{1\cdot\tau} = (t_{1\cdot\tau} + t_d)k_\alpha k_\rho \tag{11-2}$$

式中:Q_w——外墙或屋面"计算时间"的冷负荷,W;

K——墙或屋顶的传热系数,W/(m^2·℃);

F——外墙、屋顶的计算面积,m^2;

t_n——室内设计温度,℃;

$t'_{1\cdot\tau}$——考虑各项修正后的冷负荷温度逐时值,℃;

$t_{1\cdot\tau}$——冷负荷温度逐时值,℃;

t_d——地点修正值,℃;

K_α——外表面放热系数修正值;

K_ρ——外表面吸收系数修正值。

②外窗冷负荷计算

外窗瞬变传热引起的冷负荷计算方法:

$$Q_{c1} = cKF(t'_{1\cdot\tau} - t_n) \tag{11-3}$$

$$t'_{1\cdot\tau} = t_{1\cdot\tau} + t_d \tag{11-4}$$

式中:Q_{c1}——玻璃窗传热冷负荷,W;

c——玻璃窗传热系数的修正值;

K——窗的传热系数,W/(m^2·℃);

F——窗户的计算面积,m^2;

t_n——室内设计温度,℃;

$t'_{1\cdot\tau}$——考虑地点修正后的冷负荷温度逐时值,℃;

$t_{1\cdot\tau}$——冷负荷温度逐时值,℃;

透过玻璃窗的日射得热引起的冷负荷计算方法:

$$Q_{c2} = C_a F C_s C_n D_{j\cdot max} C_L^\tau \tag{11-5}$$

式中:Q_{c2}——透过玻璃窗的日射得热引起的冷负荷,W;

C_a——窗的有效面积系数;

F——外窗面积(即开洞面积),m^2;

C_s——窗玻璃的遮挡系数;

C_n——窗的内遮阳系数;

$D_{j\cdot max}$——日射得热因数最大值,W/m^2;

C_L^τ——窗玻璃的冷负荷系数。

③内围护结构传热引起的冷负荷计算

$$Q_{wn} = KF(t_{1\cdot s} - t_n) \tag{11-6}$$

$$t_{1\cdot s} = t_{wp} + \Delta t_{1\cdot s} \tag{11-7}$$

式中:Q_{wn}——内墙或楼板的冷负荷,W;

K——内围护结构的传热系数,W/(m^2·℃);

F——内围护结构的计算面积,m^2;

$t_{1\cdot s}$——邻室室内温度,℃;

t_n——室内设计温度,℃;

t_{wp}——夏季空气调节室外计算日平均温度,℃;

$\Delta t_{1\cdot s}$——邻室计算平均温度与夏季空气调节室外计算日平均温度的差值,℃。

(2)室内人体散热形成的冷负荷

①人体显热散热引起的冷负荷计算

$$Q_\tau = q_s n' C_{L\tau} \tag{11-8}$$

式中:Q_τ——人体显热散热引起的冷负荷,W;

q_s——不同温度条件下的成年男子显热散热量,W;

n'——群集系数;

$C_{L\tau}$——人体显热散热冷负荷系数。

②人体潜热散热引起的冷负荷计算

$$Q_q = q_1 n' \tag{11-9}$$

式中：Q_q——人体潜热引起的散热冷负荷，W；

q_1——不同温度条件下的成年男子潜热散热量，W。

（3）室内设备散热形成的冷负荷计算

$$Q_\tau = Q_s C_{L\tau} \tag{11-10}$$

式中：Q_τ——室内设备散热形成的冷负荷，W；

Q_s——设备和用具的实际显热散热量，W；

$C_{L\tau}$——设备和用具显热散热冷负荷系数。

2. 热负荷计算

空调热负荷按稳定传热过程计算，计算方法与采暖热负荷的计算方法相同，即将耗热量作为空调房间的热负荷，室外设计温度采用冬季空气调节计算温度。由于空调建筑通常保持室内正压，因此，可以不计算冷风渗透引起的热负荷。

3. 湿负荷计算

为连续保持空气调节房间要求的空气参数而必须除去或加入的湿流量称为空气调节房间湿负荷。空气调节房间的夏季计算散湿量，应根据人体散湿量，渗透空气带入的湿量，化学反应过程的散湿量，各种潮湿表面、液面或液流的散湿量，食品或气体物料的散湿量，设备散湿量，通过维护结构的散湿量等因素确定。

（1）人体散湿量计算方法

$$W = 0.278wn' \times 10^{-6} \tag{11-11}$$

式中：W——总散湿量，kg/s；

w——人体散湿量，kg/(s·人)；

（2）敞开水表面散湿量计算方法

$$W = 0.278wF \times 10^{-3} \tag{11-12}$$

式中：w——敞开水表面的散湿量，kg/(s·m^2)；

F——蒸发表面面积，m^2。

4. 负荷估算

空气调节房间的冷（热）、湿负荷应根据上述各项的不同情况逐项逐时地进行详细计算。但是，在空调系统方案设计阶段，建筑师预留机房面积时使用冷负荷指标进行估算即可，而空调热负荷可根据不同地区由相应的冷负荷乘系数估算。

空调冷负荷估算方法有许多种，以下是一些可供套用的民用建筑工程冷负荷指标见表11-5。

三、空调系统的送风量与新风量

1. 空调系统的送风量

空调系统的送风量是确定空气处理设备型号、选择输送设备和气流组织计算的主要依据，应根据夏季最大的室内冷负荷和送风温差要求确定，同时应能消除室内最大余热量。由于冬季送热风时送风温差值比夏季送冷风时送风温差值大，所以冬季送风量比夏季小，所以空调系统的送风量应先确定夏季送风量，在冬季可采取与夏季相同的送风量，也可以采取小于夏季的送风量，但必须满足最小换气次数的要求，送风温度不宜超过45℃。

表 11-5　民团建筑工程冷负荷指标

建 筑 类 型	冷负荷指标(W/m²)	建 筑 类 型	冷负荷指标(W/m²)
旅馆	89 ~ 90	体育馆	105 ~ 135 200 ~ 300W/人(按人员座位数)
办公楼	85 ~ 100		
图书馆	30 ~ 40	数据处理	320 ~ 400
医院	80 ~ 90	剧院	120 ~ 160 200 ~ 300(按观众厅面积)
商店	105 ~ 125		
计算机房	190 ~ 380	会堂	180 ~ 225

注:①上述指标为总建筑面积的冷负荷指标;建筑物的总建筑面积小于 $5000m^2$ 时,取上限值;大于 $10000m^2$ 时,取下限值。商店建筑只有营业厅设空调时可取 200 ~ 250W/m²,面积按营业厅面积大小计算。

②按上述指标确定的冷负荷,即是制冷机容量,不必再加系数。

③博物馆可参考图书馆;展览馆可参考商店;其他建筑物可参考相近类别的建筑。

④由于地区差异较大,上述指标以北京地区为准。南方地区可按上限选取。

⑤全年用空气调节系统冬季负荷可按下述方法估算:北京地区为夏季冷负荷的 1.1 ~ 1.2 倍,广州地区为夏季冷负荷的 1/3 ~ 1/4。

2. 空调系统的新风量

空调系统的送风量一般包括回风量和新风量两种,其中新风量的确定应满足三方面的需求,即人体卫生需求、维持空调房间正压的需求、补充空调房间局部排风的需求。工业建筑应保证每人不小于 $30m^3/h$ 的新风量。民用建筑人员所需最小新风量按国家现行有关卫生标准确定。部分民用建筑新风量的参考值见表 11-6。

表 11-6　部分民用建筑新风量

建筑物类型	吸 烟 情 况	新风量[m³/(h·人)]	
		适　当	量　少
一般办公室	无	25	20
个人办公室	有一些	50	35
会议室	无 有一些 严重	35 60 80	30 40 50
百货公司、零售商店、影剧院	无	25	20
会堂	有一些	25	20
舞厅	有一些	33	20
医院大病房	无	40	35
医院小病房	无	60	50
医院手术室	无	$37m^3/(m^2 \cdot h)$	$37m^3/(m^2 \cdot h)$
旅馆客房	有一些	50	30
餐厅、宴会厅	有一些	30	20
自助餐厅	有一些	25	20
理发厅	大量	25	20
体育馆	有一些	25	20

第三节　空气处理设备和消声减振

一、空气处理设备

在空调系统中，为得到同一送风状态点，可能有不同的处理途径，表 11-7 是对常用空气处理方案的简要说明。

表 11-7　各种空气处理方案说明

季　节	空气处理方案
夏季	喷水室喷冷水或表冷器冷却、减湿—加热器再热 固体吸湿剂减湿—表面冷却器等湿冷却 液体吸湿剂减湿冷却
冬季	加热器预热—喷蒸汽加湿—加湿器再热 加热器预热—喷水室绝热加湿—加热器再热 加热器预热—喷蒸汽加湿 喷水室喷热水加热加湿—加热器再热 加热器预热——部分空气经喷水室绝热加湿—与另一部分未加湿空气混合

对空气进行各种热、湿、净化等处理的装置统称为空气处理设备。下面简要介绍几种常用的空气处理设备。

1. 喷水室

喷水室是空调系统中在夏季可对空气进行等湿冷却、去湿冷却处理，在冬季可对空气进行绝热加湿处理的设备。通过在喷水室中喷入不同温度的水，使水直接与被处理的空气接触发生热湿交换，从而实现多种空气热湿处理过程。用喷水室处理空气的主要优点是：能够实现多种空气处理过程，冬夏季工况可以共用一套空气处理设备，具有一定的净化空气的能力，金属耗量小，容易加工制作。缺点是：对水质条件要求高，占地面积大，水系统复杂和耗电较多。喷水室广泛地应用于对房间温、湿度要求较高的场合，如纺织厂、卷烟厂等。图 11-1(a)、图 11-1(b)分别是应用较多的低速、单级卧式和立式喷水室的构造示意图。立式喷水室占地面积小，空气从下自上流动，水则是从上自下喷淋。因此，空气与水的热湿交换效果比卧式喷水室好。

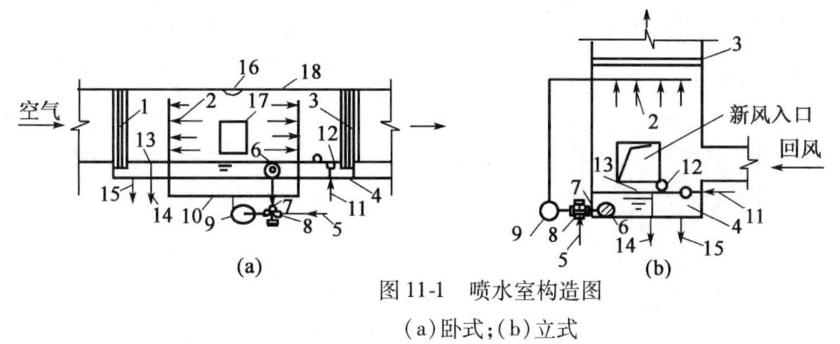

图 11-1　喷水室构造图

(a)卧式；(b)立式

1-前挡水板；2-喷嘴与排管；3-后挡水板；4-底池；5-冷水管；6-滤水器；7-循环水管；8-三通混合阀；9-水泵；10-供水管；11-补水管；12-浮球阀；13-溢水器；14-溢水管；15-泄水管；16-防水灯；17-检查口；18-外壳

2. 表面式换热器

表面式换热器是空调系统中在夏季对空气进行等湿冷却、去湿冷却，在冬季对空气进行等湿加热的设备。用表面式换热器处理空气时，工作介质不直接与被处理的空气接触，而是通过换热器的金属表面与被处理的空气进行热湿交换。当表面式换热器中通入热水或蒸汽时，可以实现空气的等湿加热过程；当通入冷水或制冷剂时，可以实现空气的湿冷却或去湿冷却过程。表面式换热器分为光管式和肋管式两种。光管式表面换热器由于传热效率低已很少应用。肋管式表面换热器由管子和肋片构成，如图 11-2 所示。表面式换热器具有构造简单、占地面积少、水质要求不高、水系统阻力小等优点，因此，在机房面积较小的场合，特别是高层建筑的舒适性空调中得到广泛应用。

3. 空气的其他加热、加湿设备

(1)电加热器

电加热器是让电流通过电阻丝发热来加热空气的设备。电加热器具有结构紧凑、加热均匀、热量稳定、控制方便等优点。但是电加热器利用的是高品位能源，电费较贵，所以只适宜在部分空调机组和小型空调系统中采用。在温湿度要求较高的空调系统中，电加热器经常被安装在空调房间的送风支管上，作为控制房间温度的调节加热器。

常用的电加热器分为裸线式和管式两种。裸线式电加热器具有结构简单、热惰性小、加热迅速等优点，但由于电阻丝容易烧断，安全性差，使用时必须有可靠的接地装置。管式电加热器的构造如图 11-3 所示。其是把电阻丝装在特制的金属套管内，套管中填充有导热性好但不导电的材料，这种电加热器的优点是加热均匀、热量稳定、经久耐用、使用安全性好，但热惰性大，构造也比较复杂。

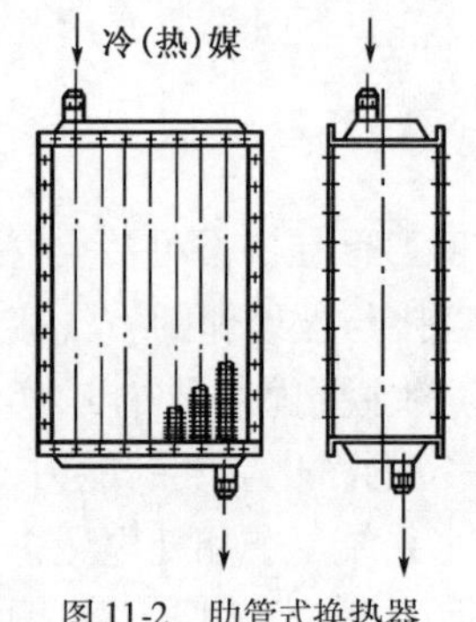

图 11-2　肋管式换热器

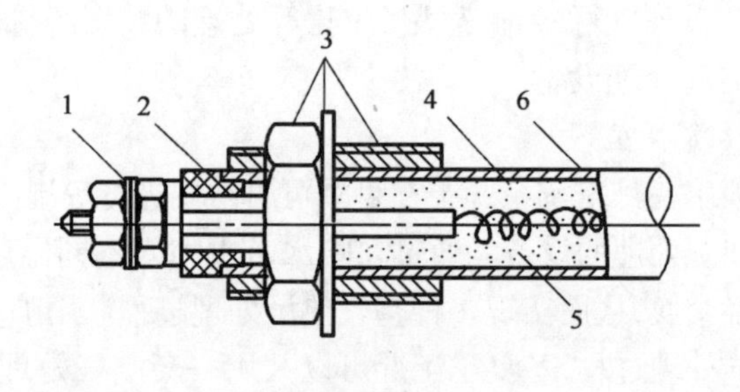

图 11-3　管式电加热器

1-接线端子；2-瓷绝缘子；3-紧固装置；4-绝缘材料；5-电阻丝；6-金属套管

(2)加湿器

加湿器是用于对空气进行加湿处理的设备。常用的加湿设备有以下几种。

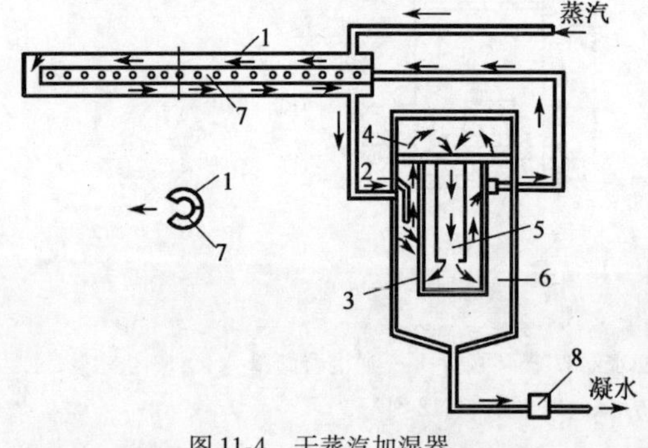

图 11-4　干蒸汽加湿器

1-喷管外套；2-导流板；3-加湿器筒体；4-导流箱；5-导流管；6-加湿器内筒体；7-加湿器喷管；8-疏水器

干蒸汽加湿器。干蒸汽加湿器的构造如图 11-4 所示，将锅炉等加热设备生产的蒸汽通过蒸汽喷管引入到加湿器中对空气进行加湿处理。为了防止蒸汽喷管中产生凝结水，蒸汽先进入喷管外套，对喷管中的蒸汽加热，然后经导流板进入加湿器筒体，分离出凝结水后，再经导流箱和导流管进入加湿器内筒体，在此过程中，夹带的凝结水蒸发，最后进入喷管，喷出的便是没有凝结水的干蒸汽。

电加湿器。电加湿器通过电能生产蒸汽来加湿空气，根据工作原理的不同，分为电热式加湿器、电极式加湿器、红外线加湿器、PTC 蒸汽加湿器等类型。电热式加湿器是在水槽中放入管状电热元件,元件通电后使水加热产生蒸汽。补水靠浮球阀自动控制,以免发生断水空烧现象,如图 11-5(a)所示。电极式加湿器是利用三根铜棒或不锈钢棒插入盛水的容器中作为电极,当电极与三相电源接通后,电流从水中通过,利用水的电阻把水加热产生蒸汽,如图 11-5(b)所示。电极式加湿器结构紧凑,加湿量易于控制,但耗电量较大,电极上产生水垢,受到腐蚀。电极式加湿器一般适用于小型空调系统。

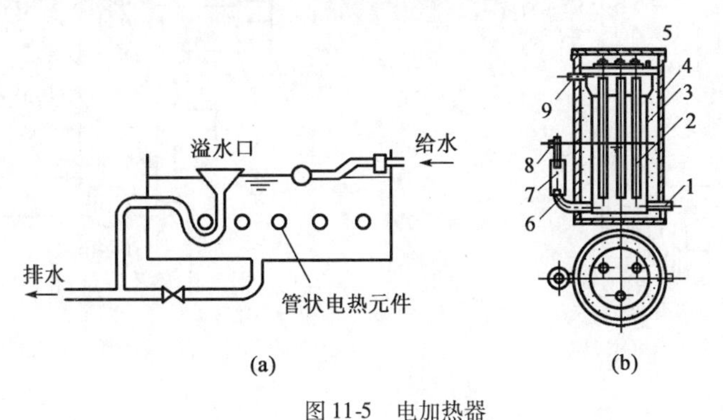

图 11-5　电加热器

(a)电热式加湿器;(b)电极式加湿器

1-进水管;2-电极;3-保温层;4-外壳;5-接线柱;6-溢水管;7-橡皮短管;8-溢水嘴;9-蒸汽出口

其他加湿器。除上述加湿器外,还有高压喷雾加湿器、湿膜加湿器、透湿膜加湿器、超声波加湿器、离心式加湿器等类型。

4. 空气的其他减湿设备

(1)冷冻减湿机

冷冻减湿机(除湿机)是由制冷系统和风机等组成的除湿装置,其工作原理如图11-6所示。房间的空气经过蒸发器冷却去湿降温处理后,再经冷凝器等湿加热处理成为温度高、含湿量低的空气。冷冻减湿机的优点是使用方便,效果可靠;缺点是使用条件受到一定限制,且运行费用较高。

(2)液体吸湿剂减湿系统

某些盐类及其水溶液对空气中的水蒸气有强烈的吸收作用,因此,在空调工程中也利用它们达到减湿的目的。图 11-7 所示为蒸发冷凝再生式液体减湿系统。其工作过程为:室外新风经过空气过滤器净化后,在喷液室中与氯化钠溶液接触,空气中的水分即被溶液吸收。减湿后的空气与回风混合,经表面冷却器降温后,由风机送往室内。在喷液室中,因吸收空气中水分而稀释了的溶液流入溶液箱中,与来自热交换器的溶液混合,大部分在溶液泵的作用下,经溶液冷却器冷却后送入喷液室,一小部分经热交换器加热后排至蒸发器。在蒸发器中,溶液被蒸气盘管加热、浓缩,然后由再生溶液泵经热交换器冷却后送入溶液箱。从蒸发器中排出的水蒸汽进入冷凝器,水蒸汽冷凝后与冷却水混合,一同排入下水道。

(3)固体吸附剂减湿设备

所有固体吸附剂本身都具有大量的孔隙,因此具有极大的孔隙内表面。吸附剂各孔隙内的水表面呈凹面,曲率半径小的凹面上水蒸气分压力比平液面上水蒸气分压力低,当被处理空气通过吸附材料层时,空气的水蒸气分压力比凹面上的水蒸气分压力高,则空气中的水蒸气向凹面迁移,由气态变为液态并释放出汽化潜热。除湿机由吸湿转轮、传动机构、外壳、风机及再生用加热器(电加热器或热媒为蒸汽的空气加热器)等组成。转轮是由交替放置的平吸湿纸和压成波纹的吸湿纸卷绕而成。在纸轮上形成了许多蜂窝状通道,因而形成了相当大的吸湿面积。

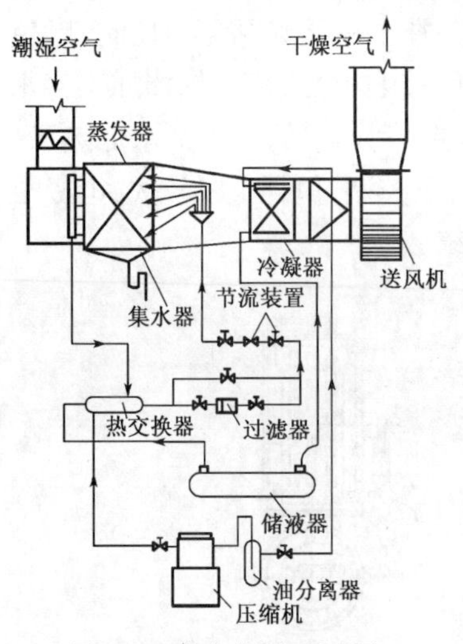

图 11-6　冷冻减湿机原理图

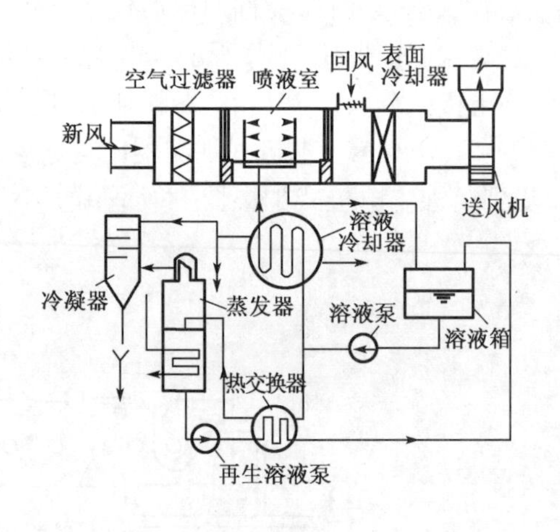

图 11-7　蒸发冷凝再生式液体减湿系统

5. 空气过滤器

空气过滤器是对空气进行净化处理的设备。按其过滤效率的高低，通常分为初效、中效和高效三种类型。为了便于更换，过滤器一般做成块状，如图 11-8 所示。

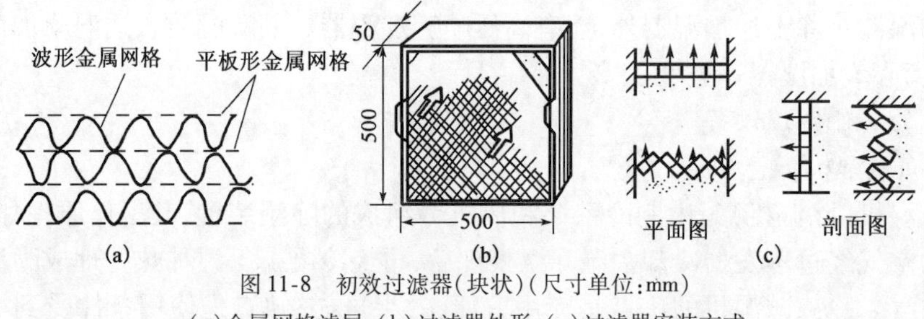

图 11-8　初效过滤器（块状）（尺寸单位：mm）

（a）金属网格滤层；（b）过滤器外形；（c）过滤器安装方式

为了提高过滤效率和增大额定风量，过滤器可做成抽屉式或袋式，如图 11-9、图 11-10 所示。初效过滤器主要用于空气的初级过滤，过滤粒径为 10μm 以上的大颗粒灰尘，通常采用金属网格、聚氨酯泡沫塑料及各种人造纤维滤料制作；中效过滤器用于过滤粒径为 1～10μm的灰尘，通常采用玻璃纤维、无纺布等滤料制作；高效过滤器用于对空气洁净度要求较高的净化空调，通常采用超细玻璃纤维、超细石棉纤维等滤料制作。

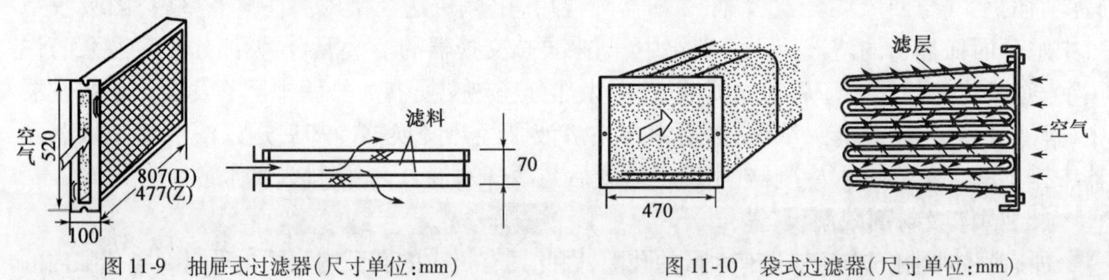

图 11-9　抽屉式过滤器（尺寸单位：mm）

（a）外形；（b）断面形状

图 11-10　袋式过滤器（尺寸单位：mm）

（a）外形；（b）断面形状

6. 空调机组

对空气进行处理的设备，称为空气处理机组，或称空调机组。不带制冷机的空调机组主要分为两大类：组合式空调机组和整体式空调机组。

组合式空调机组由各种功能的模块（功能段）组合而成，用户可以根据自己的需要选取不同的功能段进行组合。按水平方向进行组合的空调机组称卧式空调机组,如图 11-11 所示,也可以叠置成立式空调机组,如图 11-12 所示。

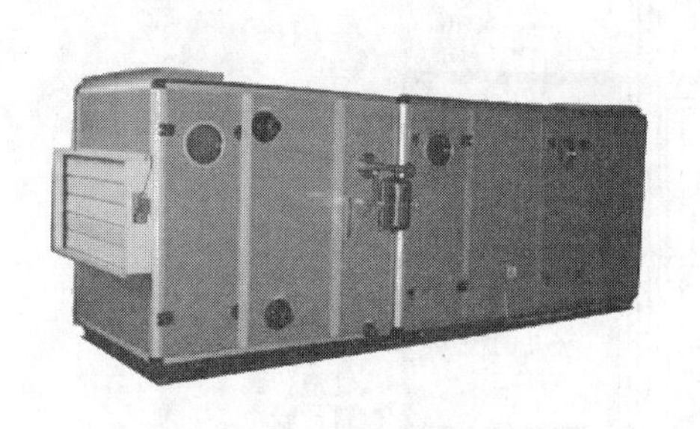

图 11-11　卧式空调机组外形图

图 11-12　立式空调机组外形图

图 11-13 所示是一种组合式空调机组示意图,常用于集中式空调系统中。其中回风段把新风和回风混合;消声段消减气流噪声,即消减通过回风道和新风口向外传播的噪声;回风机克服回风系统和新风口的流动阻力把新风和回风吸入空调箱;热回收段将排风中的冷(热)量回收以降低(升高)新风温度;初效过滤段过滤掉空气中的大颗粒灰尘;表冷段对空气进行冷却(或冷却减湿)处理,冬季也可作为加热器用;挡水板可以除掉空气中携带的冷凝水;再加热段对空气进行加热处理,以满足送风状态;二次回风段仅用于二次回风系统,其可以代替再热器;送风机可克服送风管、风口和空气处理设备等的阻力,将空气送入房间;中效过滤器进一步对空气进行过滤,以达到洁净度的要求;中间段起均流作用。此外,还有百叶调节阀等设备。由于处理过程不同,风量不同,空调设备的配置、空调箱的尺寸结构等都不相同,视具体情况而定,空调机组除需配备冷热源、水管、风管、消声减振设备、自控系统外,还需设置专门的空调机房。

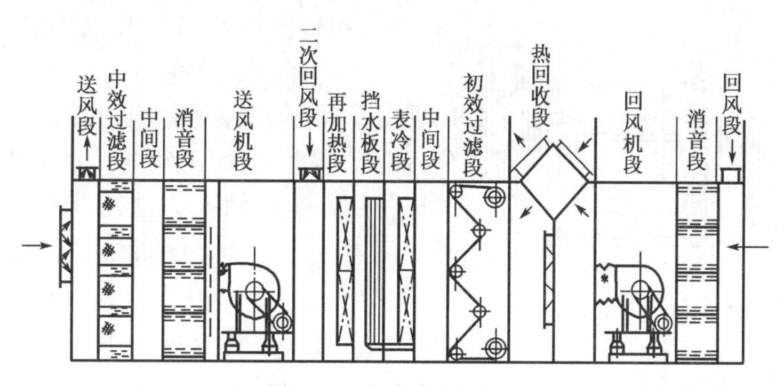

图 11-13　组合式空调机组

二、消声减振设备

建筑内部的噪声主要是由于设置空调、给排水、电气设备后产生的,其中以空调设备产生的噪声影响最大。图 11-14 所示为空调系统噪声的传递过程。从图中可以看出,除通风机噪声由风道传入室内之外,设备的振动和噪声也可能通过建筑结构传入室内。所以在系统中应设置消声和减震设备。

1. 消声器

通风与空气调节系统产生的噪声,当自然衰减不能达到允许的噪声标准时,应设置消声设备或采取其他消声措施。消声器是控制噪声的主要设备,依据不同的消声原理可设计出不同类型的消声器。

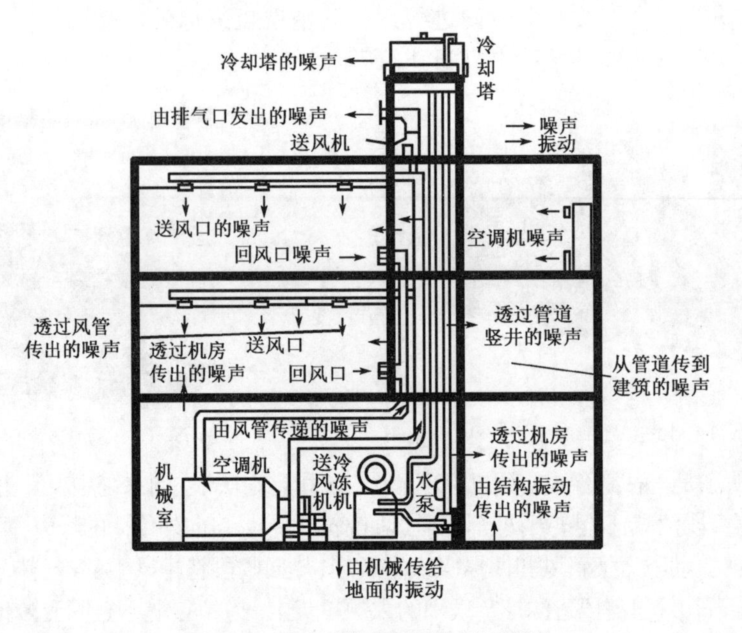

图 11-14　空调系统噪声传递过程示意图

(1)阻性消声器

阻性消声器是把吸声材料固定在气流流动的管道内壁,或按一定的方式在管道内排列起来,利用吸声材料消耗声能,降低噪声。其主要特点是对中、高频噪声消声效果好,对低频噪声消声效果差。阻性消声器有许多类型,常用的有片式和格式两种,构造如图 11-15 所示。

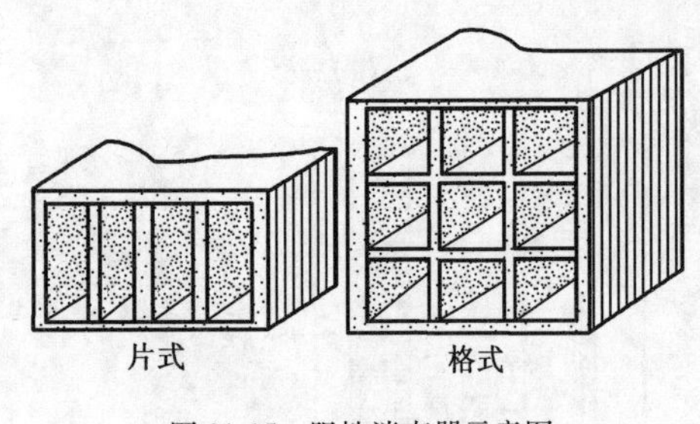

图 11-15　阻性消声器示意图

(2)抗性消声器(又称膨胀型消声器)

抗性消声器由一些小室和风管组成,如图 11-16 所示。其消声原理是利用管道内截面的突然变化,使沿风管传播的声波向声源方向反射,以起到消声作用。这种消声方法对于中、低频噪声有较好的消声效果,但消声频率的范围较窄,要求风道截面变化在 4 倍以上才较为有效。因此,在机房的建筑空间较小的场合,应用受到限制。

(3)共振型消声器

共振型消声器的构造如图 11-17 所示,图中的金属板上开有一些小孔,金属板后是共振腔。当声波传到共振结构时,小孔孔径中的气体在声波压力的作用下,像活塞一样往复运动,通过孔径壁面的摩擦和阻尼作用,使一部分声能转化为热能消耗。共振型消声器对低频噪声具有较好的消声效果,但从其消声原理可知,其消声性能对噪声频率的选择性较强,消声频率的范围狭窄。

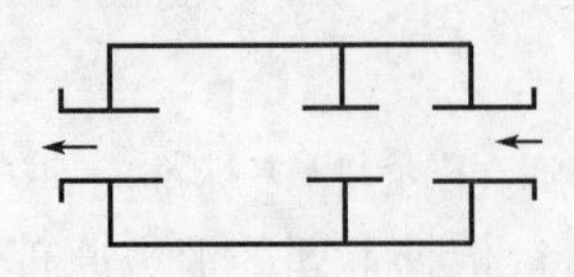

图 11-16　抗性消声器示意图

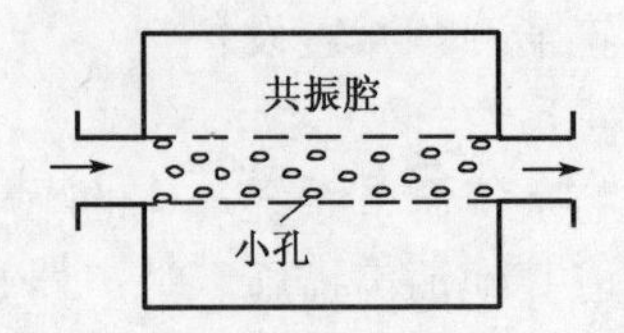

图 11-17　共振型消声器示意图

(4)复合型消声器(又称宽频带消声器)

为了集中阻性型、抗性型和共振型消声器的优点,以便在低频到高频范围内均有良好的消声效果,常用的消声器有阻抗复合式消声器、阻抗共振复合式消声器、微穿孔板式消声器等类型,复合式消声器结构如图 11-18 所示。

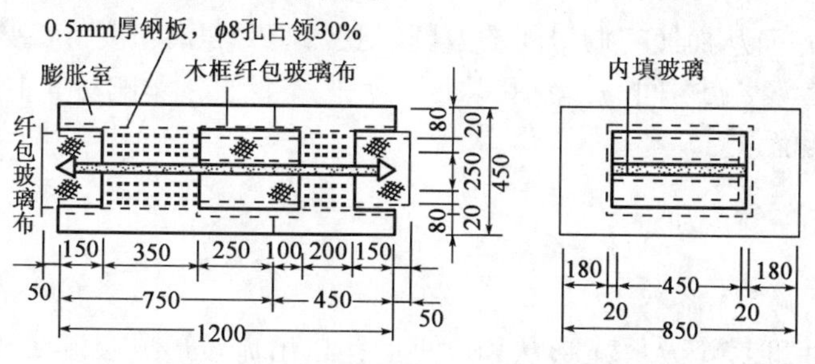

图 11-18　复合型消声器(尺寸单位:mm)

(5)其他类型的消声器

除了上述消声器类型外,在空调系统中,把一些风管构件进行适当处理,也可以起到消除噪声的作用,如消声弯头、消声静压箱等。选择消声设备时,应根据系统所需消声量、噪声源频谱特性和消声设备的声学性能及空气动力特性等因素,经技术经济比较后确定。

2. 减振器

空调系统的噪声除了可通过空气传播,还可以通过建筑物结构和基础进行传播。例如,风机和水泵在运转时所产生的振动先传递给基础,然后以弹性波的形式从运转设备的基础沿着建筑结构传递到其他房间,再以噪声的形式出现,这种噪声称为固体声。减少固体声传播的主要措施是在振动设备和其基础之间设置弹性构件,如弹簧、橡胶、软木等,以消除由于设备和基础之间的刚性连接引起的振动。

3. 其他辅助隔振措施

一个空调工程产生的噪声是多方面的,除了风机出口装帆布软接头,管路上装消声器以及风机、压缩机、水泵基础考虑防振外,对要求较高的工程,压缩机和水泵的进出管路处均应设有隔振软管。此外,为了防止振动由风道和水管等部位传递出去,管道吊卡、穿墙处均应做防振处理,如图 11-19 所示。

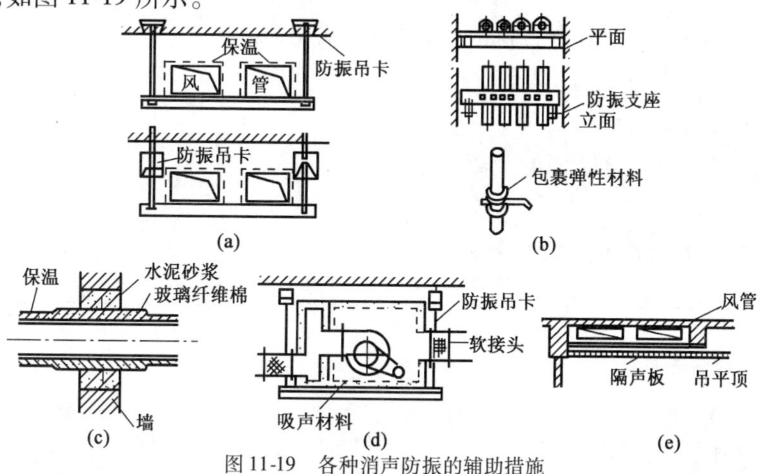

图 11-19　各种消声防振的辅助措施

(a)风管吊卡的防振方法;(b)水管的防振支架;(c)风管穿墙隔振方法;(d)悬挂风机的消声防振方法;(e)防止风道噪声从吊平顶向下扩散的隔声方法

第四节　空调房间的气流分布

空调房间的气流分布是指通过空调房间送、回风口的选择与布置，使送入房间的空气具有合理的流动和分布，从而使空调房间的温度、湿度、速度和洁净度等参数满足生产工艺和人体热舒适的要求。空调房间的气流组织是否合理，不仅直接影响房间的空调效果，而且影响到空调系统的耗能量。

一、送、回风口空气流动规律

1. 送风口空气流动规律

由流体力学可知，空气从一定形状和大小的孔口出流可形成层流或紊流射流。根据射流与周围流体的温度状况可分为等温射流与非等温射流两种类型；按射流流动过程中是否受周界表面的限制又可分为自由射流和受限射流两种类型。空调工程中常见情况多属非等温受限紊流射流。

(1) 自由射流

由直径为 d_0 的喷口以出流速度 u_0 射入同温空间介质中，并在其内扩散，在不受周界表面限制的条件下，则形成如图 11-20 所示的等温自由射流。由于射流边界与周围介质间的紊流动量交换，周围空气不断被卷入，射流不断扩大，因此射流断面的速度场从射流中心开始逐渐向边界衰减并沿射程不断变化。结果，流量沿程不断增加，射流直径加大，但各断面上的总动量保持不变。在射流理论中，射流轴心速度保持不变的一段长度称为起始段，其后称为主体段。空调中常用的射流段为主体段。

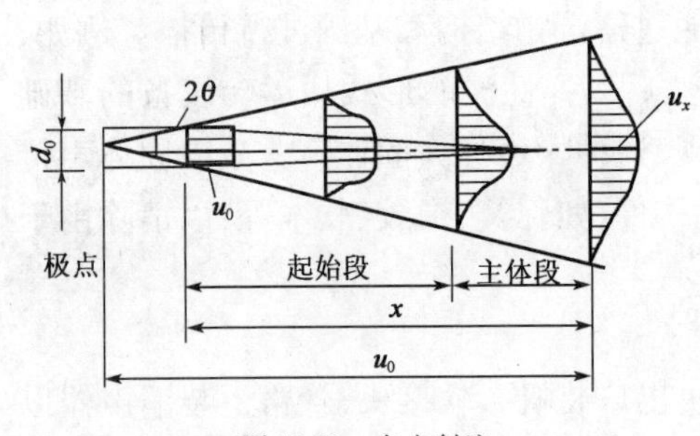

图 11-20　自由射流

射流主体段轴心速度的衰减规律为：

$$\frac{u_x}{u_0}=\frac{m_1\sqrt{F_0}}{x} \tag{11-13}$$

式中：u_x ——以风口为起点，到射流计算断面距离为 x 处的轴心速度，m/s；

u_0——风口出流的平均速度，m/s；

F_0——风口出流面积，m^2；

x ——由风口至计算断面的距离，m；

m_1——系数，通常取 1.13。

风口紊流系数用 a 表示，见表 11-8。

表 11-8　不同风口的 a 值

风口形式		紊流系数 a	风口形式		紊流系数 a
回射流	收缩极好的喷口	0.066	平面射流	收缩极好的扁平喷口	0.108
	圆管	0.076			
	扩散角为 8°～12°的扩散管	0.09		平壁上带锐缘的条缝	0.115
	矩形短管	0.1			
	带可动导叶的喷口	0.2		圆边口带导叶的风管纵向缝	0.155
	活动百叶风口	0.16			

(2)受限射流

在射流运动过程中,由于受壁面、顶棚以及空间的限制,射流的运动规律会出现变化。常见的射流受限情况是贴附于顶棚的射流流动,称为贴附射流。贴附射流的计算可以看成一个具有两倍 F_0 出口射流的一半,因此,其风速衰减的计算式为:

$$\frac{u_x}{u_0}=\frac{m_1\sqrt{2F_0}}{x} \tag{11-14}$$

比较式(11-14)与式(11-13)可见,贴附射流轴心速度的衰减比自由射流慢,因此达到同样轴心速度的衰减程度需要更长的距离。

(3)非等温射流

当射流温度与周围空气温度不同,具有一定的温差时,射流与周围空气的混掺结果使射流的温度场(浓度场)与速度场存在相似性,只是射流边界比速度分布的边界有所扩大。由定量研究结果得出:

$$\frac{\Delta T_x}{\Delta T_0}=0.73\frac{u_x}{u_0} \tag{11-15}$$

即

$$\frac{\Delta T_x}{\Delta T_0}=\frac{0.73m_1\sqrt{F_0}}{x}=\frac{n_1\sqrt{F_0}}{x} \tag{11-16}$$

$$\Delta T_x=T_x-T_n;\qquad \Delta T_0=T_0-T_n \tag{11-17}$$

式中:T_0——射流出口温度,℃;

T_x——距风口 x 处射流轴心温度,℃;

T_n——周围空气温度,℃;

n_1——温度衰减系数,$n_1=0.73m_1$。

对于非等温自由射流,由于射流与周围介质的密度不同,当浮力和重力不平衡时,射流将发生变形,即水平射出(或与水平面成一定角度射出)的射流轴将发生弯曲,其判据为阿基米德数 A_r:

$$A_r=\frac{gd_0(T_0-T_n)}{u_0^2T_n} \tag{11-18}$$

式中:g——重力加速度,m/s^2;

d_0——风口出流直径,m。

显然,当 $A_r>0$ 时为热射流,$A_r<0$ 时为冷射流,而当 $|A_r|<0.001$ 时,则可忽略射流轴的弯曲,而按等温射流计算。

2. 回风口空气流动规律

回风口的气流流动近似于流体力学中所述的汇流。汇流的规律性是在距汇点不同距离的各等速球面上流量相等,随着离开汇点距离的增大,流速呈二次方减小,或者说在汇流作用范围内,任意两点间的流速与距汇点的距离平方成反比。实际回风口具有一定的面积,不是一个汇点,回风口的速度衰减极快,这一特点决定了其作用范围的有限性。因此在研究空间的气流分布时,主要考虑风口出流射流的作用,同时考虑回风口的合理位置,以便实现预定的气流分布模式。

二、送、回风口的形式

1. 送风口形式

送风口的形式多种多样,通常按照空间的性质、对气流分布的要求和房间内部装饰的要求等因素加以选择。图 11-21 所示为一些常见送风口的外形图,此外,还有带风扇的风口、球形风口及旋流式风口。

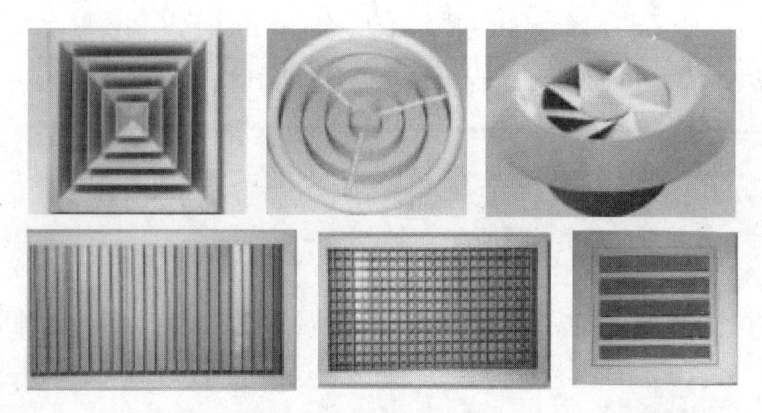

图 11-21　常见送风口外形图

2. 回风口形式

由于回风口汇流速度衰减得很快,作用范围小,回风口吸风速度的大小对室内气流组织的要求影响很小,因此,回风口的类型较少。目前,常用的回风口有格栅、单层百叶、金属网格等形式。

三、气流分布形式

气流分布的空间形式有许多种,取决于送风口的形式及送、回风口的布置方式。

1. 上送下回式

将空气由空间上部送入,由下部排出的"上送下回式"是传统的气流分布形式。图 11-22 所示为三种不同的上送下回式,其中,图 11-22(a)可根据空间的大小扩大为双侧,图 11-22(b)可加多个散流器数目。上送下回送风气流不直接进入工作区,有较长的与室内空气混掺的距离,能够形成比较均匀的温度场和速度场,图 11-22(c)所示方案尤其适用于温湿度和洁净度要求高的建筑。

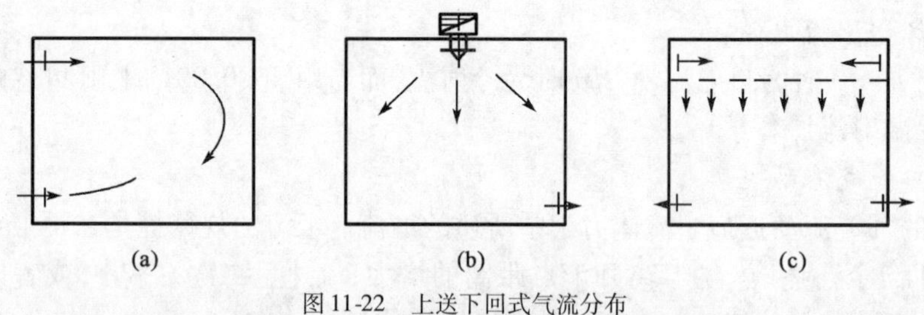

图 11-22　上送下回式气流分布

(a)侧送侧回;(b)散流器送风;(c)孔板送风

2. 上送上回式

图 11-23 所示为三种"上送上回式"气流分布方式,其中图 11-23(a)所示为单侧上送上回,图 11-23(b)所示为异侧上送上回,图 11-23(c)所示为贴附散流器上送上回。上送上回式的特点可将送回风管道集中于空间上部,图 11-23(b)方案还可设置吊顶使管道成为暗装。

3. 下送上回式

图 11-24 所示为三种"下送上回式"气流分布方式,其中,图 11-24(a)所示为地板送风,

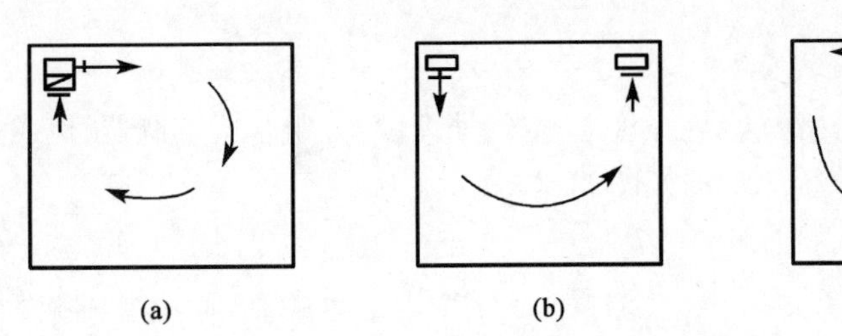

图 11-23　上送上回式气流分布

(a)单侧上送上回;(b)异侧上送上回;(c)散流器上送上回

图 11-24(b)所示为末端装置(风机盘管或诱导器等)送风,图 11-24(c)所示为下侧送风。下送方式除图 11-24(b)外,要求降低送风温差,控制工作区内的风速,但其排风温度高于工作区温度,所以具有一定的节能效果,同时有利于改善工作区的空气质量。近年来,下送风方式在国外受到相当的重视,国内在实际工程中也开始应用。

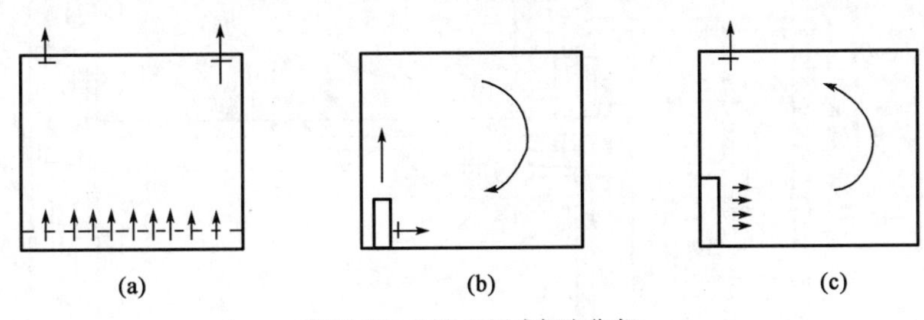

图 11-24　下送上回式气流分布

(a)地板下送;(b)末端装置下送;(c)置换式下送

4. 中送风式

在某些高大空间内,若实际工作区在下部,则不需将整个空间都作为控制调节的对象,这时若采用中送风方式,可节省能耗,如图 11-25 的所示,但这种气流分布形式会造成空间竖向温度分布不均匀,存在着温度“分层”现象。

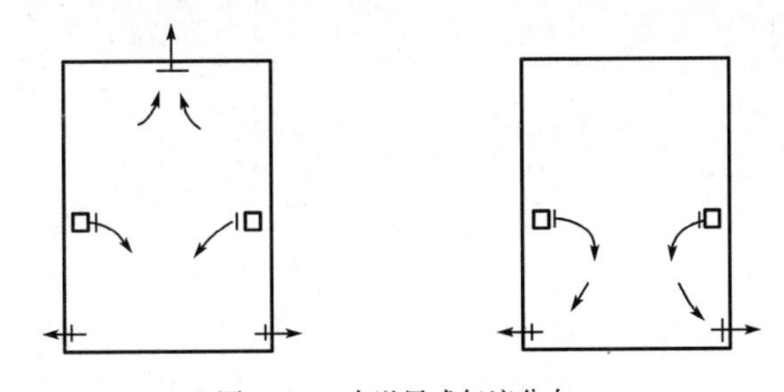

图 11-25　中送风式气流分布

上述各种气流分布形式的具体应用要考虑空间对象的要求和特点,同时还应考虑实现某种气流分布的要求和特点。

第五节　空气调节系统

实际工程中,应根据建筑物的用途和性质、热湿负荷特点、温湿度调节和控制的要求、空调机房的面积和位置、初投资和运行维修费用等许多方面的因素,选定合理的空调系统。

一、集中式空调系统

集中式空调系统由冷热源、冷热媒管道、空气处理设备(组合式空调器、柜式空调器等)、送风管道和风口组成,其系统原理图如图11-26所示。

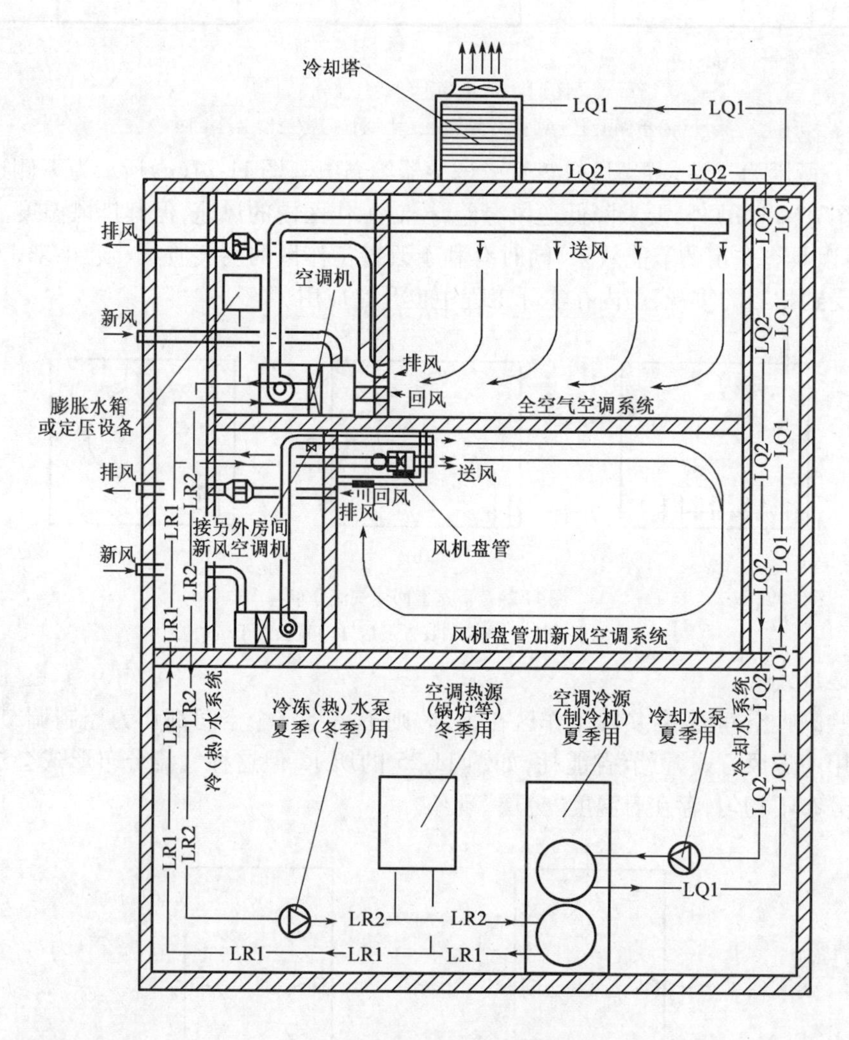

图11-26 集中式空调系统原理图

集中式空调系统可分为单风道、双风道、定风量及变风量输送系统。全空气定风量单风道系统应用广泛,可用于需要恒温、恒湿、净化、消声减振等高级环境的场合,如净化房间、医院手术室、电视台、播音室等处,也可用于空调房间大或居住人员多,且各房间温湿度参数、洁净度要求、使用时间等基本一致的场所,如商场、影剧院、展览厅、餐厅、多功能厅、体育馆等处。

1. 集中式空调系统的特点

集中式空调系统空气处理的品质高,维护管理方便,可实现全年多工况自动控制,使用寿命长,但由于空调送回风管复杂,占建筑空间大,布置困难,灵活性较差;空调房间之间由风道连通,导致各房间相互污染,当发生火灾时,火势会通过风道迅速蔓延;空调和制冷设备可以集中布置在机房,能有效地采取消声隔振措施,但机房面积较大,层高较高,有时可以布置在屋顶上或安置在车间柱间、平台上。

2. 集中式空调系统的典型应用

(1)商场空调

商场空调属于舒适性空调。大型商场营业面积可达上万平方米,有多层经营大厅;中型商场营业面积只有几千平方米,是城市中多见的商场。大、中型商场主要特征是人员密度大,一般认为,大城市商场人员密度为0.7~1.2人/m^2,中小城市人员密度为0.2~0.7人/m^2,这一特征引发了以下三方面问题。

①湿负荷大,热湿比小。实测表明,国内大、中型商场中夏季室内相对湿度达不到设计要求,一般为70%~85%。

②室内空气的含尘浓度、浮菌浓度都超标。实测表明,在机械进排风系统不运行的条件下,商场内的含尘浓度高达3mg/m^3,为允许浓度0.15mg/m^3的20倍,浮菌浓度高出室外7~24倍。

③新风负荷较大。根据上述特征及商场建筑的特点(一般卖场均为高大空间),商场空调多采用集中式全空气系统模式。相对于风机盘管,集中式全空气系统具有如下优势:集中式空气处理机组中表冷器一般为2~8排,去湿能力较强;集中式全空气系统可通过在空气处理机组中设初、中效两级过滤器,改善商场内的空气品质。

集中式全空气系统需要空调机房,这对于寸土寸金的商场来说,劣势凸显。因此,目前的商场空调设计也有采用吊挂式或柜式空调机组系统模式。该系统模式虽然具有不占用或少占用建筑面积的优点,但是空气过滤能力通常很低;有的机组所配置的盘管排数少,除湿能力低,而且维修不便。

(2)恒温恒湿空调

恒温恒湿空调对室内温度、湿度波动和区域偏差控制要求较为严格,其是工艺性空调中的一种类型。空调房间(或区域)根据工艺要求所确定的温度和相对湿度称为空调温度和相对湿度基数,空调房间(或区域)内温度和相对湿度在持续时间内偏离温、湿度基数的最大差值(Δt和$\Delta \phi$)称为空调精度,即波动范围。因此,恒温恒湿空调同时有温度、湿度基数和空调精度要求。

①恒温恒湿空调系统的形式

有空调精度要求的系统宜采用全空气定风量空调系统。目前主要采用两类系统形式——恒温恒湿空调系统机组(自带制冷机)的全空气系统和以冷冻水作为冷却介质的全空气系统。

恒温恒湿空调机组宜用在精度$\Delta t = \pm 1$℃,$\Delta \phi = \pm 10\%$的空调房间内。夏季,机组对湿度的控制能力较低,因为机组冷量的调节一般只有两挡或三挡,因此只适用于湿负荷变化较小的空调房间。如果空调房间对湿度控制要求不高,这种机组可用于温度控制较高(如±0.5℃)的场合。但如果恒温恒湿空调机组采用变频控制压缩机的转速,则湿度的控制精度可达到±2%。

以冷冻水做冷却介质的定风量全空气恒温恒湿空调系统均采用再热式系统。在全年湿度变化不大的场合,空气冷却设备适宜采用表冷器;在全年要求湿度较大或湿度控制精度较高的场合,热湿处理设备宜采用喷淋室。冬、夏季通过调节再热器的加热量控制室内温度,有时为了提高室内温度的控制精度,可在送风末端设电加热器,通过控制机器露点实现对室内湿度的控制。

②恒温恒湿空调对送风温差和换气次数的要求

工艺性空气调节的送风温差宜按表11-9采用。

表11-9 工艺性空气调节的送风温差

室温允许波动范围(℃)	送风温差(℃)	室温允许波动范围(℃)	送风温差(℃)
≥±1.0	≤15	±0.5	3~6
±1.0	6~9	±0.1~0.2	2~3

工艺性空气调节的换气次数不宜小于表11-10所列的数值。

表11-10 工艺性空气调节的换气次数

室温允许波动范围(℃)	每小时换气次数	备注
±1.0	5	高大空间除外
±0.5	8	—
±0.1~0.2	12	工作时间不送风的除外

表11-8和表11-9显示换气次数大、送风温差小,可使空调区域温度均匀,气流分布比较稳定。因此,当温湿度的控制精度高时,应取较大的换气次数和较小的送风温差。

(3)净化空调系统

净化空调系统是指洁净室中的空调系统。根据需要不仅要对空气的温度、湿度、压力和噪声进行控制,同时还要使空气洁净度符合规定。洁净室按其控制的对象分为工业洁净室和生物洁净室两种类型。

二、半集中式空调系统

半集中式空调系统由冷热源、冷热媒管道、空气处理设备、送风管道和风口组成。半集中式空调系统空气处理设备包括对新风进行集中处理的空调器(称新风机组),以及在各空调房间内分别对回风进行处理的末端装置(如风机盘管、诱导器等)。

1.半集中式空调系统的选择

半集中式空调系统根据末端装置的不同可以分为新风加风机盘管系统和新风加诱导器系统两种类型。当有集中冷热源、建筑规模大、空调房间多、空间较小而各房间具体要求各异、不宜布置大风管且室内温湿度要求一般或层高较低时,可选择半集中式空调系统,如宾馆客房、办公用房等民用建筑。风机盘管加新风的空气调节系统能够实现居住者的独立调节要求,其适用于旅馆客房、公寓、医院病房、大型办公楼建筑等场所,同时可与变风量系统配合使用在大型建筑的外区。诱导器式系统可用于多房间需要单独调节控制的建筑,也可用于大型建筑的外区。

2.风机盘管系统

风机盘管在空调工程中的应用大多与经单独处理的新风系统相结合。新风由新风机组集中处理,再分别送入各个房间;房间回风由设在其内的风机盘管处理,然后与新风混合送入室内或送入室内后混合。与一次回风全空气集中式系统相比,该系统送风管小,一般不需设回风管,可节省建筑空间。

(1)风机盘管机组

风机盘管由风机、表面式热交换器(盘管)、过滤器组成。风机盘管机组形式分为卧式和立式两种,如图 11-27 所示。

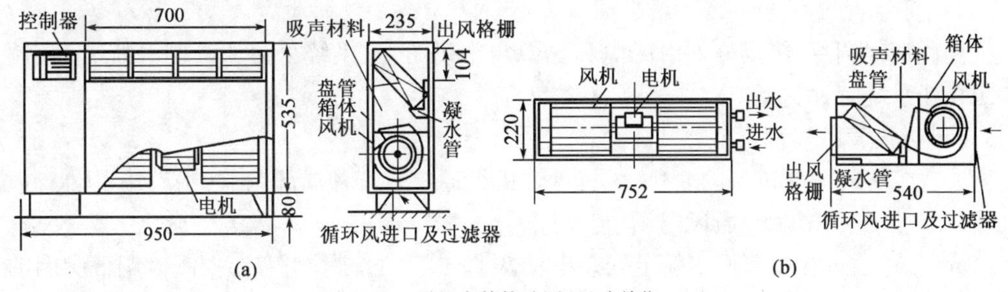

图 11-27 风机盘管构造图(尺寸单位:mm)

(a)立式;(b)卧式

(2)风机盘管空调系统的组成

风机盘管可以独立地负担全部室内负荷,成为全水系统的空调方式。由于解决不了房间的换气问题,因此,风机盘管空调系统由风机盘管机组、新风系统和水系统三部分组成。此外,为了收集排放夏季湿工况运行时产生的凝结水,还需要设置凝结水管路系统。风机盘管机组通常设置在需要空调的房间内,对通过盘管的空气进行冷却、减湿冷却或加热处理后送入室内,消除空调房间的冷(热)湿负荷。新风系统是为了保证人体健康的卫生要求,给空调房间补充新风量的装置。集中设置的新风系统,还可以负担一部分新风和房间的热、湿负荷。水系统用于给风机盘管和新风机组输送处理空气所需的冷热量,通常是采用集中制取的冷水和热水。

(3)风机盘管空调系统的新风供给方式

风机盘管空调系统新风供给方式有房间缝隙自然渗入、机组背面墙洞引入新风、独立新风系统三种类型。其中最后一种新风供给方式是目前最常用的,这些供给方式如图 11-28 系所示。

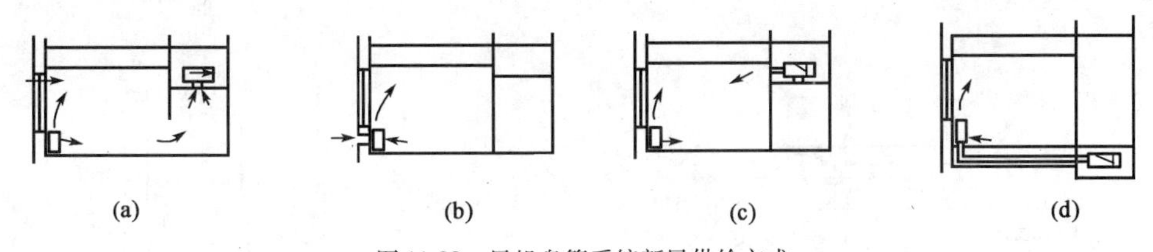

图 11-28 风机盘管系统新风供给方式

(a)室外渗入新风;(b)外墙洞口引入新风;(c)独立新风系统(上部送入);(d)独立新风系统(送入风机盘管机组)

靠室内机械排风渗入新风。这种新风供给方式靠设在室内卫生间、浴室等处的机械排风,从而在房间内形成负压,使室外新鲜空气渗入室内。这种方式比较经济,但室内卫生条件不易保证。因受无组织渗风的影响,室内温度场分布不均匀。

墙洞引入新风方式。这种新风供给方式是把风机盘管设置在外墙窗台下,立式明装在盘管机组背后的墙上开洞,把室外新风吸入机组内。这种方式能保证室内要求的新风量,也可通过安装在新风管上的阀门调节新风,但运行管理麻烦,且新风口还会破坏建筑立面,增加污染和噪声。因此,这种方式适用于要求不高的场合。

独立新风系统。上述两种新风供给方式的共同特点是需要风机盘管负担对新风的处理,这就要求风机盘管机组必须具有较大的冷却和加热能力,使风机盘管机组的尺寸增大。独立新风系统是把新风集中处理到一定参数,根据所处理空气终参数的情况,新风系统可承担新风负荷和部分空调房间的冷、热负荷。在过渡季节可增大新风量，必要时可关掉风机盘管机组，单独使用新风系统。

(4)风机盘管水系统

风机盘管空调冷、热媒分别由冷源和热源集中供给，水系统分为双管制系统、三管制系统和四管制系统三种类型。

(5)风机盘管的局部调节方式

为了适应房间瞬变负荷的变化，风机盘管机组通常有三种局部调节(手动或自动)方法，即水量调节、风量调节和旁通风门调节。

水量调节：通过在盘管回水管上安装电动两通(或三通)阀，由室温控制器调节阀门的开度，从而改变进入盘管的水量(或水温)以达到调节空调房间温湿度的目的。

风量调节：风量调节的方式应用较为广泛，通常采用单向电容调速电机。通过调节输入电压改变风机转速，从而改变盘管的风量(分为高、中、低三挡，或无级调节风量)以达到调节空调房间温湿度的目的。

旁通风门调节：通过调节旁通风门开启度，使流经盘管的风量减少，达到调节空调房间温湿度的目的。

(6)风机盘管空调系统的特点

风机盘管空调系统具有如下特点：布置灵活，节省建筑空间；各房间可独立进行调节；当房间无人时可关闭风机盘管机组，节省运行费用；空气互不串通，避免交叉污染；对机组制作的质量要求较高；一般只适用于进深小于6m的场合；对空气的净化(过滤)能力较差等。

3.诱导器系统

采用诱导器做末端装置的空调系统称为诱导器系统。诱导器由外壳、表面式热交换器(盘管)、喷嘴、静压箱和一次风连接管等组成。按安装形式分为卧式、立式和吊顶式三种；按结构形式分为全空气型、空气-水型。这两种诱导器如图11-29和图11-30所示。经集中处理

消声保温材料
混合室
喷口
一次风静压箱
一次风
室内
回风
室内风
送风
(a)
室内风
送风
一次风
室内风
(b)

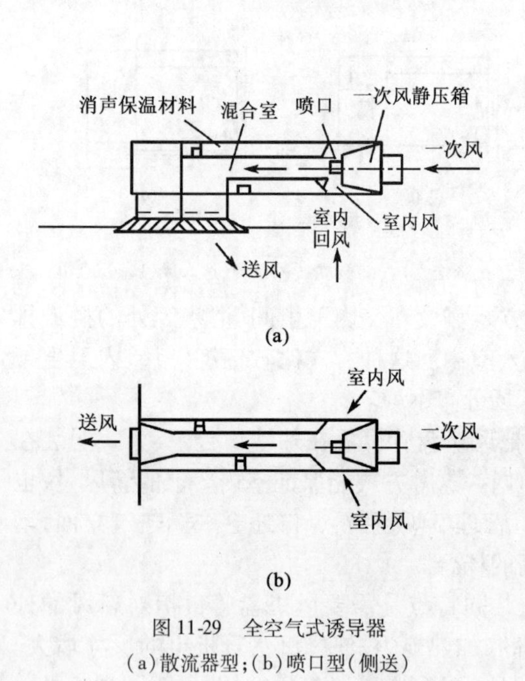

图11-29　全空气式诱导器
(a)散流器型；(b)喷口型(侧送)

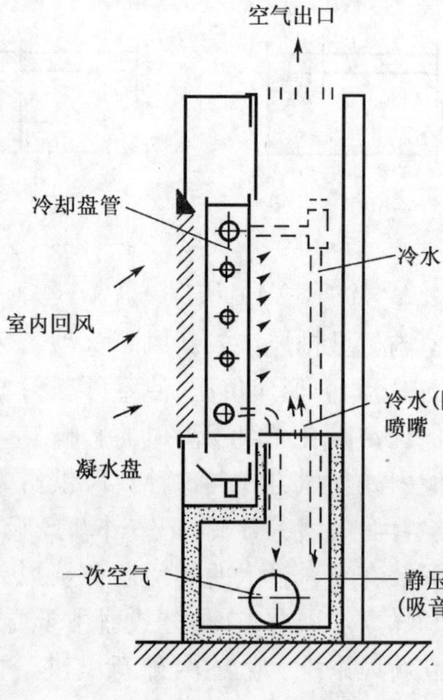

空气出口
冷却盘管
冷水(供)
室内回风
冷水(回)
喷嘴
凝水盘
一次空气
静压箱
(吸音箱)

图11-30　空气-水式诱导器

的一次风(即新风,也可混合部分回风)由风机送入设在空调房间的诱导器静压箱,然后以很高的速度从喷嘴喷出,在喷出气流的引射作用下,诱导器内将形成负压,因而可将室内空气(即回风,又称二次风)吸入,一、二次风混合后送入空调房间。二次风经过盘管时可以被加热,也可以被冷却或冷却减湿。这种带盘管的诱导器称为空气-水式诱导器或冷热诱导器。不带盘管的诱导器称为全空气诱导器或简易诱导器。全空气诱导器不能对二次风进行冷热处理,但可以减小送风温差,加大房间换气次数。

4. 冷剂式空调系统

冷剂式空调系统也称机组式系统,其制冷工质直接承担空调房间的冷热负荷。空调机组由空气处理设备(空气冷却器、空气加热器、空气加湿器、空气过滤器)、通风机和制冷设备组成。

(1)冷剂式空调系统的特点

与集中式空调系统(中央空调系统)相比,机组式系统具有如下特点:

①空调机组具有结构紧凑,体积小,占地面积小,自动化程度高等优点。

②空调机组可以直接设置在空调房间内,也可安装在空调机房内,所占机房面积较小,只有集中空调系统的50%,机房层高也相对低些。

③机组分散布置,可使各空调房间根据需要停开各自的空调机组,以满足各种不同的使用要求,因此,机组使用灵活方便。同时,各空调房间之间不会互相污染、串声,发生火灾时,火势也不会通过风道蔓延,对建筑防火有利。但是,分散布置使维修与管理较麻烦。

④机组安装简单、工期短、投产快。对于风冷式机组来说,在现场只要接上电源,机组即可投入运行。

⑤近年来热泵式空调机发展很快。热泵空调机组系统是具有显著节能效益和环保效益的空调系统。

⑥一般来说,机组系统就地制冷、制热,冷、热量的输送损失少。

⑦机组系统的能量消费计量方便,便于分户计量,分户收费。

⑧空调机组能源的选择和组合受限制。目前普遍采用电力驱动。

⑨空调机组的制冷性能系数较小,一般在2.5~3.0范围内。同时,机组系统不能按室外一般气象参数的变化和室内负荷变化实现全年多工况节能运行调节,过渡季也不能用全新风。

⑩整体式机组系统,房间内噪声大;分体式机组系统,房间的噪声低。设备使用寿命较短,一般约10年。机组系统对建筑物外观有一定影响。安装房间空调机组后,经常破坏建筑物原有的建筑立面。另外还有噪声、凝结水、冷凝器热风对周围环境的污染。

(2)冷剂式空调系统的分类

空调机组有多种类型,可基本满足创造人居环境、工农业生产环境对空气调节提出的各方面要求,可大致分为下述几类。

①按空调机组的外形,可分为单元柜式空调机组、窗式空调器和分体式空调器。单元柜式空调机组是把制冷压缩机、冷凝器、蒸发器、通风机、空气过滤器、加热器、加湿器、自动控制装置等组装在柜式箱体内,可直接安装在空调房间或邻室内。目前,国产单元柜式空调机组制冷量范围为7~16.3kW(60~100kcal/h),最常见的制冷量为23kW(200kcal/h)和35kW(300kcal/h)的单元柜式空调机组。窗式空调器是安装在窗口上或外墙上的一种小型房间空调器,其制冷量一般为1.5~7kW(130~60kcal/h),压缩机功率为0.4~2.2kW,电源

可为单相,也可为三相。其功能可使房间温度控制在18℃~28℃,最大偏差为±2℃。分体式空调机组是把制冷压缩机、冷凝器(热泵运行时蒸发器)同室内空气处理设备分开安装的空调机组。冷凝器与压缩机组成一个机组,一般置于室外,称室外机;空气处理设备组成另一机组,置于室内,称室内机。室内机有壁挂式、落地式、吊顶式、嵌入式等类型。室内机和室外机之间通过制冷剂管路连接。常见的连接形式有一拖一和一拖多等,如图11-31所示。

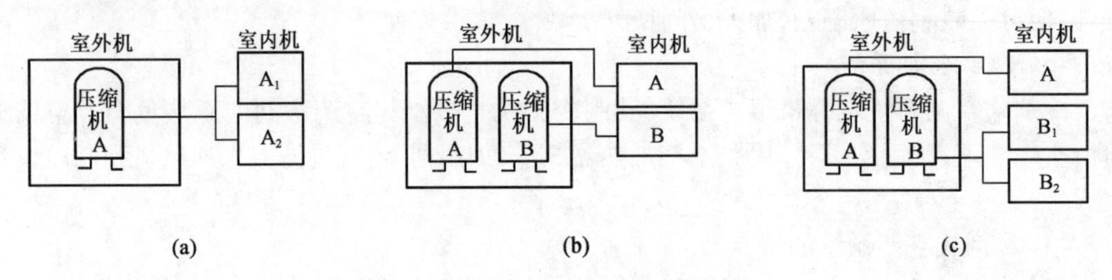

图11-31　常见的室内机和室外机连接形式

(a)单台压缩机拖动两台室内机;(b)两台压缩机分别拖动各台室内机;(c)一台压缩机拖动一台室内机,另一台拖动两台室内机

②按空调机的用途,可分为恒温恒湿空调机、冷风机、房间空调器和特殊用途的空调机组。恒温恒湿空调机组适用于精密机械、光学仪器、电子仪表等车间及计量室、科研实验室等有恒温恒湿要求的房间,房间基准要求可控制在20~25℃,精度可在为1℃,相对湿度为(50%~60%)±10%。冷风机组用于夏季降温去湿,适用于民用与公共建筑的舒适性空调系统。其控制温度为(24~27℃)±2℃,相对湿度为40%~70%。房间空调器指制冷量在12kW以下的风冷式、冷风型(或热泵型)小型空调机组,主要用于家庭或房间的舒适性空调。特殊用途的空调机组是根据某些空调房间提出的特殊要求,由工厂组装成的专用空调机组。如电子计算机房的专用空调机组、程控机房专用空调机组、低温空调机组、净化空调机组和谷物冷却机等。

③按空调机组制冷系统的工作情况,可分为热泵式空调机组和单冷式空调机组。热泵式空调机组通过换向阀的变换,在冬季实现制热循环,在夏季实现制冷循环。单冷式空调系统仅在夏季实现制冷循环。

④按空调机组中制冷系统的冷凝器形式,可分为水冷式空调机组和风冷式空调机组。水冷式空调机组中的制冷系统以水作为冷却介质,用水带走其冷凝热。为了节约用水,用户一般要设置冷却塔,以使冷却水循环使用,通常不允许直接使用地下水或自来水。风冷式空调机组中的制冷系统以空气作为冷却介质,用空气带走其冷凝热,制冷性能系数要低于水冷空调机组,但可以免去用水的麻烦,无须设置冷却塔和循环水泵等,安装与运行简便。

思考题

1. 什么是空气调节?空气调节系统通常由哪几部分组成?
2. 空气调节系统有哪几种类型?
3. 试说明集中式、半集中式和分散式空调系统的主要特点及适用场合。
4. 什么是空调房间的气流组织?影响空调房间气流组织的主要因素是什么?

第十二章　燃 气 供 应

气体燃料较之液体燃料和固体燃料具有更高的热能利用率，燃烧温度高，火力调节容易，使用方便，易于实现燃烧过程的自动化，且燃烧时不会产生灰渣，清洁卫生，而且可以利用管道和瓶装供应。但燃气和空气混合到一定比例时，容易引起燃烧或爆炸，发生火灾的危险性较大，所以，对于燃气设备及管道的设计、加工和敷设，都有严格的要求，同时必须加强维护和管理，防止漏气。

第一节　燃气供应概述

一、燃气种类及特性

燃气是一种气体燃料，根据其来源不同，主要分为天然气、液化石油气和人工煤气三大类。

1. 天然气

天然气是指从钻井中开采出来的可燃气体。一种是气井气，是自由喷出地面的，即纯天然气；另一种是溶解于石油中，同石油一起开采出来后再从石油中分离出来的石油伴生气；还有一种是含石油轻质馏分的凝析气田气。天然气的主要成分是甲烷，低发热量为33494～41868kJ/m^3。天然气通常没有气味，在使用时需混入某种无害而有臭味的气体（如乙硫醇C_2H_5SH），以便于发现漏气，从而避免发生中毒或爆炸燃烧事故。

2. 液化石油气

液化石油气是在对石油进行加工处理过程中（例如减压蒸馏、催化裂化、铂重整等）所获得的副产品。其主要组分是丙烷、丙烯、正（异）丁烷、正（异）丁烯、反（顺）丁烯等。这种副产品在标准状态下呈气相，而当温度低于临界值时或压力升高到某一数值时呈液相。其低发热量通常为83736～113044kJ/m^3。

3. 人工煤气

人工煤气是将矿物燃料（如煤、重油等）通过热加工得到的，通常使用的人工煤气有干馏煤气（如焦炉煤气）和重油裂解气。

将煤放在专用的工业炉中，隔绝空气，从外部加热，分解出来的气体经过处理后，可分别得到煤焦油、氨、粗萘、粗苯和干馏煤气，剩余的固体残渣即为焦炭。用于干馏煤气的工业炉有炼焦炉、连续式直立炭化炉和立箱炉等，一般都采用炼焦炉，其干馏燃气称为焦炉煤气。

重油在压力、温度和催化剂的作用下，分子发生裂变而形成可燃气体。这种气体经过处理后，可得到煤气、粗苯和残渣油。重油裂解气也叫油煤气或油制气。

将煤或焦炭放入燃气发生炉，通入空气、水蒸汽或两者的混合物，使吹过赤热的煤（焦）层，在空气供应不足的情况下发生氧化和还原作用，生成以一氧化碳和氢为主要成分的可燃气体，称为发生炉煤气。由于其热值低，一氧化碳含量高，因此不适合作为民用燃气，多供应给工业生产。

此外还有从冶金生产或煤矿矿井得到的煤气副产物，称为副产煤气或矿井气。

人工煤气具有强烈的气味及毒性，含有硫化氢、萘、苯、氨、焦油等杂质，容易腐蚀及堵塞管道，因此，人工煤气需净化后才能使用。

供应城市的工业煤气要求低发热量在 14654kJ/m^3 以上。一般焦炉煤气的低发热量为 17585 ~ 18422kJ/m^3，重油裂解气的低发热量为 16747 ~ 20515kJ/m^3。

二、城市燃气的供应方式

1. 管道输送

天然气或人工煤气经过净化后即可输入城市燃气管网。城市燃气管网根据输送压力不同可分为低压管网($P \leqslant 5$kPa)、中压管网(5kPa $< P \leqslant$ 150kPa)、次高压管网(150kPa $< P \leqslant$ 300kPa)和高压管网(300kPa $< P \leqslant$ 800kPa)四种类型。

城市燃气管网通常包括街道燃气管网和庭院(居住小区)燃气管网两部分。

大城市的街道燃气管网大都布置成环状，只是边缘地区才采用枝状管网。燃气由街道高压管网或次高压管网，经过燃气调压站，进入街道中压管网。然后经过区域的燃气调压站，进入街道低压管网，再经庭院管网接入用户。临近街道的建筑物也可直接由街道管网引入。小城市一般采用中-低压或低压燃气管网。

庭院燃气管路是指燃气总阀门井后至各建筑物前的户外管路(图 12-1)。当燃气进气管埋设在一般土质的地下时，可采用铸铁管、青铅接口或水泥接口，亦可采用涂有沥青防腐层的钢管、焊接接头。如埋设在土质松软及容易受震的地段，应采用无缝钢管、焊接接头。阀门应设在阀门井内。

庭院燃气管敷设在土壤冰冻线以下 0.1 ~ 0.2m 的土层内，根据建筑群的总体布置，庭院燃气管道应与建筑物轴线平行，并埋于人行道或草地下；管道距建筑物基础应不小于 2m；与其他地下管道的水平净距为 1.0m；与树木应保持 1.2m 的水平距离。庭院燃气管不能与其他室外地下管道同沟敷设，以免管道发生漏气时燃气经地沟渗入建筑物内。根据燃气的性质及含湿状况，当有必要排除管网中的冷凝水时，管道上应设有不小于 0.003 的坡度坡向凝水器。图 12-2 所示为低压凝水器构造图，凝结水应定期排除。

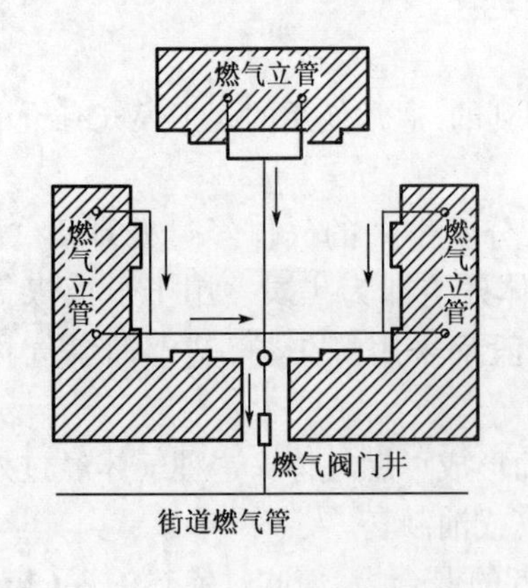

图 12-1 庭院燃气管网

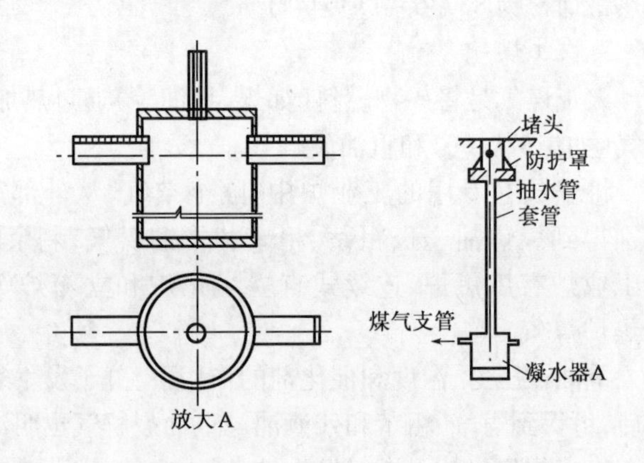

图 12-2 低压凝水器构造及安装示意图

2. 液化石油气瓶装供应

液态液化石油气在炼油厂生产后，可用管道、汽车或火车槽车、槽船运输到储配站或灌瓶站后再用管道或钢瓶灌装，经供应站供应用户。

供应站则根据用户供应范围、户数、燃烧设备的需用量大小等因素采用单瓶、瓶组和管道系统供应。单瓶供应通常采用一个 15kg 钢瓶连同燃具供应给居民；瓶组供应通常采用钢瓶并联方式供应给公共建筑或小型工业建筑的用户；管道供应方式适用于居民小区、大型工厂职工住宅区或锅炉房。

钢瓶内液态液化石油气的饱和蒸汽压按绝对压力计，一般为 70～800kPa，靠室内温度可自然气化，但供燃气燃具及燃烧设备使用时，还要经过钢瓶上调压器减压到 2.8±0.5kPa（280±50mmH_2O）。单瓶系统的钢瓶一般置于厨房，而瓶组供应系统的并联钢瓶、集气管及调压阀等应设置在单独房间，管道供应系统是指液态的液化石油气经气化站（或混气站）生产的气态液化石油气（或混合气）经调压设备减压后经输配管道、用户引入管、室内管网、燃气表送到燃具使用。

钢瓶在装卸过程中应严格遵守操作规程，禁止乱扔乱甩。

第二节　室内燃气管道

一、管道系统

用户燃气管由引入管进入房屋后，到燃具燃烧器前为室内燃气管，这一段管道为低压管段。室内管多用普压钢管丝扣连接，埋于地下部分应涂防腐涂料，明装于室内的管道应采用镀锌普压钢管。所有燃气管不允许有微量漏气，以保证安全。引入管及室内燃气管示意图如图 12-3 所示。

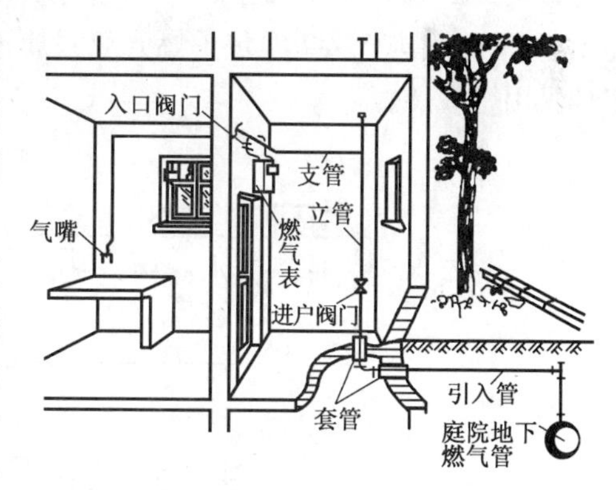

图 12-3　引入管及室内燃气管示意图

从庭院燃气管处接引入管，一定要从管顶接出，并且在引入管垂直段顶部以三通管件接横向管段，这样敷设可以减少燃气中的杂质和凝液进入用户，并便于清通。引入管还应有 0.005坡度坡向引入端。室内燃气管穿过墙壁或地板时应设套管。

为了安全，燃气立管不允许穿越居室，一般可布置在厨房、楼梯间墙角处。进户干管应设不带手轮旋塞式阀门。立管上接出每层的横支管一般在楼层上部接出，然后折向燃气表，燃气表上伸出燃气支管，再接橡皮胶管通向燃气用具。燃气表后的支管一般不应绕气窗、窗台、门框和窗框敷设。当必须绕门窗时，应在管道绕行的最低处设置堵头，以利排凝结水或吹扫使用。水平支管应具有坡度坡向堵头。

建筑物如有可通风的地下室时，燃气干管可以敷设在地下室上部。不允许室内燃气干管埋于地面下或敷设于管沟内。若公共建筑物地沟为通行地沟且有良好的自然通风设施，可与其他管道同沟敷设,但燃气干管应采用无缝钢管,焊接连接。燃气管还应有0.002~0.005的坡度,坡向引入管。

二、燃气表

燃气表是计量燃气用量的仪表。我国目前常用的是一种干式皮囊燃气流量表,这种燃气表适用于室内低压燃气供应系统。各种规格燃气表计量范围为2.8~260m^3/h。为保证安全,小口径燃气表一般挂在室内墙壁上,表底距地面1.6~1.8m,燃气表到燃气用具的水平距离不得小于0.8~1.0m。

室内燃气管道计算的项目有确定燃气用量、确定管道计算流量、管道直径和管道压力损失四种。

民用建筑室内燃气管道的计算流量根据燃气用具的种类、数量及其相应的燃气用量标准乘以同时工作系数得到。

由于低压燃气引入管的压力是已知的,所以可根据允许压力损失来确定管径。为保证燃气用具能正常燃烧和使用安全,生活用燃气用具前所需燃气压力不应超过80~100mmH_2O,但不应低于60mmH_2O。

第三节 燃气用具

燃气用具根据不同的用途分为种类很多。这里仅介绍住宅常用的几种燃气用具。

一、厨房燃气灶

常见的厨房燃气灶是双火眼燃气灶。其由炉体、工作面及燃烧器三个部分组成。图12-4所示为国产JZ-2型焦炉燃气双眼灶,其额定流量为1.4m^3/h。另外还有三眼、六眼等多种民用燃气灶。

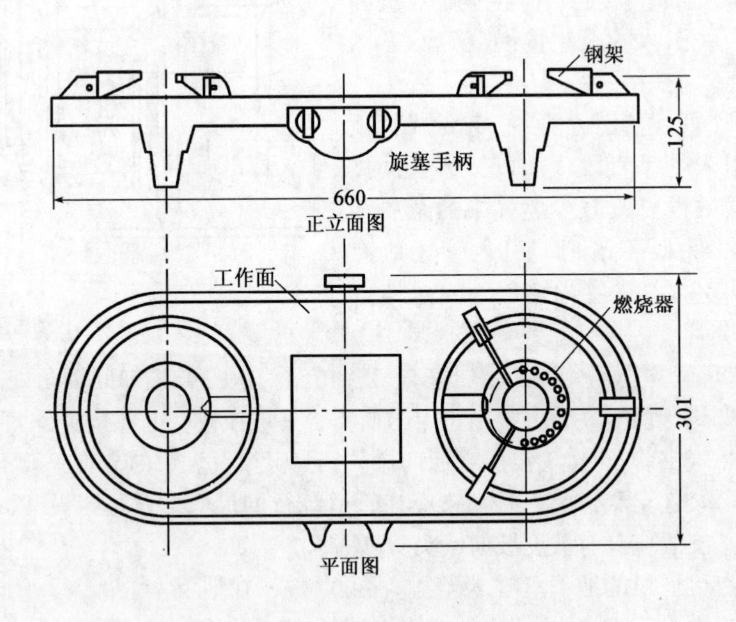

图12-4 JZ-2型焦炉燃气双眼灶(尺寸单位:mm)

从使用安全角度考虑，家用厨房燃气灶一般要靠近不易燃墙壁放置。燃气灶边至墙面要有50~100mm距离。大型燃气灶应放在房间的适中位置，以便于四周使用。

二、燃气热水器

燃气热水器是一种局部热水的加热设备。燃气热水器按其构造，可分为容积式和直流式两类。

1. 容积式燃气热水器

容积式燃气热水器是一种能储存一定容积热水的自动加热器。其工作原理是借调温器、电磁阀和热电偶联合工作，使燃气点燃和熄灭。

由于燃气燃烧后所排出的废气成分中含有不同浓度的一氧化碳，当其容积浓度超过0.16%时，人呼吸20分钟，就会在2小时内死亡。因此，凡是设有燃气用具的房间，都应设有良好的通风措施。

2. 直流式燃气热水器

图12-5(a)所示为一种直流式燃气自动热水器，其外壳为搪瓷铁皮，内装有安全自动装置、燃烧器、盘管、传热片等，内部构造如图12-5(b)所示，目前国产家用燃气热水器一般为快速直流式。

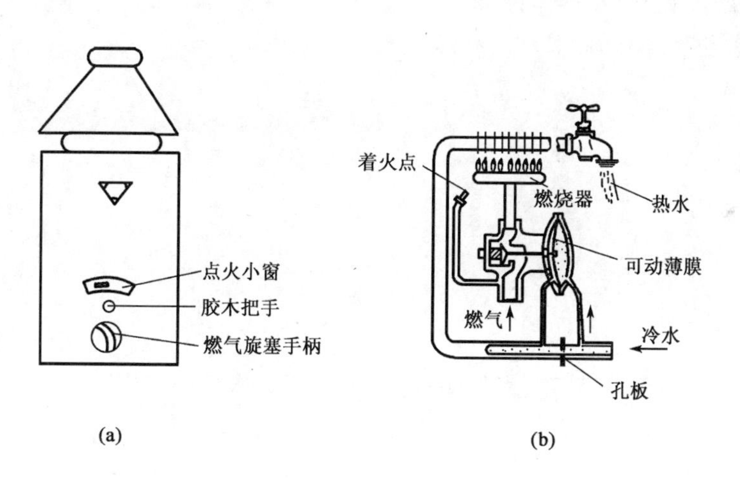

图12-5　直流式燃气热水器

(a)外形；(b)内部构造

为了提高燃气的燃烧效果，需要供给燃气用具足够的空气，燃气用具的热负荷越大，所需的空气量就越多。一般情况下，设置燃气热水器的浴室，房间体积应不小于12m^3；当燃气热水器每小时消耗发热量较高的燃气约为4m^3时，需要保证每小时有3倍房间体积(即36m^3)的通风量。因此，设置小型燃气热水器的房间应保证有足够的容积，并在房间墙壁下面及上面，或者门扇的底部或上部，设置面积不小于0.2m^2的通风窗，如图12-6所示。应当注意，通风窗不能与卧室相通，门扇应朝外开，以保证安全。

在楼房内，为了排除燃烧烟气，当层数较少时，应设置各自独立的烟囱。砖墙内烟道的断面面积应不小于140mm×140mm。对于高层建筑，若每层设置独立的烟囱，在建筑构造上往往很难处理，可设置一根总烟道连通各层燃气用具，但一定要防止下面房间的烟气窜入上层设有燃气用具的房间。这些技术问题尚待进一步研究。图 12-7 所示的技术措施可供参考,图中总烟道是一根通过建筑各层的、直径为 300 ~ 500mm 的管道。每层排除燃烧烟气的支烟道采用直径为 100 ~ 125mm 的管道且平行于总烟道。每层支烟道在其上面一到二层处接入总烟道,最上层的支烟道亦要升高,然后平行接入总烟道。

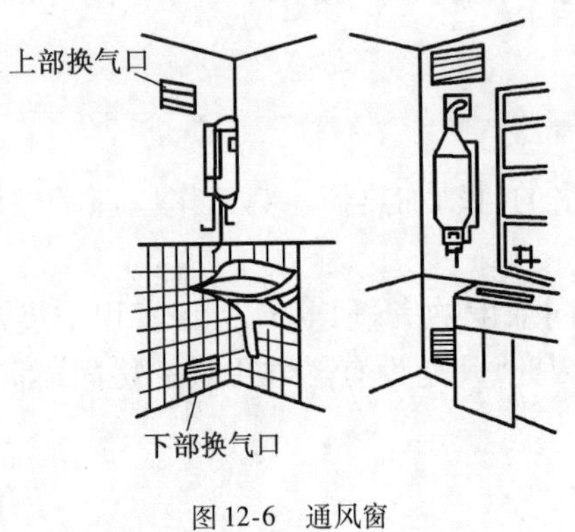

图 12-6 通风窗

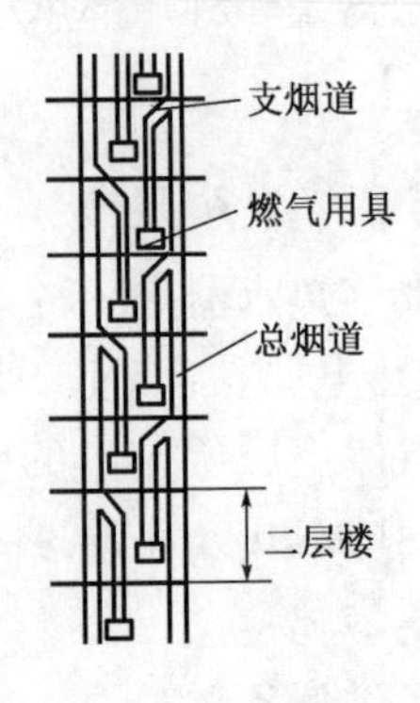

图 12-7 总烟道装置

思 考 题

1. 室内燃气管道系统设计时应注意哪些问题?
2. 简述燃气热水器的种类及其特点。

第十三章　建筑供配电系统

第一节　电 力 系 统

一、电力系统概述

电力是现代工业的主要动力，在各行各业中都得到了广泛应用。从事建筑工程的技术人员，应该了解电能的产生、输送和分配。电力系统由发电、输电和配电系统组成。

1. 发电

我们所使用的电能多是由发电厂提供的，发电是将水力、火力、原子能、风力和沼气等自然资源（非电能）转换成电能的过程。我国以水力发电和火力发电为主，近几年也在发展原子能发电。水力发电厂是利用水流的能量、火力发电厂是利用煤炭或油燃烧的热能量、原子能发电厂是利用核裂变产生的能量来进行发电。发电机组发出的电压一般为6kV、10kV或13.8kV。大型发电厂一般都建于能源的蕴藏地，距离用电户几十至几百公里，甚至几千公里以上。

2. 输电

输电是指将发电厂发出的电能经铁塔上的高压线输送到各个地方或直接输送到大型用电户。其输送的电功率为：

$$P = \sqrt{3}UI\cos\varphi \tag{13-1}$$

由式(13-1)可知，当输送的电功率 P 和功率因数 $\cos\varphi$ 一定时，电网电压 U 越高，则输送的电流 I 越少，导致输电线路的能量损耗下降，而且可以减少输电线的截面面积，节省造价。这就需要将发电机组发出的10kV电压经升压变压器变为35～330kV的高压。所以，输电网是由35kV及以上的输电线路与其相连接的变电所组成，其是电力系统的主要网络。

输电是联系发电厂与用户的中间环节。可通过高压输电线远距离地将电能送到各个地方。在进入市区或大型用电户前，再利用降压变压器将35～330kV高压变为3kV、6kV、10kV高压，又称为区域变电所。

3. 配电

配电由10kV及以下的配电线路和配电（降压）变压器组成。其作用是将3～10kV高压降为380/220V低压，又称为用户变（配）电所，再通过低压输电线分配到各个用户（工厂及民用建筑）的用电设备。

电力网的电压在1kV及以上的电压称为高压，有1kV、3kV、6kV、10kV、35kV、110kV、220kV、330kV等。1kV及以下的电压称为低压，有220V、380V和安全电压6V、12V、24V、36V、42V等。

为了保证供电的可靠性和安全连续性，电力系统是将各个地区、各种类型的发电机、变压器、输配电线、配电装置和用电设备等连成一个环形的整体，对电能进行不间断的生产、传输、分配和使用的联合系统。电力系统的示意图如图 13-1 所示。

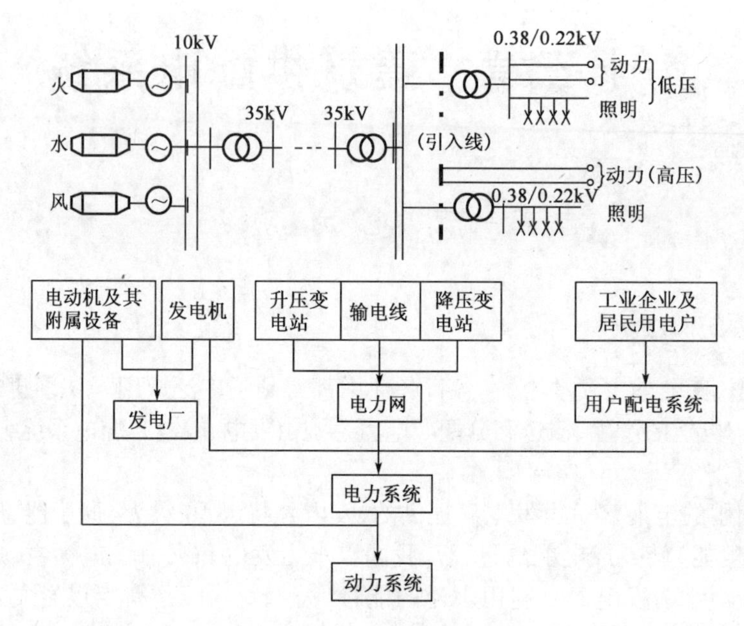

图 13-1　电力系统的主结线结构示意图

二、电力负荷的分级

在配电网上连接的一切用电设备所需的功率，称为电力负荷。电力负荷分为正常用电负荷和防灾用电负荷两种类型。

正常用电负荷主要是动力和照明用电设备的负荷。动力用电设备包括各种机床、水泵、运输机、鼓风机、引风机、空调机、通风机、制冷机、吊车、搅拌机、电焊机、客梯、货梯、扶梯等。照明用电设备包括各种灯具、家用电器、弱电用电设备（电话、广播、有线电缆电视、办公自动化、楼宇自控等）。

防灾用电负荷主要是指防灾动力、应急照明、火灾和防盗报警用电设备的负荷。防灾动力用电设备包括消火栓泵、喷淋泵、排烟机、加压送风机、防火卷帘门、消防电梯、防盗门窗等。应急照明用电设备包括疏散指示照明、事故照明、警卫照明、障碍照明等。火灾和防盗报警用电设备包括火灾报警及联动器、消防通信、消防广播、防盗报警器、防盗监控器等。

电力负荷按其使用性质和重要程度分为三级，并以此采取相应的供电措施，来满足对供电可靠性的要求。

1. 一级电力负荷

当供电中断时，造成人身伤亡、重大的政治影响、重大的经济损失或造成公共场所秩序严重混乱的用电负荷，称为一级电力负荷。如国家级的大会堂、国际候机厅、医院手术室、分娩室等建筑的照明；一类高层建筑的火灾应急照明与疏散指示标志灯及消防电梯、喷淋泵、消火栓、排烟机等消防用电；国家气象台、银行等专业用的计算机用电负荷；大型钢铁厂、矿山等重要企业的用电负荷等，均属一级电力负荷。在一级负荷中，当中断供电将造成重大设备损坏或发生中毒、爆炸和火灾等情况的负荷，以及特别重要场所的不允许中断供电的负荷，应视为一级负荷中特别重要的负荷。

一级电力负荷应有两个独立的电源供电，以确保供电的可靠性和连续性。两个电源可一用一备，亦可同时工作，各供一部分电力负荷。若其中一个电源发生故障或停电检修时，都不致影响另一个电源继续供电。对于一级电力负荷中特别重要的负荷，如医院手术室和分娩室、计算机用电、消防用电等负荷，必须增设应急备用电源，如快速自起动的柴油发电机组、不间断电源(UPS)等。严禁将其他负荷接入应急供电系统。

2. 二级电力负荷

当供电中断时，造成较大的政治影响、较大的经济损失或造成公共场所秩序混乱的用电负荷，称为二级电力负荷。如省市级体育馆、展览馆的照明；二类高层建筑的火灾应急照明与疏散指示标志灯及消防电梯、喷淋泵、消火栓、排烟机等消防用电；大型机械厂的用电负荷等，均属二级电力负荷。

二级电力负荷宜采用两个电源供电，供电变压器亦宜选两台(两台变压器不一定在同一变电所内)。若地区供电条件困难或负荷较小时，可由一条6kV及以上的专用架空线路供电。若采用电缆供电，应同时敷设一条备用电缆，并经常处于运行状态，也可以采用柴油发电机组或不间断电源作为备用电源。

3. 三级电力负荷

供电中断仅对工作和生活产生一些影响，不属于一级或二级电力负荷，称为三级电力负荷。

三级电力负荷对供电无要求，只需一路电源供电即可。如旅馆、住宅、小型工厂的照明。

三、6～10kV变电所

当用电设备容量大于160kV·A时，宜采用高压供电，变压器降压的方式。变电所是接受电能、变换电压和分配电能的场所。6～10kV变电所主要由变压器、高压开关柜(高压断路器、电流互感器、计量仪表等)、低压开关柜(隔离刀闸、断路器、电流互感器、计量仪表等)、高压电容补偿柜、母线及电缆等组成。

当用电设备容量小于160kV·A时，宜采用低压配电方式。配电所(室)主要由低压开关柜(隔离刀闸、断路器、电流互感器、计量仪表等)、电容器补偿柜、母线及电缆等组成。

1. 变电所选择的原则

变电所选择的原则包括以下几个方面：

①确定进线方式。根据用电负荷等级确定进线方式，一路或是两路进线。

②确定变压器。根据计算负荷确定变压器的型号和台数，若考虑发展的需要，变压器的容量应留有余地。

③确定变电所的位置。变电所的位置应选在进出线方便，靠近负荷中心处。

④确定变电所的场所。变电所应避免设于多尘、潮湿和有腐蚀性气体的场所，避免设在有剧烈震动的场所和低洼积水处。若变压器的容量等于或小于316kV·A，可架设在水泥柱上，应选择油浸式变压器；若变压器的容量大于316kV·A，可架设在水泥台上或高层建筑的室内，若设于高层建筑的室内，应选择干式变压器。

⑤确定电容器柜。计算总功率因数小于0.9时，应考虑功率因数补偿，装设电容器柜。

2. 主接线

变电所内供电系统的一次接线，称为主接线。主接线是由变压器、各种开关电器、电气计量仪表、母线、电力电缆和导线等电气设备按一定顺序相连接的电路。供电电路常画成单线条系统图,也就是用单线来代表三相系统的主接线图。

(1)主接线的选择

主接线的选择原则包括以下几个方面:

①根据用电负荷的要求,保证供电可靠性。

②接线系统应力求简单,运行方式灵活,倒闸操作方便。

③应保护运行操作人员和维修人员的安全,来进行运行维护和实验工作。

④高压配电装置的布置应紧凑合理,排列尽可能对称,有利于巡检。

⑤从发展角度,适当留有增容的余地。还应符合经济原则,做到设备一次投资和年运行费用最低。

(2)6~10kV变电所的主接线要求

6~10kV变电所的主接线要求包括以下几个方面:

①装设高压断路器。从外界引入变电所的进线侧,应装设高压(10kV)断路器,以便当设备发生短路事故时起保护和隔离作用。如:需要带负荷断电源的;变电所总出线有10个回路以上者;自动装置或继电保护电路所要求的。

②母线接线。变电所的高压及低压母线,须采用单母线或单母线分段的接线方式。

③母线采用隔离开关或断路器分段。采用单母线分段时,一般采用隔离开关分段。当出线回路或继电保护有要求时,用断路器分段。

④装设线路隔离开关。配电线路的出线侧,在架空出线或有反馈供电可能的出线中,要求装设线路隔离开关。

(3)主接线方式

主接线方式包括以下几个方面:

①单电源母线接线。进户为一路6~10kV高压,若只有一台变压器可通过断路器和母线及隔离开关接到变压器的原绕组线圈上,如图13-2(a)所示。若有两台变压器可通过断路器和母线及隔离开关接到公共母线,如图13-2(b)所示。单母线的优点是主接线简单、设备投资少、操作方便,适用于三级负荷使用。

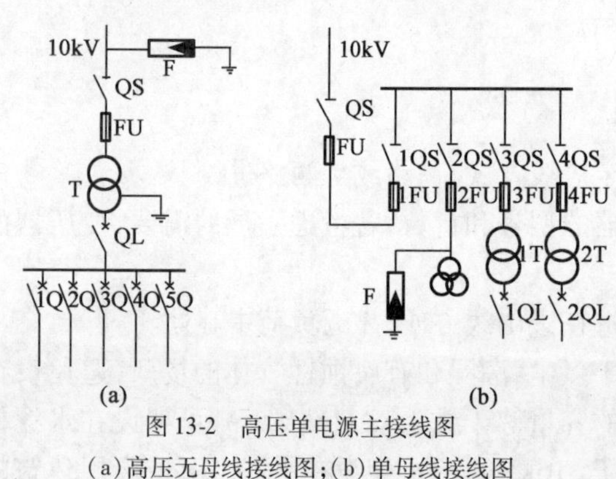

图13-2 高压单电源主接线图

(a)高压无母线接线图;(b)单母线接线图

②双电源分段式主接线。为提高双路电源供电的可靠性和灵活性,采用高压断路器连接分段的母线,可适用于一、二级负荷使用。其双电源单母线分段式主接线如图13-3(a)所示。该供电系统两路高压同时工作,当其中一路发生故障或停电时,由母线联络断路器对故障回路供电。切换方式可采用自动或手动(二级负荷)方式,但必须采取措施将与切换有关的开关进行连锁,以保证两路电源不并联运行。在双母线式主接线中,工作母线上的隔离开关平时闭合,备用母线上的隔离开关则处于断开状态。当工作母线断电时,工作母线上的隔离开关将打开,备用母线上的隔离开关则闭合,负荷借助连络开关在不中断供电的情况下,从一条母线转移到另一条工作母线上。当母线发生短路时,全部装置将断开。

双电源单母线分段式主接线如图 13-3(b)所示。可适用于一级负荷。

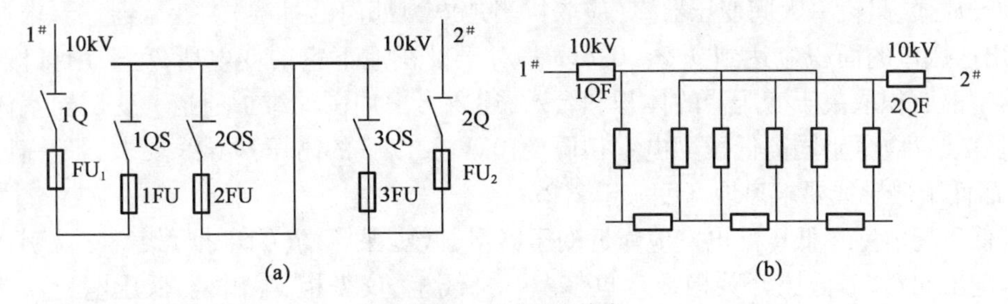

图 13-3　双电源主接线

(a)双电源单母线分段式;(b)双电源双母线分段式

③低压母线联络。具有低压母线联络的电气系统图如图 13-4 所示。

如图 13-4(a)所示,由双电源双变压器分别供电,在低压母线处进行联络。当某台变压器发生故障或需要检修时,其所带的低压回路将由另外一台变压器通过母线联络负责供电。但应首先将低压回路中的非重要性用电设备(如扶梯、空调机、热风幕、锅炉房用电等设备)切断,再合上母线联络开关 3QL,以防变压器超载运行,使重要性用电设备(如客梯、生活水泵、商场照明等)不断电。如图 13-4(b)所示,由单电源单变压器与柴油发电机组分别供电,在低压母线处进行联络。当高压或变压器发生故障或需要检修时,其所带的低压回路将由柴油发电机组通过母线联络负责供电。但柴油发电机组的容量是按低压回路中的消防用电设备或重要性用电设备来选择的。发生故障或需要检修时,同样先将低压回路中的非重要性用电设备切断,快速启动柴油发电机组,再自动合上母线联络开关 3QL。

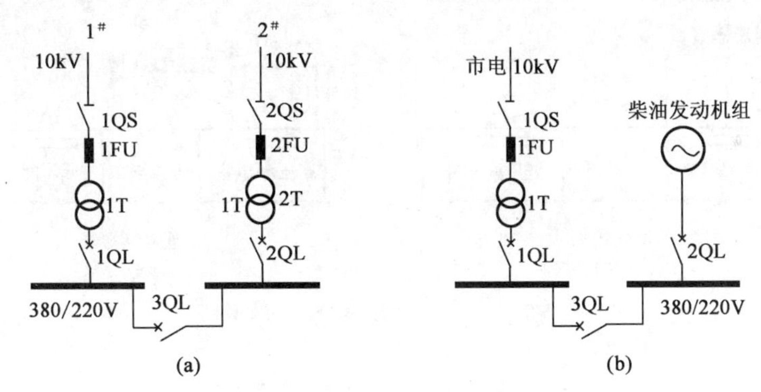

图 13-4　具有低压母线联络的电气系统图

(a)双回路供电;(b)市电与柴油发动机组供电

3. 变电所的布置

(1)变电所的布置

6～10kV 的变电所由高压配电室、变压器室和低压配电室三部分组成。

①高压配电室。高压配电室内设置高压开关柜,柜内设置油断路器、隔离开关、电压互感器和母线等。高压配电室的面积取决于高压开关柜的数量和高压开关柜的尺寸,一般设有高压进户柜、计量柜、电容补偿柜、配出柜等。高压柜前留有巡查操作通道,长度应大于 1.8m。柜后及两端应留有检修通道,长度应大于 1m。高压配电室的高度应大于 2.5m。高压室的门应大于设备进出的宽度,且应往外开。

②变压器室。为使变压器与高、低压开关柜等设备隔离,应单独设置变压器室。对于多

台变压器,特别是油浸变压器,应将每台变压器都相互隔离。当使用多台干式变压器时,也可采用开放式,只设一大间变压器室(应取得当地电力部门的批准)。变压器室要求通风良好,进出通风口的面积应达到0.5～0.6m^2。对于设在地下室的变电所,可采用机械通风。变压器室的面积取决于变压器的体积和台数,还要考虑周围的维护通道。变压器室内的高低压电气装置应分别同高低压配电室相同。10kV及以下的高压裸导线要求离地高度大于2.5m,而低压裸导线要求离地高度大于2.2m。

③低压配电室。低压配电室应靠近变压器室,低压裸导线(铜母排)架空穿墙引入。由于低压配出回路多,低压开关柜数量也多。有进线柜、仪表柜、配出柜、低压电容器补偿柜(采用高压电容器补偿时可不设)等。低压配电室的面积取决于低压开关柜数量的多少(应考虑发展,增加备用柜),柜前应留有巡检通道(长度大于1.8m),柜后应留有检修通道(长度大于0.8m)。低压开关柜有单列布置和双列布置(柜数较多时采用)等。

(2)变电所的建设

变电所的建设应满足以下条件:

①变电所应保持室内干燥,严防雨水漏入。变电所附近或上层不应设置卫生间、厨房、浴室等,也不应设置有腐蚀性或潮湿蒸气的车间。

②变电所应考虑通风良好,使电气设备正常工作。

③变电所高度大于4m,应设置便于大型设备进出的大门,宽度取决于变压器的宽度。

④变压器的容量较大时,应单设值班室、设备维修室、设备库房等。

6～10kV室内变压器的变电所的平面布置如图13-5(a)所示。6～10kV室外变压器的变电所的平面布置如图13-5(b)所示。

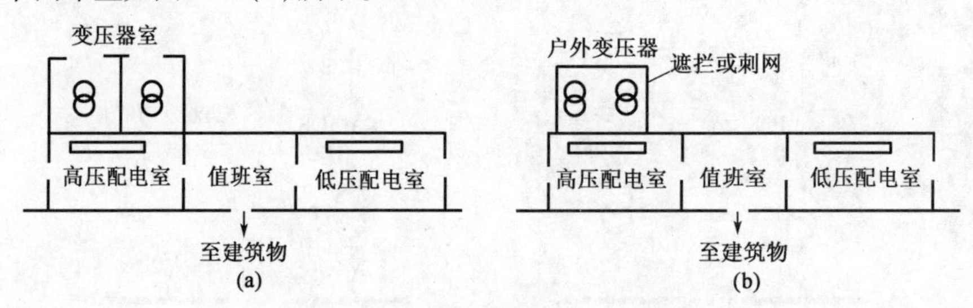

图13-5 6～10kV的变电所的平面布置图

第二节 建筑低压配电系统

低压配电系统由配电装置(配电柜或盘)和配电线路(干线及分支线)组成。低压配电系统又分为动力配电系统和照明配电系统两种类型。

一、低压配电方式

低压配电方式分为放射式、树干式及混合式等三种。

1. 放射式

放射式配电由配电盘直接供给分配电盘或负载。优点是各负荷独立受电,一旦发生故障只局限于本身而不影响其他回路,如图13-6(a)所示。放射式配电适用于重要负荷和电动机配电回路。

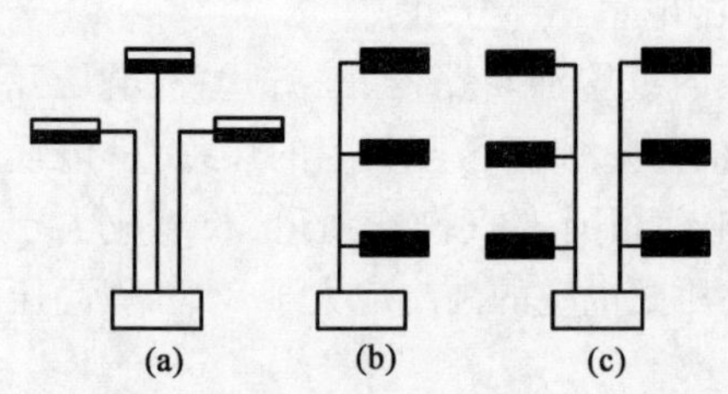

图13-6 低压配电的方式

(a)放射式配电;(b)树干式配电;(c)混合式配电

2. 树干式

树干式配电是指由总配电盘与分配电盘之间采用一条链式连接。优点是投资费用低、施工方便,但故障影响范围大,常用于照明电路。一条干线可链接多个照明分配电箱,如图13-6(b)所示。

3. 混合式

在大型配电系统中,经常采用放射式与树干式混合方式。变电所配出是放射式,分支是树干式。分配电箱中既有放射式,也有树干式,如图13-6(c)所示。

二、动力配电系统

1. 动力配电方式

民用建筑中的动力负荷按使用性质分为建筑设备机械(水泵、通风机等)、建筑机械(电梯、卷帘门、扶梯等)和各种专用机械(炊事、医疗、实验设备)等。按电价分为非工业电力电价和照明电价两种。因此先按使用性质和电价归类,再按容量及方位分路。对集中负荷(水泵房、锅炉房、厨房的动力负荷)采用放射式配电干线。对分散负荷(医疗设备、空调机等)应采用树干式配电,依次连接各个动力分配电盘。电梯设备的配电采用放射式专用回路,由变电所电梯配电回路直接引至屋顶电梯机房。

2. 动力配电箱(柜)

动力配电箱内由刀开关、熔断器、断路器、交流接触器、热继电器、按钮开关、指示灯和仪表等部分组成。电气元件的额定值根据动力负荷的容量选定,配电箱的尺寸根据这些电气元件的大小确定。配电箱有铁制、塑料制等,一般分为明装、暗装或半暗装三种类型。为了操作方便,配电箱中心距地的高度为1.5m。动力负荷容量大或台数多时,可采用落地式配电柜或控制台,应在柜底下留沟槽或用槽钢支起以便管路的敷设连接。配电柜有柜前操作和维护靠墙设立,也有柜前操作柜后维护。要求柜前有大于1.5m的操作通道,柜后应有0.8m的维修通道。

3. 动力配电系统

进行动力配电设计与施工时,应掌握动力配电系统图、电机控制原理图和动力配电平面图。动力配电系统中一般采用放射式配线,一台电机一个独立回路。在动力配电系统图中要标注配电方式,有三相电度表、断路器(或开关熔断器)、交流接触器、热继电器等电气元件的型号、电流整定值等,还应标有导线的型号、截面积、配管及敷设方式等,在系统中也可附材料表和说明。例如某车间的动力配电系统,如图13-7所示。

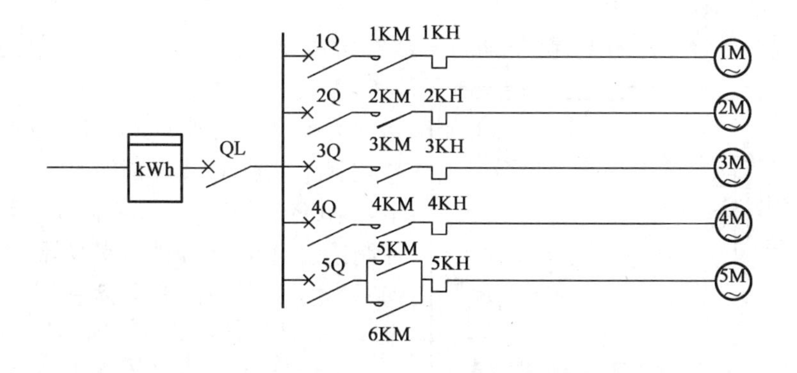

图13-7　水泵房动力配电系统图

4. 异步电动机控制原理图

小容量的异步电动机(小于7kW)可采用刀闸开关或断路器直接起动。一般情况下,异步电动机均采用交流接触器来控制电路。根据动力设备的控制要求设计异步电动机的控制原理图。有异步电动机连续运行控制电路、异步电动机两地控制电路、异步电动机正反转控制电路、异步电动机多台顺序起动控制电路等。水泵异步电动机的两地控制原理,如图13-8所示。其主电路如图13-9所示,图中断路器、交流接触器、按钮、热继电器等均设在水泵控制室的配电柜中,异地按钮箱(图中虚线部分)设在水泵附近,就地安装。

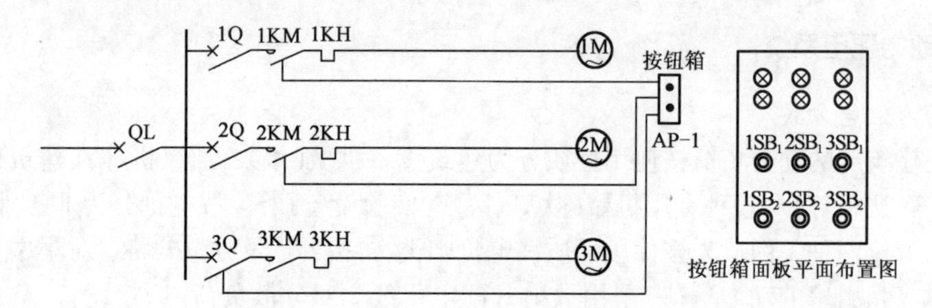

图13-8　异步电动机主电路及按钮箱面板平面布置图

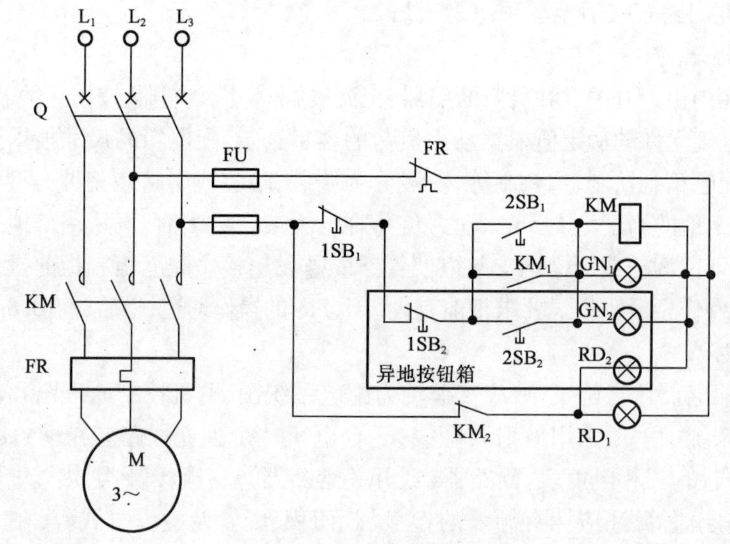

图13-9　异步电动机控制电路图

5. 动力配电平面布置图

在动力配电平面布置图上,画出动力干线和负载支线的敷设方式、导线根数、配电箱(柜)及设备电动机出线口的位置等。某水泵房动力配电平面布置如图13-10所示,图中水泵控制配电箱AP-1和消防水泵控制双电源配电箱AEP-1均设于控制室内,生活给水泵异地控制按钮箱AP-2和消防水泵异地控制按钮箱AP-3设于水泵房内墙上,1～3号为生活给水泵,4～7号为消防水泵(均一用一备)。配电方式为放射式,绝缘导线穿铁管地下暗敷设。

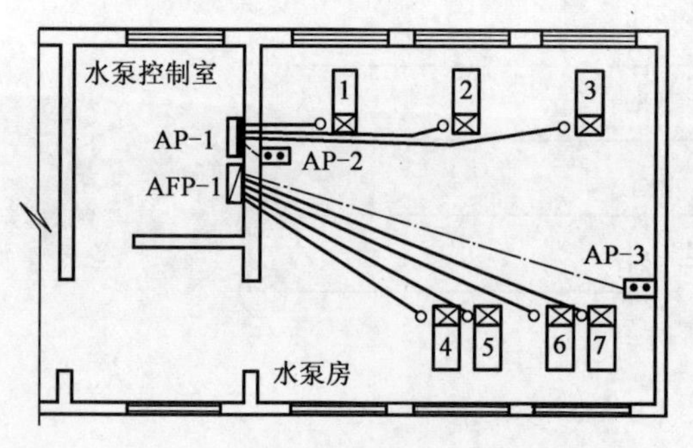

图13-10　水泵房动力配电平面布置图

三、低压配电线路的敷设方式

低压供电线路是指由市电电力网(6～10kV)引至变电所的电源引入线。低压配电线路是指由变电所的低压配电柜中引出至分配电盘和负载的线路,分为室外和室内配线两种类型。

1. 室外配电线路

室外配电线路分为架空线路和电缆线路两种类型。

(1)架空线路

架空线路包括电杆架空线路和沿墙架空线路两种类型。电杆架空线路是将导线(裸铝或裸铜)或电缆架设在电杆的绝缘子上的线路。将绝缘导线或电缆沿建筑外墙架设在绝缘子上的线路,称为沿墙架空线路。

①电杆架空线路。电杆有水泥杆和木杆两种形式,现多采用水泥杆及角钢横担。架空线路的档距(电杆间的距离)、架空线距地高度和架空线路导线与建筑物的最小距离见表13-1。在繁华地区,进户线多采用电缆架空敷设。

表13-1　架空线路的档距

档距与距离(m)	地区与部位距离(m) \ 线路电压	高压(6～10kV)	低压(380/220V)
架空线路的档距	城区	40～50	30～45
	郊区	50～100	40～60
	住宅区或院墙内	35～50	30～40
架空线距地高度	居民区	6.5	6.0
	非居民区	5.5	5.0
	交通困难地区	4.5	4.0
架空线与建筑物的最小的距离	建筑物的外墙	1.5	1.0
	建筑物的外窗	3	2.5
	建筑物的阳台	4.5	4
	建筑物的屋顶	3	2.5

②沿墙架空线路。由于建筑物间的距离较小,无法埋设电杆的场所适用于沿墙架空。架设的部位距地高度应大于2.5m。与上方窗户的垂直距离应大于800mm,与下方窗户的垂直距离应大于300mm。所以最好设在无门窗的外墙上。若无法满足上下窗户间距大于1100mm,应多采用导线穿钢管或电缆沿墙明敷设。

(2)电缆地下暗敷设

为了安全和美化环境,常采用电缆地下暗敷设方式。电缆地下暗敷设分为直埋、穿排管、穿混凝土块及隧道内明设等。电力电缆按其绝缘材料分为油浸纸绝缘、塑料绝缘和橡皮绝缘三种类型;按保护方式有带铠装(绝缘导线外装设金属铠保护,铠装外有防腐护套)和不带铠装之分。低压配电常用的塑料绝缘电力电缆种类及用途见表13-2。

表 13-2　低压配电常用塑料绝缘电力电缆种类及用途

型号		名称	主要用途
铝芯	铜芯		
VLV	VV	聚氯乙烯绝缘、聚氯乙烯护套电力电缆	敷设在室内、隧道内及管道中，电缆不能承受机械外力作用
VLV_{22}	VV_{22}	聚氯乙烯绝缘、聚氯乙烯护套钢带铠装电力电缆	敷设在室内、隧道内及管道中，电缆能承受机械外力作用
VLV_{32}	VV_{32}	聚氯乙烯绝缘、聚氯乙烯护套内细钢丝铠装电力电缆	敷设在室内、矿井中、水中，电缆能承受相当的拉力
YJVL	YJV	交联聚乙烯绝缘、聚氯乙烯护套电力电缆	敷设在室内、隧道内及管道中，电缆可经受一定的敷设牵引，但不能承受机械外力作用
$YJVL_{32}$	YJV_{32}	交联聚乙烯绝缘、聚氯乙烯护套内钢丝铠装电力电缆	敷设在高落差地区或矿井中、水中，电缆能承受相当的拉力和机械外力作用
	KVV	聚氯乙烯绝缘、聚氯乙烯护套控制电缆	敷设在室内、隧道内及管道中，主要用于电力系统的控制线路和弱电控制线路
	KVV_{22}	聚氯乙烯绝缘、聚氯乙烯护套钢带铠装阻燃控制电缆	敷设在室内、隧道内及管道中，主要用于消防系统的动力控制线路和火灾报警与联动控制系统的线路

①电缆直埋。采用电缆直埋方式时，应选用聚氯乙烯绝缘、聚氯乙烯护套钢带铠装电缆，如 VV22 或 VLV22 型等。其埋设深度为 0.7 ~ 1.0m。电缆四周填充细沙，加盖板或砖（根数较少时）然后回填土。在适当位置（转弯处或起止点）埋设标示桩，以便后期检修。直埋电缆穿过马路或进入建筑物时，需穿钢管保护。钢管在建筑物外部的长度应大于建筑物散水的宽度。进户穿基础时，应预留孔洞。直埋电缆进户施工简单、造价低，应用较普遍，但出故障后检修及更换电缆较困难。

②电缆穿排管或混凝土块敷设。电缆穿排管或混凝土块敷设时，可采用塑料护套电缆，排管由石棉水泥管组成，外部包以混凝土（如预制空心楼板），排管内径应大于电缆外径的 1.5 倍。混凝土管块为预制，多为 6 孔一块，常用于通信电缆，也可用于电力电缆。排管和混凝土块的顶部距地面应大于 0.7m。

③电缆在隧道内敷设。电缆在隧道内敷设时，可沿隧道单侧或双侧用支架敷设，当根数少时，可用圆钢或扁钢吊挂敷设。隧道内应有大于 1m 的人行通道，净高大于 1.8m。隧道内设低照度的安全照明（电压 36V 以下）。电缆隧道的尺寸取决于电缆根数及排列位置。电缆间水平净距为 100mm，上下层间距为 250mm，最下层的电缆距沟底一般为 100mm，最上层的电缆距沟顶一般为 250mm。电缆隧道进入建筑物处应设带门的防火墙。隧道内的电缆宜选用裸铠装电缆或阻燃塑料护套电缆。电缆支架的间距不大于 1m，并应可靠接地。

2. 室内线路

室内配电支线主要分为绝缘导线明配线和暗配线两种敷设方式。

(1) 明配线

明配线主要用于原有建筑物的电气改造或因土建无条件而不能暗敷设线路的建筑。明配线包括铝片卡、塑料线夹、塑料槽板、塑料线槽、钢板线槽、塑料管和钢管等。明配线走向横平竖直，转弯处的夹角为 90°，采用黏接、射钉螺栓及胀管螺丝等固定线路。在高层建筑中，还常采用电缆桥架和封闭母线吊装明设。

(2) 暗配线

暗配线主要用于新建筑及装修要求较高的场所，现已被普遍采用，既美观又安全。暗配线分为钢管、镀锌铁皮线槽、PVC阻燃硬塑料管、半硬塑料管、波纹塑料管等。

①钢管暗配线。钢管暗配线一般敷设于现浇混凝土板内、地面垫层内、砖墙内及吊顶内。钢管可以沿最短的路径敷设，要求所有钢管焊接成一体，统一接地。由于钢管施工困难、造价高，一般用于一类建筑电气的配线及特殊场合（如锅炉房等动力）的配线。

②塑料管暗配线。塑料管暗配线的敷设方法同钢管，特别适用于预制混凝土结构的建筑，多采用穿空心楼板暗敷设。由于半硬塑料管具有可挠性、硬度好，并具有阻燃性，施工方便，现已被广泛采用。

在沟、隧道、桥架、电井内等场所，室内配电干线及分支干线常采用电缆明设、封闭式母线明设、绝缘导线穿钢管、塑料管明设或暗敷设。绝缘导线穿管敷设时，其导线总截面积不应超过管内径截面积的40%。电缆穿钢管敷设时，直线段电缆外经占钢管直径的3/5；有一个弯时，不应小于1/2；有两个弯时，不应小于1/4。

四、电线与电缆的选择

1. 电线与电缆型号的选择

（1）电线型号

电线有裸导线和绝缘导线之分。裸导线型号有LJ（TJ）裸铝（铜）绞线、LGJ铝钢芯绞线等，常用于电杆架空。绝缘导线型号有BBLX、BBX、BLVV、BLV、BVV和BV型等（表13-3）。BBLX（BBX）型为橡皮绝缘铝（铜）芯导线，常用于工地架空、建筑物架空引入线或厂房室内明配线等。BLV（BV）型为聚氯乙烯绝缘铝（铜）芯导线，常用于室内暗配线。BLVV（BVV）型为聚氯乙烯绝缘聚氯乙烯护套铝（铜）芯导线，常用于室内明配线。

表13-3　常用绝缘导线的型号及用途

型　号	名　　称	主要用途
BV	铜芯聚氯乙烯绝缘电线	用于交流500V及直流1000V及以下的线路中，供穿钢管或PVC管，明敷或暗敷
BLV	铝芯聚氯乙烯绝缘电线	低压，可明、暗敷设
BVV	铜芯聚氯乙烯绝缘聚氯乙烯护套电线	用于交流500V及直流1000V及以下的线路中，供沿墙、沿平顶、线卡明敷用
BLVV	铝芯聚氯乙烯绝缘聚氯乙烯护套电线	室内、电缆沟、隧道、管道埋地
BVR	铜芯聚氯乙烯软线	与BV同，安装要求柔软时使用
RV	铜芯聚氯乙烯绝缘软线	供交流250V及以下各种移动电器接线用，大部分电话、广播、火灾报警等，前三者常用RVS绞线
RVS	铜芯聚氯乙烯绝缘绞型软线	与RV同，安装要求柔软时使用
BXF	铜芯氯丁橡皮绝缘线	具有良好的耐老化性和不延燃性，并具有一定的耐油、耐腐蚀性能，适用于户外敷设
BLXF	铝芯氯丁橡皮绝缘线	固定敷设，尤其适用于户外
BV-105	铜芯耐105℃聚氯乙烯绝缘电线	供交流500V及直流1000V及以下电力、照明、电工仪表、电信电子设备等温度较高的场所使用
BLV-105	铝芯耐105℃聚氯乙烯绝缘电线	供250V及以下的移动式设备及温度较高的场所使用
RV-105	铜芯耐105℃聚氯乙烯绝缘软线	与RV同，用于温度较高的场所使用

(2)电缆型号

电缆型号有 VLV、VV、ZLQ 和 ZQ 型等。VLV(VV)型为聚氯乙烯绝缘聚氯乙烯护套铝(铜)芯电力电缆,又称全塑电缆,常用于室内配电干线。ZLQ(ZQ)型油浸纸绝缘铅包铝(铜)芯电力电缆,常用于室外配电干线。电缆型号有下脚标,表示有铠装层保护、抗拉力强、耐腐蚀等,可直埋地下。如 VV22 型表示为聚氯乙烯绝缘、聚氯乙烯护套内钢带铠装电力电缆。KVV 型表示为聚氯乙烯绝缘聚氯乙烯护套控制电缆。

2. 电线和电缆截面积的选择

根据电线和电缆所使用的环境条件,确定电线或电缆型号后,正确选择电线和电缆的截面积是保障用电安全可靠必不可少的重要条件。选择时既要考虑安全性,还要考虑经济性。电线和电缆截面积的选择原则主要从载流量、电压损失条件和机械强度三个方面来考虑。

(1)载流量

载流量是指导线或电缆在长期连续负荷时,允许通过的电流值。若负荷超载运行,将导致导线或电缆绝缘过热而破坏(或加速老化),造成短路事故,甚至发生火灾造成重大经济损失。

(2)电压损失条件

电压损失是指线路上的损失,线路越长引起的电压降也就越大,将会使线路末端的负载不能正常工作。

(3)机械强度

导线和电缆应有足够的机械强度,可避免在刮风、结冰或施工时被拉断,造成供电中断和其他事故的发生。

按实际工作经验,低压动力线,因其负荷电流较大,所以一般先按发热条件来选择截面,再按电压损失和机械强度校验。低压照明线,因其对电压水平要求较高,所以一般先按允许电压损失条件来选择截面,然后再按发热条件和机械强度校验。

五、低压配电系统的短路保护

为了保证用电设备、电线和电缆的可靠工作,必须采用短路保护措施,以避免因用电设备或线路的短路事故,而烧毁用电设备或电线,发生火灾等事故。常用的短路保护装置有熔断器、负荷开关、断路器等。

1. 断路器

断路器又称为自动空气开关,是低压配电系统中的重要保护电器之一。其能对电路发生的短路、过载及欠电压时进行自动分断电路。

(1)断路器的类型和技术数据

断路器按结构形式可分为塑壳式(装置式)、框架式(万能式)、快速式、限流式等;按电源种类可分为交流和直流两种断路器。

①塑壳式断路器。塑壳式断路器的开关等元器件均装于塑壳内,其体积小、重量轻,一般为手动操作,适于对小电流(几安至数百安)的保护。其型号有 DZ 系列、C45N 系列、TAN 系列、TO 系列、ELCB 系列、XS 系列、XH 系列等。

②框架式断路器。框架式断路器的结构为断开式,其通过各种传动机构实现手动(直接操作、杠杆连动等)或自动(电磁铁、电动机或压缩空气)操作,适于对大电流(几百安至数千安)的保护。其型号有 DW 系列、ME 系列、AH 系列、QA 系列、M 系列等。

部分断路器的技术数据见表 13-4。

表 13-4　部分断路器的技术数据

<table>
<tr><th>型　号</th><th>额定电流
（A）</th><th>脱扣器最大额定电流
（A）</th><th>分断能力
（kA）</th><th>寿命
（次）</th><th>备注</th></tr>
<tr><td>C45N-1P</td><td>40</td><td>1、3、6、10、16、20、25、32、40</td><td>6</td><td rowspan="4">20000</td><td>一极</td></tr>
<tr><td>C45N-2P</td><td>63</td><td rowspan="3">1、3、6、10、18、20、25、32、40、50、63</td><td rowspan="3">4.5</td><td>二极</td></tr>
<tr><td>C45N-3P</td><td>63</td><td>三极</td></tr>
<tr><td>C45N-4P</td><td>63</td><td>四极</td></tr>
<tr><td>DZ20Y-100</td><td>100</td><td>16、20、32、40、50、63、80、100</td><td>15</td><td>4000</td><td rowspan="2">—</td></tr>
<tr><td>DZ20Y-250</td><td>250</td><td>100、125、160、180、200、225、250</td><td>30</td><td>6000</td></tr>
<tr><td>TAN-100B</td><td>100</td><td>15、20、32、40、50、63、75、100</td><td>40</td><td>15000</td><td rowspan="4">三极</td></tr>
<tr><td>TAN-400B</td><td>400</td><td>250、300、350、400</td><td>42</td><td rowspan="6">10000</td></tr>
<tr><td>TO-225BA</td><td>225</td><td>125、150、175、200、225</td><td>25</td></tr>
<tr><td>TO-600BA</td><td>600</td><td>450、500、600</td><td>45</td></tr>
<tr><td>E4CB-106/3</td><td>6</td><td>6</td><td rowspan="3">8</td><td>一极</td></tr>
<tr><td>E4CB-210/3</td><td>10</td><td>10</td><td>二极</td></tr>
<tr><td>E4CB-332/3</td><td>32</td><td>32</td><td>三极</td></tr>
</table>

（2）断路器的选择

在低压配电系统中，为保护变压器及配电干线，常选用DW等系列，保护照明线路和电动机线路，常选用DZ等系列。断路器额定电流等级规定为：1～63A、100～630A、800～12000A。

选择断路器时，一般需根据长延时和短路瞬时的保护特性。选择方法如下：

①选择额定电压。断路器的额定电压必须大于或等于安装线路电源的额定电压，即$U_N \geqslant U_L$。

②选择额定电流。断路器的额定电流应大于或等于安装线路的计算电流，即$I_n \geqslant I_J$。

③选择脱扣器的额定电流。脱扣器的额定电流应大于或等于安装线路的计算电流，即$I_{nd} \geqslant I_J$。

④选择瞬时动作过电流脱扣器的整定电流。瞬时动作过电流脱扣器的整定电流应从以下几方面来考虑：

a. 照明线路。在照明线路中，选择瞬时动作过电流脱扣器的整定电流按下式计算。

$$I_{zd} \geqslant K_1 I_j \tag{13-2}$$

式中：I_j——照明线路的计算电流，A；

K_1——瞬时动作可靠系数，一般取 6；

I_{zd}——过电流脱扣器瞬时动作（或短延时）的整定电流，A。

b. 单台电动机。对于单台电动机，选择瞬时动作的过电流脱扣器的整定电流按下式计算。

$$I_{Dzd} \geqslant K_2 I_{st} \tag{13-3}$$

式中：I_{st}——单台电动机的起动电流，A；

K_2——可靠系数，DW系列列取1.35；DZ系列取1.7～2；

I_{Dzd}——过电流脱扣器瞬时动作（或短延时）的整定电流，A。

c. 配电线路。对于供多台设备的配电干线，不考虑电动机的起动时，选择瞬时动作的过电流脱扣器的整定电流按下式计算，即：

$$I_{s.zd} \geqslant K_3 I_J \tag{13-4}$$

式中 I_J——配电线路中的尖峰电流，A；

K_3——可靠系数，取1.35；

$I_{s.zd}$——过电流脱扣器瞬时动作（或短延时）的整定电流，A。

⑤选择长延时动作过电流脱扣器的整定电流。长延时动作过电流脱扣器的整定电流按下式计算。

$$I_{g.zd} \geqslant K_4 I_j \tag{13-5}$$

式中 I_j——线路的计算电流，对于单台电动机，即为其额定电流，A；

K_4——可靠系数，单台电动机取1.1，照明线路取1～1.1；

$I_{g.zd}$——过电流脱扣器长延时动作的整定电流，A。

（3）保护装置与配电线路的配合

在配电线路中采用的熔断器或断路器等保护装置，主要用于对电缆及导线的保护。

①用于对电缆及导线的短路保护。当采用熔断器作为短路保护时，其熔体的额定电流不大于电缆及导线长期允许通过电流的250%。

当采用断路器作为短路保护时，宜选用带长延时动作过电流脱扣器的断路器。其长延时动作过电流脱扣器的整定电流应不大于电缆及导线长期允许通过电流的100%，且动作时间应躲过尖峰电流的持续时间；其瞬时（或短延时）动作过电流脱扣器的整定电流应躲过尖峰电流。

②用于对电缆及导线的过负荷保护。当采用熔断器或断路器作为过负荷保护时，其熔体的额定电流或断路器长延时动作过电流脱扣器的整定电流应不大于电缆及导线长期允许通过电流的80%。

保护装置的整定值与配电线路允许持续电流的配合关系见表13-5。

表13-5　保护装置的整定值与配电线路允许持续电流的配合关系

保护装置	无爆炸危险场所			有爆炸危险场所	
	过负荷保护		短路保护	橡皮绝缘电缆及导线	纸绝缘电缆
	橡皮绝缘电缆及导线	纸绝缘电缆	电缆及导线		
	电缆及导线允许持续电流 I（A）				
熔断器熔体的额定电流	$I_{e.r} \leqslant 0.8I$	$I_{e.r} \leqslant I$	$I_{e.r} \leqslant 2.5I$	$I_{e.r} \leqslant 0.8I$	$I_{e.r} \leqslant I$
断路器长延时脱扣器的整定电流	$I_{e.zd} \leqslant 0.8I$	$I_{e.zd} \leqslant I$	$I_{e.zd} \leqslant I$	$I_{e.zd} \leqslant 0.8I$	$I_{e.zd} \leqslant I$

2. 漏电保护装置

漏电保护装置（又称为漏电保护开关）是主要用于保护人身安全或防止用电设备漏电的一种安全保护电器。漏电保护装置按照结构形式，分为电磁式和电子式两种形式。按照动作原理,可分为电压型和电流型两种类型。电流型漏电保护装置有单相和三相之分,其主要结构是在一般断路器中增加一个零序电流互感器和漏电脱扣器。电流型漏电保护装置的工作原理如图13-11所示。

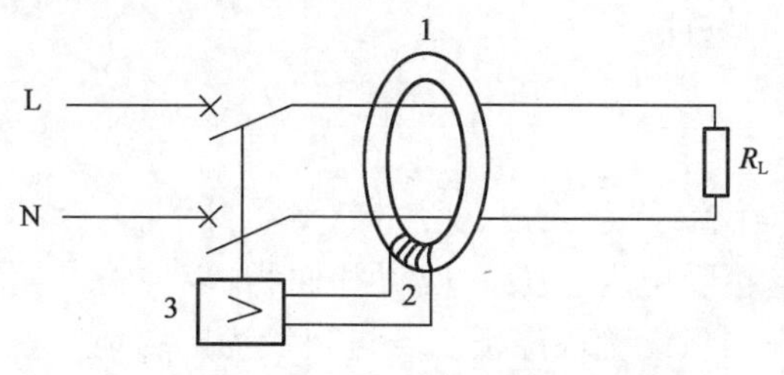

图13-11　电流型漏电保护装置的工作原理

1-磁环;2-二次线圈;3-脱扣器执行机构

图13-11中,零序电流互感器1是作为检测漏电电流的感应元件。其是一个用高导磁材料制成的环形封闭铁芯,在其上面绕有次级线圈2,次级线圈与执行机构3连接。初级线圈是直接穿过环形铁芯的单相负载的二根导线(或三相四线制的四根导线)。用电负载正常工作时,由于单相负载的二根导线中的电流大小相等、方向相反,所以环形封闭铁芯中的磁通等于零,则在次级线圈中没有信号输出。一旦发生触电、漏电或相线接地故障(漏电电流≥30mA)时,则二根导线中的电流不等,导致环形封闭铁芯中产生磁场,使次级线圈有感应电流输出,经放大器放大信号让执行机构动作、脱扣器跳闸,自动切断电源(切断时间≤0.1s),从而达到保护的目的。漏电保护装置的种类很多,其主要型号有DZL18-20、DZL25-63、DZL21B-100、VC45ELE、ELEMD、FIN、FNP等。漏电保护装置一般采用低压干线的总保护和支线末端保护。三相四线制电源选用4极漏电保护开关,三相三线制电源选用3极漏电保护开关,单相电源选用2极漏电保护开关。

第三节　建筑电气与其他相关专业的配合

一栋造型完美、功能齐全的优质建筑物,并不是由某一个专业所独立决定的,而是建筑、结构、给排水、采暖通风、电气等专业所组成的统一体。建筑电气专业只有与其他相关专业协调统一,才能使建筑物更加完善。所以,建筑电气的设计与施工和其他相关专业的密切配合、统筹兼顾是至关重要的。

一、电气与建筑专业的配合

在设计阶段,建筑师应向电气技术人员提供电梯的种类(客梯、货梯、扶梯、消防电梯等)、型号、容量,以及电梯机房的位置和面积等,同时提供厨房的电动设备、电动防盗门窗、防火卷帘门的位置和容量等。并确定各房间需要安设插座、电话机、共用天线出线口和微机插口的位置等。

电气技术设计人员应向建筑师提供变电所的布置(高压室、变压器室、低压室、值班室、维修室等)、面积和高度、门的大小和高度(要求门一律向外开)。并提出变电所的附近和上下层不应设有卫生间、浴池、其他经常积水的场所,以及有剧烈震动的地方,有腐蚀性气体或多尘的场所。

对于建筑物来说,建筑电气照明就好比建筑物像人体,电气照明像人的眼睛一样重要。电气技术设计人员应按照建筑物的风格、布局、室内面积和高度等因素,来选择合适的照明灯具。

电气技术设计人员应与建筑师一起协商确定强电井和弱电井的面积和位置;消防报警探测器、广播扬声器和灯具等在顶棚的位置;并协商确定配电室、电话室、广播室、共用天线前端室、消防和监控控制室、楼宇自动控制中心室等。

建筑师应提供建筑物的各层及标准层平面图，以便电气技术设计人员进行照明、电话、广播、共用天线、消防和监控、楼宇自动控制等系统设计。建筑师还应提供建筑物的屋顶平面图，以便电气技术设计人员进行防雷接地系统的设计。

二、电气与结构专业的配合

电气技术设计人员应向结构专业设计人员提供高压开关柜、变压器、低压开关柜、柴油发电机组等大型设备的荷载，还应提供暗装配电箱及电缆桥架的位置和面积，以便留孔留洞，孔洞较大时应加筋补强。砖墙上留洞时，应在洞顶设置现浇板。若进户线为电缆地下直埋，还需在地基基础上欲留孔洞。

土建结构设计人员应向电气技术设计人员提供大型建筑物的地基基础钢筋布置图，以便电气技术设计人员进行接地装置的设计，还应提供建筑物的各层及标准层的空芯楼板平面图，以便电气技术设计人员在设计时进行参考。若为现浇楼板，配管配线可按最短路径暗埋敷设，配管必须在楼板钢筋布完后及时焊接固定，在预埋件周围和表面用水泥砂浆填实，保护层厚 15mm；若为预制楼板，配管配线可沿空心楼板板孔，穿半硬塑料管暗敷设。

三、电气与给排水、采暖通风专业的配合

给排水、采暖通风与电气专业同为建筑设备，关系尤为密切。给排水、采暖通风的设备能正常工作，离不开电气控制。

在设计阶段，给排水专业设计人员应向电气技术设计人员提供有关的技术资料，如给水泵、排水泵、加压泵、消火栓泵和喷淋泵等设备的容量、控制的要求（如水位控制、消防联动控制），还应提供水泵房的设备平面布置图、控制室的平面图及管路敷设的走向、喷淋头的平面布置等。

采暖通风专业设计人员应向电气技术设计人员提供有关的技术资料，如锅炉房用电设备（鼓风机、引风机、运煤机、出渣机、循环水泵等设备）的容量和控制的要求（如顺序起动控制、联锁控制、正反转控制等）；空调用电设备（制冷机组、冷冻水泵、冷却水泵、空调机、冷热风机、通风机、排气扇、消防排烟机、加压送风机等设备）的容量和控制的要求。还应提供锅炉房、制冷、空调等机房的设备平面及立面布置图和控制室的平面图。

电气技术设计人员应根据建筑、给排水、采暖通风专业提供的设备容量，进行电力负荷计算，合理地选择电力变压器；根据提供的控制要求设计动力配电系统；根据提供的设备平面布置图和控制室的平面图，进行电气管线敷设的配电布置。在设计中，各个专业应该经常协调互相配合，发现问题应及时解决。如注意配电箱避免与消火栓箱位置重合，要选在便于控制的地方；电气管线敷设要避开管道井、通风井及孔洞；顶棚的灯具、扬声器、火灾探测器等的位置与喷淋头、送风口的分布是否合理、均匀。

电气技术设计人员还应向建设单位了解高压进户的位置、低压出线的位置和敷设方式。

在施工阶段，各个专业更应该经常协调配合，先后有序地施工，才能避免交叉打架误工误时，发现问题要及早解决。如土建施工中，遇有配电箱的地方，应留孔洞。立管沿墙内暗设时，应随土建施工一起进行。在现浇梁、板内敷设的管路，应和钢筋网一起绑扎好后，再浇灌混凝土。若在楼道中，水、暖、电各专业均有设备时，更要注意施工次序：通风管道贴顶棚上，下吊装电缆桥架或电线管，然后是吊装冷、热水管，最下边吊装排水管。

在设备间安装灯具、开关、插座及配电箱时，应参照设备布置来设置，如水箱房的防水灯具不应设在水箱的顶部；配电箱的设置应避开消火栓箱的位置；插座应远离暖气片等。

思考题

1. 电力负荷共分几级？其供电要求有什么不同？
2. 6～10kV 变电所选择的原则是什么？
3. 低压配电的方式共分几种？其特点有什么不同？
4. 室外配电线路有哪些敷设方式？
5. 建筑电气与给水排水专业有什么配合关系？

第十四章　建筑电气照明系统

第一节　照明技术基本知识

一、照明技术的基本概念

光是一种能量，其通过辐射方式从一个物体传播到另一个物体。光的本质是一种电磁波，其在电磁波的极其宽广的波长范围内仅占很小一部分。通常把可见光、紫外线和红外线统称为光，人眼所能感觉到的光，仅是可见光。为了正确合理地进行电气照明设计，首先应该熟悉照明技术的一些基本概念。

1. 光通量

按人眼对光的感觉量为基准来衡量光源在单位时间内向周围空间辐射并引起光感的能量大小，称为光通量。光通量用符号 ϕ 表示，其单位为流明(lm)。

2. 发光强度

光源在某一个特定方向上的单位立体角内(单位球面度内)所发出的光通量，称为光源在该方向上的发光强度。其是用来反映发光强弱程度的一个物理量，简称光强，用符号 I_α 表示，其单位为坎德拉(cd)，其算式为：

$$I_\alpha = \frac{d\phi}{d\overline{w}} \tag{14-1}$$

式中：I_α——发光强度，cd；

$d\phi$——在立体角元内传播的光通量，I_m；

$d\overline{w}$——给定方向的立体角元。

3. 亮度

亮度是一个单元表面在某一方向上的光强密度。即使两个光源的发光强度完全相同，它们在视觉上引起的明亮程度也不一样。例如电功率相同的两个白炽灯，一个是普通灯泡，另一个是磨沙灯泡，显然，后者看起来不及前者亮。原因是磨沙灯泡表面凹凸不平，发光面积较大。

光源的亮度用 L_α 表示，单位是熙提(cd/m^2)，其计算公式为：

$$L_\alpha = I_\alpha / A \tag{14-2}$$

式中：L_α——光源在某方向上的亮度，cd/m^2；

A——沿法线方向的发光面积，m^2。

4. 照度

为了研究物体被照明的程度，工程上常用照度这个物理量。物体的照度不仅与其表面的光通量有关，而且与物体的表面积有关。通常用照射在物体表面单位面积上的光通量来度量物体的照度，用符号 E 表示，其单位为 lm/m^2 或称勒克斯(lx)，其算式为：

$$E = \phi/A \tag{14-3}$$

式中:E——照度,lx;

ϕ——光通量,lm;

A——表面积,m^2。

在日常生活中,我们常常将灯放低一些或移到工作面的上方,来减小距离或入射角,以增加工作面的照度。为了对照度有一些实际了解,举例如下:

①在40W白炽灯下1m远处的照度为30lx,加搪瓷罩后会增加3lx。

②晴天中午太阳直射时,照度可达$(0.2 \sim 1) \times 10^5$lx。

③在无云满月的夜晚,地面照度约为0.2lx。

④阴天室外的照度,约为$(8 \sim 12) \times 10^3$lx。

照明心理研究方面指出,需要很高的照度才是舒适的。但从节能的观点看,当照度超过一定值时,视力会增加很少,因而认为把照度规定在一定范围内是经济的。我国规定建筑照明设计中最低的照度标准(部分)见表14-1。

表14-1　照明设计中最低的照度标准

房间或场地名称	推荐照度(lx)	房间或场地名称	推荐照度(lx)
办公室、教室、会议室、实验室	300	楼梯间、走廊、厕所、盥洗室	50~150
设计室、打字室、绘图室	500	起居室、客厅、餐厅、厨房	100~300
计算机房、室内体育馆	300~500	美术室、教室黑板、阅览室	500
化验室、药房、手术室、X线扫描室、加速器治疗室	500~750	商店、粮店、菜市场、超市、邮电局营业室	300~500
手术台专用照明	2000~10000	理发室、书店、服装商店	75~150
候诊室、理疗室、扫描室	300	字画商店、百货商场	300~500
比赛用游泳场馆	300~750	宾馆客房、台球房、电梯厅	100~150
举重馆	200~750	宾馆酒吧、咖啡厅、游艺厅、茶室、餐厅	100~200
篮球、排球、网球、羽毛球、手球、田径(室内)、艺术体操、技巧、武术	300~750	大宴会厅、大门厅、宾馆厨房	150~300
综合性正式比赛大厅	750~1500	大会堂、国际会议厅	300~750
足球场、棒球场、冰球场	200~1500	国际候机大厅、业务大厅	200~300
国际比赛用足球场	1000~1500	机械加工车间(粗~精密加工)	200~500

5. 显色性

当某种光源的光照射到物体上时,该物体的色彩与阳光照射时的色彩是不完全一样的,有一定的失真度。我们将光源呈现被照物体颜色的性能称为显色性。评价光源显色性的方法,用"显色指数"(Ra)来表示。光源的显色指数越高,其显色性越好。一般显色性取80~100为优,50~79为一般,<50为差。

6. 眩光

眩光是照明质量的重要特征。视场中有极高的亮度或强烈的亮度对比时,将造成视觉降低和眼睛不舒适甚至痛感,这种现象称为眩光。眩光分为直射眩光和反射眩光两种。

直射眩光是在观察方向上或在附近存在亮的发光体所引起的眩光。反射眩光是在观察方向上或在附近由亮的发光体镜面反射所引起的呟光。

二、照明方式和种类

1. 照明方式

按照建筑物的功能和照度的要求，照明方式分为以下三种。

(1)一般照明

一般照明用于室内某些场所或场所的某部分照度基本均匀的照明。工作位置密度很大而对光照方向又无特殊要求，或工艺上不适宜装设局部照明装置的场所，宜单独使用一般照明。其优点是在工作表面和整个视野范围中，具有较佳的亮度对比。可采用较大功率的灯泡，则光效较高，且照明装置数量少，安装费用低，例如办公室、教室、商场等场所的照明。

(2)局部照明

局部照明仅局限于工作部位固定或移动场所的照明。对于局部地点需要较高照度并对照射方向有要求时，宜采用局部照明。例如绘画馆、展览馆等展柜的照明，车间内车床的照明等。

(3)混合照明

混合照明是一般照明和局部照明共同组成的照明。其适合于对工作位置需要较高照度并对照射方向有特殊要求的场所。混合照明的优点是能在工作平面、垂直面或倾斜表面上，以及工作的空间里，获得高的照度和提高光色。混合照明中一般照明的照度不应低于20lx。例如绘画馆大厅采用一般照明，墙壁上的油画等采用局部照明。

2. 照明种类

照明种类按其使用情况不同，可分为以下几种：

(1)正常照明

在正常情况下，为了保证人们工作和生活的顺利进行而采用的人工照明，称为正常照明。正常照明分为一般照明、局部照明和混合照明三种类型。

(2)事故照明

在正常照明因故障而中断时，为保证人们工作的继续进行或供人员疏散使用的照明，称为事故照明。

(3)装饰照明

为了美化市容和建筑物，根据室外装饰、室内装饰的需要而设置的照明，称为装饰照明。如装饰建筑物轮廓的节日彩灯、投光灯；用于音乐喷泉内的防水彩灯；室内门庭的装饰吊灯、壁灯等。

第二节　光源和灯具

一、电光源

电光源自从采用以来，先后制成了钨丝白炽灯、荧光灯、荧光高压汞灯、卤钨灯等，近年又制成了高压钠灯和金属卤化灯等新型光源。光源的光效、寿命、显色性等均不断地得到提高。电光源按工作原理有热辐射光源、气体放电光源之分。热辐射光源主要是根据电流的热效应，将高熔点、低挥发性的灯丝加热到白炽程度而发出可见光，如白炽灯、卤钨灯等。气体放电光源主要是利用电流通过气体（或蒸气）时，激发气体（或蒸气）电离、放电而产生可见光，如氙灯、氖灯（气体放电光源）、汞灯、钠灯（金属蒸气灯）、霓虹灯（辉光放电灯）、荧光灯（弧光放电灯）等。一般情况下，气体放电光源的发光效率、亮度、显色性等指标，随灯泡（管）内蒸气压的增高而提高。

1. 白炽灯

白炽灯问世已近百年，在设计和工艺上经历了很多改进，才形成了现在这样性能和使用方便的光源。目前虽然气体放电灯在各方面应用广泛，但由于白炽灯有优越的显色性能、便于调光、更换方便，而且价格便宜等优点，所以仍然被使用。白炽灯主要由灯头、灯丝和玻璃泡等组成，如图 14-1 所示。大功率灯泡内抽成真空。灯丝用熔点高和高温蒸发率低的钨制成，一般为螺旋状。当白炽灯加以额定电压后，灯丝通过电源加热到白炽状态而发光。输入灯泡的电能其中大部分转换为辐射能（主要是红外线）和热能（传导和对流热能），只有百分之几到百分之几十的电能转化为可见光，因此白炽灯的光效很低。目前有昂贵的惰性气体充入灯泡内，使热损失降低，光效可提高 10%。白炽灯的用途很广，除普通灯泡外，还有汽车灯、指示灯、装饰彩灯、摄影灯、电影放映灯等，但现在已逐渐被小型节能荧光灯所取代，灯头一般也分为螺旋式和卡口式两种。

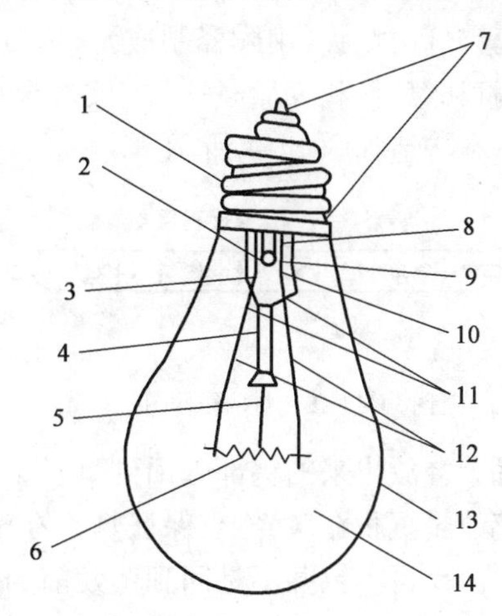

图 14-1　白炽灯的构造示意图

1-灯头；2-康铜丝外导线；3-芯柱管；4-中心杆；5-支撑；6-灯丝；7-焊锡；8-排气管；9-排气孔；10-铜外导线；11-杜镁丝；12-内导线；13-玻壳；14-氩气

2. 荧光灯

荧光灯是充以低汽压汞蒸气的一种气体放电光源，由灯管和附件两部分组成如图 14-2 荧光灯管示意图。主要附件为镇流器和启辉器。

荧光灯工作原理如图 14-3 所示：合上开关 K，电压加到启辉器的动静触点上，产生辉光放电，U 形双金属片动触点受热变形与静触点接触，使电路接通，电流流经灯丝、启辉器和镇流器，使灯丝加热到 800 ~ 1000℃，发射出大量热电子。电路接通后辉光放电消失，触点迅速冷却，1 ~ 3s 后 U 形动触点和静触点分开，突然切断电路，在镇流器上产生很大的自感电动势，与电源电压叠加，以很高的电压加在灯管两端，使阴极热电子高速运动，造成灯管迅速击穿而导电。由于镇流器的限流作用使放电电流稳定在某一数值上。电流在镇流器上产生部分电压降，在灯管两端所余电压比线路额定电压低很多，不足以使启辉器再产生辉光放电，

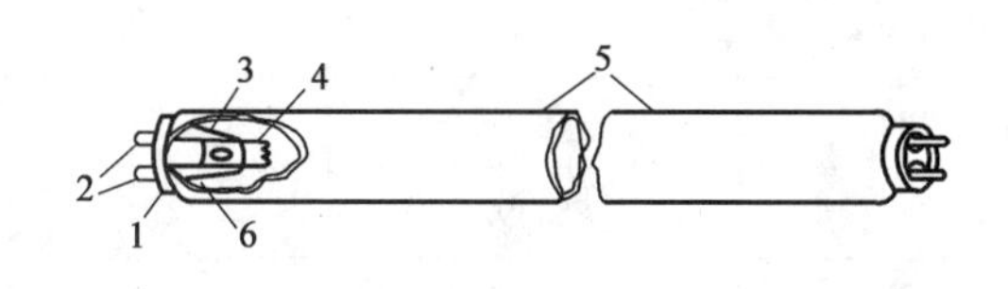

图 14-2　荧光灯管

1-灯头；2-灯脚；3-玻璃芯柱；4-灯丝（钨丝，电极）；5-玻管（内壁涂覆荧光粉，管内充惰性气体）；6-汞（少量）

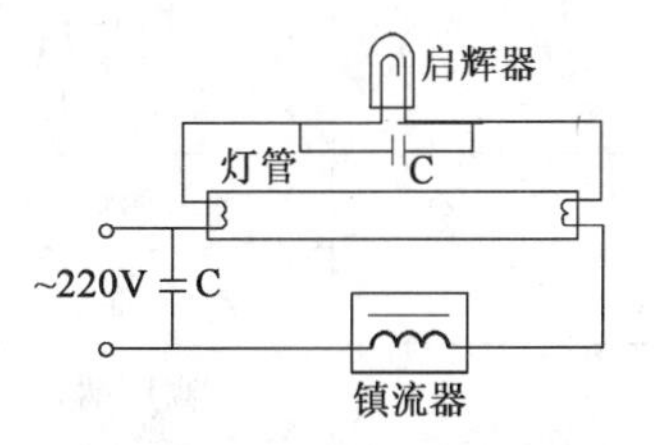

图 14-3　荧光灯的接线图

故启辉器不再闭合。灯管中的汞蒸气被高速运动的电子流碰撞而激发,产生出紫外线,紫外线激发管壁的荧光质而产生出可见光辐射。在整个过程中消耗的电能只有21%变成可见光,37%变成红外线,其余42%变成热。

荧光灯为现有各种气体放电中最成功、使用最广泛的一种光源。其特点是显色性好、发光效率高、表面亮度和温度均较低,而且价格低廉,已成为多用途的光源。特别是高效节能荧光灯的出现,将逐步取代白炽灯。

3. 卤钨灯

卤钨灯由灯头(由陶瓷制成)、灯丝(螺旋状钨丝)和灯管(由耐高温玻璃、高硅酸玻璃内充氮、氩和氪、氙和少量卤素)组成。根据卤素的种类卤钨灯有碘钨灯、溴钨灯和氟钨灯之分。基本构造如图14-4所示。

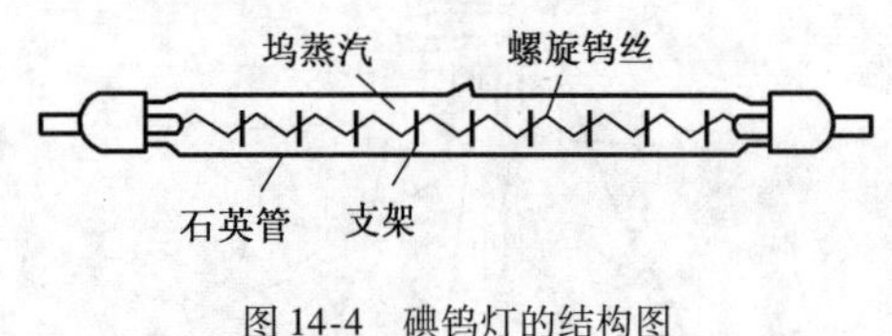

图14-4 碘钨灯的结构图

卤钨灯也是热辐射光源,但由于灯管内有少量卤素,在一定温度下灯管内建立起卤钨再生循环:从钨丝蒸发出来的大部分钨和填充的卤素原子或分子,在管壁附近反应,生成挥发性卤化钨,当卤钨化合物扩散到较热的灯丝周围区域时又分化为卤素和钨。释放出来的钨部分回到灯丝上,而卤素继续参与循环过程,如此反复形成循环,能防止钨粒子沉积在玻壳上,保证灯泡在整个寿命期内不黑化,使输出光通量的不减少,光效不变。但是再生钨并不是回到蒸发前的位置,而是向灯丝架附近较冷的区域迁移,造成灯丝损坏的"热点"并未得到优先补充,故卤钨循环并未延长灯泡的全寿命。

卤钨灯具有体积小的特点,500W卤钨灯体积为白炽灯的1%,故成本低;由于卤钨灯泡小而坚,充气压力高,灯丝蒸发慢,故寿命长。卤钨灯适用于车间、剧院、舞台、摄影棚等场合。它的缺点是辐射出来的热量很大,有时甚至可用它来烘烤物体。

卤钨灯在安装使用中应注意:玻璃壳温度高,故不能和易燃物靠近,也不允许采用任何人工冷却措施(如风吹、水淋等);灯管应及时擦洗,以保持透明度;电极与灯座应可靠接触,以防高温氧化;耐振性差,不适于振动场所,也不便用于移动式照明。

现在还有多种光源被广泛应用,如荧光高压汞灯、卤钨灯、高压钠灯和金属卤化物灯和管型氙灯等光源。几种光源性能比较表,见表14-2。

表14-2 几种光源性能比较表

灯泡类型	名　称	发光效率(lm/W)	显色指数(Ra)	平均寿命(h)
白炽灯	钨丝灯泡	6~20	95~99	1000
	卤钨灯	20~22	95~99	1500
荧光灯	低压水银灯	50~60	78	2000~3000
	高压水银灯	40~60	23	5000
金属卤化物灯	镝灯	80~100	85	
	其他灯	50~80	65~92	
钠灯	高压钠灯	110	20~25	1000
	低压钠灯	150	20~25	2000~5000
氙灯	长弧氙灯	25	90~94	500~1000

二、灯具

灯具包括灯泡(管)、灯座和灯罩。灯座的作用为固定灯泡(管),并提供电源通道,灯罩的作用是对光源光通量做重新分配,使工作面得到符合要求的照度和光能量的分布,避免刺目强光;灯罩还起着装饰和美化建筑环境的作用,改善了人们的视觉效果。

三、灯具的布置

灯具的布置就是确定灯具在房间的空间位置,这与其投光方向、工作面的布置、照度的均匀度,以及限制眩光和阴影都有直接的影响。灯具布置是否合理,关系到照明安装容量和投资费用,以及维护、检修方便等方面。灯具的布置应根据工作物的布置情况、建筑结构形式和视觉工作特点等条件进行。灯具的布置主要有以下两种方式。

1. 均匀布置

灯具有规律地对称排列,可使整个房间内的照度分布比较均匀。均匀布灯有正方形、矩形、菱形等方式,如图14-5所示。

2. 选择布置

为适应生产要求和设备布置,加强局部工作面上的照度及防止工作面上出现阴影,而采用灯具位置随工作表面安排的方式,称为选择布置。

室内一般照明大部分采用均匀布置的方式,均匀布灯是否合理,主要取决于灯具的间距L和计算高度h_c(灯具距工作面的距离,如图14-6所示)的比值(L/h_c称距高比)是否恰当。距高比小照度的均匀度好,但经济性差,距高比过大,布灯则稀少,不能满足规定照度的均匀度。因此,实际距高比必须小于照明手册中规定的灯具最大距高比。

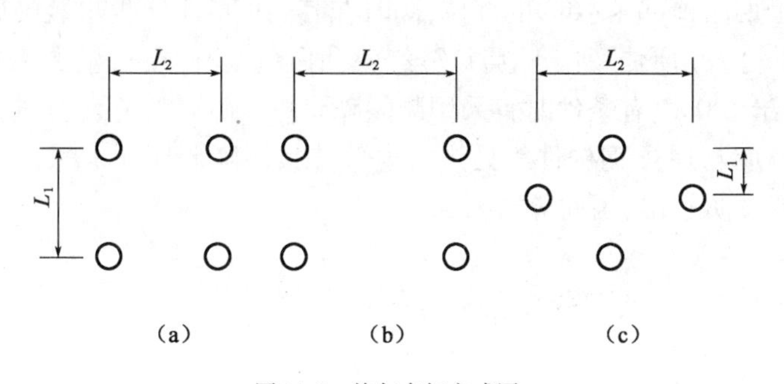

图14-5 均匀布灯方式图

(a)正方形$L=L_1=L_2$;(b)长方形$L=\sqrt{L_1L_2}$;(c)菱形$L=\sqrt{L_1L_2}$

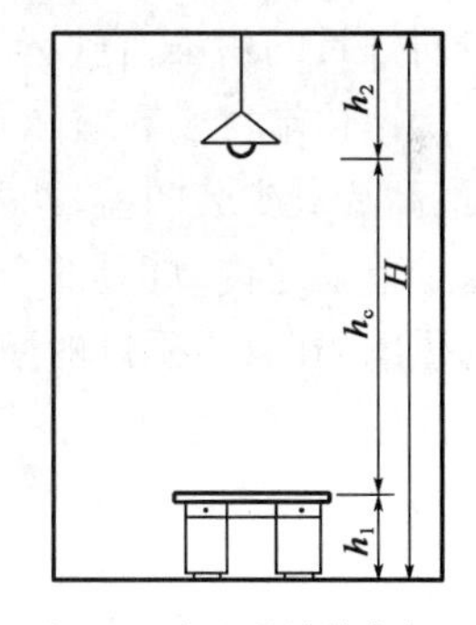

图14-6 灯具的计算高度h_c

四、室外照明

室外照明包括建筑的立面和装饰照明、庭院和广场照明、道路照明和体育照明等。现代建筑群不仅有美观的建筑物本身,还包括庭院、广场、道路停车场和喷水池等,使整个环境形成和谐的统一。室外照明的作用是展现建筑物夜间壮观的景色和绚丽的气氛。

1. 投光照明

现代建筑特别是高层建筑,为了表现建筑物的立面效果,采用投光照明,又称泛光照明。投光灯使用的光源有白炽灯、高压汞灯、卤钨灯等,投光灯按其构造分为开启型和密闭型两种。开启型的特点是散热条件好，但反射器易被腐蚀；密闭型的特点是反射器不受腐蚀，但散热条件差。投光灯的玻璃镜分为汇聚型和扩散型两种，其与光源组合构成不同类型的配光。对于高层建筑的立面照明，采用分组分段（窄光束或中光束）投射，也可采用不同色彩照明，当投光灯只能在建筑物体上安装时，投光灯凸出建筑物为0.7～1.0m。

2. 门庭照明

为装饰公共建筑的正门，如宾馆、影剧院、商场、办公楼、图书馆、医院和公安部门等均需设门灯。门灯包括门顶灯、壁灯、雨棚座灯、球形吸顶灯等种类。

3. 庭园照明

庭园灯用于庭园、公园、大型建筑物的周围和屋顶花园等场所。要求庭园灯造型美观新颖，既是照明器具，又是艺术欣赏物。庭园灯的选择应和建筑物和谐统一，如园林小径灯、草坪灯等，现大量采用五彩缤纷节能的LED灯来装扮庭院。若庭园设有喷泉，也可设水池彩灯（采用防水型卤钨灯），光经过水的折射，会产生色彩艳丽的光线。

4. 道路照明

道路照明包括装饰性照明和功能性照明两种类型。装饰性道路照明要求灯具造型美观，风格和建筑物相配，主要设于建筑物前、车站和码头的广场等。功能性道路照明要有良好的配光，使光照均匀射在道路中央。施工照明常采用白炽灯或投光灯。广场和道路照明推广应用光效高的高压钠灯。一般6m高的电杆选100W高压钠灯，8m高的电杆选250W高压钠灯，10m高的电杆选400W高压钠灯。

5. 障碍照明

障碍照明是为了防止飞机夜间航行与建筑物或烟囱等相撞的标志灯。障碍照明灯设于60m高的建筑物或构筑物凸起的顶端（避雷针以下），若建筑屋顶面积较大或是建筑群时，除在最高处设置外，还应在其外侧顶端设置障碍灯。障碍照明灯设在100m高的烟囱时，为了减少对灯具的污染，宜设置在低于烟囱顶部4～6m的部位，同时在其高度的1/2处也装障碍灯。烟囱顶端宜设3盏障碍灯，并呈三角形排列。障碍灯分红色和白色两种颜色，至少装一盏，最高端最少装两盏，功率不小于100W，有条件时宜采用频闪障碍灯。障碍灯应设在避雷针保护范围之内，灯具的金属部分应与屋顶钢构件等处进行电气连接。障碍照明应采用单独的供电回路，障碍灯的配线要穿过防水层，因此应密闭、不漏水。

第三节　照明工程识图

一、照明线路的配置

照度、灯具的功率和灯具的布置确定后，便可进行照明线路的设计。照明线路主要包括照明电源的进线、配电线路的布置与敷设，灯具、开关和插座的安装三部分。

1. 照明线路的供电要求

照明负载一般为单相交流220V两线制，若负载电流超过30A，应考虑采用380/220V三相四线制电源。生产车间可采用动力和照明统一供电，但照明电源要接在动力总开关之前，以保证一旦动力总开关跳闸时，车间仍有照明电源。当电力线路中的电压波动超过所允许的照明要求时，照明负荷应由单独变压器供电。对于应急照明及疏散指示照明电路，应有两路独立的供电电源，一路取自变电所单独回路，另一路取自备用电源（如柴油发电机组）的低压回路。可在配电末端进行自动切换,以确保供电的可靠性。备用电源控制原理图如图 14-7所示。

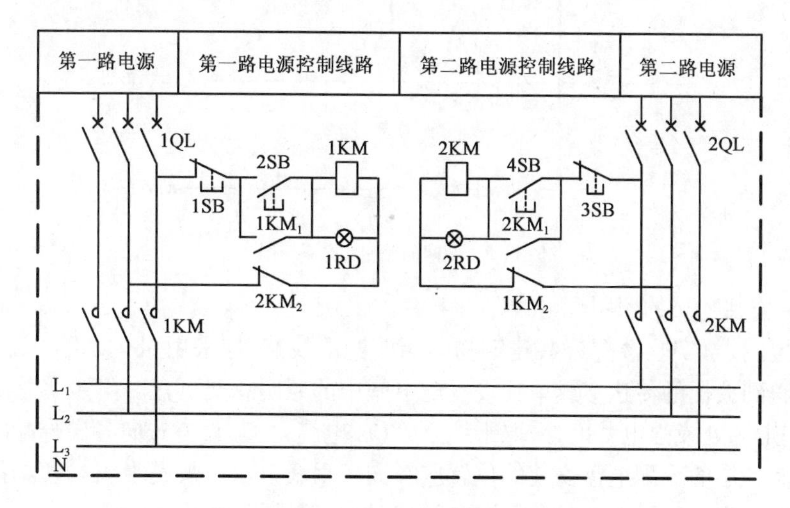

图 14-7　备用电源控制原理图

局部照明线路的安全电压为交流 36V,设在有触电危险和工作面狭窄处,在特别潮湿处,局部照明和移动式照明应采用 24V 或 12V 的安全电压,并由 380V(或 220V)/(36～12V)干式变压器供电。不允许采用自耦变压器供电。工作用的局部照明线路接动力线路时,检修用局部照明按一般照明线路配电,以便在动力检修时,仍能保证检修照明的使用。为了保证电气设备的正常运行和防止人身触电,照明线路必须采取安全措施。

2. 照明线路的布置

从室外架空线路的电杆到建筑物外墙的支架,这段线路称为引入线。从外墙支架到总照明配电盘这段线路称为进户线。从总照明配电盘到分配电盘的线路称为三相支线,一般不超过 60～80m。从分配电盘到负载的线路,称为单相支线,每单相支线上的电流以不超过 15A 为宜,每单相支线上所装的灯具数不应超过 20 个,单独插座支线不超过 10 个。若单相负载电流超过 30A 时,应采用三相四线制供电。

(1)进户方式

进户方式分为架空进线和电缆进线两种。架空进线简单、经济,应用广泛。进户点接近电源供电线路,同时考虑接近用电的负荷中心;进户点离地应大于 3m,多层楼一般设在二层屋顶。电源引下线和外墙进线支架的位置,最好在建筑物的侧面或背面。

(2)照明配电盘

照明配电盘分为配电箱和配电板两大类。配电箱分为明装、暗装和半暗装三种类型,材质有金属和塑料壳体之分,底口距地面 1.5m。配电板明装,底口距地面不低于 1.8m。配电盘内包括照明总开关、总断路器(或总熔断器)、电度表、各干线的断路器(或开关和熔断器)等;分配电盘上有分断路器(或开关和支线熔断器)等;若为插座配电箱,箱内有分断路器、漏电保护器、单相或三相插座等。

3. 典型的照明配电线路

(1)车间的照明配电线路

车间的用电负荷主要由动力、电热和照明负荷组成。照明负荷配电应单独计量,车间的照明配电和动力共用一路电源,但须计量分开,车间的照明配电系统图如图 14-8 所示。

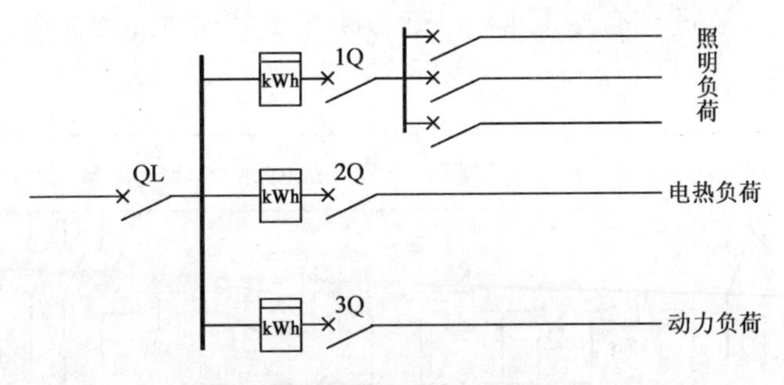

图 14-8　车间的照明配电系统图

(2)多层公共建筑的照明配电线路

办公大楼、教学实验楼等公共建筑物的照明配电线路,均采用380/220V三相四线制供电。进户线送到大楼的传达室或单独设置配电间中的照明总配电盘。由照明总配电盘经中央楼梯、两侧走廊处或强电井内,采取干线立管(或电缆)的敷设方式向各层分配电箱或插座配电箱供电。各层的分配电盘安装的位置应在同一垂线上以便敷设干线立管。各分配电盘引出的支线对各房间的照明灯具、开关和插座等用电器进行配电。

多层公共建筑(某办公楼)的照明电气系统图如图14-9所示。

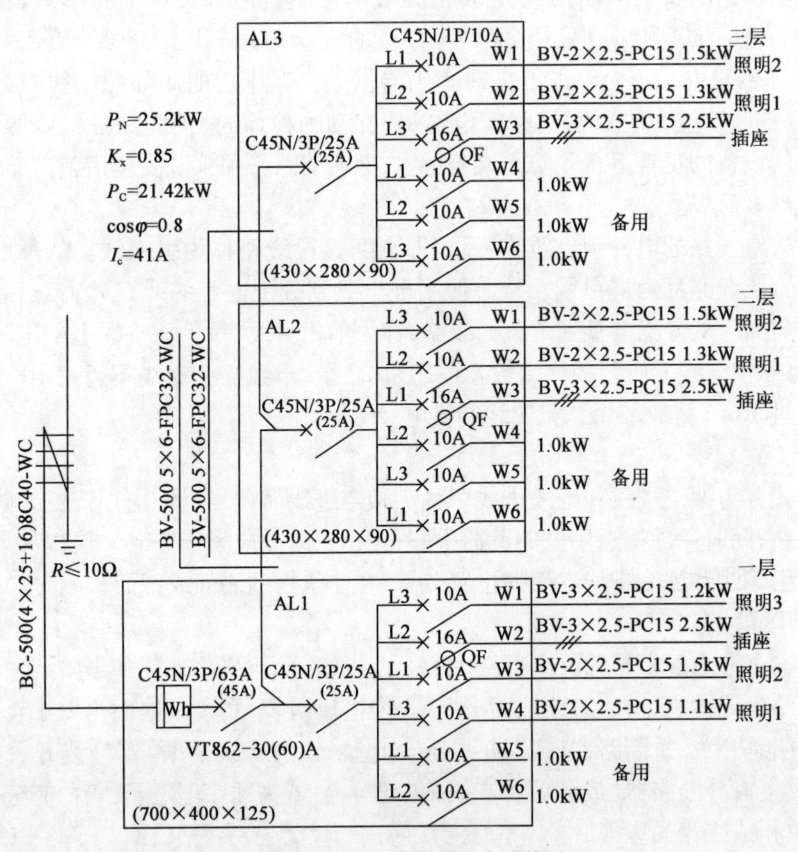

图 14-9　某办公楼的照明电气系统图

在办公楼的照明电气系统图中,架空进户处做重复接地,穿墙入户线为铜芯橡皮绝缘导线(BX),耐压500V,截面积25mm^2,共四根,一根保护线为16mm^{2}穿直径为40mm的钢管(SC),沿墙暗敷设(WC)。进入一层的AL-1配电箱(700×400×125)中的三相电度表

DT862-30(60)A 及总三相断路器 C45N/3P/63A,整定电流为 45A。总干线树干式配电方式分三条支干线,第一条支干线经三相断路器 C45N/3P/25A 整定电流为 25A,分六条单相支线,其中 W1(L3 相)、W3(L2 相)、W4(L3 相)为照明支路,均采用单相断路器 C45N/1P/10A,铜芯聚氯乙烯绝缘导线(BV)2 根 $2.5mm^2$,穿直径为 15mm 的塑料管(PC)。W2(L1 相)为插座支路,均采用单相断路器 C45N/2P/16A 配漏电保护器(QF),铜芯聚氯乙烯绝缘导线(BV)3 根 $2.5mm^2$,穿直径为 15mm 的塑料管(PC)。W5(L1 相)、W6(L2 相)为备用支路,均采用单相断路器 C45N/1P/10A。第一条支干线的所有断路器均在 AL1 配电箱中。

第二条支干线经铜芯聚氯乙烯绝缘导线 BV 型 5 根 $6.0mm^2$,穿直径为 32mm 的塑料管(PC)沿墙进入二层的 AL-2 配电箱(430×280×90)中,支干线经三相断路器 C45N/3P/25A 分六条单相支线,其中 W1(L2 相)、W2(L3 相)为照明支路,均采用单相断路器 C45N/2P/10A,铜芯聚氯乙烯绝缘导线 BV 型 2 根 $2.5mm^2$,穿直径为 15mm 的塑料管(PC)。W3(L1 相)为插座支路,均采用单相断路器 C45N/2P/16A 配漏电保护器(QF),铜芯聚氯乙烯绝缘导线 3 根 $2.5mm^2$,穿直径为 15mm 的塑料管。W4(L2)W5(L3 相)、W6(L1 相)为备用支路,均采用单相断路器 C45N/2P/10A。

第三条支干线经铜芯聚氯乙烯绝缘导线(BV)5 根 $6.0mm^2$,穿直径为 32mm 的塑料管(PC)沿墙(WC)进入三层的 AL-3 配电箱(430×280×90)中,支干线经三相断路器 C45N/3P/25A 分六条单相支线,其中 W1(L1 相)、W2(L2 相)为照明支路,均采用单相断路器 C45N/1P/10A,铜芯聚氯乙烯绝缘导线 BV 型 2 根 $2.5mm^2$,穿直径为 15mm 的塑料管(PC)。W3(L3 相)为插座支路,均采用单相断路器 C45N/2P/16A 配漏电保护器(QF),铜芯聚氯乙烯绝缘导线(BV)3 根 $2.5mm^2$,穿直径为 15mm 的阻燃塑料管。W4(L1)W5(L2 相)、W6(L3 相)为备用支路,均采用单相断路器 C45N/1P/10A。

各相用电负荷的分配见表 14-3。

表 14-3 各相用电负荷的分配

相序	一层用电负荷(kW)						二层用电负荷(kW)						三层用电负荷(kW)						合记(kW)
	W1	W2	W3	W4	W5	W6	W1	W2	W3	W4	W5	W6	W1	W2	W3	W4	W5	W6	
L1			1.5		1				2.5			1	1.5			1			8.5
L2		2.5				1		1.3		1				1.3			1		8.1
L3	1.2			1.1			1.5				1				2.5			1	8.3

(3)住宅照明配电线路

住宅照明配电线路以每个楼梯间作为一个单元,若单元在三个以内,可以采用单相 220V;若超过这个范围,宜采用三相四线制供电。进户线送到住宅总配电盘,由干线引到每一个单元的分配电盘,单元的分配电盘分几路支线立管,到各层用户配电板上。住宅总配电盘上安装总断路器或总熔断器,单元配电盘上安装单元断路器和各支线的断路器或熔断器,用户配电板上安装电度表和出线断路器或熔断器,以便各用户单独计算电费。

住宅总配电盘和单元分配电盘一般安装在楼梯过道的墙壁上,以便敷设支线立管。用户配电盘安装在用户进门处的室内墙壁上。现在有些地区采用单元集中电表箱,设于单元三楼楼梯间暗设,以放射方式送到各用户的漏电保护装置上。

(4)室内照明线路的敷设方式

室内的配线可分明敷和暗敷两大类。

①明敷设。明敷有瓷珠、瓷瓶、铝夹片和槽板等敷设方式及穿管和封闭式母线敷设的方式。

②暗敷设。暗敷有采用塑料管、电线管(薄壁管)和焊接钢管(厚壁管)埋入墙内、顶棚内或地坪内敷设的方式。

照明线路敷设方式的选择,要根据建筑物的要求和房屋环境来决定。一般来说,干燥的民用建筑常用绝缘导线穿塑料管明敷设、塑料绝缘护套导线铝夹片明敷设及槽板配线等,潮湿的民用建筑常用瓷珠或瓷瓶明设。暗敷设主要有塑料管和铁管暗敷设。民用住宅常采用半硬塑料管穿空心楼板暗敷设,进户干线采用铁管暗敷设。

二、识读照明电气施工图

1. 电气施工图

电气施工图是设备施工图纸的一个组成部分,其与其他土建施工图一样,应正确、齐全及简明地把电气设计内容表达出来,为建筑电气施工服务。电气施工工人在施工前,必须识读和弄清电气施工图的设计意图,以便正确进行施工安装。由于土建工作本身和电气安装工作联系密切,所以电气施工工人应学会看懂建筑施工图,土建工人也应掌握识读电气施工图的基本知识,使各工种之间实现良好配合。

(1)识读图纸必须循序渐进

识读施工图应按照图纸编排次序的先后分类进行,应由整体到局部、由粗到细、由外向里,图样与说明对着看,逐步加深理解。

(2)注意各类图纸的内在联系

整套施工图纸是由不同专业工种和表达不同内容的图纸综合组成,它们之间有着密切的联系,看图时要注意相互对照看,以防出现差错和遗漏。

(3)注意设计的变更情况

施工中会经常遇到各种情况,因此会随时对施工图纸进行修改,所以识图时要注意设计图纸的修改和设计变更备忘录等补充说明内容。

2. 建筑电气施工图的图例和文字符号

建筑电气施工图和土建施工图一样,现已采用统一标准的图形符号来表示线路和实物,因此必须了解有关图形符号及其所表示的内容意义,以作为识图的基本知识。

首先应熟悉建筑电气图例符号、文字标注形式,常用图形符号及其名称见附录E与附录F,这些图形符号摘自《电气图用图形符号电力、照明和电信布置》(GB 4728.11—85)。

3. 电气照明施工图的内容

建造一座房屋,应提供土建施工图。安装房屋内的电气照明设备,也应备电气照明施工图。电气照明施工图是电气施工安装和使用维修的主要依据文件,室内电气照明施工图主要包括电气施工说明书、电气外线总平面图、照明电气配电系统图、照明电气平面布置图和详图等。

(1)电气施工说明书

电气施工说明书主要表明电源的来路,线路的敷设、设备规格及安装要求和施工注意事项等。

(2)系统图

系统图表明工程的供电方案,从系统图上可以看出整个建筑物内部的配电线路系统,包括配电线路所用导线型号、穿线管径及设备的容量值等，还应附有电气设备材料表。

(3)平面图

平面图是电气施工图的主要图纸，有电气外线总平面图、干线照明平面布置图、首层照明平面布置图、标准层照明平面布置图及单元照明平面布置(大样)图等。在图上主要表明：电源进户线的位置，穿线管径，配电箱位置，各配电支、干线的规格和导线根数，各照明设备(如灯具、灯具开关、插座等)的位置、规格、容量及安装要求。

(4)详图

详图主要表明电气工程中的某些部位或房间的具体构造和安装要求，以便施工或制作。一般情况下详图也可从标准图册中选用。

4. 室内电气照明施工图的识读

识读室内电气照明施工图时，首先看图纸目录和设计说明，在此基础上分别识读照明电气配电系统图、照明电气配电平面布置图和详图等。

(1)细读电气施工说明书

电气施工说明书主要说明电气施工电源(单相还是三相，TN-S 系统还是 TN-C-S 系统)的选用、电气设备(配电箱、灯具、开关、插座等)的安装(明设还是暗设、距地高度等)、配管配线的敷设方式(明设还是暗设)及导线(根数、每根截面积)和穿线管材质(钢管、薄壁电线管或塑料管等)及直径等。还应列出电气外线总平面图材料明细表，以便做施工预算、备料及施工用。电气施工说明书可以单独出图，小型建筑电气施工说明也可以放在照明电气配电系统图中。

(2)识读照明电气配电系统图

阅读顺序是由进户线、配电箱、支路至用电设备。一般建筑照明电气采用 TN-C-S 接地系统，而高层建筑的室内变电所采用 TN-S 接地系统。进户线为三相四线制，线电压为 380V，相电压为 220V。进户处做应重复接地，经钢管穿五根线(三根火线 L1、L2、L3，一根零线 N，一根保护线 PE)或四根线(三根火线 L1、L2、L3，一根零线 N，利用金属管做保护线)到总配电箱。通过总断路器(或闸刀开关)，分多路进入各个单元，再由各单元配电箱竖直向上(或向下)供电。各层设分配电箱(内设电度表、用户开关等)，再引向各户三根线(火线 L、零线 N、保护线 PE)，每户设有子配电箱。

由于各层的分配电箱和各户的分配电盘均是相同的，所以仅画某单元一层的系统图例及标注(电能表、断路器等的型号、规格，以及各户的电气设备安装容量，导线根数、每根截面积和穿线管直径等)，其余均用框图表示即可。

在系统图中不表示电气设备、照明灯具的安装位置，这些都在平面图中表示。系统图无比例要求，常采用 2 号图纸。

【例 14-1】 试分析某住宅的照明电气系统图，如图 14-10 所示。

识读如下：在某住宅的照明电气系统图中，架空进户处做重复接地，接地电阻 $R \leqslant 10\Omega$。穿墙入户线为铜芯橡皮绝缘导线(BX)，线径 $50mm^2$ 共三根，一根零线为 $25mm^2$，穿直径为 50mm 的钢管(SC)，兼做保护线。沿墙暗敷设(WC)进入二层的 AL2-0 配电箱中的总三相断路器 DZ20-200/3 整定电流为 125A。总干线分二条支干线，第一条支干线经三相断路器 DZ20-100/3 整定电流为 63A。支干线采用树干式配电方式，首先进入 AL2-1 配电箱的三条单相支线(均为 L1 相)的单相电度表 $DT862_a$-10(40)A。其中 W1、W2 相为住宅照明支路，经单极断路器 C45N25/1P(25A)，采用支线为 BV-3×10-FPC25-WC(FC)，表示塑料绝缘铜芯导线 3 根 10mm^2,穿阻燃塑料管直径为 25mm,沿墙内或地下(WC/FC)暗敷设引入户内漏电保护装置。每户住宅照明的设计容量为 4kW。

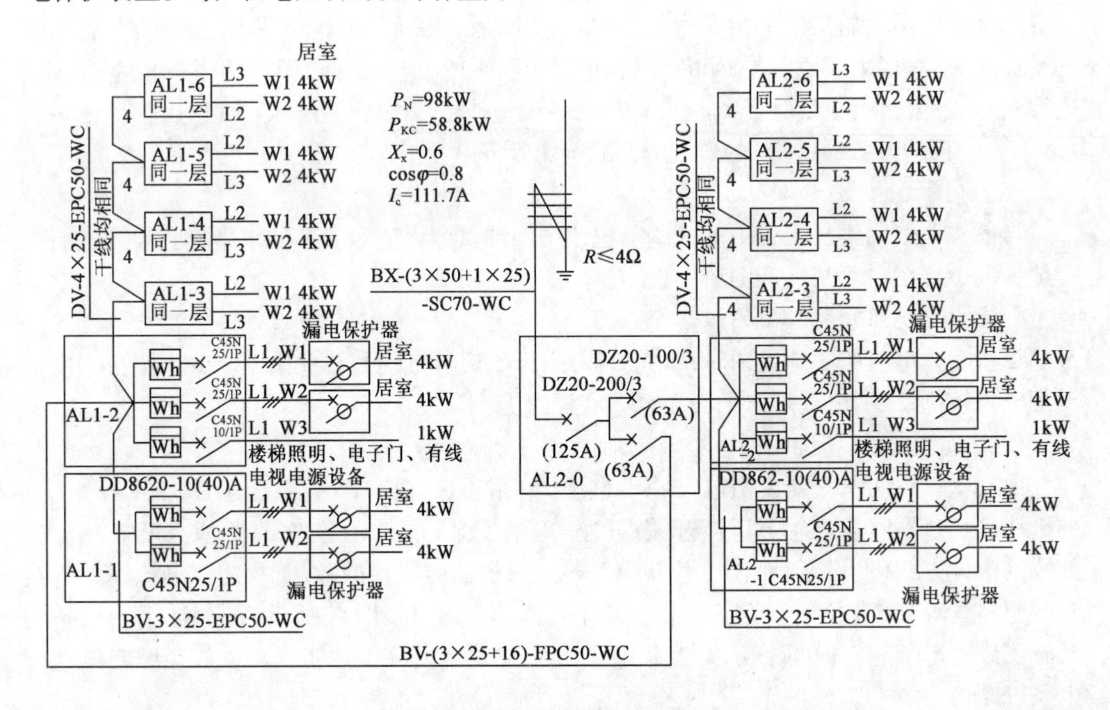

图 14-10　某住宅照明电气系统图

W3 相为住宅的楼梯照明、电子门及有线电视设备电源支路,经单极断路器 C45N10/1P(10A),采用支线为 BV-2×2.5-PC15-WC(FC),表示塑料绝缘铜芯导线 2 根 2.5mm^2,穿阻燃塑料管直径为 15mm,沿墙内(或地下)暗敷设引入设备电源。

由 AL2-2 配电箱的支干线立管引下一层,采用铜芯聚氯乙烯绝缘导线 BV 型 3 根 25mm^2,穿直径为 50mm 的 FPC 阻燃塑料管进入 AL2-1 配电箱。配电箱有两条单相支线(均为 L1 相)的单相电度表 $DT862_a$-10(40)A。经单极断路器 C45N25/1P(25A),采用 BV 铜芯塑料绝缘导线 3 根 10mm^2,穿阻燃塑料管直径为 25mm,沿墙内(或地下)暗敷设引入户内漏电保护装置。每户住宅照明的设计容量为 4kW。

由 AL2-2 配电箱的支干线立管引上一层,采用铜芯聚氯乙烯绝缘导线 BV 型 4 根 25mm^2,穿直径为 50mm 的阻燃塑料管(FPC)进入 AL2-3、AL2-4、AL2-5 及 AL2-6 配电箱。配出的两个回路都同一层。

第二条支干线经铜芯聚氯乙烯绝缘导线 BV 型 4 根 25mm^2 加一根 16mm^2 保护线,穿直径为 50mm 的阻燃塑料管(FPC)沿墙进入一单元二层的 AL1-2 配电箱。所有配出回路都同二单元。

(3)识读照明电气配电平面布置图

先看电气外线总平面图、干线照明平面布置图,再看局部房间大样详图、首层照明平面布置图、标准层照明平面布置图等。

①电气外线总平面图。电气外线总平面图中应标明电源进户方式;架空线路电杆的高度和杆的间距或电缆引入的位置与高度等。有户外节日景观照明的建筑,还应标注灯具的型号、安装的位置、管线的敷设方式等。电气外线总平面图一般画在比例为 1∶500 的建筑图

纸上。

②干线照明平面布置图。干线照明平面布置图中主要标注电源进户(架空或电缆直埋)方式,包括重复接地;总配电箱、分配电箱、单元配电箱及每户的子配电箱的位置和盘号;标注干线配管配线的型号、根数、截面积、穿线管直径及敷设方式等。在分配电箱处标注竖直向上(或向下)层供电符号及导线根数、每根截面积、穿线管直径等。

干线照明平面布置图一般画在比例为1:100的建筑图纸上。

【例14-2】 试分析某住宅的照明干线和局部房间插座平面布置图,如图14-11所示。

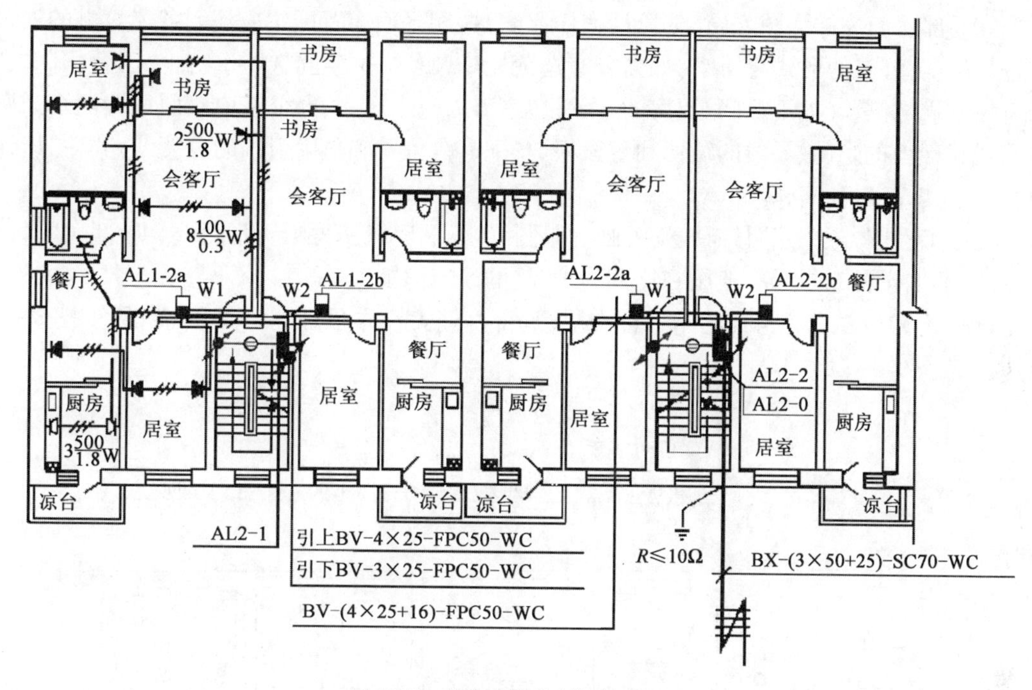

图14-11 某住宅照明干线平面布置图

识读如下:分析照明干线平面布置图时,首先要与照明的电气系统图合起来看。

a. 进户线。住宅共有四个单元,进户线共两处,每处有两个单元。图中选择两个单元为例,进户线为BX(3×50+25)-SC70-WC,表示进户线采用BX(橡皮绝缘铜芯导线),线径50mm² 共三根,一根零线为25mm² 穿直径为70mm的钢管SC(兼做PE保护线),沿墙暗敷设(WC)。进入二层的AL2-0总配电箱。

b. 照明干线。由AL2-0总配电箱分2路干线,均为BV-(4×25+16)-FPC50-CC(WC),表示BV(塑料绝缘铜芯)导线4根25mm² 加1根16mm² 保护线PE,穿FPC(阻燃塑料管)直径50mm,沿(C)顶棚(或W墙)内(C)暗敷设,引入二层楼梯间内单元住宅分配电箱。再由分配电箱上(或下)引入各层楼梯间内住宅电表箱。除一层和六层导线为BV-(3×25+16)-FPC50-CC(WC)之外均为BV-(4×25+16)-FPC50-CC(WC)。每户的电度表为DD862-10(40)A(现多选用智能卡式电度表),每户的断路器为25A,每户住宅照明的设计容量为4kW。

c. 照明支干线。每户住宅照明支干线为BV-3×10-FPC25-WC(FC),表示塑料绝缘铜芯导线3根10mm²,穿阻燃塑料管直径为25mm,沿墙内(或地下)暗敷设引入户内漏电保护装置。照明支线为BV-2×2.5-FPC15-WC(FC),表示塑料绝缘铜芯导线2根2.5mm²,穿阻燃塑料管直径为 15mm，沿墙内（或地下）暗敷设。插座支线为 BV-3 ×2.5-FPC20-WC（FC），表示塑料绝缘铜芯导线 3 根 2.5mm^2，穿阻燃塑料管直径为 20mm，沿墙内（或地下）暗敷设；空调插座支线为 BV-3 ×4-FPC20-WC（CC），表示塑料绝缘铜芯导线 3 根 4mm^2，穿阻燃塑料管直径为 20mm，沿墙内（或顶棚内）暗敷设。

d. 电子门、共用天线前端箱、楼梯间照明支线。该支线为 BV-2 ×2.5-FPC15-WC（CC），表示塑料绝缘铜芯导线 2 根 2.5mm^2，穿半硬阻燃塑料管直径为 15mm，沿墙内（或顶棚内）暗敷设。

③局部房间大样详图。局部房间（大样详图）照明平面布置图中应注明各屋灯具的安装位置与高度，灯具的形式与功率（如办公室选荧光灯，厨房、卫生间选防水防尘灯等），开关和插座的形式与位置（如卫生间、厨房的开关设在房外，每个居室、办公室应对面设置两个插座等），线路敷设的走向、导线的截面和每段根数，配电盘位置和从中引入的分支线路等。所注内容不厌其详，以利实施。

为施工看图方便，照明灯具、开关画一张图纸，而插座线路另画一张图纸。局部房间（大样详图）照明平面布置图一般画在比例为 1∶30 的建筑图纸上。

【例 14-3】 试分析某住宅单元标准层（局部房间大样详图）照明平面布置图，如图14-12 所示。

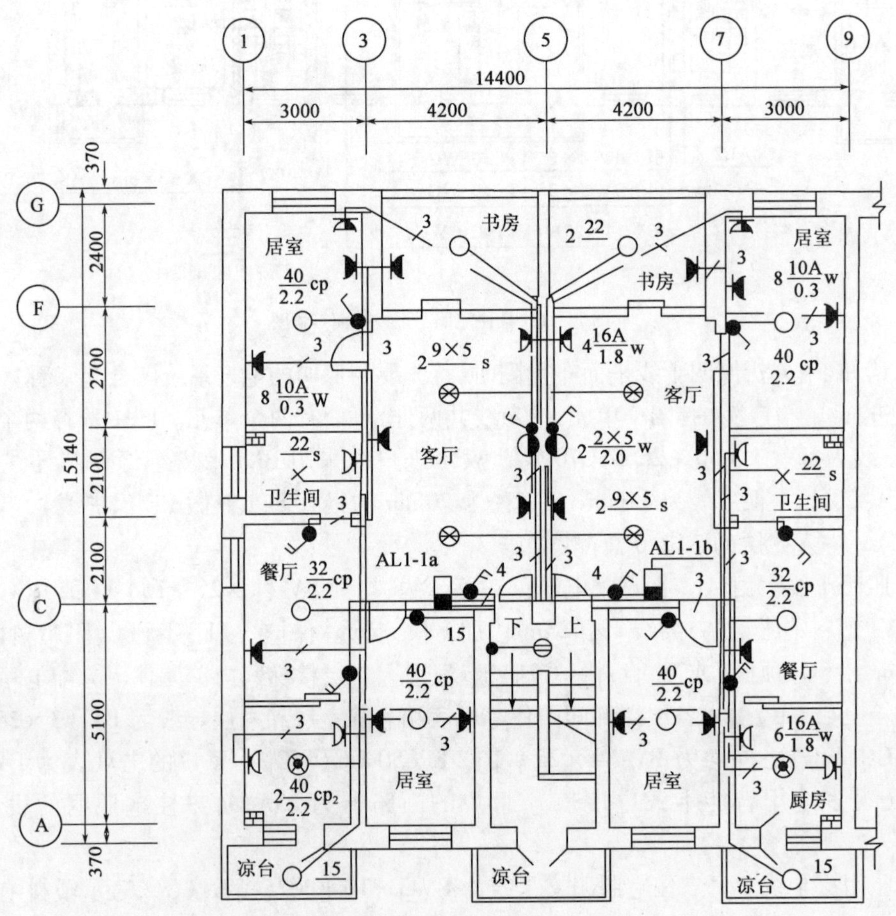

图 14-12 某住宅单元照明标准层平面布置图（尺寸单位：mm）

识读如下:读某住宅单元标准层照明平面布置图时,应将照明电气系统图(图 14-10)与照明干线平面布置图(图 14-11)结合起来看,才容易弄懂设计意图。

a. 客厅。每户住宅入口处设有含漏电保护装置的子配电箱 ALI-1 及 Aa1-1b,距地面高度 1.5m。由漏电保护装置分成三路:照明支线、插座支线和空调插座支线。客厅选用两盏吸顶花灯(S),每盏有 9 只 5W 节能灯。双联开关设在入口处,距地高面度 1.3m。室内 5 轴墙壁中心设一只 2×5W(节能灯)壁灯(W),距地面高度 2.0m,其双联开关(含书房灯开关)设在壁灯下距地面高度 1.3m 处。客厅中设有两只三孔插座(10A),距地面高度 0.3m。一只空调三孔插座(16A),距地面高度 1.8m。

b. 居室。每个居室选用一只自在器线吊(CP)40W 节能灯,距地面高度 2.2m,其开关设在距门边 0.2m,距地面高度 1.3m 处。每室设有两只三孔插座(10A),距地面高度 0.3m,朝南向居室还设有一只空调三孔插座(16A),距地面高度 1.8m。

c. 书房。书房设有 22W 节能灯吸顶安装,由客厅壁灯双联开关处控制,距地面高度 1.3m。书房设有一只三孔插座(10A),距地面高度 0.3m。

d. 餐厅。餐厅设有一只自在器线吊(CP)32W 节能灯,距地面高度 2.2m,一处双联开关负责餐厅和卫生间灯,另一处双联开关负责厨房和北凉台的灯,双联开关距地面高度 1.3m。餐厅内设有一只冰箱三孔插座(10A),距地面高度 0.3m。

e. 厨房。厨房设有防水防尘线吊(CP_1)32W 节能灯,其开关设在餐厅内墙上。有两只防水防溅三孔插座(16A),距地面高度 1.8m。

f. 卫生间。卫生间设有防水防尘 22W 节能灯吸顶安装,有一只防水防溅三孔插座(16A),距地面高度 1.8m。卫生间的开关设在餐厅内开关处。

g. 北凉台。北凉台设有 15W 节能灯吸顶安装,由餐厅室内开关控制,开关设在餐厅的厨房开关处。

图 14-12 表明,室内照明线路穿阻燃塑料管沿墙 WC 内暗敷设(或顶棚 CC 暗敷设)。图中导线根数的标注如下:

——————2—————— 表示 BV-2×2.5-FPC15-WC(CC)

——————3—————— 表示 BV-3×2.5-FPC20-WC(CC)

——————4—————— 表示 BV-4×2.5-FPC20-WC(CC)

——————5—————— 表示 BV-5×2.5-FPC20-WC(CC)

④首层照明平面布置图。识读照明平面布置图应先从首层照明平面布置图读起。首层往往为百货、商服、车库等建筑,其照明平面布置图中标示有本层各配电箱(应与系统图中的箱号对应来看),查看从该箱引出几条支路(应对应系统图中的支路号),图中反映支线至设备(灯具、开关、插座、子配电箱等)的线路敷设的走向、导线的截面和根数、穿线管直径及设备位置等。

首层照明平面布置图一般画在比例为 1:100 的建筑图纸上。

【例 14-4】 某教学实验楼首层照明平面布置图如图 14-13 所示。

识读如下:

a. 进户电源。进户电源为 380/220V,TN-C-S 接地系统。进户线采用聚氯乙烯绝缘铝芯导线 4 根,截面积 $16mm^2$,穿钢管 32mm,沿一层顶由 3 轴轴线穿墙暗敷设至一层总照明配电箱 XM(R)-7-12/1。同时在进户处做重复接地,三个接地极(间距 5m)距墙 3m。

b. N123 支路。N123 支路为三相插座支路,分析室和物理实验室各设两个暗装插座,化学实验室内设两个暗装防爆插座，配线均为 3 根，截面积 2.5mm²，穿钢管 20mm，沿地下暗敷设（钢管兼保护线 PE）。

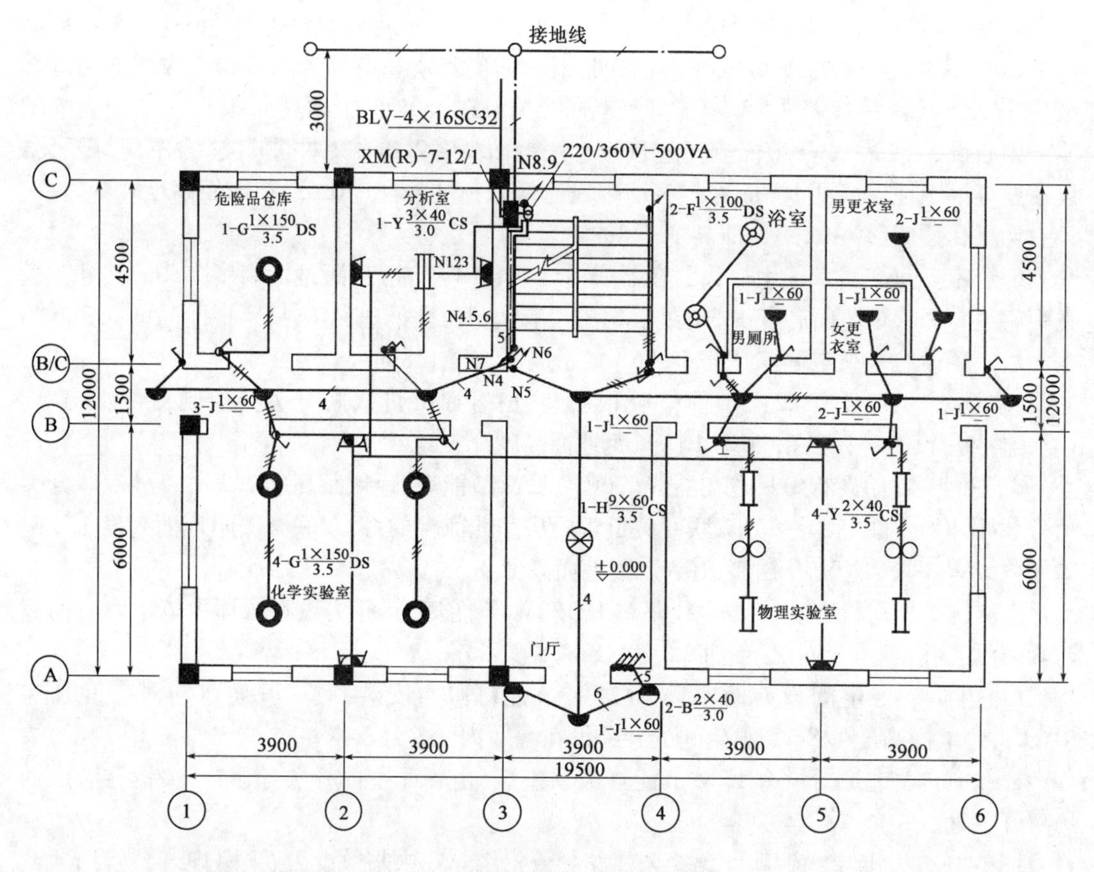

图 14-13　某教学实验楼首层照明平面布置图（尺寸单位：mm）

c. N4 支路。N4 支路包括走廊半圆球吸顶灯二盏，开关设楼梯间墙上，雨棚下一盏，开关设户外 B/C 轴墙上，功率各 60W。分析室采用三管荧光灯具（3×40W）距地 3.0m 链吊，双联开关设门侧墙上，距地 1.3m。

危险品仓库采用 150W 防爆灯距地 3.5m 钢管吊，防爆开关设门侧墙上，距地 1.3m。

化学实验室也采用四盏 150W 防爆灯距地 3.5m 钢管吊，两只防爆开关分设两侧门墙上，距地 1.3m，各负责两盏灯。

d. N5 支路。N5 支路包括走廊半圆球吸顶灯三盏（功率各 60W），开关设楼梯间和走廊墙上，6 轴雨棚下灯一盏，开关设户外 B/C 轴墙上，A 轴雨棚下灯一盏，并在 3、4 轴墙上开关设门厅墙上，距地 3.0m 处设二盏双联（2×40W）壁灯。

在门厅设一盏大花灯（9×60W）距地 3.5m 链吊，控制花灯的双联开关设门厅墙上（与 A 轴雨棚灯和壁灯开关同一处），距地面 1.3m。

物理实验室采用四盏双管荧光灯具（2×40W）距地 3.5m 链吊，两只开关分设门侧墙上，距地面 1.3m。两只双管荧光灯中间设有两盏电风扇，风扇开关分设荧光灯开关旁。

浴室选用防水防潮灯（100W）两盏，距地面 3.5m 钢管吊，开关设屋外墙上，距地面 1.3m。

男、女更衣室和卫生间采用 60W 半圆球吸顶灯，开关设屋外墙上，距地面 1.3m。

在4轴和B/C轴交叉处设有双控开关，经4轴和C轴处引上3×2.5mm导线，控制二层楼梯间灯。

e. N6、N7、N8、N9支路。N6支路在3轴和B/C轴交叉处引上二层。N7支路是由3轴总照明配电箱处的行灯（安全）变压器（220/36V，500VA），沿墙暗敷设，在3轴和B/C轴交叉处引上二层。

N8、N9支路在3轴和C轴处引上二层。

⑤标准层照明平面布置图。多层建筑的单元结构基本都相同，如二至五层结构相同可画一张标准层照明平面布置图，六至十层结构相同再画一张标准层照明平面布置图。图中一般仅标示配电箱位置，线路敷设的走向、导线的截面和每段根数截面、穿线管直径及设备位置等。

识读与首层照明平面布置图一样。标准层照明平面布置图一般画在比例为1∶100的建筑图纸上。

总之，这是一份详细的施工图，若每层结构都不相同应每层各画一张。对于大型建筑供电照明，以上三种图可以分别绘制，对于宾馆、旅社等建筑物还应有标准客房照明平面布置图。对于一般的房屋，供电照明也可合并绘于一张图上。

思 考 题

1. 说出光通量和照度的定义，其分别用什么符号表示？其单位各是什么？
2. 照明的方式和种类有哪些？
3. 电光源有哪几种？各自的特点是什么？
4. 灯具的布置有哪些方式？
5. 室内照明线路的敷设方式有几种？

第十五章　智能建筑信息系统

现代化的建筑物离不开信息系统,智能建筑信息系统包括建筑的信息通信系统、共用天线电视和卫星电视接收系统、建筑的扩声音响系统、火灾报警与消防联动控制系统、建筑的保安管理系统和建筑设备管理自动化系统等。

第一节　建筑的信息通信系统

随着计算机技术的飞跃发展,特别是通信技术与计算机技术的紧密结合以及软件技术的突飞猛进,使现代化的通信网络正向智能化、数字化、综合化、宽带化、个人化方向高速发展。人们对信息的需求已不单单是听觉信息(话音),还包括对视觉信息(文字、图像、活动图像等)和非话音信息(计算机业务)的需求。建筑的信息通信系统包括程控数字用户系统、数据信息处理系统、可视电话及图文系统、数字无绳电话系统、数字微波通信系统和卫星通信系统等。

一、程控数字用户交换机系统

在人员密集的地方,特别是写字楼、高级宾馆、高级住宅楼等现代建筑,对通信设施要求极为重要。随着科学技术的高速发展,电话通信系统越来越先进,通信范围也越来越广。建筑通信系统包括电话、电话传真、电传、无线传呼等。电话通信设计主要有通信设施的种类、交换机程控中继方式和电话站位置等。电话已成为人们密不可分的伙伴,所以要了解电话交换技术、电话系统的设备、电话配电敷设方式、电话通信系统图和平面图等知识。

1. 电话交换技术

电话交换技术可分为两大类:一是布控式,其通过布好的线路进行通信交换,因此通信功能较少;二是程控式,其按软件的程序进行通信交换,可以实现百余种通信功能。

电话交换机可分为人工电话交换机和自动电话交换机两类。磁石式交换机经过几代的发展变化,现已被全电子式自动交换机和程控数字用户交换机等取代。由于程控电话交换机功能强大、使用灵活、体积小、重量轻,因而在建筑中得到广泛的应用。程控交换机除了具有多种通话功能外,还可以和传真机、个人用计算机、文字处理机、主计算机等办公自动化设备连接起来,形成综合的业务数据网。这样既可以有效地利用声音、图像进行数据交换,又可以实现外围设备和数字资源的共享。程控交换机产品系列繁多,但从其基本原理来看,可以认为主要由话路系统、中央处理系统和输出系统三部分组成,其预先把交换动作的顺序编成程序集中存放在存储器中,然后由程序自动执行来控制交换机的工作,进行程序控制。因此,数字程控交换机可以根据不同的需要实现众多的服务功能,这是其他各种交换机难以完成的。在为数可达数百种的服务功能中,有些是交换机的基本功能,有些则属可选功能。设计时应根据实际需要参考交换机的产品说明书来确定。程控数字用户交换机系统框图如图 15-1所示。

2. 电话交换站

电话交换站由程控数字用户交换机、配线设备、电源设备、接地装置及辅助设备组成。

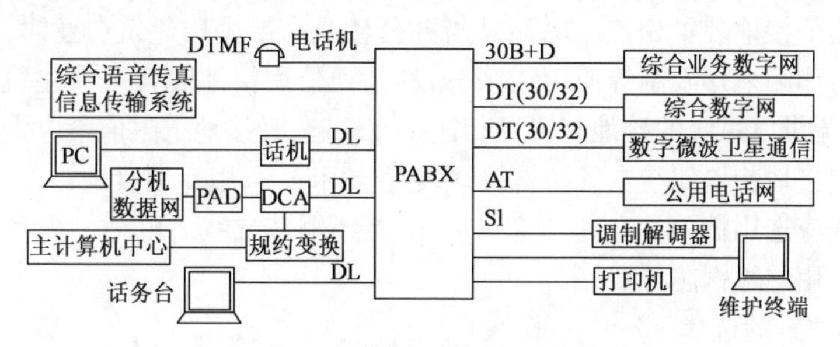

图 15-1　程控数字用户交换机系统框图

AT-模拟中继;DT-数字中继;DTMF-双音多频;DL-数字;PAD-X25 分组拆装;SL-PS232C 串行接口

(1)电话交换机容量的确定

电话交换机初装机容量按照建筑物的类别、应用的对象、使用的功能以及用户单位所提供的电话数量表为依据,并结合电话用户单位的实际需要量、近期发展的初装容量与远期发展的终装容量进行统筹考虑来确定。

①按实际需要量确定。根据电话用户单位提供的实际需要量进行计算:

最高限额容量系数 = 用户单位的实际需要量/程控数字用户交换机容量(门数)

一般最高限额容量系数应≥80%。如 100 门的程控数字用户交换机最高限额容量为 80 门内线分机。

②按初装容量确定。根据电话用户单位提供的近期发展的初装容量进行计算:

初装容量 = 1.3 × [目前所需的门数 + (3 ~ 5)年内近期增容量]

③按终装容量确定。根据电话用户单位提供的远期发展的终装容量进行计算:

终装容量 = 1.2 × [目前所需的门数 + (10 ~ 20)年的远期发展总增容量]

(2)配线设备、电源设备与接地

①配线设备。配线设备用于交换机及用户之间的线路连接,使配线整齐、接头牢固,并可进行跨接、跳线和在障碍时做各种测试。配线设备还包括保安设备,其功能是在外线遭到雷击或与电力线相碰超过规定电流、电压时,能自动旁路接地,以保护设备和人身安全。配线设备分为箱式和架式两类。配线设备的容量一般为电话机门数的 1.2 ~ 1.6 倍。配线架需设置在单独的配线架室内。不大于 360 回线的总配线架落地安装时,一侧可以靠墙;大于 360 回线时,与墙的距离不小于 0.8m。横列内端子板与墙的距离不小于 1m。直列保安器排列离墙一般不小于 1.2m。

②电源设备。电源设备包括交流电源、整流装置、蓄电池及直流屏等。电话系统的供电方式分为直供方式充放及浮充供电制,目前常用的为直供方式和浮充供电制。交流直供方式一般用于 400 门以下的电话站,且交流停电时间不能超过 12h,整流设备应有稳压及滤波性能,并应有一台备用整流设备,蓄电池也应有一组备用。电话站交流电源的负荷等级,应与该建筑工程中的电气设备的最高负荷分类等级相同。电话站交流电源可引自低压配电室或临近的交流配电箱,从不同点引来二路独立的电源,并采用末级自动互投。当有困难时,亦可只引入一路交流电源。蓄电池分为酸性及碱性两类。电话站内的蓄电池,应尽量采用密封防爆酸性蓄电池组或碱性镉镍蓄电池组。

③接地。电话站通信接地装置包括直流电源接地、电信设备金属框架和屏蔽接地、入站通信电缆的金属护套或屏蔽层的接地、架空明线和电缆入站接地。上述几种接地装置均应与全站共用的通信接地装置相连。电话站与办公楼或高层民用建筑合建时，通信用接地装置宜单独设置。如因地形限制等原因无法分设时，通信用接地装置可与建筑物防雷接地装置，以及工频交流供电系统的接地装置互相连接在一起，其接地电阻值不应大于1Ω。

电话站通信接地装置如与电气防雷接地装置合用时，采用专用接地干线引入电话站内，其专用接地干线应选用截面积不小于25mm^{2}的绝缘铜芯导线。电话站内各通信设备间的接地连接线应采用绝缘铜芯导线。

(3)电话站位置的选择

电话站位置的选择应结合建筑工程远、近期规划及地形、位置等因素确定。电话站与其他建筑物合建时，宜设在四层以下、一层以上的房间，宜朝南并有窗。在潮湿地区，首层不宜设电话交换机室，也不宜设在以下地点：

①浴室、热水房、卫生间、水泵房、洗衣房等易积水的房间附近。

②变压器室、变配电室的楼上、楼下或隔壁。

③空调及通风机房等震动的场所附近。

3. 电话电缆线路的配接与线路的敷设

(1)电话线路的配接方式

电话电缆线路的配接方式很多，有单独式、复接式、递减式、交接式和混合式。从经济性和合理性出发，常采用以下三种形式：直接配线方式、交接箱配线方式和混合配线方式。

①直接配线方式。直接配线由总配线架直接引出主干电缆，再从主干电缆上分支到用户的组线箱。其投资小、施工与维护简单，但线芯使用率低、灵活性差。直配系统的每条电缆容量一般不超过100对。

②交接箱配线方式。交接箱配线系统是将电话电缆线路网分为若干个交接配线区域，每区域内设一个总交接箱(不大于100对)。由总配线架各引一条联络电缆至各区域交接箱中。当某条主干电缆出故障时，能保证重要的通信及部分用户的调整。如100对电缆经交接箱后，再配出20对、30对或50对电缆分别送至各自的交接箱内。由于各楼层的电话电缆线路互不影响，引发故障就少，特别适用于各楼层需要对数不同，且变化较大的场合。由于通信可靠，芯线使用率高，常用于建筑群、办公大楼、高级旅馆等场所。交接式配线方式如图15-2(a)所示。

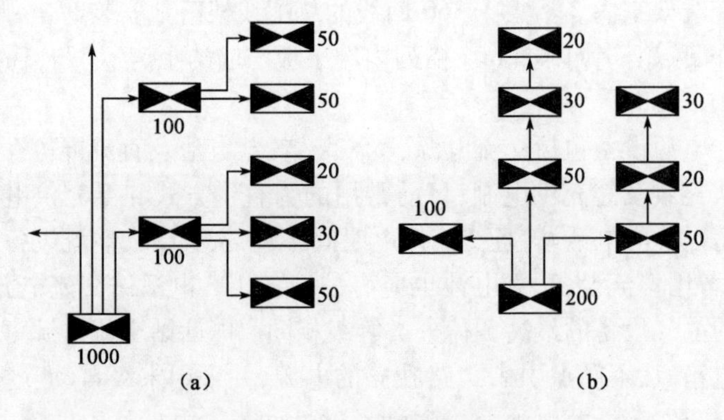

图15-2　电话电缆的配线方式

(a)交接式；(b)混合式

③混合配线方式。混合配线方式结合了不同配线方式的优点，在技术和经济上都占有优势。既有复接式，也有递减式等多种组合。电话组线箱分为室外分线箱和室内分线箱两种，是把电话电缆变为电话配线的交接处，箱内设置专用电话接线端子板，端子板有5对、10对、20对、30对、50对、100对等。将一般为纸包绝缘的主干电缆换接为塑料包绝缘电缆后与电话接线端子板的一端连接，另一端引出普通电话线与电话用户盒连接，内设一对接线端子(一端与线路连接，另一端与电话机连接)。混合配线方式如图15-2(b)所示。

(2)电话线路的敷设方式

电话线路的敷设方式可分为管道电缆、墙壁电缆、沿电力电缆沟敷设的托架电缆、架空明线、建筑物内明和暗配线等方式。

①室外电话线路的敷设方式。室外电话线路的敷设方式分为架空和埋地两种敷设方式。

室外电话线路的架空敷设多采用电话电缆。电话电缆不宜与电力线路同杆敷设，如需同杆敷设时，应采用铅包电缆，且与低压380V线路相距1.5m以上。电话电缆亦可沿墙卡设，卡钩间距为0.5~0.7m。室外距地架设高度宜为3.5~5.5m。室外电话电缆线路架空敷设时宜在100对以下，但是冰凌严重地区不宜采用架空电缆。

室外电话线路多采用地下暗敷设，一般情况下可采用直埋电缆。直埋电缆敷设一般采用钢带铠装电话电缆，在坡度大于30°的地区或电缆可能承受拉力的地段应采用钢丝铠装电话电缆，并采取加固措施。直埋电缆四周铺50~100mm沙或细土，并在上面盖一层红砖或者混凝土板保护，穿越街道时应采用钢管保护，并应适当预留备用管。与市内电话管道有接口要求或线路有较高要求时，宜采用管道电缆，管道电缆敷设可采用混凝土多孔管块、钢管、塑料管、石棉水泥管等。管道内布放裸铅包电缆或塑料护套电缆，管道内不应做电缆的接头。电话电缆可与电力电缆敷设在同一电缆沟内，应尽量分别设置在两侧，宜采用铠装电话电缆。

市内电话电缆的型号规格见表15-1。

表15-1　市内电话电缆的型号规格

<table>
<tr><th>型号</th><th>名　称</th><th>用　途</th><th>线芯直径(mm)</th><th>线芯对数</th></tr>
<tr><td>HYQ</td><td>聚乙烯绝缘铅护套市内电话电缆</td><td>敷设于电缆管道和吊挂钢索上</td><td>0.4,0.5,0.6,0.7</td><td>10~100</td></tr>
<tr><td>HPVQ</td><td>聚乙烯绝缘铅包配线电缆</td><td>适用于配线架、交接箱、分线箱、分线盒等配线设备的始端或终端连接，便于与HQ、HQ_2等铅包电缆的套管进行焊接</td><td>0.5</td><td>5~400</td></tr>
<tr><td>HYV</td><td rowspan="2">金属化纸屏蔽聚乙烯护套市内通信电缆</td><td>适用于室内或管道内</td><td rowspan="2">0.5
0.63
0.9</td><td rowspan="2">10~300
10~300
10~200</td></tr>
<tr><td>HYY</td><td>适用于架空或管道内</td></tr>
<tr><td>HYVC</td><td>聚氯乙烯绝缘聚氯乙烯护套自承式市内电话电缆</td><td>可用专用夹具直接挂于电杆上(5、10对为同心型自承，20对及以上为葫芦型自承)</td><td>0.5</td><td>20~100</td></tr>
<tr><td>HPVV</td><td>聚氯乙烯绝缘聚氯乙烯护套配线电缆</td><td>适用于配线架、交接箱、分线箱、分线盒等配线设备的始端或终端连接，但不能与铅包电缆的套管焊接</td><td>0.5</td><td>5~400</td></tr>
</table>

②室内电话线路的敷设方式。从电话站配出的分支电缆线路的敷设方式有室内电缆沟、托架与金属线槽吊装、钢管与塑料管的明或暗敷设、卡钉明敷设等。

a. 进户干线的敷设。电话电缆的进户干线多采用钢管保护暗敷设。进入室内应穿管引入室内电话支线，分为明配和暗配两种。明配线用于工程完成后，根据需要在墙脚板处用卡钉敷设。室内暗敷设可采用钢管（或塑料管）埋于墙内或楼板内。暗敷设时，保护管径的选择应使电缆截面不小于管子截面的50%。从电话站配出引至弱电竖井的电话线路也可采用托架吊装或金属线槽敷设于吊顶内。井内电缆应穿金属管或线槽沿墙明敷，套管应在离地面2m左右处留出150～200mm间隙，供作"T"型接本层电话电缆之用。室内配线应尽量避免穿越楼层的沉降缝。不宜穿越易燃、易爆、高温、高电压、高潮湿及有较强震动的地段或房间。

b. 电缆支线敷设。从楼层的电话分线箱到用户电话出线盒，可采用塑料绝缘软线穿管暗敷设保护。多对电话线可共管敷设，但管内不宜超过10对，否则改用线槽敷设。

c. 室内电话配线。室内电话配线一般采用塑料绝缘铜芯双股软线 RVB 或 RVS 型 $2 \times 0.2mm^2$。钢管直径为15mm可穿2对线，管直径为20mm可穿4对线，管直径为25mm可穿5对线；塑料管直径为15mm可穿3对线，管直径为20mm可穿5对线。

4. 配套设备

配套设备有交接箱、电话出线盒、电话机等。

(1)交接箱

交接箱是联络电话与电话分线盒的枢纽，一般按楼层设置。配线干线应不大于100对，通过电缆送入设于弱电井内的交接箱，并要考虑进出线方便横向敷设电缆容量不宜超过50对。若建筑面积过大（含群房部分）有沉降缝时，按两个分区设置交接箱。电缆过沉降缝穿金属管暗设时，两侧加盒采取保护措施或采用电缆桥架吊装过沉降缝。在各层的弱电井内设置电话组线箱，一般明挂在墙上，底口距地面1.5m。若在墙内暗装时，底口距地面0.3m。

(2)电话出线盒

在办公室、住宅等房间内一般设一个出线盒（或出线插座）。特殊要求的房间应设两个或两个以上出线盒（如总统套房、总经理室、需设传真机等设备的房间）。

(3)电话机

当建筑采用数字程控交换机时，一般配用双音频按键式话机，也可选用留言电话机及多功能（带传真）电话机等。

(4)电源与接地

①电源。电话站的交流电源，应采用双路独立电源，由末级自动切换装置引入，以确保供电的可靠性。若供电负荷等级低于二级，或交流电源不可靠时，需增加蓄电池容量，延长放电时间，一般采用镉镍电池。

②接地。电话站中应有设备接地和工作接地。通信设备的金属外壳或金属构筑物应同TN-S系统的保护线（PE）共用。接地电阻应小于1Ω。高层建筑选用的程控电话交换机（微机）需用单独引下线接地，而且不能同防雷引下线共用。一般采用$25mm^2$铜线，直接引入地基基础接地线。条件是：做单独接地线引入电缆手孔（或人孔）内。某住宅小区电话系统如图15-3所示。某单元住宅弱电（电话）平面布置如图15-4所示。

目前我国通信事业飞速发展，正赶超世界先进水平。数字程控用户交换机充分地利用了数字交换技术、数字信号处理技术及计算机多媒体技术，具有语言交换、数据通信、专网通信、天线通信、语言邮箱、宾馆或医院管理、自动话务量分配、记费处理等诸多业务功能，现已在建筑中得到广泛应用。

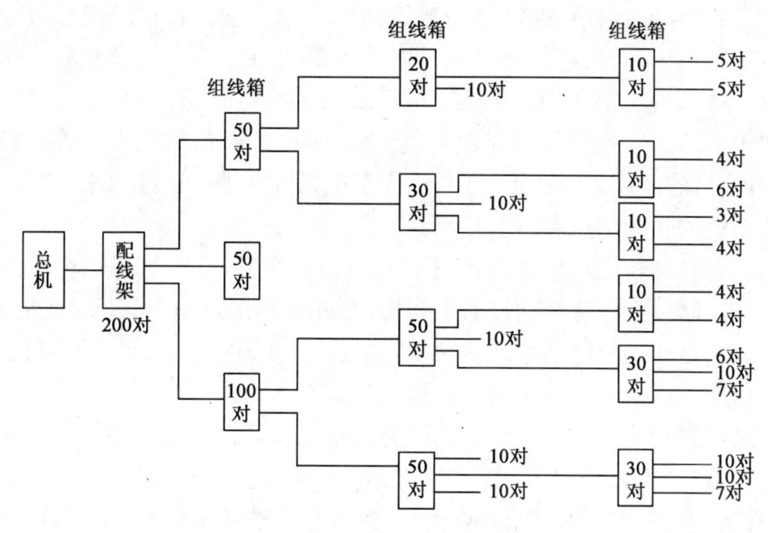

图 15-3　某住宅小区电话系统

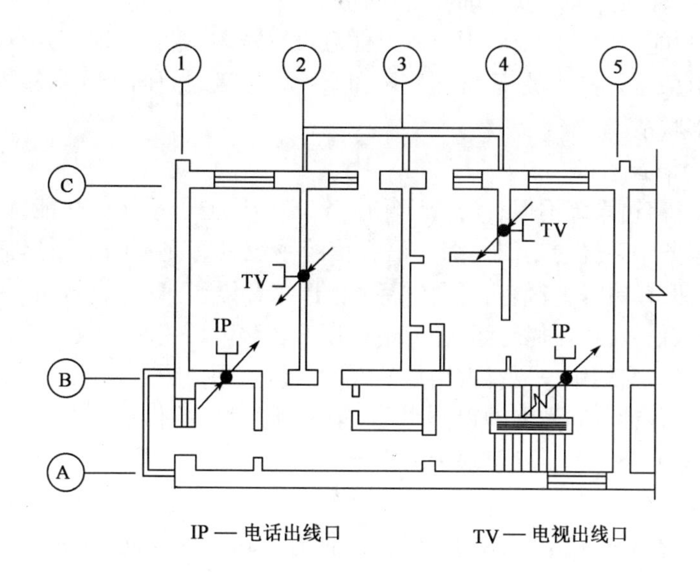

图 15-4　某住宅弱电工程平面布置

二、图文信息通信系统

在智能建筑中，用户的信息通信除了话音等外，今后更重要的是图文信息通信。常用的图文信息通信系统有语音与传真服务系统、可视图文系统、可视电话系统、数字无绳电话系统、数字微波通信系统、卫星通信系统等。本章仅介绍其中几个系统。

1. 语音与传真服务系统

语音信息、图文传真服务系统是计算机技术和通信技术紧密结合的产物，由公共电话网上获得语音信息和图文传真邮筒式服务。其可以使人们无论在何时何地都能用电话机或传真机，通过设备上的拨号和按键来对语音信息和图文传真服务系统的操纵者，从中存取、管理语音信息和传真文件。

(1)语音信箱系统

语音信箱系统是随着电子计算机技术、语音处理技术，以及信息交换的需求增长而发展起来的智能建筑物内电话用户，即可通过建筑物内公用小型语音信箱或通过楼内各公司的专用小型语音信箱系统，以及通过公用电话网上大型语音信箱系统来获取建筑物内外界的语音信息，并在系统语音的引导下，用按键电话机对系统进行访问、存储、提取和管理信息。语音信箱增加了电话通信的服务内容和质量，避免了电话通信时无人应答、占线、断线和话音内容传递错误，节省了用户的通话时间，提高了电话呼叫的一次接通率。

语音信箱系统的功能特点有以下几点：

①电脑话务台自动转接功能。信箱系统与程控交换机相连，可提供电脑话务台应答与电脑话务台转接功能。系统将自动接通主叫用户，并提示用户输入其所要的被叫用户机号，实现自动转接。当被叫用户电话忙或缺席时，系统将主叫用户自动转接回被叫用户的信箱，并提示留言或留下电话号码。主叫用户也可选择接至人工话务台。

②电话自动应答功能。信箱系统自动应答大量的来话。在用户各自的信箱内可预先录制好电话、呼叫器(BP 机)、手提电话(大哥大)的号码，进行留言跟踪呼叫。信箱系统能预先录制好公司或企业各部门的对外查词索引，提示并自动转接到指定部门或录制好各类语音信息，供公司内、外用户全天候咨询和自动查询服务。

③语音邮件功能。信箱系统的用户可以任意设置密码，随时随地打开自己的信箱，听取留言，防止重要信息丢失和延误，还可使公司和企业上下级之间向个人信箱内发送及索取语音留言，加强内部联系。

(2)小型综合语音信箱系统

小型综合语音信箱系统不但有语音信箱服务、声讯服务子系统的功能，而且有传真信箱服务、图文传真服务子系统的功能。综合语音信箱系统具有完善的电话通信功能。系统中用户个人信息的拥有者在语音信箱(服务)系统的(综合语音信箱)语音引导下，可以根据自己设定的密码进入信箱，在任何时间、任何地点用双音频电话来听取收到的留言。语音信箱系统可根据综合语音信箱用户语音占用量的大小来设定用户语音信箱。语音信箱系统可以连接在智能建筑中各种不同类型的程控用户交换机上，并可提供话务自动接转功能，该系统也是智能建筑商务办公自动化不可缺少的设施。

(3)传真信箱系统

传真信箱是指在计算机数据库的存储器中拥有一块内存空间，存放输入信箱中经过数字化及压缩编码处理后的传真文件。智能建筑中应设置小型综合式传真信箱系统。小型综合式传真信箱系统不但有传真信箱服务的功能，还有语音信箱服务的功能。该系统从服务功能上分为图文传真服务和传真信箱服务两个子系统。

①图文传真服务子系统。图文传真服务系统能将不同类型的文件，以传真文件的形式，建立在服务系统的数据库中(库容量可达几千条)。使用者可以通过语音的引导或文件编号来索取所需文件。

图文传真服务子系统可以设置使用者的密码和全部记录。使用者可以通过普通传真机，在任何地点直接索取所需的文件或通过普通电话机间接地索取文件。每条文件都具有语音简介，能提供给使用者在索取文件前一个确认的机会。

②传真信箱服务子系统。传真信箱具有完整的语音引导功能。使用者通过语音的引导，进入自己所需要的传真信箱索取传真文件。还可随意设定自己拥有信箱的密码，并通过普通的传真机，在任何地点直接索取信箱中的文件。也可通过普通电话机，输入所指定的传真机号，间接地索取信箱中的文件。传真信箱服务子系统具有转移呼叫功能，当信箱中收到传真文件时，系统会根据用户预先设定的电话号码通知用户。系统还具有转移接通功能和呼叫功能，根据用户预先设定的传真机号，自动转移到用户自己的传真机上。

传真收发机中设有自动文件输送器，每次机内可存放几十页文件，并具有文件缩放功能。在收发文件的同时，可分别记录年、月、日、开始时间、张数及情况报告等。传真通信涉及报纸、图片、录像及影像等传递技术。其属于一种低速度、远距离的有线传真式通信，其传输速度较一般通信设备慢，但相比传统的邮递服务快得多。传真收发机的最大优点是能方便地传递图文的真迹，无论是印刷体的文稿、图表、图形，还是手写稿件或名人手迹，均可保持原样向远方传送。传真机和电话机共用一对电路，也可单设，适用于公用电话交换网络和双向专用电路。

(4)电子信箱(E-mail)

电子信箱又称电子邮政或电子邮件。其是一个计算机系统，通过电信网来实现各类信件和图文的传送、接收、存储、投送。每个计算机用户都有一个属于自己的电子信箱，通信的过程就是把信件传送到对方的电子信箱中，再由收信用户使用特定号码从电子信箱中提取。若发信方需将信件直投到非信箱用户终端，电子信箱系统可利用存储转发方式自动完成。拥有计算机的用户只要配置调制解调器，通过电子信箱软件就可以实现全球连网。电子信箱系统的通信原理如图15-5所示。

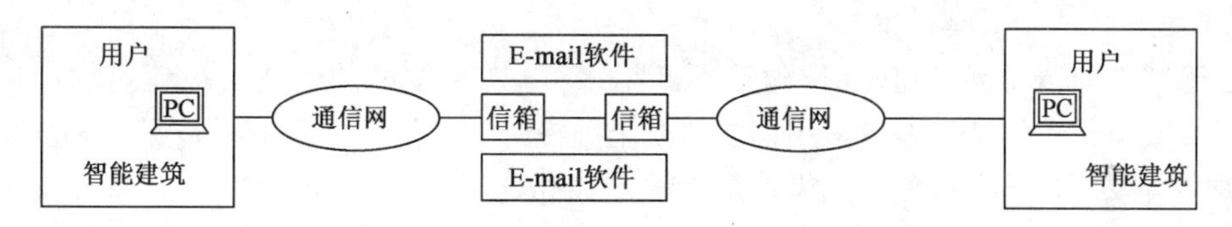

图15-5　电子信箱系统的通信原理图

2. 数字无绳电话系统

数字无绳电话系统发展得相当快，其最基本的构成形式有家庭住宅(私用基站)、公共场所(公共基站)和商务办公场所(办公或商场基站)。

(1)早期数字无绳电话系统

早期数字无绳电话系统是一种多信道接续、单向呼叫移动的无绳电话系统，又称无线呼叫。无线呼叫是一种单向单工通信系统，其由中央基地台及多个分基台和若干个无线呼叫接收机组成。由于无线呼叫系统只传送信号和简单的信息，因此一个无线波道能为数万个用户服务。无线呼叫系统由无线选呼终端设备、发射机和选呼接收机组成。发射机一般采用调频制，工作频段为150～400MHz。发射机的功率为2～5W可调，大厦内规定使用功率为2W，发射频率为49.75MHz。设备有三只发射天线，共有50部电话分机，大楼的主要管理人员都配备无线呼叫机。

(2)最新发展的数字无绳电话系统

近年来，数字无绳电话系统功能发展得更完善，其具有无缝越区切换、双向呼叫和干扰回避功能。该系统能提供多种无线接入形式，如使用标准手机和带有适配卡的电脑，可以在不同的专网和公网之间漫游，提供无线的话音和数据通信。我国无绳电话系统的通信频段为839～843MHz，无线收发基站通常采用DC48V或AC220V供电，其发射功率为10～800mW，手机的发射功率为10～200mW。

3.数字微波通信系统

随着通信事业的飞跃发展，智能建筑中除了采用通信电缆与光缆、无绳通信、卫星通信外，还可采用数字微波通信系统的传输链路。数字微波通信系统是指用户利用微波（射频）携带数字信息（经过多路复接的数字信号进行中频数字调制，然后再进行微波频段的射频调制），通过微波天线发送，经过空间微波通道传输电波，到达另一端数字微波天线接收（发送）设备进行再生用户数字信号的通信方式。

在智能建筑物之间（或智能建筑与当地电话局之间），用户可以采用数字微波通信设备，建立数字微波空间传输链，进行话音、数据、图像等信息的相互通信。数字微波还可以达到有线通信电缆（如光缆等）所不能达到的区域，如跨江河、小山脉、较偏远的地区等。其作为数字通信的传输办法，配合PCM复接分接器，可实现用户分机的延伸、计算机数据通信的组网、各个专业用户内部专用网的互连及网络内各种设备的连接、会议电视、监控电视的联网。

数字微波采用先进的数字传输技术，具有传输效率高、施工简单、见效快、成本低等优点，并可以在地形复杂的地方建站，组成专用网，是用户普遍采用的无线通信传输手段之一。

在建筑物之间的无线传输中，数字微波通信不但可以传输话音、数据，构成专用网络，还能传输会议电视、监控电视的图象信号等。

第二节　电缆电视系统

由于城市建筑发展迅速，高层建筑不断增多，电视台发射的电波会被建筑物遮挡和反射；另外，城市建筑的结构大量采用钢筋混凝土壁板、楼板，导致电视信号被吸收和屏蔽。上述原因会造成用户电视机仅收到微弱的信号或杂散电波的干扰而无法收看，另外也仅能收看到当地的几个电视节目。现中央及各省市电视台的几十套节目已都传输到卫星，再发射回地面。所以不再选用建筑物楼顶共用天线接收系统，而采用城市数字有线电缆电视系统。其可提供几十路高质量的开路和闭路电视节目、付费电视节目、图文电视节目及互联网传输节目等。

一、电缆电视系统主要设备

有线电缆电视系统由接收信号源、前端设备、干线传输及用户分配系统组成。一般设于城市中心。

1.接收信号源

接收信号源包括广播电视接收天线、FM天线、卫星电视地面接收站、视频设备、音频设备、电视转播车及计算机等。

（1）广播电视接收天线

天线是接收空间电视信号的器件。广播电视接收天线包括单频道天线、分频段天线和全频段天线三种形式。

目前我国电视信号使用两个频段范围，分为甚高频段、超高频段，这两个频段均属超短波范畴。其中VHF频段的频率范围为48.5～223MHz。UHF频段的频率范围为470～

958MHz。我国规定 1 ~5 频道的信号称为 VHF 低频段;6 ~12 频道的信号称为 VHF 高频段;13 ~30 或 31 ~44 频道的信号称为 UHF 低频段;45 ~68 频道的信号称为 UHF 高频段。各电视台的节目均设于不同的频段中。

天线分为无源天线和有源天线两种。有源天线需加设天线信号放大器来实现高增益、高信噪比的接收。

(2) FM 天线

FM 天线用于接收无线调频广播节目的音频信号。

(3) 卫星电视地面接收站

卫星电视地面接收站由室外的抛物面天线、馈源和高频头等部分以及室内的接收机(调谐解调器)、放大器和监视器等部分组成。我国卫星电视广播的频率范围为 C 波段(3.7 ~4.2GHz)和 Ku 波段(11.7 ~12.2GHz)。各城市的有线电视台主要通过多台卫星天线来接收不同频道的电视节目。

(4) 视频设备和音频设备

视频设备包括 DVD 影碟机、录像机和摄像机等自办节目所需的设备。音频设备包括收音机、CD 机、录音机、麦克风及扩音机等设备。

(5) 电视转播车及计算机

电视转播车利用摄像机在现场(重要会议、文艺演出、体育比赛、新闻报道等)录制的画面进行编辑,通过转播车内的设备直接播出。

计算机已成为电视节目制作和编辑的重要工具,随着计算机功能的升级换代和软件的开发,电视画面愈来愈精彩美观。

2. 前端设备

前端设备是接在天线与传输分配网络之间的设备,用来处理要传输的信号。前端一般包括天线放大器、频道放大器、线路放大器、频率变换器、混合器及调制器等设备。

3. 干线传输及用户分配系统

(1) 干线传输系统

干线传输系统是将前端设备经过接收、处理并混合后的电视信号,通过干线传输给各地用户的传输设备。干线传输设备包括干线电缆、干线放大器及电源设备三种形式。

①干线电缆。为传输高质量高清晰的电视信号,应选用优质高效低耗同轴电缆或光缆。现远距离的主干线均采用光缆,所以需要光缆传输设备,即光发射器、光分波器、光合波器、光接收机和光缆等。

②干线放大器及电源设备。干线放大器的作用是抵消电缆的衰减,提高电视信号的增益。在主干线上尽可能减少分支,可使干线放大器的选用数量最少。若需传输双向节目,必须选用双向传输干线放大器。用干线放大器的地方,应配备电源设备。

(2) 用户分配系统

用户分配系统的作用是放大线路信号,保证用户终端有足够的电视信号,并能使用户自由选择频道。主要设备包括线路放大器、分配器、分支器和用户终端。

二、传输系统

有线电视网络是电视的干线传输系统,是连接有线电视台与用户终端的桥梁,主要采用光缆和同轴电缆。

1. 光缆

光缆具有传输损耗小、频带宽、质量高、速率快、容量大、体积小、重量轻及寿命长等优点,被广泛用于干线传输。

光缆传输系统由光发射机、光缆和光接收机组成。

①光发射机。光发射机将电视的视频和音频信号经过混合、调制放大后,由驱动器把电信号转成光信号,通过发光二极管来发射光信号。

②光缆。用光缆传输电视信号时,光的调制方式分为模拟和数字两种。由于数字调制方式传输电视信号具有高质量、频带宽、无失真的特点,特别适用于远距离传输。现各大中城市均采用数字调制方式传输。光缆可多路传输,即一根光缆同时传输多路电视信号。

③光接收机。光接收机将传输的电视光信号调制转成电信号,然后进行放大、解调、分配、还原成视频和音频信号送至用户端。

2. 同轴电缆

同轴电缆是用来传输高频率的电视信号,其由同轴的内外两个导体组成。内导体为单股铜芯硬导,外导体为金属编织网,两者之间充有高频绝缘介质,最外面还有塑料保护层。所以衰减大,且距离越远,损耗越大。目前多用于用户端的分配网络中,干线常用 SYV-75-9(内径为 9mm)型,支线常用 SYV-75-5(内径为 5mm)型。

同轴电缆的主要技术数据有特性阻抗和衰减常数两种:

①特性阻抗。其是指无限长传输线上各点电压与电流的比值。

②衰减常数。信号在馈线里传输时,除有导体的电阻损耗外,还有绝缘材料的介质损耗。前一种损耗随馈线长度的增加而增加,后一种则随工作频率的增高而增加。损耗量的大小用衰减常数表示,单位为 1dB/100m。

同轴电缆的技术数据见表 15-2。

表 15-2 同轴电缆的技术数据

型 号	特性阻抗(Ω)	衰减常数(dB/100m)			电缆外径(mm)
		45Hz	100Hz	300Hz	
SYV-75-5-1	75	8.2	11.3	20	7.3
SYV-75-9		4.8	7	13	13
SYV-75-5-4		6	9	16	7
SYV-75-7-4		3.7	6.1	12	10

三、用户分配系统

用户分配系统是将干线传输的信号分配到各用户终端的最后环节。用户分配系统由前端设备、同轴电缆和用户终端盒三部分组成。

1. 前端设备

前端设备是接在有线干线传输与分配网络之间的设备,用来处理要传输的信号。前端一般包括线路放大器、频率变换器、混合器、调制器和分配器等设备。

(1)线路放大器

线路放大器的作用主要是提升增益、补偿电平损失,又称为宽频带放大器。根据设置的位置分为干线放大器、分配放大器、分支放大器和线路延长放大器等。

①干线放大器。干线放大器设置于系统干线，用于补偿干线的电平。当用户集中户数较多时，主要用于分配器和分支器损失的补偿，其最高增益达 22 ~ 25dB。

②分配放大器。分配放大器设置于系统干线或支线的末端。供多路分配线输出的电平补偿。分配放大器的输出电平约为 100dBμV。

③分支放大器。分支放大器设置于系统干线或支线的末端。供一个干线或支线输出的电平补偿。

④线路延长放大器。线路延长放大器设置于系统的支干线，用于补偿分支器的插入损耗和同轴电缆的传输损耗。其输出电平为 103 ~ 105dBμV。

（2）混合器

混合器是将多路电视信号混合成一路信号的装置，具有一定的抗干扰能力。混合器通常由高通滤波器、低通滤波器、阻带滤波器及放大器等部分组成。按组合方式分为无源和有源混合器。按使用频率分为频道和频段混合器。

混合器的主要技术数据包括插入损失、相互隔离度和电压驻波比等。混合器分为二、三路及多路混合器等。混合器的路数多，则插入损失相应大一些。

①插入损失。插入损失是混合器的输入输出功率之间的损耗，此值越小越好。

②相互隔离度。相互隔离度表示混合器各输入端子之间的信号影响程度，当一个输入端子加信号后，其信号电平与其他输入端子的信号电平之比称相互隔离度。因此，各输入端子之间的电平差越大，相互干扰就越小。

③驻波比。驻波比表示混合器的实际阻抗与标称阻抗的偏差程度，其值越小越好。理想的匹配情况下，驻波比为 1。一般情况下，应选用驻波比不大于 2.5，插入损耗不大于 2dB，相互隔离度不小于 20dB 的产品。VHF 段的混合器的技术数据见表 15-3。

表 15-3　VHF 频段的混合器的技术数据

型号	频率范围（VHF 频段）	插入损失（dB）	相互隔离（dB）	输入、输出阻抗（Ω）	电压驻波比
SHH-3	任意不相邻 3 个频道	<3	>20	75	<2.5
SHH-5	任意不相邻 3 个频道	<3	>20	75	<2.5
SHH-7	任意不相邻 7 个频道	<3	>20	75	<2.5
SHH-9		<6	相邻频道 >10 不相邻频道 >10	75	<3

（3）分配器

分配器是分配高频信号的电能装置。将混合器或放大器传输的信号再分成若干路，送给不同区域的电视用户。按分配器得端数分为二分配器、三分配器、四分配器和六分配器等。

二分配器的衰减为 3.5 ~ 4.5dB，四分配器的衰减为 7 ~ 8dB。分配器的技术数据，见表 15-4。

在不需要线路放大器或由独立电源供电的线路放大器的系统中选用普通型分配器。在线路放大器由前端供电的系统中，应选用电流通过型分配器。

（4）分支器

分支器从干线分取部分电视信号，经分支器衰减后馈送至用户电视机。分支器的输入端至输出端之间具有反向隔离作用(正向传输损耗小,反向传输损耗大)属于单向传输特性。由于隔离性好,所以抗干扰能力强。

表 15-4　分配器的技术数据

型　号	名　称	阻抗(Ω)		驻波比	分配损失(dB)		相互隔离(dB)	
		输入	输出		VHF	UHF	VHF	UHF
SEP2-UV	二分配器	75	75	2	3.6	4.2	>20	>15
SEP3-UV	三分配器				5	6		
SEP4-UV	四分配器				8	8.5		

分支器的主要技术数据如下:

①插入损失。插入损失指分支器主路输入电平与主路输出电平之差。一般为0.5~2dB。

②分支损失。分支损失等于分支器主路输入电平与支路输出电平之差。一般为7~35dB。

③相互隔离。相互隔离是指一个分支器各分支输出端相互影响程度。一般要求大于20dB。

④反向隔离。反向隔离是指一个分支端加入一个信号电平后对该信分支器的其他输出端的影响。一般为16~40dB,其值越大,抗干扰能力越强。

⑤驻波比。驻波比表示分支器输入端和输出阻抗的匹配程度。分支器的技术数据见表15-5。

表 15-5　分支器的技术数据

型　号	名　称	使用频率(MHz)	输入、输出阻抗(Ω)	插入损失(dB)	分支损失(dB)	分支隔离(dB)	反向隔离(dB)	驻波比
SCF-0571-D	串联一分支器	48.5~223	75	≤4	5	>26	≤1.6	
SCF-0971-D				≤2	9			
SCF-1571-D				≤0.9	15			
SCF-2071-D				≤0.6	20			
SCF-2571-D				≤0.6	25			
SFZ-1072	二分支器	48.5~223	75	2	10	20	25	1.6
SFZ-1372				1	13			
SFZ-1672				1	16			
SFZ-2072				0.7	20			
SFZ-2572				0.5	25			
SFZ-3072				0.5	30			
SFZ-1074	四分支器	48.5~223	75	4	10	20	25	1.6
SFZ-1474				2.5	14			
SFZ-1774				1.6	17			
SFZ-2074				1	20			
SFZ-2574				1	25			
SFZ-3074				1	30			

根据需要场强、当地场强及干扰信号强弱的情况，在 57～83dB 之间选择用户电平值。民用住宅中常选用串联一分支器，高层建筑中采用二分支器或四分支器。设计时根据分支器的插入损失和分支损失合理地选择分支器是满足用户电平均匀的保证。

(5)用户终端盒

用户终端盒又称电视用户盒、终端盒、电视插座盒等。其是将分支器与用户连接的装置，一般合为一体的称一分支器终端盒。二分支器终端盒还可分出一路至另一个电视用户插座盒。

用户插座的电平一般设计为 70±5dBμV，安装高度为 0.3m 或 1.8m。

(6)干线输出端到末端用户插座的总损失计算

干线输出端到末端用户插座的总损失计算的方法如下：

总损失＝混合器损失＋分配器损失＋分支器插入损失＋最后一个分支器耦合衰减值＋同轴电缆电缆总长度传输损耗值(dB)

其中，分支器插入损失＝(串接分支器个数－1)×(0.9～1.2)(dB)

将天线输出电平减去总损失，其值能满足最末一个用户电平的设计值要求，则该方案是基本可行的。

配系统各点电平值的计算采用递推法，按从始到末顺序选取分支器的耦合衰减值，从而确定其插损值。再用减法，依次得到各个分支器的输出电平值。最后检查各点电平值是否合理，并进行修正。

(7)数字机顶盒

数字机顶盒(含智能卡)是专为收看有线数字电视节目的转换装置。一机一盒，其输入端接墙上电视插座，输出端连接电视机，通过数字遥控器进行选台。数字机顶盒由有线数字电视台提供。

2. 有线电缆电视系统施工图

有线电缆电视系统施工图包括系统图和施工平面布置图。某住宅小区的有线电缆电视系统图如图 15-6 所示。一般施工平面布置图中有前端箱(放大器、分配器、混合器等)、分线盒和出线盒等，该图一般与电话布置平面图画在一起，如图 15-4 所示。

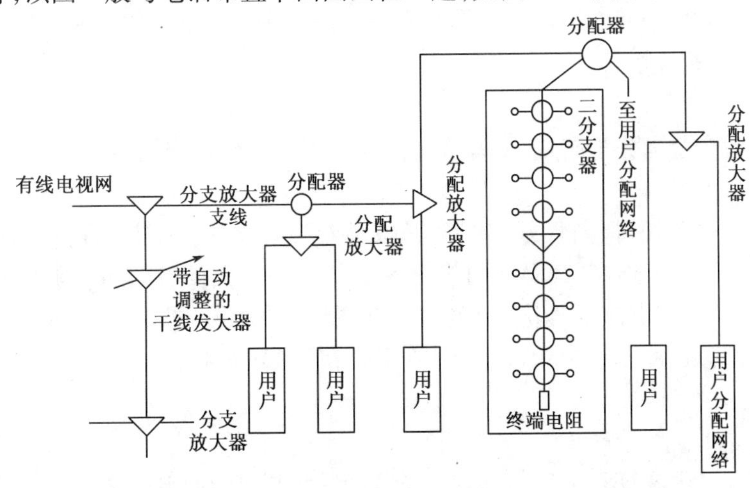

图 15-6　某住宅小区的有线电缆电视系统图

第三节　建筑的扩声音响系统

在大型建筑或高层建筑中，根据建筑功能的要求，设有讲演厅、大会议室、多功能厅、剧场、舞厅等扩声系统，以及商场背景音乐和高级客房的多路音响等有线广播系统。

一、扩声音响系统的组成

大会议室、讲演厅等场所，采用语言扩声系统；音乐厅、影剧院等场所，采用音乐扩声系统；多功能讲演厅等场所采用语言和音乐兼用的扩声系统。

1. 扩声音响(有线广播)系统

扩声音响(有线广播)系统由信号源、前端控制设备、功率放大设备和扬声器等部分组成。

(1)信号源

信号源(又称为音源)由传声器(动圈、电容及无线话筒)、AM/FM 收录机、CD 唱盘和线路输入插孔等组成。

(2)前端控制设备

前端控制设备由调音台及放大器等部分组成。

①调音台。调音台具有对信号的放大、处理、混合和分配功能。调音台的输入回路有 6～32 路，输出回路有 2 路、4 路、6 路等。如 8/2 表示输入有 8 路，输出有 2 路。

②放大器。调音台内一般由前置放大器来完成对电信号的放大，通过调整均衡器、混合器(多路信号混成一路或几路)再分配到功率放大器。但有些小型的调音台是和功率放大器装置在一起的，称为带功率放大器的调音台。

(3)功率放大设备

功率放大设备分为定阻输出和定压输出两种。

①定阻输出。一般功率放大输出的阻抗有 3.5Ω、4Ω、8Ω、16Ω 等，功率放大设备(功放)分左(L)右(R)两个声道。适用于讲演厅、影剧院等场所。

②定压输出。功率放大输出的是高电压(120V、240V)，音频信号敷设在高电压上可远距离传输。但需要用中间变压器变为 35V，再经输出变压器(35V/8Ω)连接扬声器。适用于大型商场、高层建筑等场所。

(4)扬声器

扬声器按频率范围分为高音、中音、低音喇叭、声柱及组合音箱；按输出功率分为小功率和大功率扬声器。

讲演厅以声柱形式(指向性好、功率大)安装在台口两侧，声柱内采用多只 8Ω/3W(或 5W)扬声器串并联方式连接，其等效阻抗为 8Ω，与功率放大设备的输出阻抗相匹配。扩声设备一般就近设置，如讲演厅耳房、台侧等。其系统方框图如图 14-7 所示。影剧院则要求选用组合音箱，其是将高音、中音、低音喇叭组合在一起(全频带、大功率)。一般设置在舞台上。

2. 馈电线路

馈电线路宜采用聚氯乙烯绝缘双芯绞合的多股铜芯导线(RVS 型)穿管敷设。导线干线根据功率放大器至最远端扬声器的距离确定，导线的衰减应小于 0.5dB(1000Hz)。导线支线一般选用 RVS-2 ×0.8mm²。

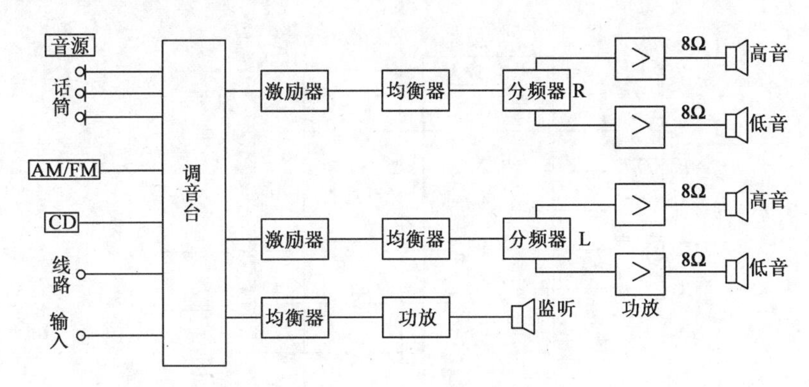

图 15-7　扩声系统方框图

二、高层建筑的扩声音响系统

大型建筑及高层建筑中均设扩声音响系统,包括商场、宴会厅、公共走廊、餐厅和酒吧间等场所的背景音乐,以及宾馆客房床头柜设置的音响,一般为 3 ~5 套音乐节目。有线广播系统由各种信号源、调音台、前置放大设备、功率放大设备、接线端子箱、扬声器和传输线路等部分组成。信号源一般由 AM/FM 收音机、录放机、(卡座)、CD 唱盘和话筒等部分组成。功率放大设备的输出采用定压输出形式。

广播输出功率的信号传输方式分为有线 PA 方式和电视电缆 CAFM 方式传输系统两种。其性能比较见表 15-6。

表 15-6　有线 PA 方式和电视电缆 CAFM 方式性能比较

序号	有线 PA 方式传输系统	电视电缆 CAFM 方式传输系统
1	使用传输线路多	共用 CATV 电视系统的电缆
2	集中控制功率放大及输出	每个客房单独设置调频收音设备
3	广播音质较好	音质一般,但抗干扰能力强
4	造价费用低,线路传输损失大	一次性投资高,但较节省电力
5	中央控制为集中系统,便于维修	由于设置调频收音机,影响电视收视效果

1. 有线 PA 方式高电平信号传输

该系统为中央集中控制系统,由信号源(收音机、卡座、开盘机、CD 唱盘、话筒、线路输入等)、前置放大装置和功率放大器等部分组成。设备均设置在中央广播音响控制室内。通过线路传输高电平信号(70 ~120V)送出多路节目信号至各客房的床头控制柜。床头控制柜内扬声器为宽频带、功率 3 ~5W、大口径的扬声器(ϕ150mm)。在工程设计中考虑到各客房不能同时收听节目,也不会全收听同一套节目,所以可按每只扬声器的计算容量为 0.5W 考虑。

有线 PA 方式高电平信号传输系统,如图 15-8 所示。

2. 有线 PA 方式低电平信号传输

该系统是由中央广播系统输出低电平 0dB(其电压为 0.75V、标准阻抗为 600Ω)传送至各个客房的多波段节目信号。此传输线路不能直接驱动扬声器,所以在床头柜内设置接收信号的放大器,其功放容量为 1 ~3W。该系统的优点是传输低电平,信号损失小,难有串音,收音效果佳。但增加了接收信号的放大器,费用较高。

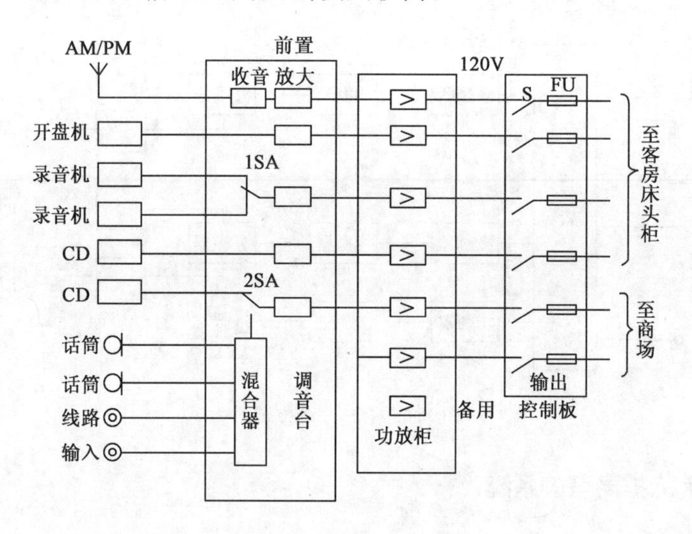

图 15-8 有线 PA 方式高电平信号传输系统图

3. CAFM 调频传输系统

该系统由节目源(录音机、调频接收机等)、调制器(将音频信号调制到射频信号)、混合器(将多套节目混合后再送到共用天线电视接收系统去混合输出)放大器(调频放大器、带宽放大器)、分配器和分支器等部分组成。该系统的特点是,广播系统线路和共用天线电视系统线路共用一条同轴电缆配线,节省了广播系统的线路敷设费用,施工简单,维修容易。但必须在客房内设置 FM 调频收音设备,所以初投资高。

在高层建筑广播音响系统工程设计中,主要根据建筑工程的规模和要求不同,选用不同的传输系统。中小规模的旅馆、饭店等工程,均采用有线 PA 方式高电平信号传输系统;大型、高层旅馆、饭店工程等场所,由于层数高距离长,可以采用有线 PA 方式低电平信号传输。CAFM 调频传输系统在大、中、小型宾馆中都可选用,特别是对旅馆、饭店的改建工程非常适用,施工较简单。

第四节 火灾报警与消防联动控制系统

一、火灾报警控制系统

大型建筑及高层建筑等场所,由于人员密集、设备复杂、装修标准高,存在的火灾隐患就多,导致火灾扑救和人员疏散很困难,所以对火灾自动报警和消防联动提出了更高的要求。

1. 火灾的形成与防护的方法

(1)火灾的形成

在建筑物中,火灾的形成与发展有以下四个阶段:

①前期。火灾尚未形成,只出现一定的烟雾,基本上未造成物质损失。

②早期。火灾刚开使形成,烟量大增已出现火光,造成了较小的物质损失。

③中期。火灾已经形成,火势上升很快,造成了较大的物质损失。

④晚期。火灾已经扩散,造成了一定的物质损失,甚至危急人身安全。

(2)建筑防火灾的保护方式

建筑防火灾的保护方式共有以下三种：

①超高层建筑的保护方式。超高层建筑应采用全面保护方式，即在建筑物中，所有建筑面积均设火灾探测器，并设置自动喷水灭火设备。

②一类建筑的保护方式。一类建筑应采用总体保护方式，即在建筑物的主要场所和部位，都要设置火灾探测器，并设置自动喷水灭火设备。

③二类建筑的一般保护方式。二类建筑采用区域保护方式，即在建筑物的主要区域、场所或部位，设置火灾探测器，重要的区域也可采用总体保护方式。

(3)防火分区、报警区域和消防中心

①防火分区。防火分区按建筑面积大小来研究，对于一类建筑，每层每个防火分区为1000m；对于二类建筑，每层每个防火分区为1500m；对于地下室，每层每个防火分区为500m。建筑物内如设有上下连通的走廊、自动扶梯、可蔽楼梯等开口部位，应按上下连通层作为一个防火分区。

②报警区域。报警区域是将火灾自动报警系统警戒的范围按划分单元，即报警区域应按防火分区和楼层划分。一个报警区域宜由一个防火分区或楼层的几个防火分区组成。

③消防中心。消防中心又称消防指挥中心。其负责整座大楼的火灾监控与消防工作的指挥工作，对火灾的早期发现并发出警告，通过消防广播指挥引导疏散，起动消火栓泵、喷淋泵、防排烟机、应急照明等消防设备。其是消灭初期火灾及其他原因所发生事故的处理中心。

消防中心内应设置自动报警器，包括监视器、打印机、消防联动控制器、紧急广播扩大器、紧急通信对讲器等，还要设置直通119专用电话。消防中心的电源应采用两路专用电源供电，且互为备用并能自动切换。室内照明宜用应急日光灯，由双电源切换箱提供电源。消防中心室应设在首层出入方便的地方，要有直接对外出口。房间面积取决于被监控的点数。可根据火灾报警器、消防联动控制器、消防广播、消防通信等设备进行布置。

2. 火灾报警探测器

火灾报警探测器是一种能自动反应火灾伴随现象的报警信号器，即利用各种不同敏感元件来探测烟雾、温度、火光及可燃气体等火灾参数，并转成电信号的传感器。

(1)火灾探测器的种类

火灾探测器的种类很多，常用的有以下几种：

①感烟探测器。感烟探测器能敏感地反映出空气中含有的燃烧产物(悬浮物质)。其分为定点型和线型两种。定点型包括离子感烟探测器和光电感烟探测器；线型有红外光束线型感烟探测器。

②感温探测器。感温探测器能敏感地反映出环境温度的升高变化。其分为定温(热最高值)式、差温(热差值)式探测器和混合式(差定温)式探测器三种。

③感光探测器。感光探测器能敏感地反映出由火焰产生的热辐射，即火焰探测器。其分为紫外线火焰探测器和红外线探测器两种形式。

(2)火灾探测器的性能指标

①工作电压。工作电压是指探测器正常工作时所需要的电压值，一般为DC24V ± 20% V。

②线制。线制是指探测器的接线方式或根数，有二线、三线与四线制。二线制的探测器

布线节省、安装方便，目前应用较多。

③灵敏度。在一定浓度的烟雾作用时，探测器所显示的灵敏程度，称为灵敏度。灵敏度分为三级，感烟探测器的灵敏度用减光率 $\delta\%$ 表示，感温探测器的灵敏度则根据响应时间来确定。

④保护面积。探测器保护面积是指其能够有效探测的地面面积。保护面积与很多因素有关，如安装高度、安装位置、安装方式、被监视区的建筑结构以及监视区内存放物的情况等。

⑤使用环境。使用环境是指正常工作时所需要的工作环境。一般包括温度范围、相对湿度和允许最大风速等条件。通常温度范围是 -10 ~ +55℃，相对湿度 RH 小于 95% ±3%，最大风速为 5m/s（感烟探测器）。

(3) 火灾探测器的选择

选择火灾探测器的原则是能极早发现并报告火情，避免误报和漏报。因此，要根据保护区场所的要求，来正确地选择探测器的种类和灵敏度。

①火灾初起，产生大量烟的场所。火灾初起有阴燃阶段，此时会产生大量的烟和少量的热，当很少有或没有火焰辐射时，应选择感烟探测器。如办公室、客房、计算机房、会客厅、营业厅、空调机房、餐厅、电梯机房、楼梯前室、走廊、电井、管道井的顶部及其他公共场所等，宜选择离子感烟探测器和光电感烟探测器。

②火灾发展迅速，产生大量热的场所。火灾燃起迅速，会产生大量的烟、热和火焰辐射的场所。可选择感温、感烟、火焰探测器或其组合。如厨房、发电机房、汽车库、锅炉房、茶炉房或者经常有烟雾、蒸气滞留的场所，宜选择感温探测器。

③火灾发展迅速，有强烈的火焰辐射和少量烟的场所。如存放易燃材料的房间，在散发可燃气体和可燃蒸气的场所，选择感光探测器。

④火灾特点不可预测的场所。可先进行模拟试验，根据试验结果选择探测器。

选择探测器的种类时，还应考虑房间高度的影响。感烟探测器适用低于 12m 的房间。感温探测器按其灵敏度来选择：一级灵敏度适用高度低于 8m 的房间；二级灵敏度适用高度低于 6m 的房间；三级灵敏度适用高度低于 4m 的房间。火焰探测器适用低于 20m 的房间。

(4) 火灾探测器的布置与数量计算

①火灾探测器的布置。在探测区域内，每个房间至少布置一只火灾探测器。屋顶无梁为平面时，为一个探测区。当屋顶有梁，且梁的高度大于 0.4m 时，被梁阻挡的每部分均划分为一个探测区。但楼梯、斜坡路及走廊等处，可不受此限制。

②感烟、感温探测器的保护面积和保护半径。感烟、感温探测器的保护面积和保护半径见表 15-7。

③火灾探测器的数量计算。在一个探测区域内，所需设置火灾探测器的数量，按下式计算：

$$N \geqslant \frac{S}{K \cdot A} \tag{15-1}$$

式中：N——一个探测区域内，所需设置火灾探测器（取整数）的数量，只；

S——一个探测区的面积，m^2；

K——修正系数，一般保护建筑取 1.0，重点保护建筑取 0.7 ~ 0.9；

A——一个探测器的保护面积，m^2。

表 15-7　感烟、感温探测器的保护面积和保护半径

<table>
<tr><th rowspan="4">地面面积 S
(m^2)</th><th rowspan="4" colspan="2">火灾探测器的
种类和级别</th><th rowspan="4">房间高度 h
(m)</th><th colspan="6">探测器的保护面积 A 和保护半径 R</th></tr>
<tr><th colspan="6">屋顶坡度 θ</th></tr>
<tr><th colspan="2">$\theta < 15°$</th><th colspan="2">$15° \leqslant \theta \leqslant 30°$</th><th colspan="2">$\theta > 30°$</th></tr>
<tr><th>$A(m^2)$</th><th>$R(m)$</th><th>$A(m^2)$</th><th>$R(m)$</th><th>$A(m^2)$</th><th>R(m)</th></tr>
<tr><td rowspan="3">$S \leqslant 80$</td><td rowspan="3" colspan="2">感烟探测器</td><td>$h \leqslant 12$</td><td>80</td><td>6.7</td><td>80</td><td>7.2</td><td>80</td><td>8.0</td></tr>
<tr><td>$6 < h \leqslant 12$</td><td>80</td><td>6.7</td><td>100</td><td>8.0</td><td>120</td><td>8.0</td></tr>
<tr><td>$h \leqslant 6$</td><td>60</td><td>5.8</td><td>80</td><td>7.2</td><td>80</td><td>9.0</td></tr>
<tr><td rowspan="3">$S > 80$</td><td rowspan="6">感温
探测器</td><td>一级</td><td>$6 < h \leqslant 8$</td><td rowspan="3">30</td><td rowspan="3">4.4</td><td rowspan="3">30</td><td rowspan="3">4.9</td><td rowspan="3">30</td><td rowspan="3">5.5</td></tr>
<tr><td>二级</td><td>$4 < h \leqslant 6$</td></tr>
<tr><td>三级</td><td>$h \leqslant 4$</td></tr>
<tr><td rowspan="3">$S \leqslant 30$</td><td>一级</td><td>$6 < h \leqslant 8$</td><td rowspan="3">20</td><td rowspan="3">3.6</td><td rowspan="3">30</td><td rowspan="3">4.9</td><td rowspan="3">40</td><td rowspan="3">6.3</td></tr>
<tr><td>二级</td><td>$4 < h \leqslant 6$</td></tr>
<tr><td>三级</td><td>$h \leqslant 4$</td></tr>
</table>

3. 火灾报警控制器

火灾报警控制器是给火灾探测器供电、接受、显示及传递火灾报警信号，并能输出控制指令的一种自动报警装置。其可以单独作为火灾自动报警用，也可以与自动防灾及灭火系统联动，组成自动报警与联动控制系统。火灾报警自动控制器是组成火灾自动报警系统的主要设备，按其作用性质可分为区域报警控制器、集中报警控制器和通用报警控制器三种。区域报警控制器是直接接收火灾报警探测器、手动报警按钮等装置发来报警信号的多路报警控制器。集中报警控制器是接收区域报警控制器发来报警信号的多路报警控制器。通用报警控制器既可作为区域报警控制器，又可作为集中报警控制器的多路报警控制器。

(1)区域报警控制器

区域报警控制器一般由火警部位记忆显示单元、自检单元、总火警和故障报警单元、电子钟、电源、浮充备用电源，以及与集中报警控制器相配合所需要的巡检单元等部分组成。区域报警控制器的线制有多线制和总线制之分，目前应用的大多是总线制形式。与多线制相比，除系统配线有区别外，对探测器也有不同要求。总线制区域报警控制器要求控制器必须具有编码底座，这实际上就是探测器与总线之间的接口元件。编码底座有两种基本形式，一是采用机械式的微型编码开关，二是电子式的专用集成电路。这两种编码信息的传输技术不同，前者需要 4 根传输线，称四总线制。后者只需 2 根传输线，称二总线制。区域报警控制器的技术指标是设计人员选择控制器的主要依据，同时也是系统规划、布线的基础。其技术指标如下：

①容量。控制器的容量是指其回路数和连接探测器的最大数量。不同厂家、不同型号的控制器其容量各不相同。

②线制。线制是指每个回路的导线根数。目前大多数厂家都开发出两总线、无极性连接的总线制控制器。每回路探测总线长度可达 1500m，回路导线的截面为 $1.0 \sim 1.5mm^2$ 铜芯导线。

③电源。AC220V ±20%，50Hz。

④使用环境。环境温度为 $-10 \sim +50℃$，相对湿度为 95% ±3% 以下。

⑤输出信号接点。接点有两种，一是火灾继电器引出的接点两对，一般容量为 DC30V，3A；二是外部警铃接线端子，报警时提供 DC30V 电压，最大负载能力一般为 0.6A。

⑥其他接口。其他接口有与集中报警控制器的接口，用 RS-485 口，两总线；打印接口，可接微型打印机。

⑦功耗。在监视状态时的功耗为 20W 左右，报警状态时的功耗为 60W 左右。

⑧安装方式与尺寸。安装方式为挂墙式，其外形尺寸由于各厂家型号不同，略有差异。

（2）集中报警控制器

由于高层建筑和建筑群体的监视区域大，监视部位多，为了能够全面、随时了解整个建筑物各个监视部位的火灾和故障的情况，实现对整个建筑消防系统设备的自动控制，要在消防控制中心控制室设置集中报警控制器。这是与若干个区域报警控制器配合使用的一种自动报警和监控装置，从而有效地解决了区域报警控制器监控的区域小、部位少的问题。集中报警控制器巡回检测各区域报警控制器有无火警信号、故障信号，并能显示信号的区域和部位，同时还能发出声光报警信号，也具有外控功能。集中报警控制器的主要性质指标如下：

①电源电压。AC 220V ±20%，50Hz ±1Hz。

②容量与功耗。容量是指集中报警控制器所能监测的最大部位数和连接区域火灾报警控制器个数的极限值。不同厂家产品其容量各不相同。

③线制和通信距离。线制一般为二总线，通信距离可达 1200m。监视状态时的功耗为 ≤10W，报警状态时的功耗为 ≤40W。

④使用环境。环境温度为 −10 ~ +50℃，相对湿度为 90% ±3%。

⑤联动接口。接口为 RS-232 口，三总线，可与联动控制器连接，构成总线制火灾报警与消防联动控制系统。

⑥信号输出接点。接点分为火警继电器引出的接点、外部警铃接线端子、图形显示器接口、打印机接口等部分。

⑦安装方式与尺寸。一般为台式或柜式，可在控制台上放置或落地安装。

（3）区域报警控制器与集中报警控制器的区别

①区域报警控制器容量小，可单独使用。集中报警控制器负责整个系统，不能单独使用。

②区域报警控制器的信号来自各探测器，而集中报警控制器的输入一般来自各区域报警控制器。

③区域报警控制器必须具有自检功能，而集中报警控制器应有自检和巡检两种功能。

由于上述区别，所以使用时两者不能混同。当监测区域小时可单独使用一台区域报警控制器组成火灾自动报警系统。但集中报警控制器不能代替区域报警控制器单独使用。只有通用型的火灾报警控制器才可兼作两种火灾报警控制器使用。

（4）报警控制器的选择

①区域报警控制器选用原则。区域报警控制器选用原则是使其容量大于或等于探测回路数，而监视部位点数是其总点数的 80% 以下，以便更改和扩展。另外，还应该与火灾探测器系列相配套，否则会影响系统的可靠性，以及会给设计、施工、调试及维修带来不便。

②集中报警控制器的选择原则。集中报警控制器的选择原则是使其容量（回路数）大于或等于区域报警控制器的输出火灾报警信号路数，若为二总线连接，则其连接的区域报警控制器的个数应小于其所能连接的最大个数，并考虑以后的扩展。

报警控制器的选择还应考虑火灾自动报警的组成形式和针对的特点。火灾报警控制系统框图如图 15-9 所示。

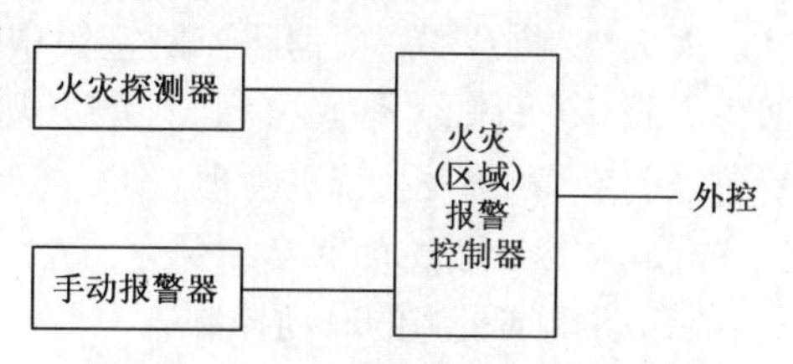

图 15-9　火灾报警控制系统框图

二、消防联动控制系统

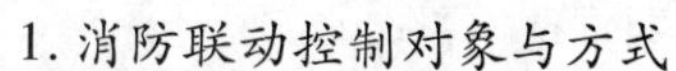

1. 消防联动控制对象与方式

(1)消防联动控制对象

消防联动控制对象是根据各专业的防火要求所设置的设备而定的,归纳起来应包括下面几种控制对象:

①减灾防护控制系统。该系统包括防排烟设施、防火卷帘、防火门、水幕、非消防电源的切断控制。

②自动灭火控制系统。该系统包括消火栓系统、喷淋系统、气体灭火系统。

③疏散与救护控制系统。该系统包括应急照明系统、消防广播系统、消防通信系统、电梯系统。上述设备在建筑物内设置的多少,由建筑物的类别和各个专业根据要求和具体平面布置、功能的设置和防火措施的具体情况而定。

消防联动控制系统框图如图 15-10 所示。

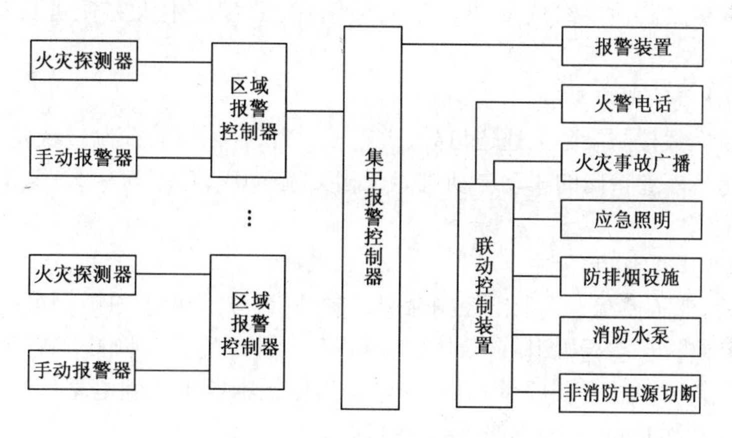

图 15-10　消防联动控制系统框图

(2)消防联动控制方式

消防联动控制应根据工程规模、管理体制、功能要求合理确定控制方式,无论采取何种控制方式,应将被控对象执行机构的动作信号送至消防控制室。另外,容易造成混乱带来严重后果的被控对象(如电梯、非消防电源及报警器等)应由消防控制室集中管理。控制方式一般采用以下方式:

①集中控制方式。消防联动控制系统中的所有被控对象,都是通过消防控制室进行集中控制和统一管理的。如消防水泵、加压风机、排烟风机、防烟防火阀、防火阀、排烟阀(口)、排烟防火阀、防火卷帘、防火门、气体灭火装置的控制和反馈信号,均由消防控制室集中控制和显示。此种系统特别适合采用计算机控制的楼宇自动化管理系统。

②分散和集中相结合控制方式。在有些建筑物中,被控对象多且分散,为了使系统简单,减少控制信号的部位显示编码数和控制传输导线数量,所以将被控对象进行部分集中控制和部分分散控制。此种方式主要作用于消防水泵、加压风机、排烟风机、部分防火卷帘和

自动灭火控制装置等，由消防控制室集中控制、统一管理。而大量且分散的被控对象，如防烟防火阀、防火阀、排烟阀(口)、排烟防火阀等设备，采用现场分散控制，控制反馈信号送到消防控制室集中显示，统一管理。

2. 减灾防护措施的联动控制

(1)防排烟设施的联动控制

防排烟设施包括防排烟风机、防火阀、排烟阀(口)和防烟垂壁等部分。

①防排烟风机。防排烟风机主要分为正压(加压)送风机和排烟风机两种。由消防联动系统对其进行起动和停止控制。

②防火阀与防烟防火阀。防火阀与防烟防火阀设于空调系统的风管中，平时常开，火灾时环境温度达到70℃，自动关闭或手动关闭，并输出关闭电信号至消防控制中心。

③排烟阀(口)与排烟防火阀。排烟阀(口)与排烟防火阀设于排烟系统的风管、正压(加压)送风系统的风管道或防烟前室内，平时常闭，火灾后由消防控制模块发出指令自动打开，开启后输出电信号至消防控制中心，可手动复位。当排烟阀(口)与排烟防火阀所处环境温度达到280℃时，能自动重新关闭，并输出关闭电信号至消防控制中心，同时停止排烟风机工作。

④防烟垂壁。防烟垂壁应由附近专用的烟感探测器就地控制。平时由电磁线圈(DC24V、0.9A)及弹簧锁等组成的防烟垂壁锁锁住，一旦发生火灾便可自动或手动使其降落。

(2)电动防火卷帘与电动安全门的联动控制

防火卷帘设在大楼防火分区通道口处，火灾发生时，根据消防控制模块发出指令自动控制或手动方式落下。卷帘门的驱动电动机为三相交流380V，功率为0.5~1.5kW，可视卷帘门的面积大小而定。

(3)非消防电源的切断控制

火灾确认后，消防控制室应发出控制命令，并按防火分区和疏散顺序切断有关部位的非消防电源，如制冷机组、空调机组、自动扶梯、厨房动力设备及正常照明灯等装置的电源。上述设备分布在建筑物各处，其电源均引自变电所的低压配电柜或配电室的配电箱。考虑上述因素，非消防电源的切断可采用如下两种办法：

①在各用电设备的配电箱处切断。在用电设备的各点切断比较灵活，但点太多，需要更多的联动控制模块和线路。

②在配电室的馈出回路处集中切断。在各馈出回路切断，集中在低压配电室内，控制点较少，执行起来比较方便，而且便于集中控制、统一管理。目前采用的多为这种方法。

切断的实现借助于低压断路器的分励脱扣线圈或失压脱扣线圈，将消防控制模块的联动触点接至线圈的电压回路中。注意若用分励脱扣线圈则需动合触点，若用失压脱扣线圈则需动断触点。

3. 自动灭火系统的联动

自动灭火系统的联动视灭火情况而定。灭火方式由建筑专业根据规范要求及建筑物的使用性质等因素而定，大致可分为消火栓灭火、自动喷淋灭火、气体灭火和干粉灭火等。

4. 疏散与救护系统的控制

(1)应急照明和疏散指示标志

火灾应急照明包括应急工作照明和疏散照明两种，疏散指示标志包括疏散指示灯和安全出口标志灯两种。

(2)消防通信系统

消防通信系统应为独立的通信系统,不得与其他系统合用,系统选用的电话总机应为人工交换机或直通对讲机,消防通信系统中主叫与被叫用户间的应答方式应为直接呼叫应答,中间不应有转接通话,系统的供电装置应选用带蓄电池的电源装置,要求不间断供电。

(3)消防广播系统

集中控制系统和消防控制中心系统应设火灾事故广播,从而可有效地组织和指挥人员安全迅速地疏散和进行火灾扑救工作。系统形式有以下两种:

①专用形式。火灾事故广播与正常广播系统分开,系统设置专用播放设备和独立的扬声器(≥3W)。

②合用形式。火灾事故广播与正常广播系统合用,但应满足下列要求:火灾时能在消防控制室将火灾疏散层的扬声器和广播音响扩音机强制转入火灾事故广播状态;设专用火灾事故广播机;消防控制室应能显示火灾事故广播机的工作状态,并能遥控开启扩音机和用话筒播音;床头柜内应有火灾事故广播功能,若无此功能,设在客房通道的扬声器实配输出功率不应小于3W,且扬声器的间距不应大于10m。

火灾确认后,消防控制室应按疏散顺序接通火灾报警装置和事故广播:二层及二层以上楼层发生火灾时,宜先接通着火层和其相邻的上下层事故广播;首层发生火灾时宜先接通本层、二层及底下各层事故广播;地下室着火时,则宜先接通地下各层和首层事故广播。

(4)电梯系统

高层建筑内的电梯分为扶梯和货梯、客梯、消防电梯等。

①扶梯和货梯。扶梯和货梯所用的电源属于非消防电源,火灾时首先要切断其电源。

②客梯。客梯虽然属于正常负荷,但发生火灾时,不能马上切断电源,而应强迫停在某一层或首层后,才能切断电源。客梯的控制通过消防联动模块给客梯的控制盘一个强制信号来完成。

③消防电梯。消防电梯主要供消防人员使用,以扑救火灾和疏散伤员,消防电梯内应设火警电话及消防队专用按钮。消防电梯的控制盘(柜)由消防控制室控制。火灾时应强迫停在首层,待消防人员使用。

三、消防系统设备的安装与系统的布线

1. 消防系统设备的安装

(1)消防控制中心设备的安装

消防控制中心室设于主楼的低层,对外有直接出口,门向外开,其面积约为20m^2。消防控制中心设备的安装包括以下几个部分:

①消防控制设备。消防控制中心设置火灾自动报警装置、消防联动控制装置、事故广播、微机、彩色显视器、打印机、不间断电源(UPS)等设备,均安装于消防控制柜、台或盘内。

②电源。消防控制中心设备的电源由双路(变电所或柴油发电机的事故回路)电源自动切换装置提供,该配电箱设于消防控制中心室的墙上,底口距地面1.5m。同时还设有不间断电源(UPS),以保证正常交流电源断电后,能够维持连续工作24小时。

③消防电话。消防控制中心设置一套消防专用电话系统,用以在火警时进行必要的联络。

④空调。消防控制中心室设置独立的空调,且不受整栋大楼空调的影响。

⑤接地。消防控制中心设备的保护接地是利用配电系统中的接地(PE)线。设备的工作接地是独立设置的。

(2)火灾探测器的安装

火灾探测器的安装应注意以下几点:

①在墙壁或梁上安装。火灾探测器的安装位置与其相邻的墙壁或梁之间的水平距离应不小于0.5m,且探测器的安装位置正下方和其周围0.5m范围内不应有遮挡物。

②在空调房内安装。在空调房间内,探测器的位置要靠近回风口,远离送风口,距空调器送风口边缘的水平距离不应小于1.5m。当探测器装设于多孔送风顶棚房间时,在距探测器0.5m范围内不应有送风孔。

③在照明灯具附近安装。探测器与照明灯具的水平净距不应小于0.2m,感温探测器距离高温光源灯具(如碘钨灯,容量大于100W的白炽灯)的净距不应小于0.5m,与各种自动灭火喷头净距不应小于0.3m。高度在2.5m以下,面积在40m^{2}以内的居室(称为低矮或狭窄居室),一般把应感烟探测器安装在门入口附近,但要注意保护半径的要求。

④在顶棚上安装。探测器宜在顶棚水平安装,当必须倾斜安装时,应保证倾斜角不大于45°。若倾斜角大于45°,应采用木台座或其他台座水平安装。

(3)手动报警按钮的设置

手动报警按钮作为火灾报警系统的组成设备,其设置应满足以下要求:

①报警区域内每个防火区至少设置一只手动按钮。一个分区内任何一点到最近一个按钮的步行距离不宜大于25m。

②各层楼梯间、电梯前室、大厅、过厅及走道和公共场所出入口处宜设手动报警按钮。

③手动报警按钮应设在距地面1.5m的墙面上,且应有明显的标志和防误动作措施。

(4)其他设备的安装

火灾报警器还有声和光两种报警方式,通常情况下,火灾报警控制器均有光信号显示报警和外接警铃触点,音响报警装置一般可采用电笛和警铃。另外,有些系统还可将电笛接入火灾报警回路。

①电笛和警铃可在墙上安装和顶棚安装。一般地下室和无吊顶的设备用房采用墙上安装,安装高度为2.2~3.0m;在有吊棚的营业厅、走道等处则采用嵌入式安装。

②火警对讲电话和电话插口一般在墙上或柱子上安装,其安装高度为底边距地面1.5m。

③系统联动控制模块可在墙上安装也可在柜、箱内安装,视具体情况而定。

④火灾报警控制器和显示盘等设备均在墙上安装,安装高度距地面1.5m左右。

2.消防电气系统的布线

消防电气按系统的传输线路进行敷设,其要求如下:

①报警系统传输线路。火灾自动报警系统传输线路采用耐高温绝缘铜导线BV-105型,二线制或四线制。应采取穿金属管、不燃或难燃型硬质或半硬质塑料管、封闭式线槽保护方式布线。

②消防联动控制、火灾事故广播和消防通信等线路。该线路采用耐高温绝缘铜导线BV-105型,二线制或多线制。应采取穿金属管保护,并宜暗敷设在非燃烧体结构内,其保护厚度不应小于3cm。当必须进行明敷设时,应在金属管上采取防火保护措施。敷设在电井

内的绝缘和护套为非延燃性材料的电缆时，可不穿金属管保护。

③不同系统、不同电压、电流类别的线路。该线路不应穿于同一根管内或线槽的同一槽孔内。应接于不同的端子板上，并做明确的标志和隔离。建筑物内宜按楼层分别设置配线箱做线路汇接。

某工程消防报警局部平面布置如图 15-11 所示。图中办公室里设置感烟探测器，会客室里设置感温探测器，走廊里设置感烟探测器和事故广播扬声器，并在墙上设置手动报警按钮和消火栓报警按钮。

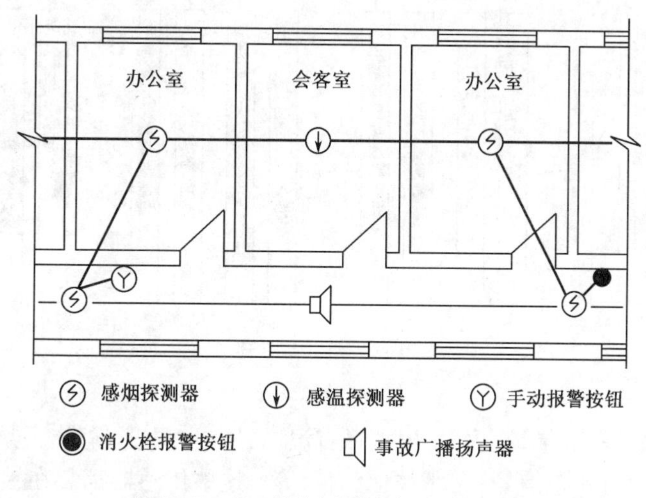

图 15-11　某工程消防报警局部平面布置图

第五节　建筑设备管理自动化系统

对于大型现代化建筑及高层建筑物，为保证整栋建筑的安全性、节能性、现代管理性等，需要对楼内的照明、动力（空调、给水、采暖、电梯等）变配电与自备电源通信、防盗、巡更等进行全面监控。利用电脑技术达到智能化控制目的。如对于全空调的建筑，采用建筑设备管理自动化系统后，可以节能 20% ~30%，使投资很快得以收回，效益显著。具有建筑设备管理自动化系统（BAS）的建筑物称为智能型大厦。

BAS 系统的整体功能：对建筑设备实现以最佳控制为中心的过程控制自动化；以运行状态监视和计算为中心的设备管理自动化；以节能运行为中心的能量管理自动化。

一、建筑设备管理自动化系统的组成

BAS 系统是通过中央计算机系统的网络将分布在各监控现场的区域分站（子系统）连接起来，共同完成集中操作、管理和分散控制的综合监控系统，共享一套软件进行系统管理。其子系统由变配电监测系统、空调监控系统、冷冻站监控系统、给排水监控系统、热力站监控系统、电梯运行监视系统和照明控制系统等组成。BAS 系统的框图如图 15-12 所示。

二、建筑设备管理自动化系统的设备

该系统的设备包括传感器、数据采集盘（DCP）和电脑监控中心三个部分。

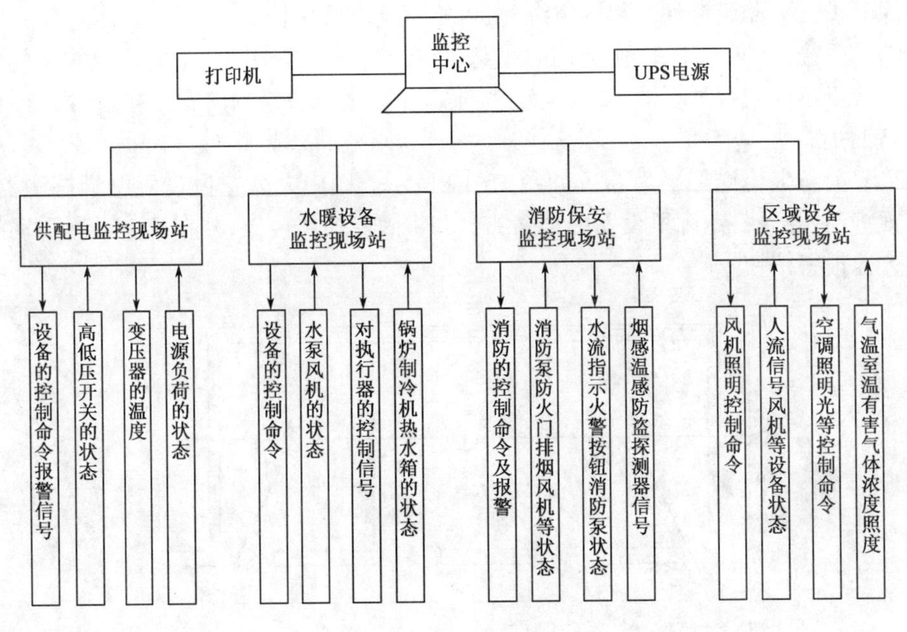

图 15-12　BAS 系统的框图

1. 传感器

传感器有模拟量和数字量之分。模拟量有温度、压力、湿度、流量、电流、电压、功率等参数,数字量有设备运行状态信号和故障报警信号等。这些传感器都装在被监控设备的末端,由温度传感器、压力传感器、相对湿度传感器、蒸气流量转换器、液位检测器、水流开关、开关继电器、功率转换器、压差器、调节器等部分组成。传感器有气动式、电动式和电子式三种,以电子式为最佳。传感器在管理中心发出各种操作指令,通过继电器、调节器等执行元件对设备进行遥控。

2. 数据采集盘(分站)

数据采集(DCP)盘将设备端传感器送来的模拟量与数字量进行分析处理后,存入存储器中,待中心电脑发出的各种操作指令传送给执行机构。DCP 盘在电脑和传感器中间起连接作用,内部以微处理器为核心的可编程序设备,称为"智能控制分站"。DCP 盘设在被监控设备附近,如空调机房、变电所等处,便于原始数据的搜集采样工作。DCP 盘容量的大小取决于被监控点的多少,可按监控总表及建筑平面图进行编排选定。为保障使用的安全性和发展,应考虑扩展。规定输入量/输出量的总和超过允许量的 80% 时,就应设置扩展箱或设两个分站的措施。DCP 盘一般明设,也可以暗设,底口距地面 1.5m。

3. 监控中心(总站)

电脑监控中心由中央处理机及外围设备组成。中央处理机采用微处理机或小型计算机。外围设备通过 DCP 外围设备接口接入,包括彩色显示屏及操作键盘磁盘机、磁带机、记录打印机、报警打印机、曲线记录仪、对讲机。其电脑中心由标准模块组成,可用不同模块组成不同功能的电脑系统,以便扩展和维修。每个功能化模块由若干个 CMOS 功能化印刷电路板构成。其中央处理机采用有可调时钟的小型计算机和图象显示用软件制成。电脑对外有多路信号通道,每条通道都可接若干个 DCP 盘。通道由软件控制其工作,以便对 DCP 的询问取得同步,每隔一秒或几秒被询问一次,分站则将采集的数据报告给电脑中心。总站进行连续不断的扫描,遇紧急警报时,可优先等级停止扫描,先发警报。监控中心对整栋建筑的被监控设备进行不断的扫描，扫描周期为1～2min。其电脑中心根据收集分站的各项参数进行比较分析，按照规定的程式发出指令进行遥控。同时，彩色荧光屏上可显示出设备的运转参数和遥控动作指令，并进行自动打印记录。当发生故障时，除立即警报外，还可将故障点自动打印出来。

三、BAS系统的传输网络

BAS系统采用分层分布式控制结构，即第一层为中央计算机系统；第二层为区域控制器；第三层为数据采集与调控终端。BAS系统的传输网络不仅可以对楼宇内的子系统进行联络控制，能方便地与外部计算机网络系统联网，进行信息交换，还可从楼宇外部通过电信网络进入BAS系统。其传输网络由通信主干网和资源子网两部分组成。

1. 通信主干网

通信主干网是楼宇内的信息通信主干道、连接资源子网的枢纽。其能为各子网的用户提供中央的数据服务，也是与外界信息系统进行网络通信的主要通道之一。通信主干网一般采用光纤电缆，从总站到分站的信号传输，也可采用二进制进行，一般利用双绞线式、宽带同轴电缆及光缆等连接传输网络，多采用串行方式，可使线路简化、比较经济。线路敷设可用线槽明设或铁管暗设。

2. 资源子网

资源子网是楼宇内各部门或某些专业应用所形成的信息处理局域网。其作为通信网络中的一个结点，通过高速主干网，实现相互之间的通信，并可通过多种方式与外部计算机网络互连。从分站到设备各监控点的数据通信，多采取一对一传输、矩阵码共用传输及多路复用传输方式。小系统主机与现场之间为数不多的信号传输，多采取一对一传输方式，优点是造价低，维护简单。

3. 结构化综合布线系统

为了满足建筑设备管理自动化、办公自动化等系统的通信要求，与国际标准的布线系统接轨，智能型大厦均采用结构化综合布线系统。该系统具有实用、灵活、可靠、摸块化、可扩展等特性。

结构化综合布线系统是将计算机网络线、电信线、BAS数据线缆和同轴线统一采用一套完整的布线系统，以满足今后的扩展。综合布线系统的结构有以下6个子系统：

①建筑群子系统。建筑群子系统采用多芯光缆进行建筑物与电信网之间的连通。光缆先进入楼内光纤配线架，经过光端机和数字复用设备分路连接到数字配线架，再经数字配线架连接到总配线架，最后分别进入各个楼层的垂直子系统。

②设备管理子系统。设备管理子系统由设备间的线缆、连接器和相关支撑硬件组成，其把公共系统的各种不同设备互连起来。

③主干子系统。主干子系统由建筑物内所有的（垂直）干线多对数线缆所组成，即有多对数铜缆、同轴电缆和多模多芯光纤，以及将此光缆连接到其他地方的相关支撑硬件组成，以提供设备间总（主）配线架（箱）与干线接线间楼层配线架（箱）之间的干线路由。

④管理区子系统。管理区子系统由交叉连接配线的（配线架）连接硬件等设备组成，以提供干线接线间、中间（卫星）接线间、主设备间中各个楼层配线架（箱）、总配线架（箱）上水平线缆（铜缆和光缆）与（垂直）干线线缆（铜缆和光缆）之间通信线路连接通信、线路定位与移位的管理。

⑤水平干线子系统。水平干线子系统由每一个工作区的信息插座开始，经水平布置一直到管理区的内侧配线架的线缆组成。水平布线线缆均沿大楼的地面或吊顶中布线，最大的水平布线线缆长度应小于90m。

⑥工作区子系统。工作区子系统由工作区内的终端设备连接到信息插座的连接线缆（长度为3m左右）以实现组成。其包括带有多芯插头的连接线缆和连接器（适配器），以实现工作区的终端设备与信息插座插入孔之间的连接匹配。

四、BAS系统的电源

BAS系统由于长期连续对各种参数进行监控，其监控中心的负荷为一级负荷。BAS对电源的要求如下：

①监控中心应从变电所引入专用供电回路。

②在监控室设置末端自动互投双电源配电箱，其中备用电源引自柴油发电机组专用供电回路。

③BAS系统还须配置UPS自备电源。

④各分站的电源应由监控中心配出，以确保供电的可靠性。

思考题

1. 选择电话站站址的基本原则是什么？
2. 有线电缆电视系统由哪几部分组成？
3. 有线广播系统由哪几部分组成？
4. 火灾报警控制系统包括哪些内容？
5. 消防控制室应具有哪些功能？
6. 消防联动控制系统包括哪些内容？其控制方式有几种？
7. 建筑物的BAS系统包括哪些内容？

第十六章　安全用电与建筑防雷

第一节　安 全 用 电

电能对社会生产和物质文化生活起着非常重要的作用。但若使用不当,就会造成用电设备的损坏,带来重大经济损失,甚至发生触电造成人身伤亡事故。

一、触电对人体的伤害

当人体接触到输电线或电气设备的带电部分时,电流就会通过人体,造成触电。触电对人的伤害分为电击和电伤两类。电击为内伤,电流通过人体主要是损伤心脏、呼吸器官和神经系统,严重时将会导致心脏停止跳动,从而死亡。电伤为外伤,电流通过人体外部发生的烧伤,危及生命的可能性较小。触电的危害性与通过人体的电流大小、频率和电击的时间有关。一般来讲,50Hz 以下的工频,10mA 以下的交流电流对人体还是安全的,人体可以忍受的电流极限值为 30mA 左右。交流电压在 50V 以上,50 ~ 100mA 的交流电流就有可能使人猝然死亡。通过人体的电流大小与触电的电压及人体的自身电阻有关。大量的测试数据说明,人体的平均电阻在 1000Ω 以上,在潮湿的环境中,人体的电阻更低。根据这个平均数据,国际电工委员会规定了长期保持接触的电压最大值,15 ~ 1000Hz 的交流电在正常环境下电压为 50V,在潮湿环境下为 25V。根据工作场所和环境的不同,我国规定安全电压的标准有 42V、36V、24V、12V、和 6V 等规格。一般用选 36V,在潮湿的环境下,选用 24V。在特别危险的环境下,如人浸在水中工作等情况下,应选用更安全的电压,一般为 12V。

二、触电的形式

1. 单相触电

在我国的三相四线制低压供电系统中,电源变压器低压侧的中性点一般都有良好的工作接地,接地电阻 R_0 小于或等于 4Ω。因此,人站在地上,只要触及三相电源中的任何一根相线,就会造成单相触电,如图 16-1(a)所示。这时,人体处于电源的相电压下,电流将从人的手经过身体及大地回到电源的中性点。其电流为:

$$I = \frac{U_P}{R_0 + R_R} = \frac{220}{4 + 1000}\text{A} = 0.22\text{A}$$

式中:U_P——电源相电压;

R_R——人体电阻,以 1000Ω 计算;

R_0——三相电源中性点接地电阻,以 4Ω 计算。

在图 16-1 中,如果人穿着绝缘性能良好的鞋子或站在绝缘良好的地板上,则回路电阻增大,电流减小,危险性也就相应减小。电机等电气设备的外壳或电子设备的外壳,在正常情况下是不带电的。但如果电机绕组的绝缘损坏,外壳也会带电。因此当人体触及带电的金属外壳时，相当于单相触电，这是常见的触电事故，所以电气设备的外壳应采用接地等保护措施。

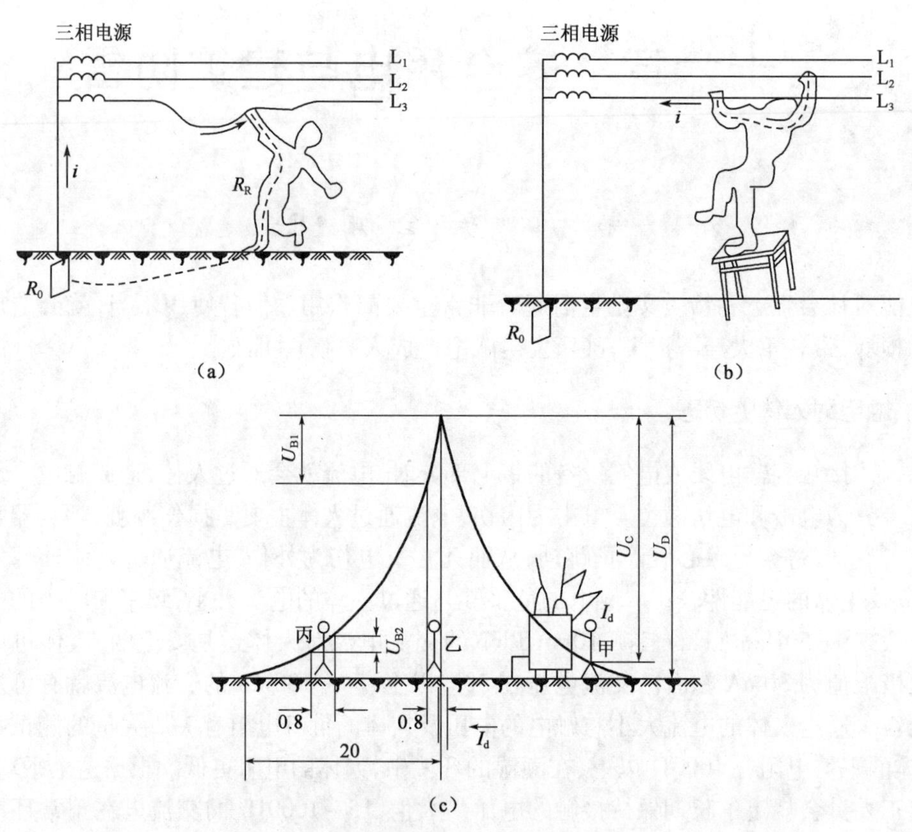

图 16-1　触电的形式（尺寸单位：m）

(a)单相触电；(b)两相触电；(c)解除电压与跨步电压

2. 两相触电

图 16-1(b)所示是两相触电。虽然人体与地有良好的绝缘，由于人同时和两根相线接触，人体处于电源线电压下，并且电流大部分通过心脏，所以后果十分严重。

3. 接触电压

如果人体同时接触具有不同电位的两处，夹在人体两点间的电压称为接触电压。如图 16-1(c)所示，人甲接触具有金属外壳的设备，则人体内就有触电电流通过。若电气设备因绝缘损坏而发生碰壳短路时，短路电流 I_d 流经电气设备的接地极，在接地极处产生的对地电压：

$$U_D = I_d R_0' \tag{16-1}$$

式中：U_D——对地电压，V；

I_d——短路电流，A；

R_0——接地极电阻，Ω。

接地极处对地电压的电位分布曲线，如图 16-1(c)所示。在距接地极 20m 以外处，电位已接近零。人甲站在设备旁边，站立处对地的电位为 U_V，当手触及已漏电的电气设备外壳时，则手与脚之间出现电位差，大小等于漏电设备对地电位 U_D 与人甲对地的电位 U_V 之差，

即 $U_C = U_D - U_V$，U_C 就是人甲所承受的接触电压。对人体有危险的接触电压是在50V以上。

4. 跨步电压

如图16-1(c)所示，人乙或人丙在带电体(电气设备、接地装置)附近行走时，由于两腿所在地面的电位不同，则人体两腿之间便承受了电压，该电压称为跨步电压。跨步电压与跨步的大小成正比，人的跨步一般为0.8m左右。跨步电压还与人所处的位置有关，如人乙的跨步电压为 U_m，人丙的跨步电压为 U_{B2}，显然 $U_{B2} < U_m$。当人站在距带电体(接地极)20m以外的地方，跨步电压已等于零。可见，人越靠近带电体(接地极)，承受的跨步电压越大，危险性也越大。

三、低压配电系统的接地

在建筑低压配电系统中，按其接地的目的不同，分为工作接地和保护接地。为了保证供电系统和电气设备在正常和事故而进行的接地，称为工作接地，如变压器的中性点接地。为了保证人身安全、防止触电事故而进行的接地，称为保护接地；如电气设备的金属外壳(或金属构架)接地。此外，还有防静电接地、防雷接地、弱电系统接地等。

根据国际电工委员会(IEC)规定，低压配电系统的接地方式分为TN系统、TT系统和IT系统三种。

1. TN系统

在三相四线制供电系统中，TN系统根据中性线(N)与保护线(PE)的组合形式，共分为TN-C、TN-S和TN-C-S三种。

(1) TN-C系统

该系统是将三相四线制供电系统的工作零线作为设备的保护线，即零线N和保护线PE合用，用符号PEN表示，又称为保护接零系统，如图16-2(a)所示。当三相负荷不平衡(或有单相负荷)时，PEN线中流有中线电流，就存在有线压降，而且距离供电点越远越大。该线路的压降呈现在接零线的电气设备的金属外壳(或金属构架)上。这对敏感的电子设备的配电系统是不利的。TN-C系统现仅在三相负荷平衡的工业企业中采用。

(2) TN-S系统

该系统是将三相四线制供电系统的保护线PE和工作零线N分开，又称为五线制供电系统。如图16-2(b)所示。当三相负荷不平衡时，工作零线中流有电流，而保护线中没有电流，因此电气设备的金属外壳不带电，现常在高层建筑的供电系统中采用。

(3) TN-C-S系统

该系统是将三相四线制供电系统的工作零线和保护线前部分公用，后部分分开，如图16-2(c)所示。现常在民用建筑的供电系统中采用，进户处作重复接地。

2. TT系统

该系统是将三相四线制供电系统中的电气设备的金属外壳直接接地的保护系统，如图16-2(d)所示。系统中应加设漏电保护装置，否则电气设备发生绝缘损坏电源线碰壳时，金属外壳的对地电压高于安全电压，如系统的工作接地电阻 R_0 等于保护接地电阻 R_0' 时，带电设备的金属外壳的对地电位能达到110V，故仍会发生触电事故。

3. IT系统

该系统是将三相三线制供电系统中的电气设备的金属外壳直接接地的保护系统，如图16-2(e)所示。现常在供电距离短，要求可靠性高、安全性好的电气设备中采用，如地下矿井、电力冶炼的三相三线制供电系统，系统中应加设漏电保护装置。

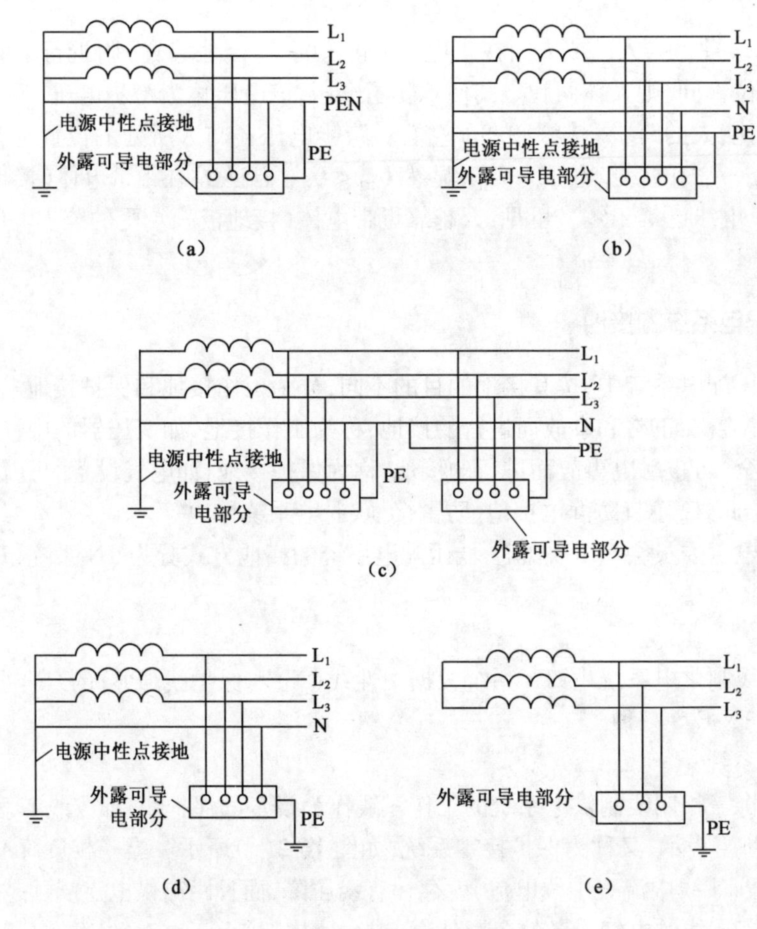

图16-2　低压配电系统的接地方式

(a)TN-C 系统；(b)TN-S 系统；(c) TN-C-S 系统；(d)TT 系统；(e)TT 系统

第二节　建 筑 防 雷

雷电是一种常见的自然放电现象，当建筑物遭遇雷击时，建筑物及其内部设备将有可能受到严重破坏，甚至引起火灾或爆炸事故。因此，采取适当的防雷保护措施使建筑物免遭雷击，以保护人身安全和设备不受损失，是一件十分重要的工作。

一、雷电的危害

1. 雷电的形成

雷电是由带电的云层(雷云)对大地放电所引起的一种自然现象。雷电形成的原因是：当地面的湿空气受热上升后，在高空冷却凝成水滴或冰晶，形成积云。积云在运动中受到摩擦和撞击产生带有正负电荷的两部分雷云。在上下气流的强烈撞击和摩擦下，雷云中的电荷越聚越多，同时在地面或建筑物中感应出与其极性相反的电荷，形成了大电场。当电场强度达到 25 ~ 30kV/cm 时，电压可达几百万伏，放电电流可达几十万安(雷电流)、温度可达20000℃，瞬间就会使周围空气炽热膨胀，并出现耀眼的光亮(闪电)和震耳的巨响(雷声)。

建筑物被雷击遭受损坏,称为“雷击事故”。

2. 雷电的危害

直接雷击和雷电感应伴随出现的极高电压和强大电流具有很大的破坏力。雷电的危害见表 16-1。

表 16-1　雷电的危害

危　害	详细说明
电作用的破坏	雷电时伴随产生的数十乃至数百万伏的冲击电压,可能损坏电气设备的绝缘,造成大面积、长时间的停电事故。绝缘损坏引起短路火花和雷电放电产生的放电火花还可能引起火灾和爆炸事故。其入地点的强电流会产生极高的对地电压和强电场,还可能导致人身触电伤亡事故
热作用的破坏	热作用的破坏主要表现在巨大的雷电流通过导体,在极短的时间内转换成大量的热能,造成易燃物着火或金属融化飞溅,从而引起火灾或爆炸
机械破坏	巨大的雷电流通过被击物时,瞬间产生大量的热,使被击物内部的水分和其他液体急剧汽化,剧烈膨胀为大量气体,致使被击物破坏或爆炸

上述破坏作用往往是同时出现的,尤其是伴随有爆炸和火灾的时候最为严重。

3. 雷击的种类

雷击的形式分为三种:直接雷击、感应雷击和高电位侵入。

(1)直接雷击

雷电直接击在建筑物上(包括高层建筑的侧击雷),强大的雷电流经建筑物泄放于大地时,会产生电效应、热效应和机械效应。若不能将雷电流直接引入大地,建筑物将遭受巨大损坏。

(2)感应雷击

当建筑物遭遇雷击后,雷电流的周围将有强大的电磁场产生,使通过雷电流的导体、金属构件及电力装置上产生巨大的感应电压,甚至可达几十万伏,足以破坏一般电气设备的绝缘,烧毁设备,并对金属构件中有空隙的地方或接触不良的场所,将产生火花放电,造成爆炸或火灾。

(3)高电位侵入

雷电击在架空线路或金属管道上时,将沿着架空线路侵入到变压器或配电柜,造成设备损坏;沿着金属管道侵入到建筑物内部时,会危及人身安全。

二、建筑防雷的分类与装置

1. 建筑防雷的分类

建筑物按其使用的性质、重要性、发生雷击事故的可能性和后果,其防雷分为以下三类:

(1)一类防雷的建筑

一类防雷的建筑包括:国家级重点文物保护的建筑物和构筑物;高度超过 100m 的建筑物;超过 40 层的住宅;具有特别重要用途的建筑物,如国际性航空港、大型博览建筑、特等火车站、国宾馆、大型旅游建筑等场所。

(2)二类防雷的建筑

二类防雷的建筑包括:重要的或人员密集的大型建筑物,如省部级办公大楼、大型商场、影剧院等建筑;省级重点文物保护的建筑物和构筑物;建筑物高度超过 50m 的其他民用建筑物;超过 19 层的住宅建筑物;省级及以上的大型计算中心和装有重要电子设备的建筑物。

(3)三类防雷的建筑

三类防雷的建筑包括:建筑群中最高或位于建筑群边缘高度超过 20m 的建筑物;建筑物高度不超过 50m 的民用建筑物;10 ~ 18 层的普通住宅。

2. 建筑的防雷装置

建筑的防雷装置是由接闪器、引下线和接地装置三部分组成。

(1)接闪器

接闪器的作用是吸引雷击。接闪器由避雷针、避雷带、避雷网、避雷环和避雷线等组成。

①避雷针。避雷针的功能实质上就是引雷作用,将原来可能向被保护对象的直击放电引到避雷针,再经引下线和接地装置将雷电流泄放到大地中,使被保护对象免受雷击。单支避雷针的保护范围是一个圆弧曲面圆锥体,如图 16-3(a)所示。图中 h 为避雷针的高度(m);r_x 为避雷针在平面 $X—X'$ 上的保护半径(m)。

避雷针采用 $\phi12 \sim \phi20$ 镀锌或镀铬圆钢(钢管 $\phi20$),针长 1 ~ 2m。一般设于尖形屋顶、烟囱、水塔及共用天线的支柱等处。

为防止雷电波(过电压)沿高压线侵入烧毁设备,还应加装避雷器,如图 16-3(b)所示。

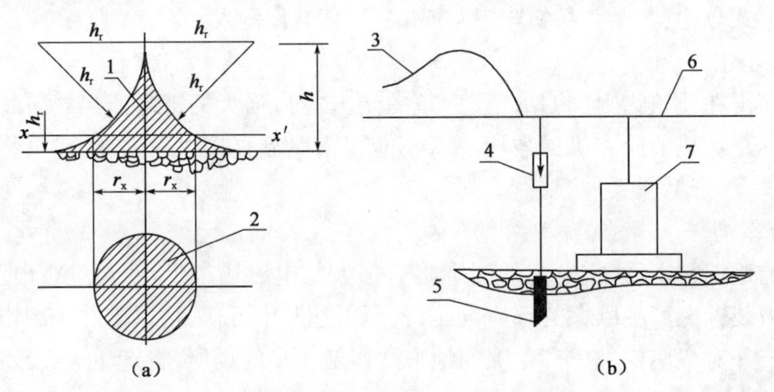

图 16-3 单支避雷针的保护范围

1-避雷针;2-$X—X'$平面上保护范围的截面;3-雷电过电压波;4-避雷器;5-接地极;6-高压线;7-被保护设备

②避雷带或避雷网。避雷带或避雷网采用 $\phi8 \sim \phi12$ 镀锌圆钢。避雷带一般沿平形屋顶的女儿墙设置,避雷网设置在平形屋面上。

③避雷环。避雷环采用 $\phi12$ 镀锌圆钢。一般设于平形屋顶、烟囱及水塔等处。

④避雷线。避雷线采用截面积大于 $35mm^2$ 的镀锌钢线,设于杆或塔上。

另外,还可以利用铁皮屋面、广告牌及水塔等处的金属构筑物作为自然接闪器,应和避雷针(避雷带)及引下线等处可靠焊接。

(2)引下线

引下线的作用是将接闪器吸引的雷电流迅速地引入地下。引下线采用 $\phi8 \sim \phi12$ 的镀锌圆钢(或扁钢),沿建筑物外墙上明或暗敷设,以最短的路径接地。在距地 0.3 ~ 1.8m 处设断接卡子,为测量接地电阻用。

高层建筑可用钢筋混凝土柱内主筋作为自然引下线,一般采用两根 $\phi16$ 螺纹钢焊接。

(3)接地装置

接地装置的作用是将引下的雷电流迅速泄放到大地中。接地装置由垂直接地体(极)、水平接地体(线)和自然接地体等部分组成。垂直接地体(极)一般采用角钢(厚4mm)镀锌、圆钢(直径10mm)和钢管(壁厚3.5mm),长度均为2.5m。水平接地线一般采用扁钢(截面积100mm^2)和圆钢(直径10mm)。垂直接地极之间用水平接地线可靠连接(焊接),间距一般为5m。接地装置的埋设深度不应小于0.5m。

扁钢与角钢接地体组成的接地装置如图16-4所示。扁钢焊接完成后经检查焊接质量符合要求时,使用沥青或环氧树脂将焊点进行防腐封固,即可填埋。填埋的泥土不能有石块、土块、建筑物碎料及垃圾等,最好将回填土进行过筛。回填时,每回填200mm土层浇一些水,然后进行夯实,如此重复。浇的水里可加一些盐,以降低接地体与土壤的接触电阻。当回填至只露出连接扁钢时结束。

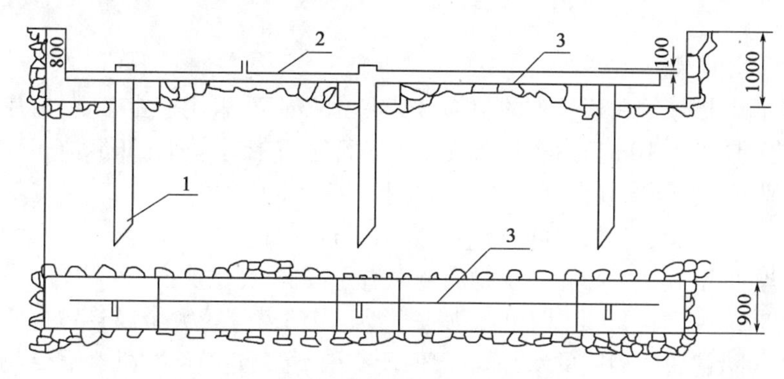

图16-4　三根角钢接地体示意图(尺寸单位:mm)

1-角钢接地体;2-连接扁钢;3-扁钢

自然接地体采用建筑物的钢筋混凝土地基基础作为接地体。

为防止和降低雷击造成的跨步电压,接地装置距建筑物的出入口及人行道处,应大于3m,若小于3m,应采取以下措施之一:

①水平接地体局部埋深不应小于1m。

②水平接地体局部应包以绝缘物,如在接地装置上敷设厚50~80mm的沥青层。

③采用沥青碎石地面或在接地装置上面敷设厚50~80mm的沥青层,其宽度超过接地装置2m。

3.建筑的防雷保护措施

(1)一类防雷的保护措施

一类建筑必须采取全面防雷的保护措施,以防止直击雷、侧击雷和雷电波沿着管线侵入建筑物,而造成的破坏性后果。

①防直击雷的措施。在建筑的顶部采用避雷网保护,网格尺寸不应大于5m×5m或6m×4m。突出屋面的物体应沿着其顶部装设避雷针(避雷针的保护范围按45°计算)或环状避雷带保护。若为金属物体或金属屋面,可作为接闪器与避雷网连接。对于避雷网的装设,首先应沿着屋脊、屋角、檐角和屋檐等易受雷击的部位布置,然后再按上述要求设置网格。防雷引下线不应少于2根,其间距不应大于18m。

②防侧击雷的措施。自高层建筑30m以上,每三层沿建筑物四周设避雷带。自30m以上的金属门窗、栏杆等较大的金属物体,应与防雷装置连接。每三层沿建筑物四周设水平均压环垂直距离不应大于12m。引下线不应少于2根,其间距不应大于12m。所有引下线以及建筑物内的金属结构和金属物体均连在环上。

③防雷电波侵入的措施。进入建筑物的各种线路及管道，宜全线埋地引入，并在入户端将电缆的金属外皮与接地装置连接；在电缆与架空线连接处，还应装设阀型避雷器，并与电缆的金属外皮和绝缘子铁脚连在一起接地，其冲击接地电阻应不大于5～10Ω。进入建筑物的埋地金属管道及电气设备的接地装置，应在入户处与防雷接地装置连接。建筑物内的电气线路采用钢管配线。垂直敷设的电气线路，在适当部位装设带电部分与金属外壳间的击穿保护装置。垂直敷设的主干金属管道尽量设在建筑物内的中部和屏蔽的竖井中。

一类建筑防雷的接地装置围绕建筑物成闭合回路，冲击接地电阻应不大于5Ω。若小于5Ω有困难时，可采用接地网均衡电位，网格尺寸不应大于18m×18m。一般采用建筑物的钢筋混凝土地基基础作为自然接地体，(与电力系统的接地，弱电系统的接地共用时)冲击接地电阻应不大于1Ω。

(2)二类防雷的保护措施

①防直击雷的措施。在建筑物的顶部易受雷击的部位，采用避雷带保护，屋面上任何一点距离避雷带不应大于10m。当有三条及以上平行避雷带时，每隔30m应相互连接突出屋面的物体，一般可沿其顶部装设环状避雷带保护，若为金属物体可不装，但应与屋面避雷带连接。防雷引下线不少于2根，其间距不应大于20m。

②防侧击雷的措施。为防止建筑物的侧面遭受雷击，自建筑物30m以上，每三层沿建筑物四周设避雷带。并且自30m以上的金属护栏、金属门窗等较大金属物体也应与防雷装置连接。每三层设沿建筑物周围的水平均压环，所有引下线、建筑物内的金属结构和金属物体均连在环上。

③防雷电波侵入的措施。进入建筑物的各种线路及管道宜采用全线埋地引入，并在入户端将电缆的金属外皮、钢管与接地装置连接。当全线采用埋地电缆有困难时，可采用一般长度不小于50m的铠装电缆直接埋地引入，其入户端电缆的金属外皮与接地装置连接。在电缆与架空线连接处，应装设阀型避雷器，并与电缆金属外皮和绝缘子铁脚连在一起接地。

进入建筑物的埋地金属管道与防雷接地装置连接。垂直敷设的主干金属管道，尽量设在建筑物的中部和屏蔽的竖井中。对于垂直敷设的电气线路，在适当部位装设带电部分与金属外壳间的击穿保护装置。除有特殊要求的接地外，各种接地与防雷装置共用。建筑物的变形缝处，每层至少要有两处用软线连接断开的钢筋。

接地装置围绕建筑物成闭合回路电阻应不大于5Ω。小于5Ω有困难时，可采用接地网均衡电位，网络尺寸不大于24m×24m。防侧击避雷带、引下线、均压环、闭合接地装置均可利用其要求与第一类建筑物相同。金属物体和管道如通过建筑物钢筋混凝土中的钢筋有多点接触时，可不再设跨接线。

高层建筑物的避雷带、避雷网、均压环及30m以上外墙上的门窗、护栏等较大的金属构件，均应与防雷装置可靠连接，如图16-5所示。

(3)第三类建筑的防雷措施

①防直击雷的措施。一般在建筑物易受雷击的部位装设避雷针和避雷带。建筑物易受雷击的部位是：平屋面及坡度不大于1/10的屋面—屋角、女儿墙、屋檐；坡度大于1/10、小于1/2的屋面—屋角、檐角、屋脊、屋檐；坡度大于1/2的屋面—屋角、檐角、屋脊。

当建筑物的突出部位属于第三类防雷时，如局部突出，则仅在该处设置避雷针或避雷带。如多处突出，但突出的高度较低时，则除在突出部位装设外，宜沿建筑物周围装设避雷带。对孤立的或损坏后较难修复而影响正常功能的构筑物或其他物体，宜采用避雷针和避雷带相结合的保护措施。防雷引下线不少于2根，其间距不应大于24m。

②防侧击雷的措施。自30m以上，每三层沿建筑物四周设避雷带。30m以上的金属护栏、金属门窗等较大金属物体应与防雷装置连接。防雷引下线不少于2根，其间距不应大于25m。技术上有困难时，允许放宽到34m。接地装置围绕建筑物成闭合回路，电阻应不大于5Ω。小于5Ω有困难时，可采用接地网均衡电位，网络尺寸不大于24m×24m。

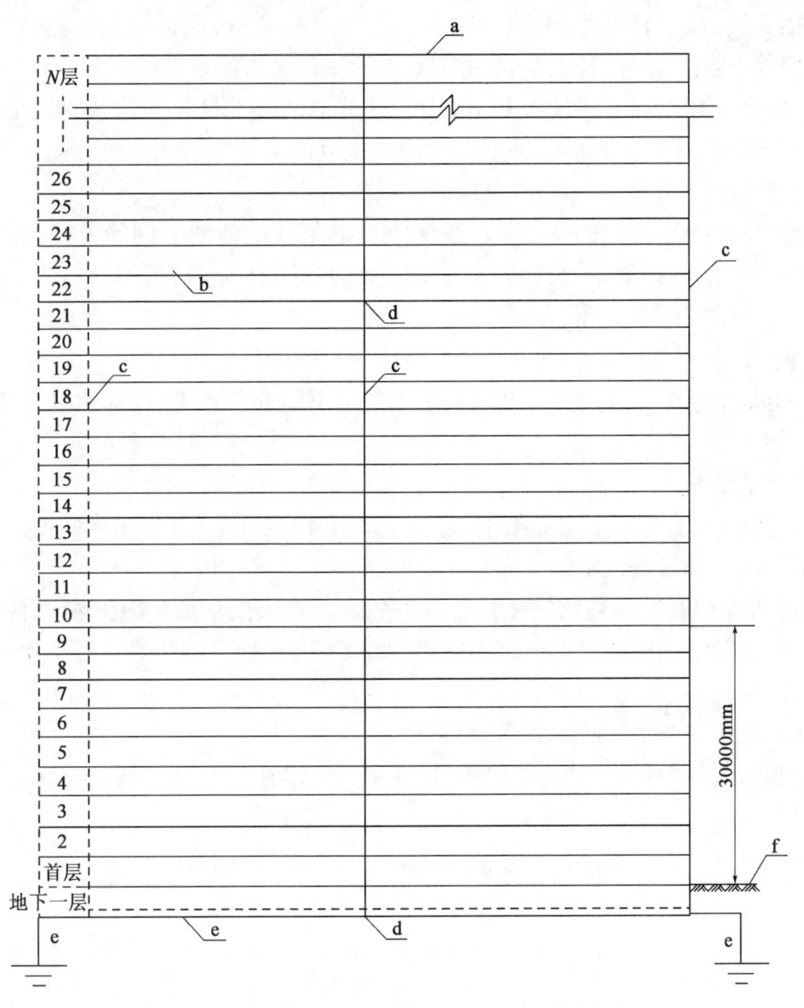

图16-5　高层建筑物避雷带、避雷网、均压环等连接示意图

a-避雷网(带)；b-均压环；c-引下线；d-连接点；e-接地装置；f-室外地面

防侧击避雷带、引下线、均压环、闭合接地装置均可利用建筑物钢筋混凝土中的钢筋，但应符合前面第一类防雷建筑物保护措施中所列的要求。

③防雷电波侵入的措施。为防止高电位沿低压架空线进入建筑物，应将入口处或进户线电杆的绝缘子铁脚与接地装置连接。进入建筑物的架空金属管道，在入口处应与接地装置连接。

另外，对于建筑物的屋顶及侧壁的航空障碍灯，其灯具的全部金属体和建筑物的钢骨架在电气上应实现可靠连接，保持通路。高层建筑的水管进口部位应与钢骨架或主要钢筋连接。水管竖到屋顶时，也要和屋顶的防雷装置连接。

三、建筑物的等电位联结

我国有关电气装置设计规范都按国际电工标准(IEC 标准),将建筑物内的等电位联结规定为强制性的电气安全措施。参见国标图册《等电位联结安装》(97SD567)。

1. 总等电位联结

高层建筑、大型商场等建筑物中,防雷接地、变电所工作接地、防静电接地、弱电系统(电话通信、广播音响、楼宇自控等)的接地是不允许各自独立的,应进行总等电位连接,同时把建筑地基基础的地下钢筋及各类金属(水、暖、煤气)管道与接地系统一起联结。

总等电位联结在电源进线处将 PE 母线通过其他的接地母排与建筑物内的各种金属管道和结构相联结,使这些金属部分都处在相同或接近的电位水平上,整个建筑相当于准法拉第笼。其优点如下:

(1)防电击效果优于通常的接地。如将建筑地基基础的地下钢筋及各类金属(水、暖、煤气)管道联结一起与接地系统连接,其接地电阻小于 1Ω 左右,可不必打人工接地体。则可降低接触电压触电的危害性。

(2)可消除 TN 系统中沿 PEN 或 PE 线路传导故障电压所引起的电击事故。

(3)可防止雷电波(或高电位)沿地基基础的地下钢筋及各类金属(水、暖、煤气)管道侵入进入建筑物。

2. 局部等电位联结

(1)TN 系统中 PE 线很长(线路阻抗增加)时,在该局部范围(一个房间或一个楼层)内,应再重复做一次局部等电位联结。

(2)局部等电位联结的场所。在易受电击危险特别大的场所(浴池、游泳池等场所),也应加局部等电位联结。以防非电的金属管道、结构等因某种原因传导十几伏电压,即可致人死亡的事故发生。

3. 等电位联结线与 N、PE 和 PEN 线的区别

等电位联结线与中性线(N)、保护线(PE)和保护零线(PEN)之间是有区别的其区别见表 16-2。

表 16-2　等电位联结线与其他保护线的区别

名　称	导线颜色	特　点
中性线(N)	黑	中性线是三相四线制供电电路的带电导体,从电源(变压器)的中性点引到负载的零线(N)之间的联结线。由于流有单相或三相不平衡电流及某些谐波电流,可引起中性线的电位降
保护线(PE)	黄绿	由电源中性点引到设备金属外壳,不是带电体,除微量泄漏电流外,不传送电流,电压为零。只有发生故障时,传送故障电流及故障电压
保护零线(PEN)	黄绿首端加浅蓝色标志	在 TN-C 系统中,采用保护接地兼有 PE 和中性线作用(保护接零)
等电位联结线	黄绿	不是回路导线,不传送电流,只传导电位。故障电流很小,因此其截面积小于 PE 线

4. 地下等电位联结的要求

(1)一般场所离人站立处不超过 10m 的距离如有地下金属管道或结构,即可认为满足地面等电位要求,否则应在地下埋设等电位带。

(2)若地下无可导电部分时,应在地下埋设 20m × 20m 的金属网络,并纳入等电位联结

系统内。

(3)建筑物内许多装置的金属部分(如水、暖气、燃气管及结构钢材)都是接入大地的。假若不将它们与接地系统相连的话,一旦接地系统发生故障,接地系统电位将会升高,它们将和接地系统之间存在一个电压,就会造成触电事故的发生。所以应将水、暖气、燃气管及结构钢材做等电位联结,与接地系统可靠相连。

(4)若一个建筑物有多路电源进户,应该每回路电源进户都需做各自的总等电位联结。而且系统之间必须就近互相连通,确保整个建筑物的电气装载处于同一电位水平上。

总等电位联结系统图如图16-6所示。识读如下:

总等电位联结(Main Equipotential Bonding)简称MEB,其作用是降低建筑物内间接接触电击的接触电压和不同金属部件间的电位差,并消除自建筑物外经电气线路和各种金属管道引入的危险故障的电压危害。一般在总进线配电箱处设总等电位联结端子板MEB。图中将避雷接闪器1的接地;天线设备2的接地;电信设备3的接地;采暖管道4;给水管道及水表5;燃气管道及燃气表6;火花放电间隙7(燃气公司定);总燃气管道9;建筑物金属结构10;空调管道11;热水管道12;总下水管道16等和其他需连接的金属部分均与MEB线端子板(接地母线)联结起来。

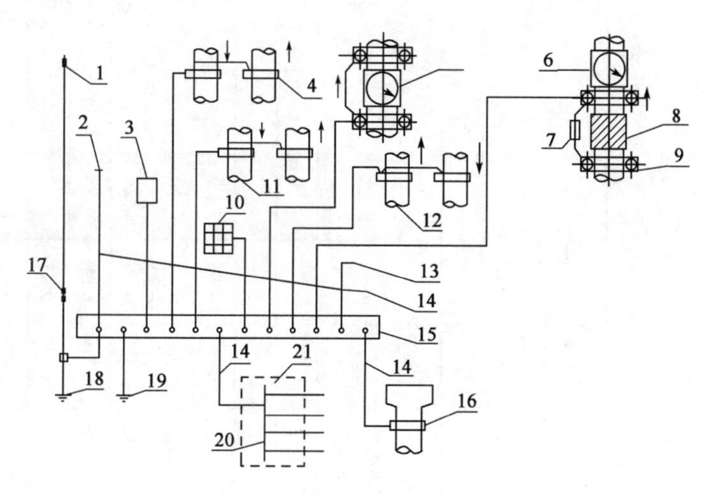

图16-6　总等电位联结系统图

1-避雷接闪器;2-天线设备;3-电信设备;4-采暖管道;5-给水管道及水表;6-燃气管道及燃气表;7-火花放电间隙(燃气公司定);8-绝缘段(燃气公司定);9-总燃气管道;10-建筑物金属结构;11-空调管道;12-热水管道;13-其他需连接的部分;14-MEB线;15-MEB线端子板(接地母线);16-总下水管道;17-引下线断接控制;18-避雷接地;19-(重复)接地;20-PE母线;21-PE线

思考题

1. 低压配电系统的接地方式有哪几种?各有什么特点?
2. 建筑防雷共分几类?防雷的措施有哪些内容?
3. 建筑防雷接地的措施包括哪些内容?

附录 A 给水钢管(水煤气管)水力计算表

(单位:流量 q_g 为 L/s、管径 DN 为 mm、流速 v 为 m/s、单位管长的压力损失 i 为 kPa/m)

q_g	DN15		DN20		DN25		DN32		DN40		DN50		DN60		DN80		DN100	
	v	i	v	i	v	i	v	i	v	i	v	i	v	i	v	i	v	i
0.05	0.29	0.248																
0.07	0.41	0.518	0.22	0.111														
0.10	0.58	0.985	0.31	0.208														
0.12	0.70	1.37	0.37	0.288	0.23	0.086												
0.14	0.82	1.82	0.43	0.380	0.26	0.113												
0.16	0.94	2.34	0.50	0.485	0.30	0.143												
0.18	1.05	2.91	0.56	0.601	0.34	0.176												
0.20	1.17	3.54	0.62	0.72	0.38	0.213	0.21	0.05										
0.25	1.46	5.51	0.78	1.09	0.47	0.318	0.26	0.07	0.20	0.03								
0.30	1.76	7.93	0.93	1.53	0.56	0.442	0.32	0.10	0.24	0.05								
0.35			1.09	2.04	0.66	0.586	0.37	0.141	0.28	0.08								
0.40			1.24	2.63	0.75	0.748	0.42	0.17	0.32	0.08								
0.45			1.40	3.33	0.85	0.932	0.47	0.22	0.36	0.11	0.21	0.031						
0.50			1.55	4.11	0.94	1.13	0.53	0.26	0.40	0.13	0.23	0.037						
0.55			1.71	4.97	1.04	1.35	0.58	0.31	0.44	0.15	0.26	0.044						
0.60			1.86	5.91	1.13	1.59	0.63	0.37	0.48	0.18	0.28	0.051						
0.65			2.02	6.94	1.22	1.85	0.68	0.43	0.52	0.21	0.31	0.059						

续上表

q_g	DN15		DN20		DN25		DN32		DN40		DN50		DN60		DN80		DN100	
	v	i	v	i	v	i	v	i	v	i	v	i	v	i	v	i	v	i
0.70					1.32	2.14	0.74	0.49	0.56	0.24	0.33	0.068	0.20	0.020				
0.75					1.14	2.46	0.79	0.56	0.60	0.28	0.35	0.077	0.21	0.023				
0.80					1.51	2.79	0.84	0.63	0.64	0.31	0.38	0.085	0.23	0.025				
0.85					1.06	3.16	0.86	0.70	0.68	0.35	0.40	0.096	0.24	0.028				
0.95					1.79	3.94	1.00	0.86	0.76	0.43	0.45	0.118	0.27	0.0342				
1.00					1.88	4.37	1.05	0.95	0.80	0.47	0.47	0.129	0.28	0.0376	0.20	0.016		
1.10					2.07	5.28	1.16	1.14	0.87	0.56	0.52	0.153	0.31	0.0444	0.22	0.019		
1.20							1.27	1.35	0.95	0.66	0.56	0.180	0.34	0.0518	0.24	0.022		
1.30							1.37	1.59	1.03	0.76	0.61	0.208	0.37	0.0599	0.26	0.026		
1.40							1.48	1.84	1.11	0.88	0.66	0.237	0.40	0.0683	0.28	0.029		
1.50							1.58	2.11	1.19	1.01	0.71	0.270	0.42	0.0772	0.30	0.033		
1.60							1.69	2.40	1.27	1.14	0.75	0.304	0.45	0.0870	0.32	0.037		
1.70							1.79	2.71	1.365	1.29	0.80	0.340	0.48	0.0969	0.34	0.041		
1.80							1.09	3.04	1.43	1.44	0.85	0.378	0.51	0.107	0.36	0.046		
1.90							2.00	3.39	1.51	1.61	0.89	0.418	0.54	0.119	0.38	0.051		
2.0									1.59	1.78	0.94	0.460	0.57	0.130	0.40	0.056	0.23	0.014
2.2									1.75	2.16	1.04	0.549	0.62	0.155	0.44	0.066	0.25	0.017
2.4									1.91	2.56	1.13	0.645	0.68	0.182	0.48	0.077	0.28	0.020
2.6									2.07	3.01	1.22	0.749	0.74	0.210	0.52	0.090	0.30	0.023
2.8											1.32	0.869	0.79	0.241	0.56	0.103	0.32	0.026
3.0											1.41	0.998	0.85	0.274	0.60	0.117	0.35	0.029
3.5											1.65	1.36	0.99	0.365	0.70	0.155	0.40	0.039
4.0											1.88	1.77	1.13	0.468	0.81	0.198	0.46	0.050

续上表

q_g	DN15		DN20		DN25		DN32		DN40		DN50		DN60		DN80		DN100	
	v	i	v	i	v	i	v	i	v	i	v	i	v	i	v	i	v	i
4.5											2.12	2.24	1.28	0.586	0.91	0.246	0.52	0.062
5.0											2.35	2.77	1.42	0.723	1.01	0.30	0.58	0.074
5.5											2.59	3.35	1.56	0.875	1.11	0.358	0.63	0.089
6.0													1.70	1.04	1.21	0.421	0.69	0.105
6.5													1.84	1.22	1.31	0.494	0.75	0.121
7.0													1.99	1.42	1.41	0.573	0.81	0.139
7.5													2.13	1.63	1.51	0.657	0.87	0.158
8.0													2.27	1.85	1.61	0.748	0.92	0.178
8.5													2.41	2.09	1.70	0.844	0..98	0.199
9.0													2.55	2.34	1.81	0.946	1.04	0.221
9.5															1.91	1.05	1.10	0.245
10.0															2.01	1.17	1.15	0.269
10.5															2.11	1.29	1.21	0.295
11.0															2.21	1.41	1.27	0.324
11.5															2.32	1.55	1.33	0.354
12.0															2.42	1.68	1.39	0.385
12.5															2.52	1.83	1.44	0.418
13.0																	1.50	0.452
14.0																	1.62	0.524
15.0																	1.73	0.602
16.0																	1.85	0.685
17.0																	1.96	0.773
18.0																	2.31	1.07

附录 B 给水塑料管水力计算表

（单位：流量 q_g 为 L/s 管理径 DN 为 mm、流速 v 为 m/s、单位管长的压力损失 i 为 kPa/m）

q_g	DN15		DN20		DN25		DN32		DN40		DN50		DN60		DN80		DN100	
	v	i	v	i	v	i	v	i	v	i	v	i	v	i	v	i	v	i
0.10	0.50	0.275	0.26	0.060														
0.15	0.75	0.564	0.39	0.123	0.23	0.033												
0.20	0.99	0.940	0.53	0.206	0.30	0.055	0.20	0.020										
0.30	1.49	1.93	0.79	0.422	0.45	0.113	0.29	0.040										
0.40	1.99	3.21	1.05	0.703	0.61	0.188	0.39	0.067	0.24	0.021								
0.50	2.49	4.77	1.32	1.04	0.76	0.279	0.49	0.099	0.30	0.031								
0.60	2.98	6.60	1.58	1.44	0.91	0.386	0.59	0.137	0.36	0.043	0.23	0.014						
0.70			1.84	1.90	1.06	0.507	0.69	0.181	0.42	0.056	0.27	0.019						
0.08			2.10	2.40	1.21	0.643	0.79	0.229	0.48	0.071	0.30	0.023						
0.90			2.37	2.96	1.36	0.792	0.88	0.282	0.54	0.088	0.34	0.029	0.23	0.018				
1.00					1.51	0.955	0.98	0.340	0.60	0.106	0.38	0.035	0.25	0.014				
1.50					2.27	1.96	1.47	0.698	0.90	0.217	0.57	0.072	0.39	0.029	0.27	0.010		
2.00							1.96	1.160	1.20	0.361	0.76	0.119	0.52	0.049	0.36	0.020	0.24	0.000
2.50							2.46	1.730	1.50	0.536	0.95	0.517	0.65	0.072	0.45	0.030	0.30	0.011
3.00									1.81	0.741	1.14	0.245	0.78	0.099	0.54	0.042	0.36	0.016

续上表

q_g	DN15		DN20		DN25		DN32		DN40		DN50		DN60		DN80		DN100	
	v	i	v	i	v	i	v	i	v	i	v	i	v	i	v	i	v	i
3.50									2.11	0.974	1.33	0.322	0.91	0.131	0.63	0.055	0.42	0.021
4.00									2.41	0.123	1.51	0.408	1.04	0.166	0.72	0.069	0.48	0.026
4.50									2.71	0.152	1.70	0.503	1.17	0.205	0.81	0.086	0.54	0.032
5.00											1.89	0.606	1.30	0.247	0.90	0.104	0.60	0.039
5.50											2.08	0.718	1.43	0.293	0.99	0.123	0.66	0.046
6.00											2.27	0.838	1.56	0.342	1.08	0.143	0.72	0.052
6.50													1.69	0.394	1.17	0.165	0.78	0.062
7.00													1.82	0.445	1.26	0.188	0.84	0.071
7.50													1.95	0.507	1.35	0.213	0.90	0.080
8.00													2.08	0.569	1.44	0.238	0.96	0.090
8.50													2.21	0.632	1.53	0.265	1.02	0.102
9.00													2.34	0.701	1.62	0.294	1.08	0.111
9.50													2.47	0.772	1.71	0.323	1.14	0.121
10.00															1.80	0.354	1.20	0.134

附录 C 排水塑料管水力计算表

($n = 0.009$)

(单位:流量 d_e 为 mm,v 为 m/s,Q 为 L/s)

坡度	$h/D=0.5$										$h/D=0.6$			
	$d_e=50$		$d_e=75$		$d_e=90$		$d_e=110$		$d_e=125$		$d_e=160$		$d_e=200$	
	v	Q	v	Q	v	Q	v	Q	v	Q	v	Q	v	Q
0.003											0.74	8.38	0.86	15.24
0.0035									0.63	3.48	0.80	9.05	0.93	16.46
0.004							0.62	2.59	0.67	3.72	0.85	9.68	0.99	17.60
0.005					0.60	1.64	0.69	2.90	0.75	4.16	0.95	10.82	1.11	19.67
0.006					0.65	1.79	0.75	3.18	0.82	4.55	1.04	11.85	1.21	21.55
0.007			0.63	1.22	0.71	1.94	0.81	3.43	0.89	4.92	1.13	12.80	1.31	23.28
0.008			0.67	1.31	0.75	2.07	0.87	3.67	0.95	5.26	1.20	13.69	1.40	24.89
0.009			0.71	1.39	0.80	2.2	0.92	3.89	1.01	5.58	1.28	14.52	1.48	26.40
0.01			0.75	1.46	0.84	2.31	0.97	4.10	1.06	5.88	1.35	15.30	1.56	27.82
0.011			0.79	1.53	0.88	2.43	1.02	4.30	1.12	6.17	1.41	16.05	1.64	29.18
0.012	0.62	0.52	0.82	1.60	0.92	2.53	1.07	4.49	1.17	6.44	1.48	16.76	1.71	30.48
0.015	0.69	0.58	0.92	1.79	1.03	2.83	1.19	5.02	1.30	7.20	1.65	18.74	1.92	34.08
0.02	0.80	0.67	1.06	2.07	1.19	3.27	1.38	5.80	1.51	8.31	1.90	21.64	2.21	39.35
0.025	0.90	0.74	1.19	2.31	1.33	3.66	1.54	6.48	1.68	9.30	2.13	24.19	2.47	43.99
0.026	0.91	0.76	1.21	2.36	1.36	3.73	1.57	6.61	1.72	9.48	2.17	24.67	2.52	44.86
0.03	0.98	0.81	1.30	2.53	1.46	4.01	1.68	7.10	1.84	10.18	2.33	26.50	2.71	48.19
0.035	1.06	0.88	1.41	2.74	1.58	4.33	1.82	7.67	1.99	11.00	2.52	28.63	2.93	52.05
0.04	1.13	0.94	1.50	2.93	1.69	4.63	1.95	8.20	2.13	11.76	2.69	30.60	3.13	55.65
0.045	1.20	1.00	1.59	3.10	1.79	4.91	2.06	8.70	2.26	12.47	2.86	32.46	3.32	59.02
0.05	1.27	1.05	1.68	3.27	1.89	5.17	2.17	9.17	2.38	13.15	3.01	34.22	3.50	62.21
0.06	1.39	1.15	1.84	3.58	2.07	5.67	2.38	10.04	2.61	14.40	3.30	37.48	3.83	68.15
0.07	1.50	1.24	1.99	3.87	2.23	6.12	2.57	10.85	2.82	15.56	3.56	40.49	4.14	73.61
0.08	1.60	1.33	2.13	4.14	2.38	6.54	2.75	11.60	3.01	16.63	3.81	43.28	4.42	78.70

附录 D　机制铸铁排水管水力计算表

($n=0.009$)

（单位：流量 d_e 为 mm，v 为 m/s，Q 为 L/s）

坡度	$h/D=0.5$								$h/D=0.6$			
	$d_e=50$		$d_e=75$		$d_e=50$		$d_e=75$		$d_e=50$		$d_e=75$	
	v	Q	v	Q	v	Q	v	Q	v	Q	v	Q
0.005	0.29	0.29	0.38	0.85	0.47	1.83	0.54	3.38	0.65	7.23	0.79	15.57
0.006	0.32	0.32	0.42	0.93	0.51	2.00	0.59	3.71	0.72	7.92	0.87	17.06
0.007	0.35	0.34	0.45	1.00	0.55	2.16	0.64	4.00	0.77	8.56	0.94	18.43
0.008	0.37	0.36	0.49	1.07	0.59	2.31	0.68	4.28	0.83	9.15	1.00	19.70
0.009	0.39	0.39	0.52	1.14	0.62	2.45	0.72	4.54	0.88	9.70	1.06	20.90
0.01	0.41	0.41	0.54	1.20	0.66	2.58	0.76	4.78	0.92	10.23	1.12	22.03
0.011	0.43	0.43	0.57	1.26	0.69	2.71	0.80	5.02	0.97	10.72	1.17	23.10
0.012	0.45	0.45	0.59	1.31	0.72	2.83	0.84	5.24	1.01	11.20	1.23	24.13
0.015	0.51	0.50	0.66	1.47	0.81	3.16	0.93	5.86	1.13	12.52	1.37	26.98
0.025	0.66	0.64	0.86	1.90	1.04	4.08	1.21	7.56	1.46	16.17	1.77	34.83
0.03	0.72	0.70	0.94	2.08	1.14	4.47	1.32	8.29	1.60	17.71	1.94	38.15
0.035	0.78	0.76	1.02	2.24	1.23	4.83	1.43	8.95	1.73	19.13	2.09	41.21
0.04	0.83	0.81	1.09	2.40	1.32	5.17	1.53	9.57	1.85	20.45	2.24	44.05
0.045	0.88	0.86	1.15	2.54	1.40	5.48	1.62	10.15	1.96	21.69	2.38	46.72
0.05	0.93	0.91	1.21	2.68	1.47	5.78	1.71	10.70	2.07	22.87	2.50	49.25
0.06	1.02	1.00	1.33	2.94	1.61	6.33	1.87	11.72	2.26	25.05	2.74	53.95
0.07	1.10	1.08	1.44	3.17	1.74	6.83	2.02	12.66	2.45	27.06	2.96	58.28
0.08	1.17	1.15	1.54	3.39	1.86	7.31	2.16	13.53	2.61	28.92	3.17	62.30

附录E 电气工程图形符号

序 号	图形符号	说 明	序 号	图形符号	说 明
04-01-01		电阻器	06-19-04		变压器
04-01-11		可变电阻器	06-19-08		自耦变压器
04-02-01		电容器	06-04-05	M ~	单相交流电动机
04-02-01	+	电解电容器	06-04-05	M 3~	三相交流笼型异步电动机
04-03-01		电感器	06-08-03	M 3~	三相交流绕线式异步电动机
02-16-01	+ −	(理想)电压源	06-19-03		双绕组变压器
02-16-02		(理想)电流源	06-19-06		三绕组变压器
07-13-02		开关(常开)	07-13-02		开关(常闭)
07-13-04		接触器(常开触点)	07-13-06		接触器(常闭触点)
07-13-07		断路器	07-13-08		高压隔离开关
07-13-10		高压负荷开关	07-21-01		熔断器(一般符号)
07-21-06		高压跌开式熔断器	07-21-07		高压熔断器式开关
07-21-08		高压熔断器式隔离开关	07-21-09		高压熔断器式负荷开关
07-15-01		接地(一般符号)	11-02-17		规划(设计)的变电所
11-02-18		运行的变电所	11-15-01		配电屏、台、柜、箱的一般符号
11-15-02		动力或动力-照明配电箱	11-15-04		照明配电箱(屏)
11-B-11		双电源自动切换箱(屏)	11-15-05		事故照明配电箱(屏)
11-B_1-14		自动开关箱	11-B_1-18		组合开关箱
11-B_1-17		熔断器箱	08-10-01		白炽灯(一般符号)

续上表

序号	图形符号	说明	序号	图形符号	说明
08－10－02		投光灯	08－10－03	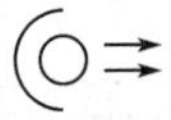	聚光灯
08－10－04		泛光灯	08－10－05	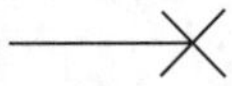	吸顶座灯
08－10－06	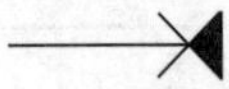	墙壁座灯	11－B_1－19		深照型灯
11－B_1－20		广照型灯或配照型灯	11－B_1－21		防水防尘灯
11－B_1－22		圆球型吸顶灯	11－B_1－28		花灯
11－19－11		事故照明灯	11－19－07		荧光灯(一般符号)
11－19－08		双管荧光灯	11－19－09	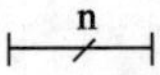 n	多管荧光灯
11－B_1－27		天棚灯(半圆球吸顶灯)			方灯
	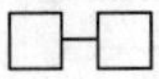	双联方灯		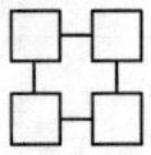	四联方灯
11－18－23	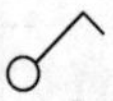	单极开关(明装)	11－18－27	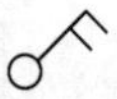	双极开关(明装)
11－18－24		单极开关(暗装)	11－18－28		双极开关(暗装)
11－18－25	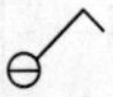	单极密闭开关(防水)	11－18－29	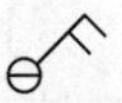	双极密闭开关(防水)
11－18－26	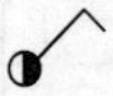	单极开关(防爆)	11－18－30	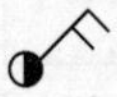	双极开关(防爆)
11－18－31	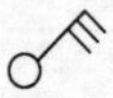	三极开关(明装)	11－18－33	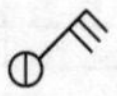	三极密闭开关(防水)
11－18－32		三极开关(暗装)	11－18－34		三极开关(防爆)
11－18－35	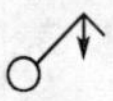	单极拉线开关	11－18－37	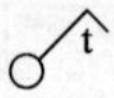 t	单极限时开关
11－18－36	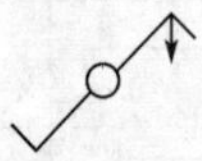	单极双控拉线开关	11－18－38	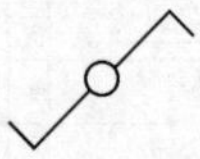	双控开关(单极三线)
11－18－02		单相插座(明装)	11－18－04		单相插座密闭(防水)
11－18－03		单相插座(暗装)	11－18－06		单相三孔插座(明装)
11－18－07		单相三孔插座(暗装)	11－18－08		单相插座三孔密闭(防水)
11－18－05		单相插座(防爆)	11－18－09		单相插座三孔(防爆)

续上表

序　号	图形符号	说　明	序　号	图形符号	说　明
11-18-10		带接地插孔的 三相插座(明装)	11-18-12		带接地插孔的 三相插座(防水)
11-18-11		带接地插孔的 三相插座(暗装)	11-18-13		带接地插孔的 三相插座(防爆)
11-18-14		插座箱(板)	11-18-21		带熔断器 的插座
11-01-05	F T V S 例如: F	F 电话	11-05-02		地下线路
		T 电报和数据传输	11-05-04		架空线路
		V 视频通路(电视)	11-05-17		事故照明线
		S 声道 (电视或广播)	11-05-19		控制及信号 线路
		电话线路或 电话电路	11-05-20		用单线表示的 多种线路
11-05-27		中性线	11-06-01		向上配线
11-05-28		保护线	11-06-02		向下配线
11-05-30		具有保护线和 中性线三相配线	11-06-03		垂直通过配线
11-18-20		出线口 IP—电话 TV—电视	11-08-10		电缆铺砖保护
		感烟式 探测器			吸顶扬声器
		感温式 探测器		JB	火灾集中 报警控制器
		火灾报警 按钮		QB	火灾区域 报警控制器

附录 F　电气工程文字标注符号

序号	图形符号 GB 4728	说　　明	
1	(1) $a\frac{b}{c}$或 $a-b-c$ (2) $a\frac{b-c}{d(e\times f)-g}$	电力和照明设备	(1)一般标注方法 (2)当需要标注引入线的规格时 a:设备编号; b:设备型号; c:设备功率,单位为 W 或 kW; d:导线型号; e:导线根数; f:导线截面积,单位为 mm^2; g:导线敷设方式及部位
2	(1) $a\frac{b}{c/I}$或 $a-b-c/I$ (2) $a\frac{b-c}{d(e\times f)-g}$	开关及熔断器	(1)一般标注方法 (2)当需要标注引入线的规格时 a:设备编号; b:设备型号; c:额定电流,单位为 A; I:整定电流,单位为 A; d:导线型号; e:导线根数; f:导线截面积,单位为 mm^2; g:导线敷设方式及部位
3	(1) $a-b\frac{c\times d\times L}{e}f$ (2) $a-b\frac{c\times d\times L}{-}$	照明灯具	(1)一般标注方法 (2)灯具吸顶安装 a:灯具数量; b:型号或编号; c:每盏照明灯具的灯泡数; d:灯泡的容量,单位为 W; e:灯泡安装距地高度,单位为 m; f:安装方式; L:光源种类
4	(1)——/—— (2)——/-/—— 或——/^{2}—— (3)——/-/-/—— 或——/^{3}—— (4)——/^{n}——	导线根数表示	当用单线表示一组导线时,若需要示出导线根数,可用加小短斜线或画一条短斜线加数字表示 例:(1)表示一根 (2)表示二根 (3)表示三根 (4)表示四根

续上表

序号	图形符号 GB 4728	说明	
5	$a\dfrac{b-c/i}{e[d(e\times f)-gh]}$ 或 $an[d(n\times f)-gh]$ 或 $[d(n\times f)-gh]$	配电线路	a:线路编号; b:配电设备型号; c:保护线路熔断器电流,单位为A; d:导线型号; e:导线或电缆芯根数; f:导线截面积,单位为mm^2; g:线路敷设方式(管径); k:线路敷设部位; i:保护线路熔体电流,单位为A; n:并列电缆或管线根数(一根可不标)
6	(1)3×6×3×10 (2)_×$\underline{\phi2.5}$ 或 _×$\underline{\phi50}$	改变方式	导线型号规格或敷设方式的改变 (1)3mm×16mm导线改为3mm×10mm (2)无穿管敷设改为导线穿管 (ϕ2.5或ϕ50)敷设
7	U(ΔU)		电压损失(%)
8	m~f/U 3N~50Hz/380V	交流电	m:相数; f:频率,单位为Hz; U:电压,单位为V; 例如:示出三相交流带中性线50Hz,380V
9	L_1 L_2 L_3	相序	$L_{1号}$:交流系统电源第一相 $L_{2号}$:交流系统电源第二相 $L_{3号}$:交流系统电源第三相
10	U V W	相序	$U_{号}$:交流系统设备端第一相 $V_{号}$:交流系统设备端第二相 $W_{号}$:交流系统设备端第三相
11	N		中性线
12	PE		保护线
13	PEN		保护和中性共用线
14	S	照明灯具安装方式	吸顶式安装
	W		壁式
	CP		自在器线吊式
	CP_1		固定线吊式
	CP_2		防水线吊式
	CP		吊线器式
	P		管吊式
	Ch		链吊式

续上表

序号	图形符号 GB 4728	说明	
15	SR	线路敷设方式	用钢索敷设
	PR		用槽板敷设
	SC		穿焊接钢管敷设
	TC		穿电线管敷设
	PC		穿硬塑料管敷设
	FPC		穿阻燃塑料管敷设
16	CL	线路敷设部位	沿柱敷设
	B		沿屋架敷设
	W		敷设在砖墙或其它墙面上
	F		敷设在地下或本层地板内
	C		敷设在屋面或本层顶板内
17	E		明敷设
	C		暗敷设
18	T	电器元件名称	变压器
	FU		熔断器
	M		电动机
	Q		开关一般符号(如刀开关)
	S		控制开关
	QA		低压断路器(自动开关)
	QF		断路器
	QK		刀开关
	QL		负荷开关
	QS		隔离开关
	SA		控制开关(选择开关)
	SB		按钮开关(起动或停止按钮)
	KM		接触器
	K		继电器、中间继电器
	KA		电流继电器
	KT		时间继电器
	FR		热继电器

参 考 文 献

[1] 高明远,岳秀萍. 建筑设备工程[M]. 第3版. 北京:中国建筑工业出版社,2005.

[2] 李亚峰、邵宗义、李英姿. 建筑设备工程[M]. 北京:机械工业出版社,2011.

[3] 王增长. 建筑给水排水工程[M]. 第6版. 北京:中国建筑工业出版社,2010.

[4] 李亚峰. 高层建筑给水排水工程[M]. 北京:化学工业出版社,2004.

[5] 中国建筑标准设计研究院. 2003全国民用建筑工程设计技术措施——给水排水[M]. 北京:中国计划出版社,2003.

[6] 中华人民共和国国家标准. GB 50015—2003 建筑给水排水设计规范[S]. 北京:中国计划出版社,2010.

[7] 付祥钊,肖益民. 流体输配管网[M]. 第3版. 北京:中国建筑工业出版社,2010.

[8] 中华人民共和国国家标准. GB 5016—2006 建筑设计防火规范[S]. 北京:中国计划出版社,2006.

[9] 中华人民共和国国家标准. GB 50045—2005 高层民用建筑设计防火规范[S]. 北京:中国计划出版社,2005.

[10] 章熙民,等. 传热学[M]. 北京:中国建筑工业出版社,2007.

[11] 王亦昭,刘雄. 供热工程[M]. 北京:机械工业出版社,2007.

[12] 贺平,孙刚,等. 供热工程[M]. 第4版. 北京:中国建筑工业出版社,2010.

[13] 中华人民共和国行业标准. JGJ 142—2004 地面辐射供暖技术规程[S]. 北京:中国建筑工业出版社,2004.

[14] 黄翔. 空调工程[M]. 北京:机械工业出版社,2006.

[15] 严启森,石文星,田长青. 空气调节用制冷技术[M]. 第四版. 北京:中国建筑工业出版社,2010.

[16] 王汉青. 通风工程[M]. 北京:机械工业出版社,2007.

[17] 中华人民共和国国家标准. GB 50736—2012 民用建筑供暖通风与空气调节设计规范[S]. 北京:中国建筑工业出版社,2012.

[18] 同济大学,等. 燃气燃烧与应用[M]. 第4版. 北京:中国建筑工业出版社,2011.

[19] 中华人民共和国国家标准. GB 50028—2006 城镇燃气设计规范[S]. 北京:中国建筑工业出版社,2009.

[20] 颜伟中. 电工学(土建类)[M]. 北京:高等教育出版社,2010.

[21] 中华人民共和国国家标准. GB 50034—2004 建筑照明设计标准[S]. 北京:中国建筑工业出版社,2004.

[22] 中华人民共和国国家标准. GB 50200—94 有线电视系统工程技术规范[S]. 北京:中国计划出版社,1994.

[23] 中华人民共和国国家标准. GB 50057—2010 建筑物防雷设计规范[S]. 北京:中国计划出版社,2011.